教育部高等学校电子信息类专业教学指导委员会规划教材
高等学校电子信息类专业系列教材·新形态教材

通信原理实用教程

使用MATLAB仿真与分析

（第2版）

向 军◎编著

清华大学出版社
北京

内 容 简 介

本书全面阐述了模拟与数字通信系统的基础组成以及信息传输过程中所涉及的各种调制解调技术。全书共分 8 章，涵盖了通信与信息传输的基本概念，通信系统中的信号、信道与噪声分析，模拟调制传输，模拟信号的数字化传输，数字基带传输，数字调制传输技术，现代数字调制，以及物联网通信技术简介。各章节末尾附有实例，介绍如何使用 MATLAB R2024a 进行相关内容的建模与仿真。通过实际操作练习，帮助读者更深入地理解抽象的理论知识，并激发学习热情。

本书主要面向电子信息工程、通信工程、电子科学与技术、信息工程以及电气、自动化、计算机等工科专业的学生。内容表述清晰、逻辑严谨，强调对基本概念和关键结论的理解及其在实际中的应用。本书还提供了丰富的教学资源，包括各章实践练习题和例题的代码及 Simulink 仿真模型、微课讲解视频、理论和实验教学大纲、课程实验讲义等。

本书适用于高等学校各层次专业"通信原理""现代通信原理与技术""MATLAB/Simulink 通信系统建模与仿真"等课程的理论教学和实验指导，同时对相关领域的工程技术人员也具有重要的参考价值。

图书在版编目（CIP）数据

通信原理实用教程：使用 MATLAB 仿真与分析/向军编著. -- 2 版. -- 北京：清华大学出版社，2025.6.（高等学校电子信息类专业系列教材）. -- ISBN 978-7-302-69131-0

Ⅰ. TN914；TP317

中国国家版本馆 CIP 数据核字第 20251RV688 号

策划编辑：盛东亮
责任编辑：范德一
封面设计：李召霞
责任校对：时翠兰
责任印制：丛怀宇

出版发行：清华大学出版社
　　　　网　　址：https://www.tup.com.cn, https://www.wqxuetang.com
　　　　地　　址：北京清华大学学研大厦 A 座　　　邮　　编：100084
　　　　社 总 机：010-83470000　　　　邮　　购：010-62786544
　　　　投稿与读者服务：010-62776969，c-service@tup.tsinghua.edu.cn
　　　　质量反馈：010-62772015，zhiliang@tup.tsinghua.edu.cn
　　　　课件下载：https://www.tup.com.cn，010-83470236
印 装 者：三河市龙大印装有限公司
经　 销：全国新华书店
开　 本：185mm×260mm　　　印　张：19.5　　　字　数：476 千字
版　 次：2022 年 6 月第 1 版　2025 年 7 月第 2 版　　印　次：2025 年 7 月第 1 次印刷
印　 数：1～1500
定　 价：59.00 元

产品编号：109665-01

高等学校电子信息类专业系列教材

序

FOREWORD

2022 年,我国规模以上计算机、通信和其他电子设备制造业实现营业收入 15.4 万亿元,占工业营业收入比重达 11.2%。电子信息产业在工业经济中的支撑作用凸显,更加促进了信息化和工业化的高层次深度融合。随着移动互联网、云计算、物联网、大数据和石墨烯等新兴产业的爆发式增长,电子信息产业的发展呈现了新的特点,电子信息产业的人才培养面临着新的挑战。

(1) 随着控制、通信、人机交互和网络互联等新兴电子信息技术的不断发展,传统工业设备融合了大量最新的电子信息技术,它们一起构成了庞大而复杂的系统,派生出大量新兴的电子信息技术应用需求。这些"系统级"的应用需求,迫切要求具有系统级设计能力的电子信息技术人才。

(2) 电子信息系统设备的功能越来越复杂,系统的集成度越来越高。因此,要求未来的设计者应该具备更扎实的理论基础知识和更宽广的专业视野。未来电子信息系统的设计越来越要求软件和硬件的协同规划、协同设计和协同调试。

(3) 新兴电子信息技术的发展依赖于半导体产业的不断推动,半导体厂商为设计者提供了越来越丰富的生态资源,系统集成厂商的全方位配合又加速了这种生态资源的进一步完善。半导体厂商和系统集成厂商所建立的这种生态系统,为未来的设计者提供了更加便捷却又必须依赖的设计资源。

教育部 2020 年颁布了新版《普通高等学校本科专业目录》,将电子信息类专业进行了扩充,为各高校建立系统化的人才培养体系,培养具有扎实理论基础和宽广专业技能的、兼顾"基础"和"系统"的高层次电子信息人才给出了指引。

传统的电子信息学科专业课程体系呈现"自底向上"的特点,这种课程体系偏重对底层元器件的分析与设计,较少涉及系统级的集成与设计。近年来,国内很多高校对电子信息类专业课程体系进行了大力度的改革,这些改革顺应时代潮流,从系统集成的角度,更加科学合理地构建了课程体系。

为了进一步提高普通高校电子信息类专业教育与教学质量,推动教育与教学高质量发展,教育部高等学校电子信息类专业教学指导委员会开展了"高等学校电子信息类专业课程体系"的立项研究工作,并启动了"高等学校电子信息类专业系列教材"(教育部高等学校电子信息类专业教学指导委员会规划教材)的建设工作。其目的是推进高等教育内涵式发展,提高教学水平,满足高等学校对电子信息类专业人才培养、教学改革与课程改革的需要。

本系列教材定位于高等学校电子信息类专业的专业课程,适用于电子信息类的电子信息工程、电子科学与技术、通信工程、微电子科学与工程、光电信息科学与工程、信息工程及其相近专业。经过编审委员会与众多高校多次沟通,初步拟定分批次建设约 100 门核心课程教材。本系列教材将力求在保证基础的前提下,突出技术的先进性和科学的前沿性,体现创新教学和工程实践教学;重视系统集成思想在教学中的体现,鼓励推陈出新,采用"自顶向下"的方法编写教材;注重反映优秀的教学改革成果,推广优秀的教学经验与理念。

　　为了保证本系列教材的科学性、系统性及编写质量,本系列教材设立顾问委员会及编审委员会。顾问委员会由教指委高级顾问、特约高级顾问和国家级教学名师担任,编审委员会由教育部高等学校电子信息类专业教学指导委员会委员和一线教学名师组成。同时,清华大学出版社为本系列教材配置优秀的编辑团队,力求高水准出版。本系列教材的建设,不仅有众多高校教师参与,也有大量知名的电子信息类企业支持。在此,谨向参与本系列教材策划、组织、编写与出版的广大教师、企业代表及出版人员致以诚挚的感谢,并殷切希望本系列教材在我国高等学校电子信息类专业人才培养与课程体系建设中发挥切实的作用。

吕志伟 教授

第2版前言
PREFACE

《通信原理实用教程——使用 MATLAB 仿真与分析》自出版以来,得到了全国许多高校任课教师和读者的认可和喜爱,陆续被多所高校通信工程、电子信息工程、物联网工程、自动化等专业选做教材。任课教师普遍评价:本书的亮点在于,它把很多复杂的数学计算和公式推导进行了简化,写得简单明了,特别适合电子电气专业的学生学习和掌握那些让人头疼的通信技术理论。在用本书教课时,我们把理论和实践操作结合起来,让理论知识和实验实践无缝对接,这样课堂上的信息量就大了,教学效果也有了保证。学生们在理论思考和动手能力方面都得到了很好的提升。

在本书的出版和发行过程中,编者还应邀参加了 2022 年 7 月教育部电子信息类专业教学指导委员会主办的"全国高校电子信息教学前沿讲坛"(CEFR),根据本书的内容作了题为"通信原理教学改革实践——基于 MATLAB 的仿真与分析"的专题报告。此外,2023 年8 月,编者参加了清华大学出版社主办的"全国高校计算机与电子信息类系列课程高级研修班",并基于本书内容为相关专业教师开设并主讲"基于 MATLAB 的通信原理虚拟仿真实验教学"培训课程。

在使用本书的过程中,部分高校教师也与编者进行了深入的交流,指出了本书存在的不足,提出了很多宝贵的意见。编者在使用本书进行相关课程的理论和实验的教学过程中,也陆续积累了一些新的观点和思路,并据此对本书第 1 版作了全面修订。

(1) 在修订过程中,MATLAB 已经升级到 R2024b 版本,因此本书同步将所有例题、实践练习及代码全部升级到 R2024a 版本,所有代码全部在该版本的 MATLAB 和 Simulink中调试通过。

(2) 部分老师反映,学生在前修课程中只用过 MATLAB 进行编程,没有接触过Simulink。为此,编者对每章最后一节的 MATLAB/Simulink 仿真实践的部分内容进行了修订,尽可能详细介绍 Simulink 的基本操作和用法。

(3) 每章仿真实践案例尽可能与相关理论知识点融合,遵循由简入繁、循序渐进、逐步提升的认知过程。

(4) 根据新修订的内容,编者对每章的实践练习题目作了修订,以方便任课教师组织和指导课程实验。

(5) 编者对书中的部分公式和结论的推导过程作了进一步简化,并更正了书中的错误或者不尽合理的数据。

本书的主要内容和体系结构仍然保持不变,以便任课教师备课和做教学研讨等。全书共分 8 章,包括通信和通信系统的基本概念,通信系统中的信号、信道与噪声分析,模拟调制传输,模拟信号的数字化传输,数字基带传输,数字调制传输技术,现代数字调制,以及物联网通信技术简介。此外,对新修订的部分内容也重新制作了相关微课视频。

本书的理论参考学时为 32～60 学时,实验实践学时为 16 学时。

本书是西南交通大学规划教材,本书的编写和出版得到了四川省首批产教融合示范项目"交大-九洲电子信息装备产教融合示范"的支持。

由于编者水平有限,书中难免存在疏漏和不足,恳请读者批评指正。

编　者

2025 年 3 月

第1版前言
PREFACE

"通信原理"是电子电气类、通信工程专业一门重要的专业核心课程,由于涉及大量的数学理论知识和抽象概念,给学生的学习和教师的授课都带来较大困难。因此,编者结合近20年的科研和教学实践经验,编写了本书,希望给读者提供一本浅显易懂、内容完整、概念清楚的学习参考资料,帮助读者更好地掌握相关知识。

本书以数字通信技术为重点,介绍通信系统的基本原理、基本性能和分析方法。全书共分8章。

第1章主要介绍通信和通信系统的基本概念,包括通信系统的分类、基本组成、常用性能指标、调制和解调的基本概念。

第2章主要复习信号与系统的时域与频域分析方法、信号的各种频域描述方法、线性系统的频率特性和滤波器的概念,简要介绍通信系统中的典型信道及其特性、通信系统的噪声及其分类和特性。

第3章主要介绍模拟通信系统中各种典型调制解调技术的基本原理和性能分析方法。

第4章介绍模拟信号的数字化传输方法,主要包括信号的采样、量化和编码,重点介绍现代通信系统中广泛采用的脉冲编码调制技术。

第5章介绍数字基带传输系统的基本模型,主要包括数字基带信号及其功率谱分析、码间干扰的概念及其对传输性能的影响、部分响应和均衡技术、数字基带传输系统的抗噪声性能分析等。

第6章介绍数字调制传输系统的基本组成和传输性能,主要介绍基本的二进制数字调制和解调技术的基本原理,以及数字信号的最佳接收问题。

第7章介绍现代数字通信系统中广泛采用的多进制调制和现代数字调制技术。

第8章简要介绍物联网系统中几种典型的通信技术,作为前面各章节内容在实际系统中的应用举例,以便为读者指明继续学习的方向。

与其他同类图书相比,本书的特点如下。

(1)内容精练,条理清晰,通俗易懂。本书将主要内容集中在模拟和数字通信系统中的关键技术之一——调制解调技术,而删除了与其他课程重复的内容。例如,差错控制编码在《信息论与编码》等书中都有介绍,同步技术在"高频电子线路""计算机网络"等课程中有介绍,为了突出重点,本书不再重复涉及。

(2)注重基本概念的同时,强化实践应用。本书在每章最后都以 MATLAB R2020b 为平台,介绍相关章节内容的建模和仿真实践。各章实践练习的内容可以独立成体系,便于教师组织本课程实验和实践教学。主要内容按顺序包括:MATLAB/Simulink 基础、MATLAB 在信号和噪声分析中的应用、模拟调制解调过程的 MATLAB 仿真、抽样量化编码过程的 MATLAB 仿真、数字基带传输系统的 MATLAB 仿真分析、数字调制传输系统的 MATLAB 仿真分析、现代数字调制的 MATLAB 仿真。这些内容除了结合实际案例进行详细介绍外,所有代码都经编者调试通过,每章还提供了相关的实践练习题目。

本书为西南交通大学规划教材。本书的编写和出版得到了四川省首批产教融合示范项目"交大-九洲电子信息装备产教融合示范"的支持。

本书的理论参考学时为 32～60 学时,实验实践学时为 16 学时。

由于编者水平有限,书中难免存在疏漏和不足,恳请读者批评指正。

编　者

2022 年 3 月

目 录
CONTENTS

视频目录
VIDEO CONTENTS

全书主要内容

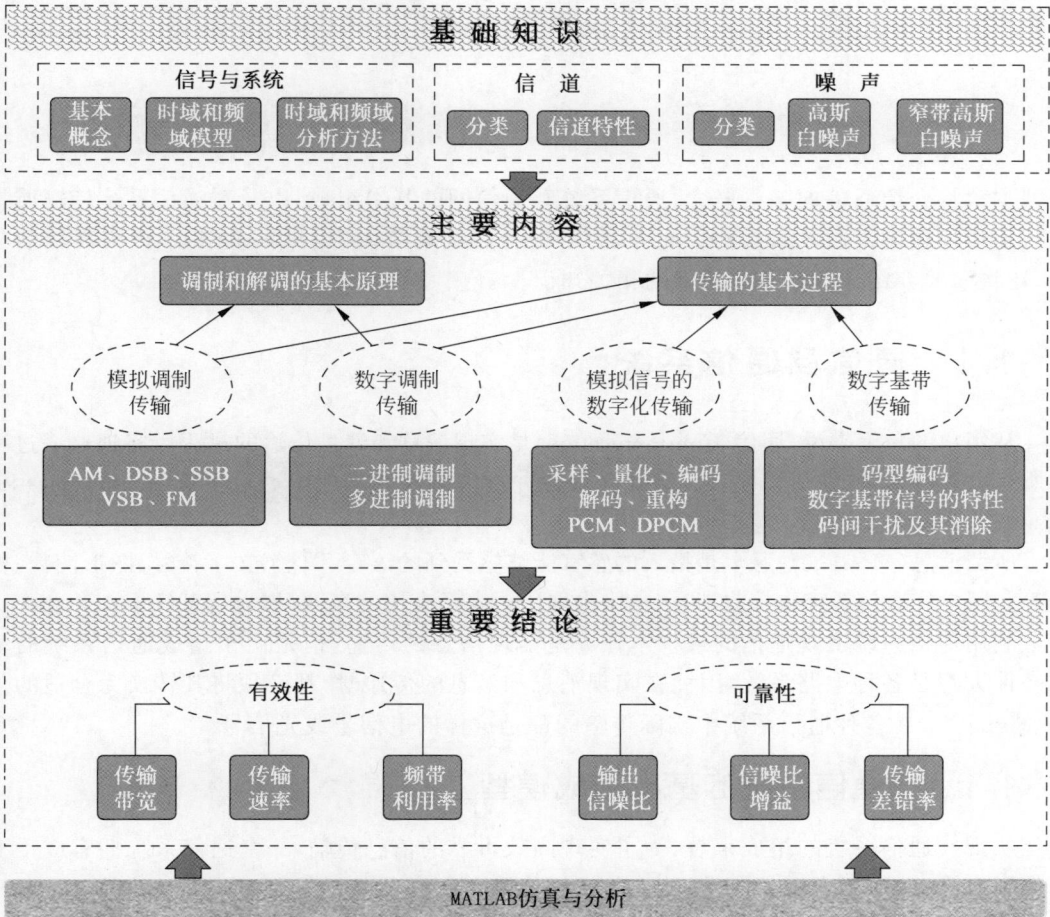

基 础 知 识

信号与系统
- 基本概念
- 时域和频域模型
- 时域和频域分析方法

信 道
- 分类
- 信道特性

噪 声
- 分类
- 高斯白噪声
- 窄带高斯白噪声

主 要 内 容

调制和解调的基本原理　　　　传输的基本过程

- 模拟调制传输
- 数字调制传输
- 模拟信号的数字化传输
- 数字基带传输

| AM、DSB、SSB VSB、FM | 二进制调制 多进制调制 | 采样、量化、编码 解码、重构 PCM、DPCM | 码型编码 数字基带信号的特性 码间干扰及其消除 |

重 要 结 论

有效性
- 传输带宽
- 传输速率
- 频带利用率

可靠性
- 输出信噪比
- 信噪比增益
- 传输差错率

MATLAB仿真与分析

第 1 章

基 本 概 念

本章将介绍通信的基本概念、通信系统和通信网的基本组成,以及对通信系统传输质量进行定量描述的常用技术指标。此外,为了配合后续章节内容利用 MATLAB 实现辅助分析,还将简要介绍 MATLAB 软件的相关知识。

1.1 通信及通信系统

从用户的角度来说,通信(Communication)是实现信息和消息传输的过程。实现这一过程的所有设备(包括硬件和软件)、传输媒介及各种通信协议等构成了通信系统(Communication System)。

所谓消息(Message),通常是指人的感官能够感受到的语音、图形、文字符号、图形图像、数据等。用户从通信系统中接收消息,从中提取出对自己有用的东西,称为信息(Information)。

利用通信系统实现通信的最根本任务是实现信息的传递,但是由于组成通信系统的基本部件大都是各种电路系统,因此在实现消息和信息的传递时,都必须将其转换为合适的信号(Signal)。在各种通信系统中实际传输的都是这样的电信号或光信号。

1.1.1 通信系统的基本组成模型

从现代通信系统的组成来看,为了实现高效可靠的信息传输,一个通信系统拥有成千上万的用户终端,需要大量的技术设备,传输媒介和信号传输方式也各不相同。但是,对于两个用户之间的一次通信过程,都可以视为两点之间的通信。点与点之间的通信是最基本的形式,也是研究其他复杂通信过程和通信系统的基础。

图 1-1 所示为点对点通信系统的基本组成模型。其中,由信源和发送设备构成通信系统的发送端,而接收设备和信宿构成接收端,两者通过信道(传输媒介)连接起来。

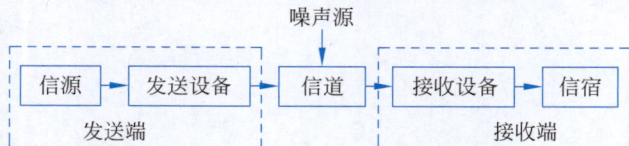

图 1-1 点对点通信系统的基本组成模型

信源产生需要传送的消息,并转换为原始电信号。常见的信源有话筒、摄像机、计算机等各种通信终端设备。相对于信道中传输的信号,信源设备输出的信号大多属于低频信号,其主要功率或能量都集中在低频段,称为基带信号(Baseband Signal)。例如,话筒产生的语音信号,其频率范围一般为300~3400Hz;摄像机输出电视图像信号的频率为0~6MHz。

发送设备对信源输出的基带信号进行各种转换和加工处理,变换为适合在信道中传输的信号。例如,在无线通信中,通常需要将低频的基带信号通过调制、功率放大等,转换为具有足够强度、频率很高的射频信号,才能够通过无线信道进行传输。

发送端输出的信号通过信道传输到接收端。在传输过程中不可避免地会受到各种噪声的影响,因此接收端接收到的是同时含有有用信号和噪声的混合信号。接收设备的主要作用就是从混合信号中正确提取出有用的基带信号,并且尽可能过滤噪声。

信宿是原始消息信号的最终接收者,典型的信宿设备有听筒、显示器等,用于将接收设备输出的基带信号转换为声音、图像等消息,从而便于用户用感官进行感知和获取。

1.1.2　通信系统的分类

在现代信息社会,需要随时随地进行大量的信息传输和交换,从而构建了各种各样的通信系统。可以从不同的角度对通信系统进行分类。

例如,根据通信业务的不同,可以分为电话通信系统、广播电视系统、数据通信系统等;根据传输媒介的不同,可以分为有线通信和无线通信系统。有线通信系统通常采用各种电缆和光缆作为传输媒介,而无线通信系统利用空间电磁场中的无线电波实现信息的传输。

再如,根据所传输的消息信号的不同,可以将所有的通信系统分为模拟通信系统和数字通信系统两大类。信道中传输模拟信号的系统称为模拟通信系统,而信道中传输数字信号的系统称为数字通信系统。根据传输的信号是否经过调制,可以将通信系统分为基带传输系统和频带传输系统。将原始基带信号通过传输媒介直接传输,这样的通信系统称为基带传输系统。如果将基带信号在发送设备中进行调制后,再送到信道中传输,这样的通信系统称为频带传输系统,又称为调制传输系统。对于调制传输系统,根据调制方式的不同,又可以进一步分为调幅传输系统、调频传输系统等。

1.1.3　模拟通信和数字通信系统

通信系统中传输的消息可以分为模拟消息(连续消息)和数字消息(离散消息)两大类。对于文字符号和数据等消息,其状态个数(符号和数据的个数)是有限的,取值是离散的,称为数字消息。而对于语音、图像等消息,其状态取值是连续变化的,称为连续消息。

为了实现消息的传输和交换,需要将消息转换为电信号,将消息的各种状态转换为信号某个参量(幅度、频率或相位等)的取值。因此,与消息的状态取值相对应,电信号的指定参量在各时刻的取值也就可能是连续的或离散的,分别称为模拟信号和数字信号。

在图1-2所示的信号波形中,用信号的幅度代表消息的状态。由于信号$m_1(t)$在各时刻的幅度连续变化,因此代表的消息也是连续的,$m_1(t)$是模拟信号。而信号$m_2(t)$的幅度只有高低电平两种取值,代表的消息是离散的二进制代码序列101101,因此$m_2(t)$是数字信号。

需要说明两点。

(1) 在信号与系统理论中,根据信号波形上的幅度取值是否连续,将信号分为连续信号和数字信号。而在通信系统中,根据信号对应的消息状态取值是连续的还是离散的进行划分。

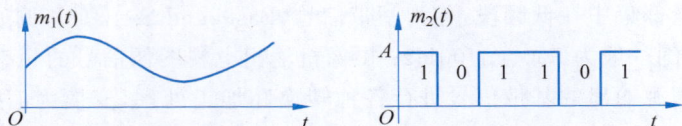

图 1-2　模拟信号和数字信号

在实际传输的信号中,可以利用信号的幅度、频率或相位等携带消息。例如,对于调频传输,是利用高频正弦载波信号的频率携带消息。此时,信道中传输的调频信号仍然是连续的正弦信号,但其频率随需要传输的消息状态而变化。如果消息是离散的(如二进制代码),则传输的正弦波频率也只有离散的几种取值,因此属于数字信号。

(2) 模拟通信系统和数字通信系统分别用于传输模拟信号和数字信号。但对通信系统进行的这种分类是根据信道中传输的信号类型,而不是根据信源发送的信号类型进行划分的。因为现代的数字通信系统也可以用来传输语音、图像等模拟信号,只需要在传输之前将其转换为数字信号。通过数字通信系统传送到接收端后,再通过相反的变换将接收到的数字信号还原为模拟信号。这种传输过程称为模拟信号的数字化传输。

1.2　调制和解调

对于长距离的模拟和数字通信,为了保证传输质量,都必须将基带信号在发送设备中进行调制后,再送到信道中传输。不同的调制传输方式,在性能和传输质量方面有很大的区别。这里首先介绍调制和解调的基本概念及分类。

第 1 集
微课视频

1.2.1　调制和解调的基本概念

所谓调制(Modulation),是在发送端将需要传送的原始基带信号变换为适合信道传输的信号,一般是将基带信号用于控制高频载波的某个参数,如幅度、频率、相位等,使其随基带信号的幅度变化规律而变化。通过调制,可以将信号中的各频率成分搬到信道的通带范围内,从而使各分量通过信道时有相同的放大和延迟,保证信号送到接收端时没有波形上的失真。

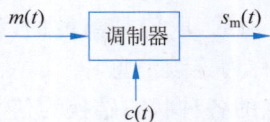

图 1-3　调制器的一般模型

实现调制的部件或装置称为调制器(Modulator)。图 1-3 所示为调制器的一般模型。其中,$m(t)$ 为原始基带信号,$c(t)$ 为高频载波(Carrier Wave),一般是频率远高于基带信号带宽的周期信号,如高频正弦波、高频脉冲波等。经过调制后得到的输出信号 $s_m(t)$ 称为已调信号(Modulated Signal)。也可以根据控制载波的参数的不同,将调制器输出的信号称为调幅信号、调频信号等。

解调(Demodulation)是与调制完全相反的过程,通过解调,接收端从接收到的已调信号中恢复出原始基带信号,再送到接收端。实现解调的部件称为解调器(Demodulator)。

1.2.2　调制和解调的分类

在各种通信系统中,根据传输信号的特性以及对通信系统的性能要求等的不同,可以采用各种调制解调方式。此外,随着现代通信系统的发展,各种先进的调制解调技术也不断涌现。

1. 调制方式的分类

根据高频载波中被控制参数的不同，可以将调制分为幅度调制（Amplitude Modulation，AM）、频率调制（Frequency Modulation，FM）和相位调制（Phase Modulation，PM）[①]这 3 种基本的调制方式。

各种不同调制方式的实质都是实现信号频谱的搬移。在搬移后得到的已调信号中，如果每个频率分量都在原始基带信号中有对应的频率分量，没有新的频率分量，这种搬移称为频谱的线性搬移，将这种调制称为线性调制。幅度调制就是典型的线性调制。反之，如果在已调信号中，除了有与基带信号对应的频率分量外，还有其他新的频率成分，这种调制方式称为非线性调制。模拟频率调制就是典型的非线性调制。

此外，在模拟通信和数字通信系统中，传输的基带信号分为模拟信号和数字信号。因此，根据基带信号是模拟信号还是数字信号，又可将调制分为模拟调制和数字调制。以幅度调制为例，在模拟幅度调制中，已调信号的载波随基带信号的幅度连续变化；而在数字幅度调制中，已调信号的幅度只有有限种不同的取值。

2. 解调方式的分类

根据实现的原理也可以将解调分为多种方式。对常规幅度调制，由于已调信号中载波的幅度（称为幅度包络）随基带信号的幅度而变化，也就是说，已调信号的幅度包络完全反映了基带信号的波形，因此可以采用最简单的包络检波实现调幅信号的解调。这种解调方式实现简单，在早期的无线电广播接收机中得到了广泛应用。由于这种解调方式不需要专门的解调载波，称为非相干解调。

对于抑制载波的双边带调幅、单边带调幅等，在已调信号中，载波的幅度包络不能完全反映基带信号的幅度变化规律，因此不能采用包络检波非相干解调，此时一般采用相干解调方式。

图 1-4 所示为相干解调器的基本组成模型，其中主要包括乘法器和低通滤波器（Low-Pass Filter，LPF）。接收端接收到的已调信号 $s(t)$ 首先与高频解调载波 $c(t)$ 相乘得到 $x(t)$，再经过 LPF 将其中不需要的高频成分滤除，从而还原得到原始基带信号 $m(t)$。

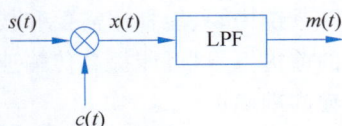

图 1-4 相干解调器的基本组成模型

相干解调适用于所有的线性调制，但是采用这种方式实现解调，接收机中必须利用专门的技术从接收到的已调信号中自动提取出解调所需的相干载波，因此这种解调器和接收机都比较复杂。

1.2.3 调制的作用

调制和解调在通信系统中起着十分重要的作用，其性能好坏直接影响着通信系统信号传输的各方面性能。总结起来，在通信系统中采样调制传输主要有以下几方面的作用。

1. 实现有效传输

通过调制，将基带信号的频谱搬移到信道的通带范围内，使信号特性与信道特性相匹配，便于通过信道实现无失真传输。将低频基带信号通过调制变换为高频已调信号，也便于

[①] 分别简称为调幅、调频和调相。

在无线通信系统中通过天线实现有效辐射。

2. 实现信道复用

信道复用是指通过同一信道同时传送多路基带信号。通过调制,可以将各基带信号频谱搬移到不同的载波频率附近。在频域,各路信号分别占据不同的频段,通过同一信道传送到接收端后,只要再利用带通滤波器即可将指定的基带信号提取出来。这种信道复用技术称为频分复用。

3. 增强抗噪声性能

通信系统传输信号时,影响传输可靠性的一个重要因素是信道引入的噪声。不同的调制解调方式具有不同的抗噪声性能,通过选择合适的调制方式以及设置合适的调制参数,可以减少噪声对传输质量的影响。例如,在调频通信系统中,可以通过设置比较高的调频指数以增大传输带宽,并换取抗噪声性能和传输可靠性的提高。

1.3　通信系统的质量指标

本书将主要介绍各种基本的模拟调制传输系统、数字基带传输系统、数字频带传输系统,以及模拟信号的数字化传输方法。各种通信系统和调制传输方式具有不同的传输性能,通常可以用有效性、可靠性、适应性、标准性、经济性、可维护性等技术指标进行描述和性能比较。

从信息传输的角度考虑,通信系统最主要的性能指标是有效性和可靠性。其中,有效性指的是传输信息所需占用的信道资源(如带宽或时间);可靠性指的是接收信息的准确程度。

有效性和可靠性通常是相互矛盾的。例如,提高有效性通常会造成可靠性的下降。在实际系统中,只能根据需要和技术发展水平尽可能做到适当的折中。例如,在满足可靠性要求的前提下,尽可能提高传输速度;或者在满足有效性的前提下,采用各种技术尽可能保证传输的准确度。

对于模拟和数字通信,有效性和可靠性的具体描述也有一定的差异,因此需要分别进行不同的定量描述。

1.3.1　模拟通信系统的质量指标

模拟通信系统传输的是模拟信号,其有效性一般用传输信号的带宽描述。信号的带宽越小,要求占用系统和传输信道的带宽就越小。这就意味着当给定信道带宽后,通过同一个信道能够传输的信号路数越多,有效性也就越好。

另外,对于同样的消息信号,采用不同的调制传输方式,得到的已调信号带宽也不同。例如,对于语音信号,如果采用调幅传输,需要占用8kHz带宽;而如果采用单边带调制传输,只需要4kHz带宽。

模拟通信系统的可靠性通常用接收端的输出信噪比衡量。所谓信噪比,指的是在接收端的输出信号中有用信号和噪声的功率之比。信噪比越大,传输质量和可靠性就越高。对于电话语音通信,一般要求输出信噪比不低于26dB;对于电视图像传输,一般要求信噪比不低于40dB。

不同的调制传输方式,在相同的信道条件下,输出信噪比是不同的。例如,调频传输系统的输出信噪比要远高于调幅传输系统,因此传输的可靠性要优于调幅传输系统。

1.3.2 数字通信系统的质量指标

数字通信系统中传输的是数字信号,其有效性通常用传输速率和频带利用率描述,而可靠性一般用差错率描述。

1. 传输速率

最简单的数字信号是一串矩形脉冲序列,每个脉冲代表需要传输的一位消息代码,称为码元(Code)或符号(Symbol)。如果每个码元只能取两个不同的值,传输的是二进制代码,则称为二进制码元,对应的数字信号中脉冲的幅度也只有两种取值,称为二进制基带信号;如果码元可以取 M 个不同的值,传输的是 M 进制代码,则称为 M 进制码元,对应的数字信号中脉冲幅度有 M 种取值,称为 M 进制基带信号。

在信息论中,每位数字代码将携带一定的信息量。如果传输过程中各码元相互独立,并且以相等的概率出现,则一位 M 进制代码携带的信息量为 $\mathrm{lb}M$ b,其中 lb 表示以 2 为底的对数,b 为信息量的单位,即 bit。

对数字通信系统,不管传输的是二进制还是多进制信号,定义单位时间(1s)内传输的码元个数为码元速率(传码率)或符号速率,用 R_s 表示,单位为 baud(波特),也可以简记为 Bd。显然,码元速率越高,传输的速度越快,系统的有效性就越好。

通信的根本目的是传递信息,因此还经常用信息速率衡量传输的有效性。定义单位时间内传输的信息量为数字通信系统的信息速率(传信率),用 R_b 表示,单位为 b/s,也经常写为 bps。显然,当传输的进制确定后,码元速率越高,信息速率也越高,系统的有效性就越好。码元速率与信息速率之间的关系为

$$R_b = R_s \mathrm{lb}M \tag{1-1}$$

例如,假设某数字通信系统的码元速率 $R_s = 1\mathrm{kBd}$,则表示每秒传输 1000 个码元。如果传输的是二进制代码,由于每位代码携带 1b 的信息,因此信息速率 $R_b = R_s = 1\mathrm{kb/s}$。如果传输的是十六进制代码,由于每位代码携带 $\mathrm{lb}M = \mathrm{lb}16 = 4\mathrm{b}$ 信息,因此信息速率为 $R_b = R_s\mathrm{lb}M = 4\mathrm{kb/s}$。

因此,采用多进制传输,可以在相同的码元速率下,获得更高的信息速率;反之,为达到相同的信息速率,采用多进制传输,可以降低传输的码元速率。

2. 频带利用率

对于两个传输速率相同的系统,如果占用信道带宽不同,则传输的效率也不同。从这个意义上说,频带利用率更全面地描述了数字通信系统的有效性。

单位带宽内能够获得的传输速率称为频带利用率。由于传输速率可以用码元速率和信息速率描述,相应的频带利用率也有两种,分别称为码元频带利用率 η_s 和信息频带利用率 η_b,单位分别为 baud/Hz 和 b/(s·Hz),或 Bd/Hz 和 bps/Hz。

假设传输时需要占用的信道带宽为 B,则上述两种频带利用率的定义分别为

$$\eta_s = \frac{R_s}{B} \tag{1-2}$$

$$\eta_{b} = \frac{R_{b}}{B} \tag{1-3}$$

例如,理论上说,数字基带传输系统能够达到的最高频带利用率为 2Bd/Hz,这意味着如果信道带宽为 1Hz,则通过这样的信道传输数字信号,每秒最多只能传输两个码元;反之,如果需要获得 2kBd 的码元速率,就需要信道提供至少 1kHz 的带宽,否则传输时波形失真会非常严重,传输的可靠性急剧恶化。

通信系统能够达到的频带利用率取决于数字信号的进制数,也取决于传输的数字信号的波形。因此,为了获得足够高的频带利用率,必须在发送端采用特殊的电脉冲波形表示数字代码,再通过数字通信系统进行传输。

此外,对于不同进制的传输信号,由于其带宽只与码元速率和信号波形的形状有关,与信号的幅度和进制无关,因此两种频带利用率之间的关系为

$$\eta_{b} = \eta_{s} \mathrm{lb} M \tag{1-4}$$

由此可见,采用多进制传输可以提高信息频带利用率。

例 1-1 某数字基带传输系统的码元频带利用率 $\eta_{s} = 1\mathrm{Bd/Hz}$。

(1) 已知传输带宽 $B = 10\mathrm{kHz}$,求码元速率 R_{s}。

(2) 为达到 20kBd 的码元速率,求所需的带宽 B_{1}。

(3) 如果采用 1024 进制传输,为使信息速率达到 120kb/s,求所需的带宽 B_{2}。

解 (1) $R_{s} = \eta_{s} B = 1 \times 10 = 10\mathrm{kBd}$。

(2) $B_{1} = R_{s} / \eta_{s} = 20/1 = 20\mathrm{kHz}$。

(3) 采用 1024 进制传输时的码元速率为

$$R_{s} = 120/\mathrm{lb}1024 = 12\mathrm{kBd}$$

则所需传输带宽为

$$B_{2} = R_{s}/\eta_{s} = 12/1 = 12\mathrm{kHz}$$

或者,首先求得采用 1024 进制传输时的信息频带利用率为

$$\eta_{b} = \eta_{s} \mathrm{lb}1024 = 1 \times \mathrm{lb}1024 = 10\mathrm{b/(s \cdot Hz)}$$

再求得所需带宽为

$$B_{2} = R_{b}/\eta_{b} = 120/10 = 12\mathrm{kHz}$$

3. 差错率

数字通信系统传输的可靠性通常用差错率描述,具体又分为两种,即误码率 P_{s} 和误信率(误比特率)P_{b}。两种差错率的定义类似,都是指在接收端接收到的总码元(或信息量)中,有多少个码元(或信息量)是错误的。

不同的传输方式具有不同的差错率。显然,误码率或误信率越小,则接收到的错误码元和错误信息量越少,传输的可靠性越高。不同的通信系统,对可靠性指标的要求也不同。例如,数字电话通信系统要求误码率不超过 10^{-3};而计算机数据传输系统要求的误码率不超过 10^{-9}。如果信道条件不能保证误码率要求,必须在通信系统中引入合适的编码技术,以便自动进行检错和纠错。

例 1-2 某数字通信系统的码元速率 $R_{s} = 1\mathrm{kBd}$,在 1min 内共接收到 6 个错误码元,求误码率 P_{s}。

解 在 1min 内接收端接收到的总的码元个数为

$$60R_s = 60 \times 1 \times 10^3 = 6 \times 10^4$$

则误码率为

$$P_s = \frac{6}{6 \times 10^4} = 1 \times 10^{-4}$$

1.4　MATLAB/Simulink 仿真基础

MATLAB 具有十分强大的功能,几乎涵盖了现今工业上的所有行业和领域,并被大量应用于系统建模仿真、性能分析、辅助设计,以及专业知识的理论教学和实验。在利用 MATLAB 进行建模与仿真的过程中,常用的基本方法是根据系统的数学模型利用 MATLAB 程序或者 Simulink 模型实现系统工作过程和性能的仿真分析。

本书将在每章最后介绍利用 MATLAB/Simulink 实现相关章节内容仿真分析的基本方法,以便加深对相关理论知识的理解。这里首先以 MATLAB R2024a 为例,对 MATLAB 的基本使用方法做一个简要介绍。

1.4.1　MATLAB 编程基础

启动 MATLAB 后,在主窗口顶部"主页"标签下单击"新建脚本"按钮,即可打开 MATLAB 程序编辑器,编写 MATLAB 程序。

与其他高级语言类似,MATLAB 编程也涉及数据类型、流程控制语句等基本问题。此外,作为一款专门用于科学计算的软件,MATLAB 也提供了许多独特的功能,以适用于大量的数据处理以及专业系统仿真分析和辅助设计。

第 3 集
微课视频

第 4 集
微课视频

1. 脚本和函数

MATLAB 程序最简单的类型是脚本(Script),其中包含一组命令语句。简单的命令也可以在命令行窗口中直接输入,并立即得到执行。要获得更高的编程灵活性,可以创建能够接收输入并返回输出的函数。

与脚本程序一样,函数可以单独定义并保存在一个以扩展名为 .m 的程序文件中,也可与调用该函数的主程序代码放在同一个 m 文件中,但必须定义在主程序代码的后面。

在 MATLAB 中,函数声明语句以关键字 function 开头,后面紧跟着的是函数的返回值列表(出口参数)和一个"="符号。语句右侧首先是函数的名称,之后在圆括号中列出函数的入口参数。函数体中可以放任何的脚本命令和语句。在函数体中必须对出口参数进行赋值。函数体以 end 语句结束,也可以是遇到文件的末尾或者一个新的 function 声明语句而结束。

2. 数据类型及基本运算

MATLAB 程序中常用的常量有 pi(圆周率,3.1416)、eps(浮点数的相对精度,即用双精度浮点数能够表示的最小值)、inf(表示 $+\infty$)、NaN(表示 0/0、inf/inf 等运算的不确定结果)、i 和 j(纯虚常量)。

在 MATLAB 程序中,变量不需要进行事先声明。程序运行过程中,每遇到一个新的变量,会自动创建该变量,并为其分配合适的存储空间,这样极大地简化了 MATLAB 程序的编写和工程应用。

MATLAB 中最基本的变量和数据结构是数组(Array)。数组可以是一维、二维、三维等,一个数组可以同时存储很多数据。对于只有一行的数组,通常又称为行向量(Row Vector)。对只有一列的数组,通常又称为列向量(Column Vector)。只保存一个数据、只有一行一列的数组通常称为标量(Scalar)。

MATLAB 中的基本运算包括标量运算和数组运算,其中标量运算是在单独的常数或者标量之间进行的运算,主要有算术运算、关系运算、逻辑运算等。数组运算是在一个或多个数组之间进行的运算,常用的数组运算符如表 1-1 所示。除了加、减运算外,其他运算符前面都有一个".."符号,所以数组的运算又称为点运算。

表 1-1　MATLAB 中常用的数组运算符

运　算　符	运　　算	用 法 示 例
＋	加法	A＋B: A(i,j)＋B(i,j)
－	减法	A－B: A(i,j)－B(i,j)
.＊	乘法	A.＊B: A(i,j)×B(i,j)
.^	乘方	A.^B: $A(i,j)^{B(i,j)}$
./	右除	A./B: A(i,j)/B(i,j)
.\	左除	A.\B: A(i,j)\B(i,j)

3. 程序流程控制语句

与其他高级语言一样,MATLAB 程序中也可以采用 3 种典型的结构,即顺序结构、分支结构和循环结构,其中分支结构和循环结构分别用条件语句和循环语句实现。

在 MATLAB 中,条件语句用于在程序运行过程中选择执行不同的程序块,典型的条件语句仍然有 if 语句和 switch 语句两种。循环控制语句用于控制对某段程序的重复执行,常用的有 for 语句和 while 语句。此外,还有与 C 语言类似的 break 语句和 continue 语句。这些语句的基本格式及用法可以参考 MATLAB 的帮助文档。

4. 数据的可视化

作为一款科学计算工具,MATLAB 中提供了大量的绘图语句和内置函数,在程序中调用这些内置函数可以实现数据计算的可视化,形象直观地将程序执行的结果数据和信号波形等以二维、三维等图形形式进行展示,以便用户根据这些数据作进一步分析处理。

1) 基本二维图形的绘制

典型的二维图形有连续和离散信号的时间波形、数据分布图、散点图、星座图、眼图等。二维图形由横轴(X 轴)和纵轴(Y 轴)构成。在 MATLAB 中,提供了很多内置函数实现二维图形的绘制,例如 plot()、stem()、semilogx()、semilogy()和 loglog()等。

绘制二维图形最常用的方法是调用 plot()函数实现,该函数的典型调用格式为

```
plot(X1,Y1,LineSpec1,…,Xn,Yn,LineSpecn)
```

其中,Xi 和 Yi 提供曲线上各点的横轴和纵轴坐标,必须是长度相同的向量;LineSpeci 用于设置所绘曲线的属性;i＝1～n,可以用一条 plot 语句在同一个图形窗口中同时绘制多个图形曲线。

大多数图形都有标题、纵横轴刻度、图例说明等附加属性。为了便于从图形中准确读取所需的数据,还需要在图形中显示网格线等内容。在 MATLAB 中,这些功能都可以通过调用专门的函数实现,例如 title()、xlabel()、legend()等。

2）图形窗口的布局

在仿真过程中,为了便于对多个信号波形进行对比分析,通常需要将图形窗口划分为很多小窗口,每个小窗口分别用于绘制和显示不同的图形。

为了实现上述功能,在 MATLAB 程序中最常用的做法是调用 subplot() 内置函数。该函数的基本调用格式为

```
subplot(m,n,p)
```

其中,m 和 n 分别指定子图的行列数,p 指定接下来的绘图语句(例如 plot 语句)所绘制的图形所在的子图序号,各子图的序号是按行排列的。另外,参数列表中的逗号可以省略。

1.4.2 Simulink 基础

Simulink 是用于各种动态系统的多领域仿真和辅助设计工具。Simulink 集成于MATLAB 中,能够将 MATLAB 算法引入仿真模型,也可以将模型的运行结果导出到MATLAB 中,以便作进一步分析处理。

Simulink 的工作环境包括库浏览器和 Simulink 编辑器,其中库浏览器提供搭建仿真模型所需的各种模块(Block),Simulink 编辑器用于添加和连接模块以搭建仿真模型。

1. Simulink 建模与仿真的基本过程

要利用 Simulink 进行建模和仿真,首先在 MATLAB 主窗口中选择当前工作文件夹,然后启动并进入 Simulink 编辑器。通过单击 MATLAB 主窗口中"主页"标签下的Simulink 按钮,或者在"主页"标签下依次单击"新建"和"Simulink 模型"菜单命令,或者在命令行窗口输入"simulink",都可打开 Simulink 编辑器。

打开后的 Simulink 编辑器窗口如图 1-5 所示,窗口顶部有若干标签,每个标签对应不同的选项卡工具栏,工具栏中的各工具按钮根据功能分别放在不同的按钮组中。单击不同的标签,将在下方显示对应的选项卡按钮组工具栏。

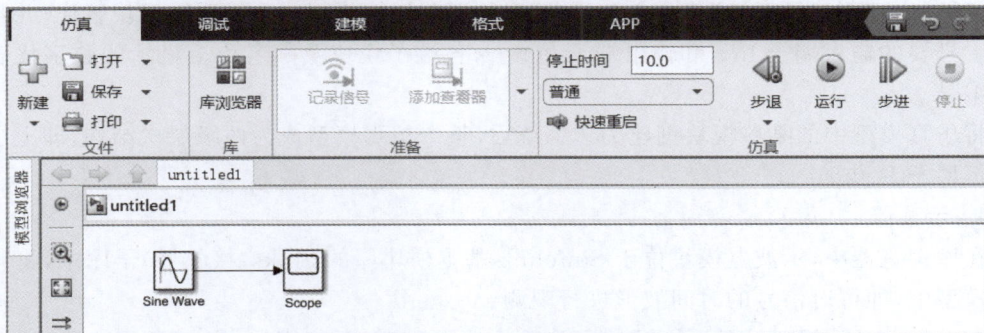

图 1-5 Simulink 编辑器窗口

刚进入编辑器时,创建的空白仿真模型默认命名为 untitled. slx。之后,从库浏览器中找到所需的各模块,将其单击选中并拖入编辑器的合适位置,即可将模块添加到模型中。通过单击拖动,可以移动模块位置,调节模块的大小。在编辑器中双击各模块,便弹出模块的参数对话框,在对话框中可以设置各模块的参数。

调入所有模块后,需要将这些模块相互连接起来,以构成完整的仿真模型。之后,单击

"标配"按钮,即可将模型文件保存到当前工作文件夹中。单击"仿真"选项卡中的"运行"按钮,即可启动仿真运行。运行结束后,可以利用 Simulink 中提供的示波器、频谱分析仪、数值显示器等观察仿真运行结果。

2. 模块与模块库

在 Simulink 中,模块是搭建各种系统仿真模型的基本单位,能够实现 Simulink 模型中某项特定的运算变换功能。所有的模块构成模块库,利用库浏览器对这些模块进行管理。

单击 Simulink 编辑器窗口中的"库浏览器"按钮,即可打开库浏览器,如图 1-6 所示。

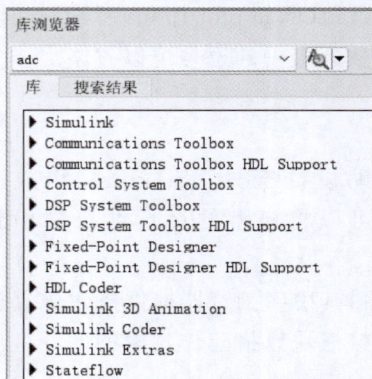

图 1-6 库浏览器

库浏览器中的模块库可以分为两大类,即 Simulink 基本模块库 Simulink 和扩展模块库。基本模块库中又进一步包括 Sources(信号源)、Sinks(接收器)、Continuous(连续)等子库。扩展模块库又称为应用工具箱,是针对具体专业行业的函数包,例如通信工具箱(Communications Toolbox)、DSP 系统工具箱(DSP System Toolbox)等。

上述各种应用工具箱或者扩展模块库又称为附加功能。在 MATLAB 的主窗口中,"主页"选项卡下的"环境"按钮组中有一个"附加功能"下拉菜单,单击其中的"管理附加功能"或"获取附加功能"菜单命令,可以选择"卸载""添加"或者"设置"所需的附加功能。

3. 子系统

当仿真模型比较大并且复杂时,将模块分组为不同的子系统(Subsystem)可以极大地简化仿真模型的布局。此外,需要仿真的实际系统可能本身就是由若干不同的环节构成的,例如一个基本的点—点通信系统可以划分为 3 个环节,即发送端、接收端和信道。在建模仿真时,可以将这 3 个环节分别用一个子系统实现。

在仿真模型中选中需要构成子系统的所有模块后,右键单击,在弹出的快捷菜单中选择"基于所选内容创建子系统"菜单命令,被选中的那些模块将用一个子系统模块替代,并自动添加上必要的输入端子 In * 和输出端子 Out *,各端子模块及其名称上显示的数字代表端子的编号。

将仿真模型中的某些模块创建为子系统后,整个仿真模型成为两级层次结构,即上层模型和下层子系统。

4. 示波器

在库浏览器中,示波器模块位于 Simulink 基本模块库的 Sinks(接收器)子库中,将其添加到模型中,即可对信号的时间波形进行观测。

在 Simulink 模型中添加了示波器(Scope)模块后,双击该模块,将打开示波器窗口,如图 1-7 所示。通过该窗口可以对示波器的属性和波形显示的样式格式等进行设置。

1) 示波器属性和样式配置

单击示波器窗口中"视图"菜单下的"配置属性"菜单命令,可以打开示波器"配置属性"对话框,通过该对话框可以对示波器显示信号波形的属性进行设置。常用的属性配置如下。

- 仿真开始时打开:设置何时打开示波器窗口。如果勾选该选项,则启动仿真后立即自动打开示波器窗口。否则,需要在仿真模型中双击示波器模块,才会打开示波器窗口。

- 显示时间轴标签：该选项位于"时间"选项卡面板中，勾选后将在示波器图形窗口下面显示时间轴标签。
- 标题：该参数位于"画面"选项卡面板中，用于设置图形标题，即对应的信号名称。默认设置为 %＜SignalLabel＞，表示用 Simulink 模型中设置的信号名作为波形图名。

通过"视图"菜单下的"样式"菜单命令，可以打开示波器"样式"设置对话框，通过该对话框可以对示波器中波形的显示样式进行设置。波形的显示样式主要分为两大类，上半部分为图窗颜色、绘图类型、坐标区颜色等设置，下半部分为绘图类型（连续曲线、阶梯波形、点线图等）、线条粗细和颜色、波形上数据点的标注样式等设置。

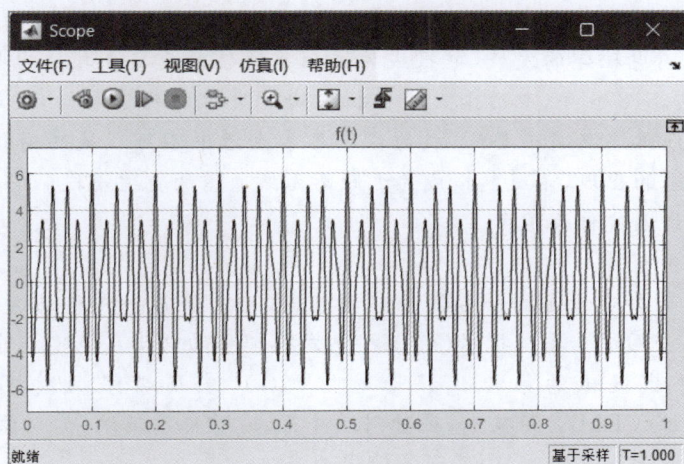

图 1-7 示波器窗口

2）波形常用操作

仿真运行后，示波器所连接的信号波形将显示在示波器窗口中。对所显示的波形可以进行很多操作，也能够进行很多分析和测量。这里列举几种典型的操作。

- 多个信号的显示

Simulink 中的示波器模块功能十分强大，可以实现多踪示波器的功能。要在同一个示波器中同时显示多个信号的波形，可以设置其属性参数"输入端口的数目"为信号的个数。此时，示波器图标上将出现相应个数的输入端子，以便送入需要显示波形的信号。

为了在同一个示波器窗口中同时显示多个信号的波形，还需要适当设置图形窗口的个数和布局方式，这些设置可以通过属性设置对话框中的"布局"按钮或者"视图"菜单中的"布局"菜单命令进行。

- 波形的缩放

利用示波器窗口工具栏中的"缩放"和"缩放 X/Y 轴范围"按钮，可以对图形窗口所显示的信号波形进行缩放操作。

在工具栏中单击"缩放"和"缩放 X/Y 轴范围"按钮旁边的下拉箭头，可以在下拉列表中选择对波形进行"缩放 X""缩放 Y""放大""缩小""平移"等操作。单击"缩放"按钮后，在图形区单击鼠标，即可实现图形的放大或者缩小。如果需要恢复初始图形，可以在图形区右击，在弹出的快捷菜单中单击"还原视图"菜单命令。

本章课程拓展

1．通信发展简史

通信系统的发展历史可以追溯到远古时代,但现代意义上的通信系统经历了多个重要阶段。

1）古代通信系统

约 3400 年前,中国就开始使用烽火台传递军事信息,通过点燃烽火来报警。周代(公元前 700 年左右)开始建立邮驿系统,通过驿站接力传递信件和物品。

2）近代通信系统

19 世纪初,随着电磁学的发展,电报成为远距离通信的重要手段。电报通过电线传输电信号来传递信息。1876 年,亚历山大·格拉汉姆·贝尔发明了电话,实现了语音的实时传输。随后,电话线路逐渐遍布全球,成为人们日常生活中不可或缺的通信工具。19 世纪末,随着无线电技术的出现,无线电报成为远距离无线通信的重要手段。它不再依赖于有线连接,而是通过无线电波传输信息。

3）现代移动通信

1978 年,美国芝加哥开通第一台模拟移动电话,标志着第一代移动通信(1G)的诞生。1987 年,我国首个全网通信系统技术(TACS)制式模拟移动电话系统建成并投入使用。

20 世纪 90 年代提出的第二代移动通信(2G),采用数字调制技术和时分多址(TDMA)、码分多址(CDMA)等技术,多种制式并存,通信标准不统一,无法实现全球漫游,系统带宽有限,数据业务单一,无法实现高速率业务。

21 世纪初提出的第三代移动通信(3G)能提供多种多媒体业务,能适应多种环境,能实现全球漫游,有足够的系统容量等。2001 年前后,数个国家相继开通了 3G 商用网络,标志着 3G 时代的到来。

2010 年,第四代移动通信(4G)诞生,具有非对称的超过 2Mb/s 的数据传输能力,包括宽带无线固定接入、宽带无线局域网、移动宽带系统和交互式广播网络等,能为不同的固定平台或无线平台和跨越不同频带的网络提供无线服务,能在任何地方用宽带接入互联网(包括卫星通信和平流层通信),并能实现定位定时、数据采集、远程控制等综合功能。

2014 年前后,我国各地相继开通 4G 网络服务,标志着 4G 时代的到来。21 世纪 20 年代,第五代移动通信(5G)被提出,其具有高速率、低时延和大连接等特点,是实现人机物互联的网络基础设施,能够为移动互联网用户提供更加极致的应用体验。海量机器类通信(massive Machine Type of Communication,mMTC)主要面向智慧城市、智能家居、环境监测等以传感和数据采集为目标的应用需求。

随着世界各地 5G 网络的开通,我们的生活正在步入 5G 时代。截至 2024 年 6 月末,我国 5G 基站总数已达 391.7 万个,占移动基站总数的 33%。

综上所述,通信系统的发展历史是一个从简单到复杂、从低速到高速、从单一到多元的过程。随着技术的不断进步和创新,未来的通信系统将会更加智能、高效和便捷。

2．系统的思想

通信系统是现代社会不可或缺的基础设施之一,承载着信息的传递与交换,使得人类能够跨越地理界限进行沟通与合作。而系统的思想,则是理解和设计这些复杂通信系统时的核心方法论。

通过系统的思想,可以更好地把握通信系统的整体架构和运行机制,发现潜在的问题和瓶颈,并提出有效的解决方案。

此外,系统的思想还强调动态性和适应性。随着科技的进步和社会的发展,通信系统的需求和环境也在不断变化。因此,需要根据实际情况不断调整和优化通信系统的设计和实现方案,以适应新的需求和挑战。同时,还需要关注通信系统的可靠性和安全性等方面,确保系统能够在各种复杂和恶劣的环境下稳定运行,并保护用户的信息安全。

总之,通信系统和系统的思想是密不可分的。通过运用系统的思想去理解和设计通信系统,我们可以更好地把握其整体性能和运行机制,提出有效的解决方案,并不断优化和完善系统以适应新的需求和挑战。

习题 1

1-1 填空题

(1) 模拟通信系统的有效性和可靠性通常分别用_____和_____衡量。

(2) 数字通信系统的有效性用传输速率衡量,具体包括_____和_____。

(3) 调制是用基带信号的幅度变化控制_____的某个参数。根据调制过程中频谱的变化情况,可以分为_____调制和_____调制两大类。

(4) 一个基本的相干解调器由_____和_____构成。

(5) 某数字通信系统以四进制传输时的信息速率为 4kb/s,则传输每个码元所需要的时间为_____。

(6) 某数字传输系统在 1min 内传送的信息量为 3600kb,则采用十六进制传输时,1s 内传送_____个码元。

(7) 某数字传输系统的频带利用率 $\eta_s = 1.2\text{Bd/Hz}$,传输带宽 $B = 3.5\text{kHz}$,则该系统的码元速率为_____。

(8) 若数字通信系统传送 256 进制码元,已知系统传输带宽为 10kHz,码元频带利用率 $\eta_s = 1\text{Bd/Hz}$,则每秒传送的信息量为_____。

(9) 一个二进制数字通信系统的误码率为 10^{-6},已知码元速率为 10kBd,则连续发送 1h,接收端共接收到_____个错误码元。

(10) 某数字通信系统以 2kBd 的码元速率传输十六进制符号,传输 1s 时间共检测到 4b 错误,则误信率为_____。

1-2 某数字通信系统传送二进制码元的速率为 $R_s = 400\text{Bd}$,设各码元独立等概率出现。

(1) 试求信息速率 R_{b1};

(2) 若信息速率不变,改为传送十六进制信号码元,求此时的码元速率 R_{s1};

(3) 若码元速率保持为 R_s,改为传送 256 进制信号码元,求此时的信息速率 R_{b2}。

1-3 某数字通信系统以 3kBd 的速率传输数字符号,占用的信道带宽为 2kHz。

(1) 求码元频带利用率 η_s;

（2）如果传输的是独立等概的十六进制符号，求信息速率 R_b；

（3）为使信息频带利用率达到 12b/（s·Hz），至少需要采用多少进制传输？

实践练习 1

1-1　安装 MATLAB R2024a 软件，注意同时安装好 Communications Toolbox（通信工具箱）和 DSP System Toolbox（DSP 系统工具箱）。

1-2　查阅帮助文档，了解 MATLAB 和 Simulink 的相关概念，了解 MATLAB 编程和 Simulink 建模仿真的基本方法。

第 2 章

CHAPTER 2

信号、信道与噪声

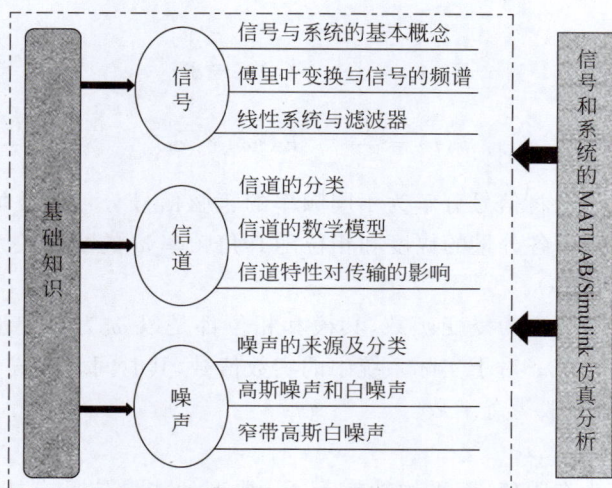

思维导图

通信系统中传输的是各种信号。发送端将需要传送的信息首先用合适的信号表示,然后送到信道中进行传输。本章将对后续章节所需的信号与系统相关知识以及信道和噪声的基本概念做简要的介绍。

2.1 信号和系统的基本概念

信号是信息和消息传播的载体和工具,一般表现为随时间不断变化的某种物理量或物理参数。系统是指由若干相互有联系的事物组合而成的整体,用于将送入系统的输入信号进行加工处理、运算变换后得到期望的输出信号,或者将信号传输到接收端。

对于通信系统中所遇到的各种信号,可以从不同的角度进行分类。例如,将所有的信号分为确定信号和随机信号。能够用确定的时间函数表达式或波形图描述,在任意指定时刻的幅度都可以根据函数表达式或波形图来确定,这样的信号称为确定信号;如果没有确定的时间函数表达式,在任意时刻的幅度取值事先都不可确定,而只知道幅度取为某个数值的概率有多大,这样的信号就称为随机信号。

在通信系统中,调制和解调过程所用的载波、采样过程中的采样脉冲、数字通信系统中的位同步信号等,都是典型的确定信号,而信道引入的噪声就属于典型的随机信号。

2.2 傅里叶变换与信号的频谱

为了研究通信系统中各种调制解调的基本原理,常用的方法是对信号进行频谱分析。通过频谱分析,可以明确调制和解调传输过程中信号各频率分量的变化情况,计算信号的带宽,正确设计所需要的滤波器等。

2.2.1 信号的频谱

信号的频谱是根据数学中的傅里叶级数和傅里叶变换提出来的。傅里叶变换和反变换分别定义为

$$F(j\omega) = \int_{-\infty}^{\infty} f(t) e^{-j\omega t}\, dt \tag{2-1}$$

$$f(t) = \frac{1}{2\pi}\int_{-\infty}^{\infty} F(j\omega) e^{j\omega t}\, d\omega \tag{2-2}$$

通过傅里叶变换可以将信号分解为不同频率的正弦信号分量的叠加,而信号的傅里叶变换 $F(j\omega)$ 反映了信号中各分量的幅度和相位随其角频率 ω 的变化关系,称为信号的频谱密度,简称频谱(Spectrum)。

信号的频谱一般情况下为复变函数,其模和相位都是以 ω 为自变量的实函数,分别称为信号的幅度谱和相位谱。对于实际系统中的实数信号,其时间表达式为实函数,幅度谱一般为偶函数,而相位谱一般为奇函数。

第 5 集
微课视频

1. 能量信号的频谱

能量信号的能量为有限值,而平均功率为0。典型的能量信号有持续时间有限的单脉冲信号、幅度随时间逐渐衰减到0的信号等。所有能量信号的频谱都不含有冲激函数,而是以 ω 为自变量的连续或分段函数。

这里介绍后续章节大量用到的几个典型信号,以便读者查阅。

1) 单脉冲信号

单脉冲信号又称为门信号,其时间表达式和频谱分别为

$$f(t) = \begin{cases} A, & |t| < \dfrac{\tau}{2} \\ 0, & \text{其他} \end{cases} \tag{2-3}$$

$$F(j\omega) = \int_{-\tau/2}^{\tau/2} A e^{-j\omega t}\, dt = A\tau \mathrm{Sa}\left(\frac{\omega\tau}{2}\right) \tag{2-4}$$

其中,$\mathrm{Sa}(x)$ 称为采样函数,其定义为 $\mathrm{Sa}(x) = \sin(x)/x$。

图 2-1 给出了单脉冲信号的时间波形和频谱图。可以看出,单脉冲信号的频谱为采样函数,由一个主瓣和无穷多个旁瓣构成,并且主瓣的高度远大于旁瓣的高度,意味着单脉冲信号中频率较低的分量幅度很大,而高频分量的幅度都很小。此外,随着 $|\omega|$ 的增大,幅度谱呈衰减振荡,沿 ω 轴方向每经过 $2\pi/\tau$,幅度谱穿越一次横轴。

2) 理想低通信号

理想低通信号又称为采样函数信号,其频谱和时间表达式分别为

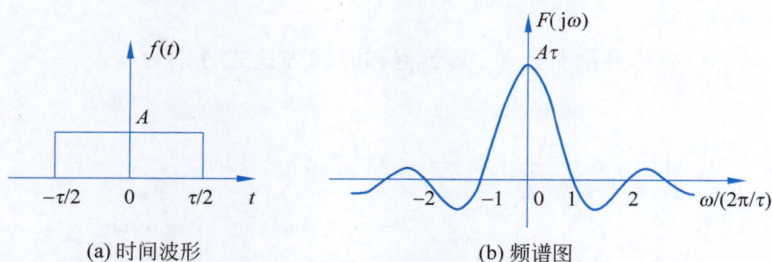

图 2-1 单脉冲信号的时间波形和频谱图

$$F(j\omega) = \begin{cases} \pi/\omega_0, & |\omega| < \omega_0 \\ 0, & \text{其他} \end{cases} \tag{2-5}$$

$$f(t) = \frac{1}{2\pi} \int_{-\omega_0}^{\omega_0} e^{j\omega t} d\omega = \text{Sa}(\omega_0 t) \tag{2-6}$$

图 2-2 给出了理想低通信号的时间波形和频谱图。可以看出,理想低通信号的频谱为单脉冲形状,宽度为 ω_0,意味着信号中只含有角频率小于 ω_0 的分量。理想低通信号的时间波形呈衰减振荡,并且沿横轴方向具有周期性的过零点,即每隔 π/ω_0 的时间间隔穿过一次横轴。

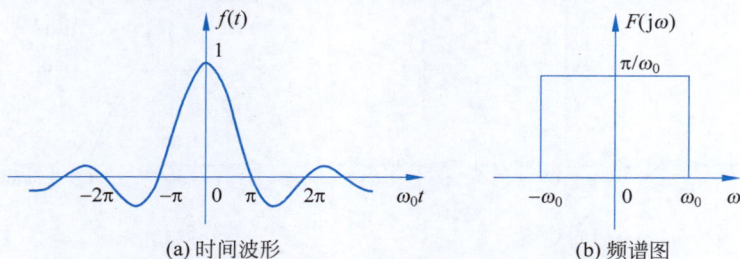

图 2-2 理想低通信号的时间波形和频谱图

3) 三角频谱信号

理想低通信号的频谱为矩形脉冲函数,将这样两个同样的频谱函数进行卷积运算后得到三角形频谱,对应的信号称为三角频谱信号。信号的时间表达式可以表示为

$$f(t) = \text{Sa}^2(\omega_0 t) \tag{2-7}$$

图 2-3 给出了三角频谱信号的时间波形和频谱图。其时间波形与理想低通信号类似,也具有周期性的过零点。由于其频谱是两个宽度相同的单脉冲函数的卷积,因此频谱宽度增大为理想低通信号的 2 倍。

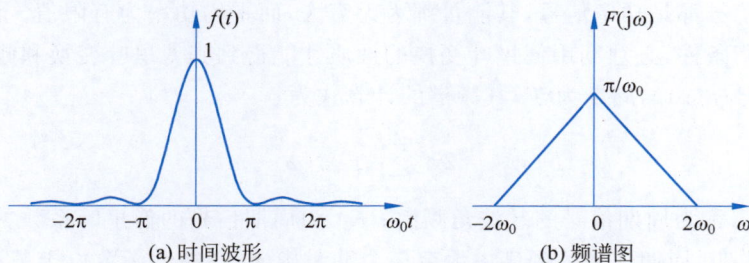

图 2-3 三角频谱信号的时间波形和频谱图

4) 升余弦滚降信号

升余弦滚降信号简称升余弦信号,其频谱和时间表达式分别为

$$F(\mathrm{j}\omega) = \begin{cases} 1, & |\omega| < (1-\alpha)\omega_0 \\ \dfrac{1}{2}\left[1 - \sin\dfrac{\pi}{2\alpha\omega_0}(|\omega| - \omega_0)\right], & (1-\alpha)\omega_0 < |\omega| < (1+\alpha)\omega_0 \\ 0, & |\omega| > (1+\alpha)\omega_0 \end{cases} \quad (2\text{-}8)$$

$$f(t) = \frac{\pi}{\omega_0}\mathrm{Sa}(\omega_0 t)\frac{\cos(\alpha\omega_0 t)}{1 - \left(\dfrac{2\alpha\omega_0}{\pi}t\right)^2} \quad (2\text{-}9)$$

其中,α 为滚降系数,并且 $0 \leqslant \alpha \leqslant 1$。

图 2-4 给出了升余弦信号的时间波形和频谱图。可以看出,升余弦滚降信号的时间波形与理想低通信号具有类似的特性,即都随时间呈衰减振荡,并且沿横轴方向具有周期性的过零点,每隔 π/ω_0 的时间间隔穿过一次横轴。

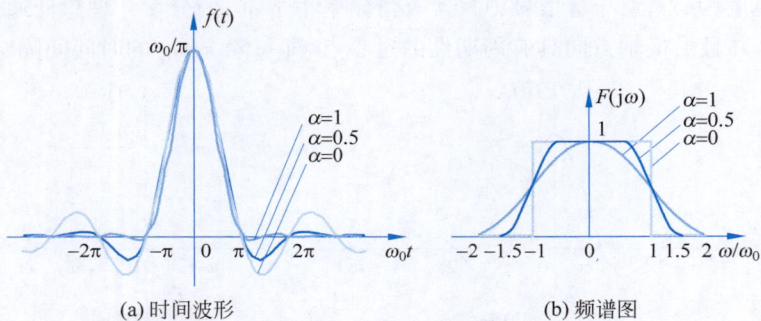

(a) 时间波形　　　　　　　　　(b) 频谱图

图 2-4　升余弦信号的时间波形和频谱图

在频域,升余弦滚降信号的频谱存在滚降段,滚降段曲线以 ω_0 为中心奇对称,从最大值逐渐下降到零,如图 2-4(b)所示。频谱达到零时对应的频率为

$$f_c = \frac{(1+\alpha)\omega_0}{2\pi} = (1+\alpha)f_0 \quad (2\text{-}10)$$

其中,$f_0 = \omega_0/(2\pi)$。根据式(2-10)可知,滚降系数 α 越小,f_c 也越小。当 $\alpha = 0$ 时,升余弦信号就变为理想低通信号,$f_c = \omega_0/(2\pi)$。

2. 周期信号的频谱

所有周期信号都是功率信号,其能量都为无穷大,而平均功率为有限值。由于周期信号不满足绝对可积条件,必须利用傅里叶变换的性质才能得到其傅里叶变换和频谱。

设周期信号 $f(t)$ 的周期为 T,其频谱的计算式为

$$F(\mathrm{j}\omega) = 2\pi\sum_{n=-\infty}^{\infty}F_n\delta(\omega - n\Omega) \quad (2\text{-}11)$$

其中,$\Omega = 2\pi/T$,称为周期信号的基波角频率;F_n 为周期信号的傅里叶系数。

式(2-11)说明,周期信号的频谱由无穷多个冲激构成,各冲激函数位于基波角频率的整数倍位置。因此,周期信号的频谱都是离散谱,而非周期信号和能量信号的频谱都是连续谱。

例如,有正弦信号

$$f(t) = A\cos\omega_0 t \tag{2-12}$$

其频谱为

$$F(j\omega) = \pi A[\delta(\omega - \omega_0) + \delta(\omega + \omega_0)] \tag{2-13}$$

而幅度为 A 的直流信号可以视为 $\omega_0 = 0$ 的正弦信号,其频谱为

$$F(j\omega) = 2\pi A\delta(\omega) \tag{2-14}$$

图 2-5 给出了正弦信号和直流信号的频谱图。

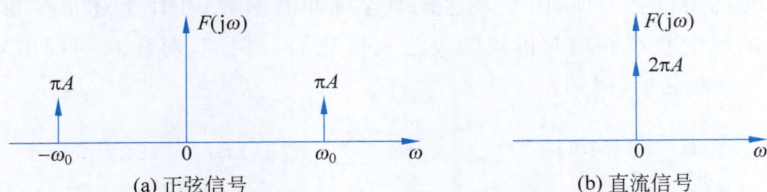

(a) 正弦信号　　　　(b) 直流信号

图 2-5　正弦信号和直流信号的频谱图

除正弦信号以外,典型的周期信号还有周期脉冲信号、周期冲激序列等。周期冲激序列的时间表达式和频谱分别为

$$\delta_T(t) = \sum_{n=-\infty}^{\infty} \delta(t - nT) \tag{2-15}$$

$$F(j\omega) = \omega_0 \sum_{n=-\infty}^{\infty} \delta(\omega - n\omega_0) \tag{2-16}$$

其中,T 为周期;$\omega_0 = 2\pi/T$;$\delta(t)$ 为单位冲激信号。

式(2-16)说明,周期冲激信号的频谱仍然为周期冲激函数。图 2-6 给出了周期冲激信号的时间波形及其频谱图。

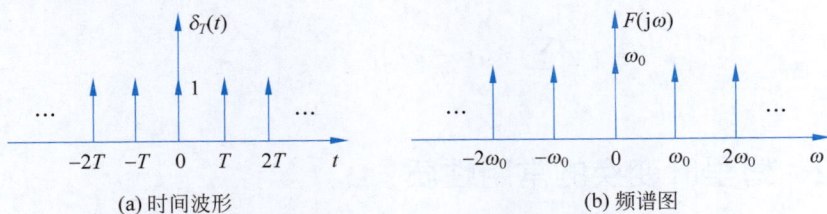

(a) 时间波形　　　　(b) 频谱图

图 2-6　周期冲激信号的时间波形及其频谱图

3. 傅里叶变换的另一种形式

前面介绍的傅里叶变换和信号的频谱都是以信号中各分量的角频率 ω 为自变量,在本书后面的内容中,还将用到傅里叶变换的另一种表达形式,即以频率 f 为自变量。

一般情况下,以 f 为自变量的傅里叶变换仍然为复变函数,表示为 $F(jf)$,其正变换和反变换的定义为

$$F(jf) = \int_{-\infty}^{\infty} f(t)\mathrm{e}^{-\mathrm{j}2\pi ft}\,\mathrm{d}t \tag{2-17}$$

$$f(t) = \int_{-\infty}^{\infty} F(jf)\mathrm{e}^{\mathrm{j}2\pi ft}\,\mathrm{d}f \tag{2-18}$$

根据上述定义容易得到两种形式傅里叶变换之间的关系为

$$F(\mathrm{j}f) = F(\mathrm{j}\omega)\,|_{\omega=2\pi f} \tag{2-19}$$

由以上定义可知,两种形式的傅里叶变换之间只是一种简单的自变量代换关系。例如,对单脉冲信号,其傅里叶变换为

$$F(\mathrm{j}f) = \int_{-\tau/2}^{\tau/2} A\mathrm{e}^{-\mathrm{j}2\pi ft}\,\mathrm{d}t = A\tau\mathrm{Sa}(\pi f\tau) = F(\mathrm{j}\omega)\,|_{\omega=2\pi f} \tag{2-20}$$

由于只是自变量的区别,傅里叶变换的函数表达式完全相同,因此频谱图也完全相同,只是横轴刻度替换为 $f=\omega/(2\pi)$。

对周期信号的傅里叶变换,由于表达式中含有冲激函数,在作上述自变量替换时,需要利用冲激函数的尺度变换性质对得到的表达式作化简。例如,对任意周期信号的傅里叶变换,转换为以 f 为自变量,得到

$$F(\mathrm{j}f) = F(\mathrm{j}\omega)\,|_{\omega=2\pi f} = 2\pi \sum_{n=-\infty}^{\infty} F_n \delta(2\pi f - n2\pi f_0)$$

$$= \sum_{n=-\infty}^{\infty} F_n \delta(f - nf_0) \tag{2-21}$$

其中,$f_0 = \Omega/(2\pi)$,Ω 为周期信号的基波角频率。

例如,对正弦信号的频谱作自变量代换得到

$$F(\mathrm{j}f) = F(\mathrm{j}\omega)\,|_{\omega=2\pi f} = \pi A[\delta(2\pi f - 2\pi f_0) + \delta(2\pi f + 2\pi f_0)]$$

$$= \frac{A}{2}[\delta(f - f_0) + \delta(f + f_0)] \tag{2-22}$$

其中,$f_0 = \omega_0/(2\pi)$,ω_0 为正弦信号的角频率。

对周期冲激序列的频谱,作自变量代换得到

$$F(\mathrm{j}f) = F(\mathrm{j}\omega)\,|_{\omega=2\pi f} = \omega_0 \sum_{n=-\infty}^{\infty} \delta(2\pi f - n2\pi f_0)$$

$$= f_0 \sum_{n=-\infty}^{\infty} \delta(f - nf_0) \tag{2-23}$$

其中,$f_0 = \omega_0/(2\pi) = 1/T$。

2.2.2 傅里叶变换的常用性质

附录 A 给出了傅里叶变换的常用性质,下面对本书将要用到的几个常用性质再做一些说明。

1. 时移性质

设时移后的信号为 $f_1(t)$,其傅里叶变换为 $F_1(\mathrm{j}\omega)$,则根据时移性质得到

$$|F_1(\mathrm{j}\omega)| = |F(\mathrm{j}\omega)|$$

$$\angle F_1(\mathrm{j}\omega) = \angle F(\mathrm{j}\omega) - \mathrm{j}\omega t_0$$

以上两式说明,在时域将信号沿着时间轴平移,在频域信号的幅度谱将保持不变,只是相位谱有附加的相移 $-\omega t_0$,即信号中的所有分量都将平移相同的时间 t_0。

2. 尺度变换性质

尺度变换性质说明,在时域如果对信号沿时间轴进行拉伸,也就是增加信号的持续时间,则信号的频谱宽度将得到压缩;反之,如果将信号在时域进行压缩,也就是减小信号持

续的时间,信号的频谱宽度将增大。这意味着信号的时间宽度(简称时宽)与其在频域中持续的宽度(即带宽)成反比。

在通信系统中,要求以更快的速度传输信号,相当于将信号在时域中进行压缩,则信号的带宽将增大,也就要求传输信道提供更大的带宽。

3. 频移性质

傅里叶变换的频移性质又称为调制定理,是通信系统中各种调制和解调技术的理论基础。频移性质的具体描述有 3 种情况,可以统一归纳为:若将信号在时域乘以基本的周期信号(复简谐信号、正弦信号),则在频域等价于将信号的频谱沿着频率轴向左或向右平移,频谱的结构和图形形状保持不变。

例如,在时域中将信号与角频率为 ω_0 的余弦函数信号相乘,则相当于在频域将原信号的频谱分别沿频率轴向左和向右平移 ω_0,相加后再将频谱波形上各点幅度缩小为原来的 $1/2$。

2.2.3　信号的能量谱、功率谱与自相关函数

在系统分析中,还经常需要从能量或功率的角度对信号进行分析和描述。能量和功率是信号在时域中的重要特征,将信号分解为各正弦信号分量后,其中的每个分量也都有能量或功率。信号的能量谱和功率谱就是反映信号中各分量的能量和功率随着分量频率的变化关系。

1. 能量谱和功率谱

对能量信号,如果能够找到一个频域实函数 $E(\omega)$ 或 $E(f)$,使信号的能量为

$$E = \frac{1}{2\pi}\int_{-\infty}^{\infty} E(\omega)\,\mathrm{d}\omega = \int_{-\infty}^{\infty} E(f)\,\mathrm{d}f \tag{2-24}$$

则函数 $E(\omega)$ 或 $E(f)$ 就称为该能量信号的能量谱密度,简称为能量谱(Energy Spectrum)。

类似地,对功率信号,如果能够找到一个频域实函数 $P(\omega)$ 或 $P(f)$,使信号的平均功率为

$$P = \frac{1}{2\pi}\int_{-\infty}^{\infty} P(\omega)\,\mathrm{d}\omega = \int_{-\infty}^{\infty} P(f)\,\mathrm{d}f \tag{2-25}$$

则函数 $P(\omega)$ 或 $P(f)$ 就称为该功率信号的功率谱密度,简称为功率谱(Power Spectrum)。

根据定义容易得到

$$E(\omega) = |F(\mathrm{j}\omega)|^2 \tag{2-26}$$

$$E(f) = |F(\mathrm{j}f)|^2 \tag{2-27}$$

$$P(\omega) = 2\pi\sum_{n=-\infty}^{\infty} |F_n|^2\delta(\omega - n\Omega) \tag{2-28}$$

$$P(f) = \sum_{n=-\infty}^{\infty} |F_n|^2\delta(f - nf_0) \tag{2-29}$$

以上各式说明,能量信号的能量谱等于其幅度谱的平方。功率信号的功率谱由无穷多个冲激函数构成,与周期信号的幅度谱一样,这些冲激离散地位于 $n\Omega$ 或 nf_0 位置,冲激的强度为 $2\pi|F_n|^2$ 或 $|F_n|^2$,而 $|F_n|$ 反映的是周期信号中各分量的幅度。

显然,信号的能量谱和功率谱都只与其幅度谱有关,与相位谱无关。注意根据式(2-11)和式(2-28)、式(2-21)和式(2-29)总结两种形式傅里叶变换和周期信号功率谱之间的折算关系。

第 6 集
微课视频

例 2-1 已知 $f(t)=10+10\cos200\pi t$，求其频谱、功率谱和平均功率。

解 已知的 $f(t)$ 为周期信号，其时间表达式包括两项，分别为直流信号和频率为 $100\,\text{Hz}$ 的正弦信号，则根据这两个信号的频谱和傅里叶变换的线性性质得到 $f(t)$ 的频谱为

$$F(\mathrm{j}f)=10\delta(f)+5[\delta(f-100)+\delta(f+100)] \tag{2-30}$$

频谱图如图 2-7(a)所示。

频谱中各冲激的强度即为 $|F_n|$，因此再根据式(2-29)得到信号 $f(t)$ 的功率谱为

$$P(f)=100\delta(f)+25[\delta(f-100)+\delta(f+100)] \tag{2-31}$$

功率谱图如图 2-7(b)所示。

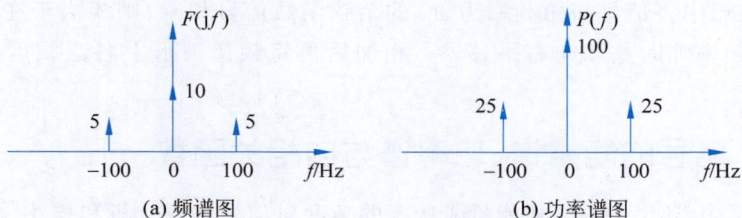

图 2-7 例 2-1 示意图

根据功率谱求得信号 $f(t)$ 的平均功率为

$$\begin{aligned}P&=\int_{-\infty}^{\infty}P(f)\mathrm{d}f\\&=\int_{-\infty}^{\infty}\{100\delta(f)+25[\delta(f-100)+\delta(f+100)]\}\mathrm{d}f\\&=150\text{W}\end{aligned}$$

2. 信号的自相关函数

能量信号 $f(t)$ 的自相关函数定义为

$$R(t)=\int_{-\infty}^{\infty}f(\tau)f(t+\tau)\mathrm{d}\tau \tag{2-32}$$

功率信号 $f(t)$ 的自相关函数定义为

$$R(t)=\lim_{T\to\infty}\frac{1}{T}\int_{-\infty}^{\infty}f(\tau)f(t+\tau)\mathrm{d}\tau \tag{2-33}$$

自相关函数具有以下特性。

(1) 信号的自相关函数与其能量谱或功率谱密度之间互为傅里叶变换对。

(2) 任何信号的自相关函数在 $t=0$ 时达到最大值。

(3) $R(0)$ 表示能量信号的能量或功率信号的功率。

2.2.4 信号的带宽

信号通过傅里叶变换分解为很多不同频率正弦信号分量的叠加，信号的频带宽度(简称带宽，Bandwidth)定义为所有分量频率的变化范围，或者频谱图中右半平面不恒为 0 的部分在横轴上的投影宽度，单位为 Hz。

例如，对于理想低通信号，根据图 2-2(b)所示频谱图，可以确定信号的带宽为 $\omega_0/(2\pi)$；根据图 2-3(b)所示频谱图，可以确定三角频谱信号的带宽为 $2\omega_0/(2\pi)=\omega_0/\pi$。

实际系统中的大多数信号分解得到的分量有无穷多个,因此理论上说其带宽为无穷大。但由于实际信号的频谱、能量谱和功率谱都具有收敛性,各分量的幅度、能量或功率都将随着频率的增大而逐渐衰减。超过一定频率的分量,其幅度可以忽略,因此可将该频率近似定义为信号的带宽。信号的能量和功率主要由该带宽范围内的分量提供,而在此范围以外的分量,在合成原始信号时可以忽略。

例如,对宽度为 τ 的单脉冲信号,其频谱如图 2-8 所示。当 $\omega < 2\pi/\tau$ 时,主瓣中各分量的幅度比较大,而 $\omega > 2\pi/\tau$ 时分量的幅度急剧减小。忽略这些高频分量,则信号的带宽可近似取为幅度谱从最大值开始,第 1 次达到零点对应的频率范围(称为第一谱零点带宽,简称谱零点带宽),也就是主瓣宽度的一半,即

$$B = \frac{2\pi/\tau}{2\pi} = \frac{1}{\tau}$$

对通信系统信道中传输的各种已调信号,大都属于带通信号,也就是信号的频谱位于某个较高的频率 f_0 附近,如图 2-9 所示。此时信号的带宽为

$$B = f_H - f_L$$

其中,f_L 和 f_H 分别为信号的最低频率和最高频率。$f_0 = (f_L + f_H)/2$ 为信号的中心频率。

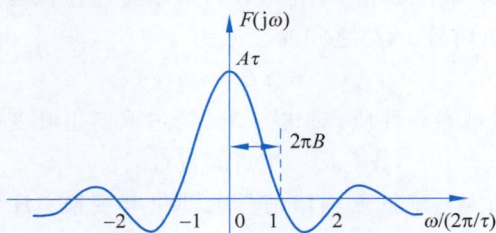

图 2-8　单脉冲信号的带宽

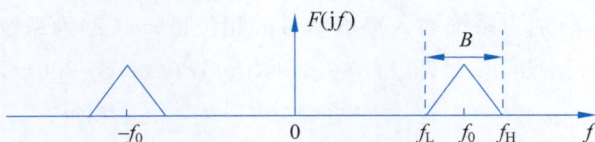

图 2-9　带通信号及其带宽

2.3　线性系统与滤波器

前面介绍了通信系统中常用的确定信号及其基本概念。通信系统的根本任务是利用信号实现信息和消息的传递和交换。本节将总结确定信号通过线性系统时的基本分析方法,并介绍滤波器的基本概念。

2.3.1　线性系统及其频率特性

在频域分析中,线性系统用频率特性(频率响应)来描述。系统的频率特性定义为系统单位冲激响应的傅里叶变换,即

$$H(j\omega) = FT[h(t)] = \int_{-\infty}^{\infty} h(t) e^{-j\omega t} \, dt \qquad (2\text{-}34)$$

其中,$h(t)$为系统的单位冲激响应,是系统在单位冲激信号作用下的零状态响应。根据式(2-34),显然系统的单位冲激响应等于其频率特性的傅里叶反变换,即

$$h(t) = \text{IFT}[H(\text{j}\omega)] = \frac{1}{2\pi} \int_{-\infty}^{\infty} H(\text{j}\omega) \text{e}^{\text{j}\omega t} \, \text{d}\omega \tag{2-35}$$

与信号的频谱一样,一般情况下,系统的频率特性是以 ω 或 f 为自变量的复变函数,并可以表示为

$$H(\text{j}\omega) = |H(\text{j}\omega)| \, \text{e}^{\text{j}\varphi(\omega)}$$

或

$$H(\text{j}f) = H(\text{j}\omega) \mid_{\omega = 2\pi f} = |H(\text{j}f)| \, \text{e}^{\text{j}\varphi(f)}$$

其中,$|H(\text{j}\omega)|$或$|H(\text{j}f)|$称为系统的幅频特性;$\varphi(\omega)$或$\varphi(f)$称为系统的相频特性。幅频特性代表信号通过系统传输时,系统对其中各分量幅度的放大倍数;而相频特性代表信号中各分量相位和时间的延迟。

2.3.2 系统响应的频域求解

在时域中,借助于系统的单位冲激响应 $h(t)$,可以通过卷积运算求解系统的输出响应,系统输入信号 $f(t)$ 与输出信号 $y(t)$ 之间的关系为

$$y(t) = f(t) * h(t) \tag{2-36}$$

根据傅里叶变换的时域卷积性质,对式(2-36)两边取傅里叶变换得到

$$Y(\text{j}\omega) = F(\text{j}\omega) H(\text{j}\omega) \tag{2-37}$$

其中,$F(\text{j}\omega)$和 $Y(\text{j}\omega)$分别为系统输入输出信号的傅里叶变换;$H(\text{j}\omega)$为系统的频率特性。根据式(2-37)又可以得到

$$|Y(\text{j}\omega)| = |F(\text{j}\omega)| \, |H(\text{j}\omega)|, \quad \varphi_y(\omega) = \varphi_f(\omega) + \varphi(\omega) \tag{2-38}$$

其中,$\varphi_f(\omega)$和 $\varphi_y(\omega)$分别为系统输入输出信号的相位谱;$\varphi(\omega)$为系统的相频特性。

例 2-2 如图 2-10(a)所示,已知 $f(t) = 8\cos 40\pi t$,$c(t) = \cos 200\pi t$,求输出 $y(t)$。

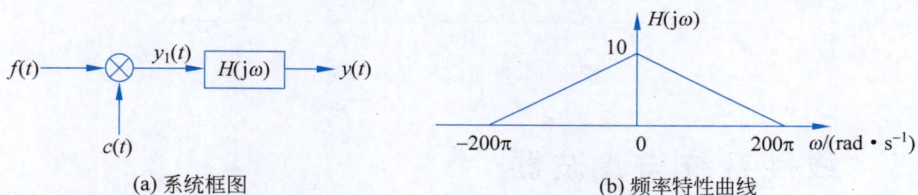

(a) 系统框图　　　　　　　　(b) 频率特性曲线

图 2-10　例 2-2 系统框图及其频率特性曲线

解 根据图 2-10(a)求得

$$y_1(t) = f(t) c(t) = f(t) \cos 200\pi t$$

则根据傅里叶变换的频移性质得到 $y_1(t)$ 的频谱为

$$Y_1(\text{j}\omega) = \frac{1}{2} \{F[\text{j}(\omega - 200\pi)] + F[\text{j}(\omega + 200\pi)]\}$$

将 $Y_1(\text{j}\omega)$ 与 $H(\text{j}\omega)$ 相乘得到 $Y(\text{j}\omega)$。系统中各信号的频谱如图 2-11 所示。据此求得

$$y(t) = 8\cos 160\pi t$$

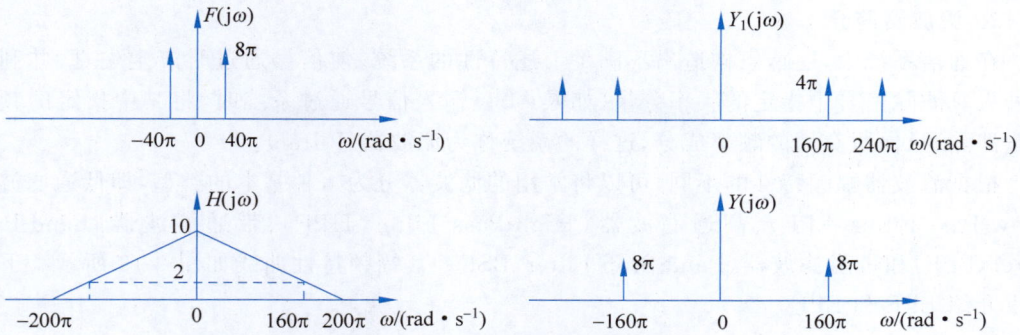

图 2-11 例 2-2 系统各信号频谱

2.3.3 滤波器

通信系统的根本目的是无失真地将信号传输到接收端。但是，由于实际系统的频率特性都不够理想，接收端接收到的信号波形相对于发送端发送的信号波形将发生畸变。此外，实际系统中，还有意利用这一概念实现信号的特殊变换，典型的应用就是滤波器。

1. 系统的无失真传输

输入信号作用到系统的输入端，信号中原来含有的某些频率分量在通过系统时可能被完全滤除，其中的各频率分量也可能在幅度上被放大不同的倍数，在相位上有不同的延迟，从而使在系统的输出端得到波形发生了畸变的输出信号，这种现象称为失真。

要求信号通过系统时不出现失真，也就是要求输出信号的波形不能发生畸变，最多只有幅度上的放大或衰减以及相位或时间上的延迟。因此，要达到无失真传输，系统应该满足的条件为

$$y(t) = K f(t - t_d) \tag{2-39}$$

其中，$f(t)$ 和 $y(t)$ 分别为系统的输入和输出信号；K 为系统对输入信号的增益；t_d 为系统对输入信号的延迟，称为群延迟。

满足上述条件的系统，其频率特性为

$$H(j\omega) = K e^{-j\omega t_d} \tag{2-40}$$

幅频特性和相频特性分别为

$$H(\omega) = K, \quad \varphi(\omega) = -\omega t_d \tag{2-41}$$

以上各式说明，为了做到无失真传输，系统的幅频特性应该为与 ω 无关的常数；而相频特性与 ω 呈线性关系；群延迟等于相频特性的导数，应为与 ω 无关的常数。

图 2-12 给出了无失真传输系统的幅频特性和相频特性以及系统输入输出信号的波形。

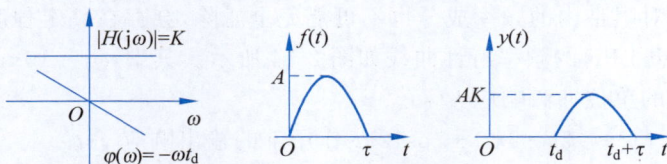

图 2-12 系统的无失真传输

满足上述条件的系统，带宽为无穷大，这在实际的通信系统中是不可能的。考虑到实际系统传输的信号带宽有限，只要满足系统带宽不低于传输信号的带宽，就近似认为传输没有失真。

2. 滤波器简介

在通信系统中,还特意构造出不满足上述特性的系统,使信号通过时产生失真,并利用这种失真滤除信号中指定的频率分量(如噪声)。输入信号通过系统时,将其中指定的频率分量滤除,只保留有用的频率成分,这样的系统称为滤波器(Filter)。

根据滤波器幅频特性的不同,可以将常用的滤波器分为 4 种基本的类型,即低通滤波器(Low-Pass Filter,LPF)、高通滤波器(High-Pass Filter,HPF)、带通滤波器(Band-Pass Filter,BPF)和带阻滤波器(Band-Stop Filter,BSF),其幅频特性曲线如图 2-13 所示。下面着重介绍 LPF 和 BPF。

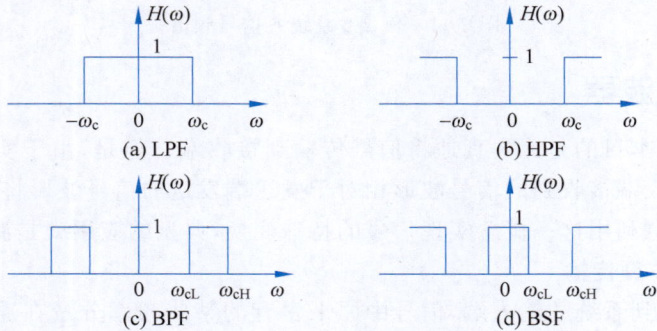

图 2-13　4 种基本滤波器的幅频特性曲线

1) 理想 LPF

理想的低通滤波器有一个重要的参数 ω_c,称为截止角频率。$\omega=0\sim\omega_c$ 的角频率范围称为滤波器的通带,其他频率范围为滤波器的阻带。通常又将 $\omega_c/(2\pi)$ 称为滤波器的带宽。对于理想的 LPF,输入信号中频率位于通带内的低频分量能够全部通过,而位于阻带内的频域分量将被滤波器全部滤除。

2) 理想 BPF

理想 BPF 有两个参数,分别称为上截止角频率 ω_{cH} 和下截止角频率 ω_{cL},相应的通带角频率范围为 $\omega_{cL}\sim\omega_{cH}$,其他频率范围为阻带。理想 BPF 通常还可以用另外两个参数确定其通带和阻带频率范围,即带宽 B 和中心频率 f_0,这两个参数与上下截止角频率之间的关系为

$$B=\frac{\omega_{cH}-\omega_{cL}}{2\pi}, \quad f_0=\frac{\omega_{cH}+\omega_{cL}}{4\pi} \tag{2-42}$$

需要指出的是,上述理想滤波器是无法实现的。对于实际系统中的滤波器,除了通带和阻带以外,还存在过渡带。此外,实际滤波器对通带内的频率成分也不可能全部通过,而是存在一定的衰减;对阻带内的频率成分也不可能完全滤除,会存在一定程度的泄漏。

例 2-3 某理想 LPF 的频率特性曲线如图 2-14 所示。其中,$\omega_c=10\pi\,\text{rad/s}$。

(1) 求滤波器的单位冲激响应 $h(t)$。

(2) 求系统在 $f(t)=5\cos2\pi t+\cos12\pi t$ 作用下的输出响应 $y(t)$。

(3) 为使上述信号通过滤波器后不失真,该如何调整滤波器的参数?

解 (1) 由图 2-14 得到

$$H(j\omega)=\begin{cases} e^{-j0.2\omega}, & |\omega|<10\pi \\ 0, & |\omega|>10\pi \end{cases}$$

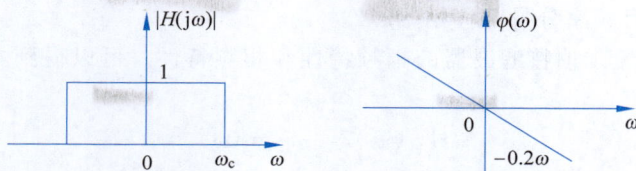

图 2-14 例 2-3 理想 LPF 频率特性曲线

取傅里叶反变换得到

$$h(t) = \frac{1}{2\pi}\int_{-\infty}^{\infty} H(j\omega) e^{j\omega t} d\omega = \frac{1}{2\pi}\int_{-10\pi}^{10\pi} e^{-j0.2\omega} e^{j\omega t} d\omega$$
$$= 10Sa[10\pi(t - 0.2)]$$

（2）输入信号的频谱为

$$F(j\omega) = 5\pi[\delta(\omega - 2\pi) + \delta(\omega + 2\pi)] + \pi[\delta(\omega - 12\pi) + \delta(\omega + 12\pi)]$$

这是一个实函数，其幅度谱 $|F(j\omega)| = F(j\omega)$，而相位谱 $\varphi_f(\omega) = 0$。

将 $|F(j\omega)|$ 与 $|H(j\omega)|$ 相乘，$\varphi_f(\omega)$ 与 $\varphi(\omega)$ 相加，即可得到输出信号 $y(t)$ 的幅度谱 $|Y(j\omega)|$ 和相位谱 $\varphi_y(\omega)$，如图 2-15 所示。由此得到

$$Y(j\omega) = 5\pi[\delta(\omega - 2\pi) + \delta(\omega + 2\pi)] e^{-j0.2\omega}$$

取傅里叶反变换得到

$$y(t) = \frac{1}{2\pi}\int_{-\infty}^{\infty} Y(j\omega) e^{j\omega t} d\omega$$
$$= \frac{1}{2\pi}\int_{-\infty}^{\infty} 5\pi[\delta(\omega - 2\pi) + \delta(\omega + 2\pi)] e^{-0.2j\omega} e^{j\omega t} d\omega$$
$$= 2.5[e^{j2\pi(t-0.2)} + e^{-j2\pi(t-0.2)}] = 5\cos2\pi(t - 0.2)$$

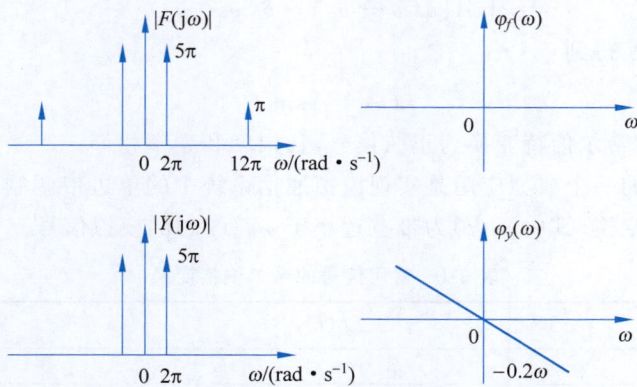

图 2-15 例 2-3 输出信号的幅度谱和相位谱

（3）由于输入信号中的两个分量分别位于低通滤波器的通带和阻带内，因此只有低频分量能够通过低通滤波器，从而使输入输出信号的波形有失真。为避免失真，应该使输入信号中的两个分量都位于滤波器的通带内。因此，应将滤波器的截止频率 ω_c 增大，并使之满足 $\omega_c > 12\pi$ rad/s，即滤波器的带宽至少应增大到 6Hz。

3. 希尔伯特滤波器

希尔伯特（Hilbert）滤波器是一个宽带移相网络，其幅频特性具有全通特性，相频特性

对输入信号中的所有频率分量都移相$-\pi/2$。

图 2-16 所示为希尔伯特滤波器的幅频特性和相频特性。可以得到希尔伯特滤波器的频率特性为

$$H_H(j\omega) = -j\,\text{sgn}(\omega) \tag{2-43}$$

其中，sgn(·)为符号函数。

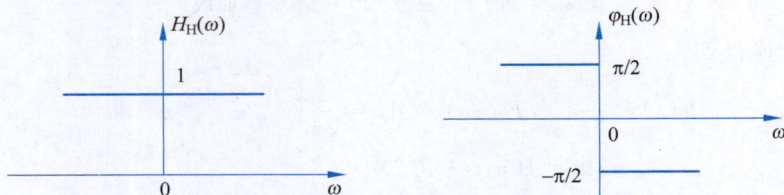

图 2-16　希尔伯特滤波器的幅频特性和相频特性

对式(2-43)取傅里叶反变换得到希尔伯特滤波器的单位冲激响应为

$$h_H(t) = \frac{1}{\pi t} \tag{2-44}$$

信号通过希尔伯特滤波器后，得到的输出称为该信号的希尔伯特变换。例如，单频余弦信号 $f(t)=A\cos\omega_0 t$ 的频谱为

$$F(j\omega) = \pi A[\delta(\omega-\omega_0)+\delta(\omega+\omega_0)]$$

则其希尔伯特变换 $\hat{f}(t)$ 的频谱为

$$\begin{aligned}
\hat{F}(j\omega) &= X(j\omega)H_H(j\omega)\\
&= \pi A[\delta(\omega-\omega_0)+\delta(\omega+\omega_0)][-j\,\text{sgn}(\omega)]\\
&= -j\pi A[\delta(\omega-\omega_0)-\delta(\omega+\omega_0)]
\end{aligned}$$

对其取傅里叶反变换得到

$$\hat{f}(t) = A\sin\omega_0 t$$

这说明，余弦信号的希尔伯特变换为正弦信号，且幅度和频率相等。

希尔伯特变换的一个典型应用是实现模拟通信系统中的单边带调制。表 2-1 给出了常用信号的希尔伯特变换，其中 $m(t)$ 为带宽远小于 $\omega_0/(2\pi)$ 的模拟信号。

表 2-1　常用信号的希尔伯特变换

序号	$f(t)$	$\hat{f}(t)$
1	$A\cos\omega_0 t$	$A\sin\omega_0 t$
2	$A\sin\omega_0 t$	$-A\cos\omega_0 t$
3	$m(t)\cos\omega_0 t$	$m(t)\sin\omega_0 t$
4	$m(t)\sin\omega_0 t$	$-m(t)\cos\omega_0 t$

2.4　信道及其特性

信道(Channel)是信号的传输媒质，在通信系统中，各种信号都要通过信道才能从发送端传送到接收端。本节主要介绍信道的特性及其对信号传输的影响。

2.4.1　信道的分类

根据传输介质的不同可以将信道划分为有线信道和无线信道。有线信道利用双绞线、同轴电缆、光纤等传输信号；无线信道利用空间电磁波实现信号的传输，如微波信道、卫星信道、短波电离层反射信道、散射信道等。根据传输信号的类型，又可将信道划分为模拟信道和数字信道，分别传输模拟信号和数字信号。

根据功能的不同，又可以将信道划分为调制信道和编码信道。所谓调制信道，是指从调制器输出端到解调器输入端的部分。从调制和解调的角度来看，调制器输出端到解调器输入端的所有变换装置和传输媒质，不论其过程如何，只不过是对已调制信号进行某种变换。所谓编码信道，是指编码器输出端到解码器输入端的部分。从编解码的角度来看，编码器的输出是某个数字序列，而解码器的输入同样也是某个数字序列，它们可能是不同的数字序列。因此，从编码器输出端到解码器输入端，可以用一个对数字序列进行变换的编码信道来概括。以上两种信道的组成如图 2-17 所示。

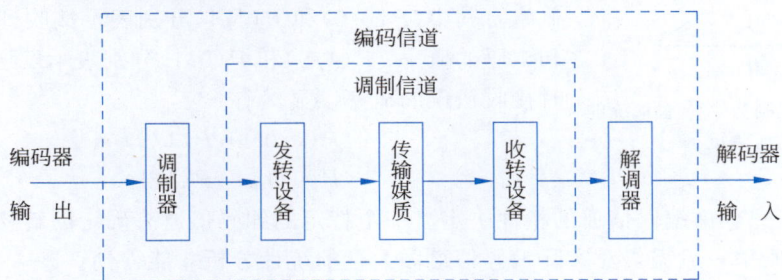

图 2-17　调制信道和编码信道

2.4.2　信道的数学模型

为了分析信道特性及其对信号传输过程的影响，可以对上述调制信道和编码信道引入数学模型，进而用数学方法对其特性进行定性和定量分析。

1. 调制信道的数学模型

调制信道具有以下特性。

（1）至少有一个输入端和一个输出端。发送端调制器的输出送入调制信道，传送到接收端后再送入解调器。

（2）绝大多数的调制信道都是线性的。

（3）信号通过信道时都将有一定的时延，并且传输过程中还会受到损耗。

（4）信道输入端没有信号时，在信道的输出端仍会有一定的输出噪声。

根据上述特性，可以将调制信道视为一个线性时变系统，并用如图 2-18 所示模型表示。图 2-18 中，$f_i(t)(i=1\sim m)$ 为信道的 m 个输入信号，$y_j(t)(j=1\sim n)$ 为调制信道的 n 个输入信号。

对于单输入单输出的情况，即只有一个输入和一个输出信号时，输入输出信号之间的关系可以表示为

$$y(t)=k(t)f(t)+n(t) \tag{2-45}$$

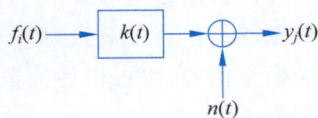

图 2-18　调制信道模型

其中，$k(t)$表示调制器输出信号$f(t)$通过调制信道时所受到的线性变换，它决定调制信道的特性。对于传输的有用信号$f(t)$，$k(t)$相当于一种干扰，一般称为乘性干扰。而式(2-45)中的$n(t)$与输入信号$f(t)$无关，并与有用信号叠加在一起传输，所以称为加性干扰。

由以上分析可见，信道对信号传输的影响可归结为乘性干扰和加性干扰的共同作用。如果了解了这两种干扰的特性，就能获知信道对信号的具体影响。

2. 编码信道的数学模型

编码信道对信号的影响是一种数字序列的变换，即把一种数字序列变成另一种数字序列。因此，编码信道是一种数字信道。信号传输过程中，乘性干扰和加性干扰对编码信道的影响，最终表现为数字序列的变化。由于干扰的存在，编码器输出数字代码序列通过信道传送到解码器时，将使解码输出代码序列发生错误。

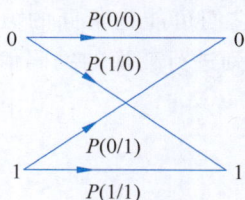

图 2-19　二进制数字传输系统的
编码信道模型

简单的二进制数字传输系统的编码信道模型可以用图 2-19 表示。此时，编码器的输出只有 0 和 1 两种不同的代码。$P(0/0)$、$P(1/0)$、$P(0/1)$、$P(1/1)$称为信道的转移概率。其中，$P(0/0)$和$P(1/1)$分别表示接收到正确的 0 码和 1 码的概率；$P(1/0)$和$P(0/1)$分别表示发送 0 码和 1 码时接收错误的概率。显然有

$$P(0/0) + P(1/0) = 1$$
$$P(0/1) + P(1/1) = 1$$

转移概率完全由编码信道的特性决定。一个特定的编码信道有确定的转移概率。但应该指出，转移概率一般需要对实际编码信道做大量的统计分析才能得到。

由于编码信道包含调制信道，且它的特性依赖于调制信道，故在建立了编码信道和调制信道的一般概念之后，有必要对调制信道做进一步讨论。

2.4.3　信道特性对传输的影响

根据乘性干扰的性质，可以将调制信道分为恒参信道和随参信道。恒参信道的乘性干扰不随时间变化或基本不变化，而随参信道的乘性干扰是随机变化的。典型的恒参信道包括有线信道和部分无线信道。典型的随参信道包括短波电离层反射、超短波流星余迹散射、超短波及微波对流层散射、超短波电离层散射以及超短波超视距绕射等传输媒质所分别构成的调制信道。

随参信道的特性比恒参信道要复杂得多，对信号的影响也要严重得多，其根本原因在于它包含一个复杂的传输媒质，如大气层中的对流层散射信道、电离层反射信道等。这里着重介绍恒参信道特性对信号传输过程的影响。

1. 典型的恒参信道及其特性

典型的恒参信道有双绞线、同轴电缆、光纤、中长波地波传播、超短波通信、卫星中继通信和光波视距传播等。

双绞线由若干对且每对两条相互绝缘的铜导线按一定规则绞合而成，这种信道既可以传输模拟信号，也可以传输数字信号，传输距离一般为几千米到十几千米。导线越粗，传输的距离越远。

同轴电缆由内外两根同心圆柱形导体构成，在两根导体之间用绝缘体隔离。外导体通

常接地,因此能够实现很好的电磁屏蔽。根据特性阻抗的不同,同轴电缆分为 50Ω 的基带同轴电缆和 75Ω 的宽带同轴电缆。基带同轴电缆只支持一个信道,传输速率为 10Mb/s,主要用在计算机局域网中。宽带同轴电缆支持 $300\sim450\text{MHz}$ 的传输带宽,可用于宽带数据传输,传输距离可达 100km。

光纤利用内部全反射原理传导光信号。与同轴电缆相比,光纤可提供很大的带宽,并且功耗小、传输距离远、传输速率高、抗干扰性强,是构建安全网络的理想选择。

由于上述恒参信道中的乘性干扰不随时间变化或基本不变化,因此可以将其近似视为一个线性时不变系统。图 2-20 所示为典型的有线电话信道的特性曲线。

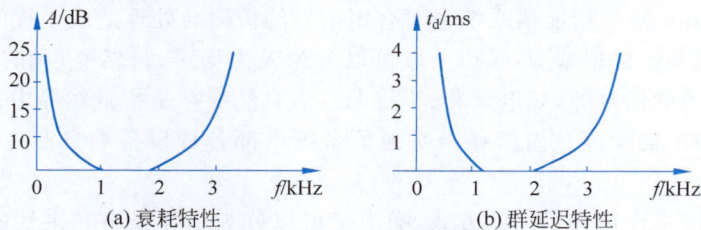

图 2-20　有线电话信道的特性曲线

图 2-20(a)为电话信道的衰耗特性。根据衰耗特性曲线可知,电话语音信号中频率为 $300\sim3400\text{Hz}$ 的分量,通过信道传输时,信道对其几乎不衰减;而对于频率低于 300Hz 和高于 3400Hz 的分量,信号在传输过程中将受到不同程度的衰减。

图 2-20(b)为电话信号的群延迟特性。据此可知,电话语音信号中频率为 $300\sim3400\text{Hz}$ 的分量,通过信道传输时,信道几乎没有延迟;而对于频率低于 300Hz 和高于 3400Hz 的分量,信号在传输过程中将有不同程度的延迟。

2. 幅频失真和相频失真

理想的衰耗特性应该在整个频段内为常数,相频特性应该为穿过坐标原点的直线。由于相频特性的导数即为系统的群延迟,因此理想的群延迟特性也必须在整个频段内为常数。信号通过这样的系统时,信号中的所有分量都得到相同的放大和延迟,因此在接收端不会失真。

实际的传输信道中存在各种滤波器,还可能存在混合线圈、电容和电感等动态电路元件,使实际信道的幅频特性都是与上述电话信道类似的不均匀特性。这种特性必然使传输信号的幅度和相位随频率发生畸变,引起信号波形的失真。

由信道幅频特性不理想而造成的失真称为幅频失真。如果用这种信道传输数字信号,还会引起相邻码元波形在时间上的相互重叠,造成码间干扰。

如果信道不具有上述理想的群延迟特性,信号中的各分量将有不同的延迟,因此使合成后的波形发生畸变。这种由信道相频特性不理想造成的失真称为相频失真。相频失真对模拟语音通信影响不大,因为人耳对相频失真不敏感。但对于数字通信系统,尤其是高速数据传输,相频失真将引起严重的码间干扰。

综上所述,恒参信道幅频特性和相频特性的不理想将严重地损害信号传输的质量。对于模拟通信系统,解决这个问题的常用方法是采用频域均衡技术,使信道和均衡器总的传输特性在信号带宽范围内满足无失真传输的条件,从而消除失真。对于数字通信系统,克服失真的常用方法是在发送端和接收端采用合适的发送和接收滤波器,以便使传输的信号特性与信道特性相匹配,从而减小甚至完全消除码间干扰。

2.5 噪声

不管是哪一种信道,在传输信号的过程都将引入各种噪声和干扰,从而影响信号和数据传输的可靠性。模拟通信系统的输出信噪比和数字通信系统传输的差错率主要都是由信道噪声引起的,因此在研究其抗噪声性能时,都需要了解噪声的特性。

2.5.1 噪声的来源及分类

所谓噪声(Noise),是指通信系统中对有用信号的传输与处理造成干扰的电磁波。噪声来源很广,种类繁多。根据来源,噪声一般可以分为人为噪声、自然噪声和内部噪声。人为噪声来自其他无关的信号源,如电火花、干扰源等。自然噪声是指自然界中存在的各种电磁波,如雷电和各种宇宙噪声。内部噪声是通信系统内部各种设备本身产生的噪声,如热噪声、电源噪声等。

根据对信号产生作用和影响的方式,噪声又可以分为加性噪声和乘性噪声。乘性噪声对信号的影响是以相乘的形式出现,而加性噪声与信号呈叠加关系。

通过对通信系统的精心设计,有些噪声可以消除或得到衰减。但仍有一些噪声,由于无法确切地预测其波形,所以无法消除其对有用信号传输的影响。这种不能预测的噪声统称为随机噪声。随机噪声主要有热噪声、散弹噪声和宇宙噪声等。这类噪声大多属于加性噪声,与有用信号叠加在一起进行传输,从而影响传输的可靠性。

2.5.2 高斯噪声和白噪声

虽然形成的机理不同,但通信系统中的大多数噪声都具有以下两个共同的特点。
(1) 幅度的瞬时值服从高斯分布,且均值为 0。
(2) 功率谱在相当宽的频率范围内为常数。

满足上述第 1 点的噪声称为高斯噪声,满足上述第 2 点的噪声称为白噪声,同时满足上述两点的噪声称为高斯白噪声(White Gaussian Noise,WGN)。

1. 高斯噪声

高斯噪声在每个时刻的幅度瞬时值服从高斯分布,其幅度概率密度函数可表示为

$$f(x) = \frac{1}{\sqrt{2\pi}\,\sigma} \exp\left[-\frac{(x-A)^2}{2\sigma^2}\right] \tag{2-46}$$

其中,σ^2 为噪声的方差或平均功率;A 为噪声幅度在某时刻的平均值或数学期望。图 2-21 所示为高斯噪声的幅度概率密度函数曲线。

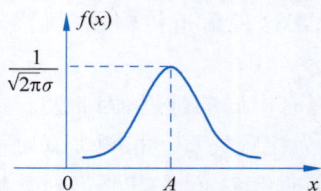

图 2-21 高斯噪声的幅度概率密度函数曲线

信道引入的高斯噪声与有用信号混合在一起送到接收端。为了分析通信系统的抗噪声性能,需要计算接收总的信号幅度 x 大于某个常数 V 的概率 P。由概率论的相关知识可以得到

$$P(x>V) = \int_V^\infty f(x)\,\mathrm{d}x = \int_V^\infty \frac{1}{\sqrt{2\pi}\,\sigma} \exp\left[-\frac{(x-A)^2}{2\sigma^2}\right] \mathrm{d}x \tag{2-47}$$

令 $y=(x-A)/\sigma$,对式(2-47)做变量代换得到

$$P(x > V) = \frac{1}{\sqrt{2\pi}} \int_{\frac{V-A}{\sigma}}^{\infty} \exp\left(-\frac{y^2}{2}\right) \mathrm{d}y = Q\left(\frac{V-A}{\sigma}\right)$$

其中，$Q(\alpha)$ 称为 Q 函数，其定义为

$$Q(\alpha) = \frac{1}{\sqrt{2\pi}} \int_{\alpha}^{\infty} \mathrm{e}^{-x^2/2} \mathrm{d}x \tag{2-48}$$

Q 函数与统计学中的误差函数和互补误差函数有确定的关系。误差函数的定义为

$$\mathrm{erf}(\alpha) = \frac{2}{\sqrt{\pi}} \int_{0}^{\alpha} \mathrm{e}^{-x^2} \mathrm{d}x \tag{2-49}$$

互补误差函数的定义为

$$\mathrm{erfc}(\alpha) = 1 - \mathrm{erf}(\alpha) = \frac{2}{\sqrt{\pi}} \int_{\alpha}^{\infty} \mathrm{e}^{-x^2} \mathrm{d}x \tag{2-50}$$

比较以上各式，可以得到 Q 函数与误差函数的关系为

$$Q(\sqrt{2}\,\alpha) = \frac{1}{2}\mathrm{erfc}(\alpha) = \frac{1}{2}\left[1 - \mathrm{erf}(\alpha)\right] \tag{2-51}$$

Q 函数和互补误差函数难以手工计算，附录 B 给出了 Q 函数表。此外，需要说明的是，Q 函数随自变量 α 的增大而单调减小。

2. 白噪声与带限白噪声

白噪声的功率谱在整个频率范围为常数，即

$$P_{\mathrm{n}}(f) = \frac{n_0}{2} \tag{2-52}$$

其中，n_0 为白噪声的单边功率谱，而 $n_0/2$ 相应地称为双边功率谱，单位都为 $\mathrm{W/Hz}$。图 2-22 所示为白噪声的双边功率谱。

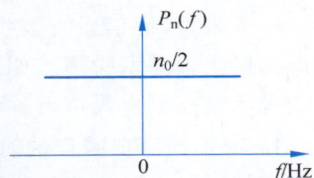

图 2-22 白噪声的双边功率谱

白噪声只是一种理想化的模型，因为实际系统中噪声的功率谱不可能具有无穷大的带宽。但是，白噪声在数学上处理比较简单，给通信系统的分析带来很大方便。只要噪声功率谱的带宽远大于系统的带宽，并且在带宽范围内功率谱为常数，就可以近似视为白噪声。

白噪声通过带宽有限的通信系统或滤波器后，频带将受到限制，这种白噪声称为带限白噪声。根据系统和滤波器特性的不同，典型的带限白噪声又分为低通型和带通型两种。

白噪声通过低通型系统（如理想低通滤波器）后得到的噪声，称为低通型白噪声。假设系统具有理想低通特性，则输出低通型白噪声的功率谱如图 2-23(a)所示，可以表示为

$$P_{\mathrm{nL}}(f) = \begin{cases} \dfrac{n_0}{2}, & |f| < B \\ 0, & |f| > B \end{cases} \tag{2-53}$$

其中，B 为低通型系统的带宽。根据功率谱求得低通型白噪声的平均功率为

$$P_{\mathrm{L}} = \int_{-\infty}^{\infty} P_{\mathrm{nL}}(f)\mathrm{d}f = \int_{-B}^{B} \frac{n_0}{2}\mathrm{d}f = n_0 B \tag{2-54}$$

白噪声通过带通型系统（如理想带通滤波器）后得到的噪声，称为带通型白噪声。假设信道具有理想带通特性，则输出带通型白噪声的功率谱如图 2-23(b)所示，可以表示为

$$P_{nB}(f) = \begin{cases} \dfrac{n_0}{2}, & f_0 - B/2 < |f| < f_0 + B/2 \\ 0, & \text{其他} \end{cases} \tag{2-55}$$

其中,B 为带通型系统的带宽;f_0 为带通型系统的中心频率。根据功率谱求得带通型白噪声的平均功率为

$$P_B = \int_{-\infty}^{\infty} P_{nB}(f)\mathrm{d}f = n_0 B \tag{2-56}$$

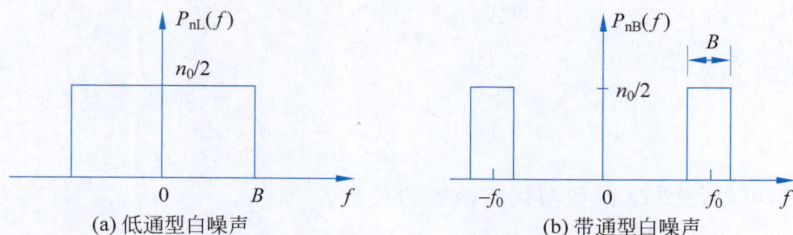

图 2-23　带限白噪声的功率谱

2.5.3　窄带高斯白噪声

一般来说,通信系统接收机前端都有带通滤波器,因此,经过带通滤波后送入接收机的噪声都属于带通型噪声。如果带通滤波器的带宽远远小于其中心频率,即 $B \ll f_0$,此时输出的带通型高斯白噪声就称为窄带高斯白噪声。

1. 窄带高斯白噪声的时域和频域特性

窄带高斯白噪声属于带通型白噪声,因此其功率谱与图 2-23(b)相同。图 2-24 所示为其时间波形。由此可见,窄带高斯白噪声是一个包络和相位随时间缓慢变化、频率等于带通滤波器中心频率 f_0 的余弦信号,因此可以表示为

$$n_i(t) = A(t)\cos[\omega_0 t + \varphi(t)] \tag{2-57}$$

其中,$\omega_0 = 2\pi f_0$;$A(t)$ 和 $\varphi(t)$ 分别为窄带高斯白噪声包络和相位,二者都是缓慢变化的低频随机信号。

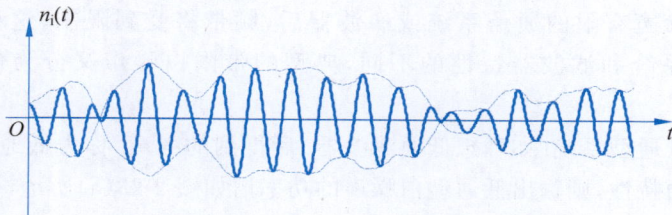

图 2-24　窄带高斯白噪声的时间波形

对式(2-57)利用三角公式展开(附录 C 给出了常用的三角函数公式)可得

$$n_i(t) = A(t)\cos\varphi(t)\cos\omega_0 t - A(t)\sin\varphi(t)\sin\omega_0 t$$

其中,令

$$n_I(t) = A(t)\cos\varphi(t) \tag{2-58}$$

$$n_Q(t) = A(t)\sin\varphi(t) \tag{2-59}$$

由此得到窄带高斯白噪声的正交表达式为

$$n_i(t) = n_I(t)\cos\omega_0 t - n_Q(t)\sin\omega_0 t \tag{2-60}$$

其中，$n_i(t)$ 和 $n_Q(t)$ 分别为窄带高斯白噪声的同相分量和正交分量。

可以证明，如果 $n_i(t)$ 是均值为零的窄带高斯白噪声，则其同相分量 $n_I(t)$ 和正交分量 $n_Q(t)$ 也是均值为零的高斯白噪声。此外，同相分量和正交分量的功率谱 $P_I(f)$ 和 $P_Q(f)$ 相同，并且与窄带高斯白噪声的功率谱 $P_{ni}(f)$ 之间有如下关系，即

$$P_I(f) = P_Q(f) = \begin{cases} P_{ni}(f-f_0) + P_{ni}(f+f_0), & |f| < B/2 \\ 0, & \text{其他} \end{cases} \tag{2-61}$$

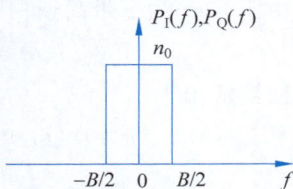

图 2-25 所示为窄带高斯白噪声中同相分量和正交分量的功率谱。由此可知，窄带高斯白噪声中的同相分量和正交分量都属于低通型白噪声，而合成的窄带高斯白噪声属于带通型噪声。

由于同相分量和正交分量具有相同的功率谱，因此其平均功率相同，即

$$P_I = \overline{n_I^2(t)} = P_Q = \overline{n_Q^2(t)} = \int_{-\infty}^{\infty} P_I(f)\,\mathrm{d}f$$

$$= \int_{-B/2}^{B/2} n_0\,\mathrm{d}f = n_0 B \tag{2-62}$$

图 2-25　窄带噪声中同相分量和正交分量的功率谱

在通信系统抗噪声性能的分析中，经常还需要了解噪声的幅度包络和相位的统计特性。窄带高斯白噪声的幅度包络和相位都是随时间缓慢变化的。经数学推导可知，窄带高斯白噪声的包络 $A(t)$ 和相位 $\varphi(t)$ 分别服从瑞利分布和均匀分布。

2. 窄带高斯白噪声与正弦波的叠加

在通信系统分析中，经常遇到的是窄带高斯白噪声与正弦信号的合成信号。假设正弦信号为 $m(t) = A_0\cos\omega_0 t$，则合成信号可以表示为

$$f(t) = m(t) + n_i(t)$$
$$= A_0\cos\omega_0 t + n_I(t)\cos\omega_0 t - n_Q(t)\sin\omega_0 t$$
$$= [A_0 + n_I(t)]\cos\omega_0 t - n_Q(t)\sin\omega_0 t$$

其时间波形如图 2-26 所示。

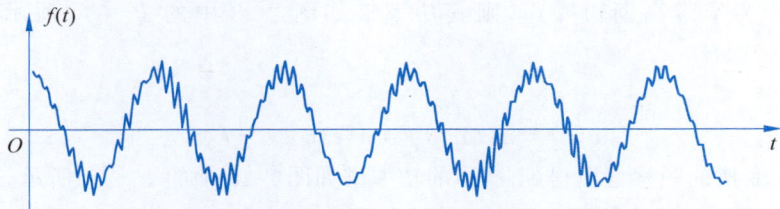

图 2-26　窄带高斯白噪声与正弦信号的合成波形

容易求得合成信号的幅度包络为

$$A(t) = \sqrt{[A_0 + n_I(t)]^2 + n_Q^2(t)}$$

经数学推导可以证明，$A(t)$ 服从莱斯分布，其概率密度函数为

$$f(a) = \frac{a}{\sigma^2}\exp\left(-\frac{A_0^2 + a^2}{2\sigma^2}\right)I_0\left(\frac{A_0 a}{\sigma^2}\right), \quad a \geqslant 0 \tag{2-63}$$

其中，$I_0(x)$ 为第 1 类零阶修正贝塞尔函数；σ^2 为噪声的方差或平均功率，代表噪声的强弱；$A_0^2/2$ 为正弦信号的平均功率。$r=A_0^2/(2\sigma^2)$ 为信噪比，反映了信号和噪声功率的相对大小。当 $r\gg1$ 时，莱斯分布趋于均值为 A_0 的高斯分布。当 $A_0=0$ 时，信号中只有高斯白噪声，此时合成信号的幅度包络变为瑞利分布。

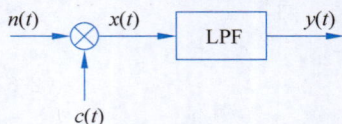

图 2-27 例 2-4 系统框图

例 2-4 如图 2-27 所示系统，已知输入 $n(t)$ 为窄带高斯白噪声，噪声的单边功率谱密度为 $1\mu W/Hz$，带宽为 $2kHz$，中心频率为 f_0，$c(t)=\cos2\pi f_0 t$，理想 LPF 的带宽为 $1kHz$。求输出噪声 $y(t)$ 的功率 P。

解法 1：时域求解。

由于 $n(t)$ 为窄带高斯白噪声，因此可以设为

$$n(t)=n_I(t)\cos(2\pi f_0 t)-n_Q(t)\sin(2\pi f_0 t)$$

则乘法器输出为

$$x(t)=n(t)c(t)=[n_I(t)\cos(2\pi f_0 t)-n_Q(t)\sin(2\pi f_0 t)]\cos(2\pi f_0 t)$$
$$=\frac{1}{2}n_I(t)[1+\cos(4\pi f_0 t)]-\frac{1}{2}n_Q(t)\sin(4\pi f_0 t)$$

经低通滤波后得到

$$y(t)=\frac{1}{2}n_I(t)$$

其功率为

$$P=\overline{\left[\frac{1}{2}n_I(t)\right]^2}=\frac{1}{4}\overline{n_I^2(t)}$$

其中，窄带噪声中同相分量的功率为

$$\overline{n_I^2(t)}=n_0 B=1\times2=2mW$$

则

$$P=\frac{1}{4}\times2=0.5mW$$

解法 2：频域求解。

由于 $n(t)$ 为窄带高斯白噪声，则其功率谱如图 2-28 中的 $P_n(f)$ 所示，其中，$n_0=1\mu W/Hz$，$B=2kHz$。

由于

$$x(t)=n(t)c(t)=n(t)\cos(2\pi f_0 t)$$

则根据傅里叶变换的频移性质得到 $x(t)$ 的功率谱如图 2-28 中的 $P_x(f)$ 所示。

经过低通滤波后，输出信号 $y(t)$ 的功率谱如图 2-28 中的 $P_y(f)$ 所示。由此求得其功率为

$$P=\int_{-\infty}^{\infty}P_y(f)df=\frac{1}{4}n_0 B=\frac{1}{4}\times1\times2=0.5mW$$

需要注意的是，在求 $x(t)$ 的功率谱时，傅里叶变换的频移性质应修改为

$$P_x(f)=\frac{1}{4}[P_n(f-f_c)+P_n(f+f_c)] \tag{2-64}$$

其中，f_c 为正弦信号的频率。该结论可以称为功率谱的频移性质。

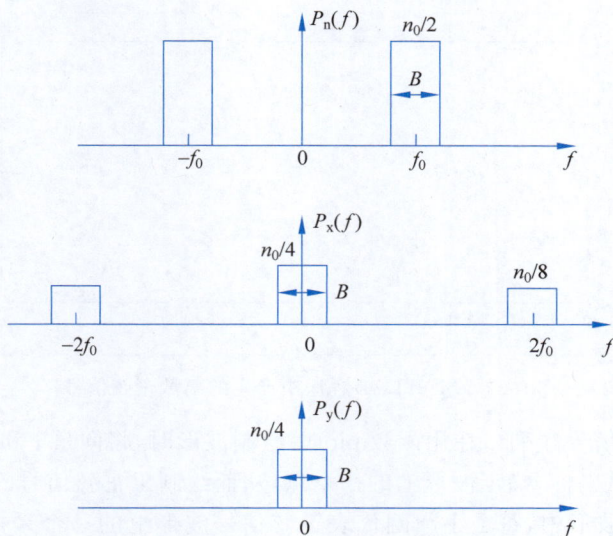

图 2-28 例 2-4 各信号功率谱

2.6 信号和系统的 MATLAB/Simulink 仿真分析

本节介绍在 MATLAB 中通过编程求解信号频谱以及利用 Simulink 仿真模型观察信号时间波形和频谱的基本方法。此外,还将对 Simulink 通信工具箱中提供的常用模块和 MATLAB 中有关滤波器的相关内容做简要介绍。

第 9 集
微课视频

2.6.1 信号的采样与求解器

在 MATLAB 程序仿真时,通常需要产生相应的离散信号作为后续程序处理的对象。在 Simulink 模型仿真时,各种信号用相应的信号源模块产生,其中有些是模拟信号,有些是离散信号。在利用求解器对这些信号进行处理时,都需要通过采样转换为离散信号。

1. 程序中信号的采样

在实际系统中,通常用电子开关的通断实现采样。在开关闭合的瞬间,输出信号的幅度等于输入模拟信号的幅度。当开关闭合时,输出端相当于处在悬空状态,信号的幅度没有定义。对这样的采样过程,在程序中可以将输出采样信号表示为

$$f(kT) = f(t)\,|_{t=kT}, \quad k=0,1,2,\cdots \tag{2-65}$$

其中,T 为采样时间(采样间隔),$f_s=1/T$ 为采样频率。

由此可见,所有采样信号都是数值序列,在 MATLAB 程序中很容易就能产生这样的数组(向量)和序列。例如,通过下面的程序段产生一个离散正弦信号,其波形如图 2-29 所示。

```
T = 0.01; fs = 1/T;              % 定时采样间隔,并求得采样频率
t = 0:T:0.2;                     % 定义时间向量(采样时刻)
fk = 2 * sin(20 * pi * t);       % 产生信号序列
plot(t,fk,'-o');grid on          % 绘制信号波形
xlabel('t/s');ylabel('f(t)')
```

在上述程序中,首先根据给定的采样间隔 T 产生时间向量 t,再将 t 作为自变量,调用

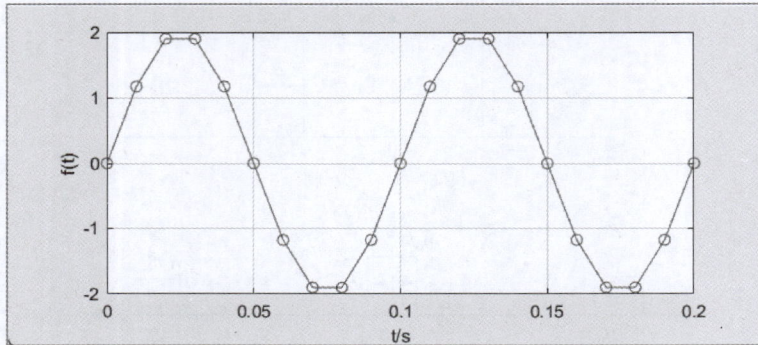

图 2-29　MATLAB 程序中产生的离散正弦信号

内置函数 sin()产生信号序列。在用函数 plot()绘制波形时,将向量 t 和 fk 中对应的两个值分别作为横坐标和纵坐标,确定波形上的一个点,从而绘制出正弦信号的波形。

在图 2-29 所示波形中,每个小圆圈代表正弦信号波形上的一个采样点,这些离散的采样点构成离散正弦信号。在用函数 plot()绘制波形时,会自动将这些离散的采样点用平滑的曲线连接起来,从而得到近似的模拟正弦信号。

程序中的第一条语句设置 T=0.01s,这就是采样间隔,其倒数 fs=100Hz 为采样频率。由于采样间隔不够小,采样频率等于正弦信号频率的 10 倍,因此在波形中,连接各采样点的连续曲线不够光滑,与理想正弦波的波形有一定的区别和失真。减小程序中的采样间隔 T,重新运行程序,可以发现得到的波形将更接近理想的正弦波。

2. Simulink 求解器与步长

在 Simulink 中,动态系统的仿真是通过在指定的时间范围内,以给定的时间间隔(步长,Step)进行计算,从而得到系统中的各点信号。用这种方式计算模型状态和确定模型中所有信号的过程称为模型的求解。Simulink 提供了一组称为求解器(Solver)的后台程序,每个求解器的区别在于求解和运行仿真模型时所采用的数值处理算法的不同。

在 Simulink 编辑器中单击"建模"标签,在"设置"按钮组中单击"模型设置"按钮,打开"配置参数"对话框,在对话框左侧列表中再单击"求解器"选项,即可进入求解器参数配置面板,如图 2-30 所示。

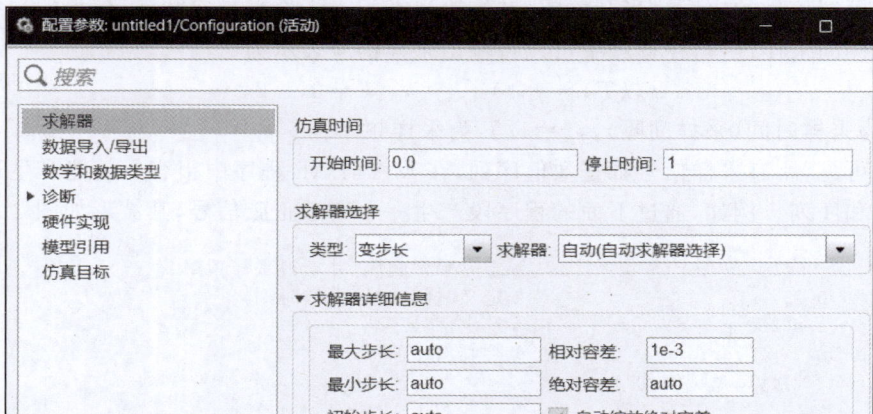

图 2-30　求解器参数配置面板

在求解器参数配置面板中首先需要指定求解和运行模型所用的求解器，可以是固定步长或变步长求解器、连续或离散求解器。选择了求解器后，单击面板中"求解器详细信息"左侧的箭头，可以展开显示一些附加选项，其中主要包括求解器步长的设置、求解器所允许的计算误差等。

步长是 MATLAB 求解和运行模型时，每隔多长时间对模型中的所有信号做一次计算，实际上也就是对模型中的所有信号进行采样时所需的采样间隔。显然，为了保证求解和运行模型能够得到正确的信号，步长不能太大。但是，如果步长设置得过小，则将增加仿真运行所需的时间，影响仿真效率。

在 Simulink 中，求解器的步长很大程度上取决于仿真模型中各模块的"采样时间"参数。根据需要合理地设置模块的采样时间参数和求解器的步长，是正确运行仿真模型的基础。如果采样时间设置不合适（例如不满足采样定理），则将导致模块输出信号波形错误，或者存在较大的失真。

2.6.2　MATLAB/Simulink 中信号的谱分析

MATLAB 提供了几个内置函数，能够实现快速傅里叶变换（Fast Fourier Transform，FFT）和信号频谱的求解分析。在 Simulink 的数字信号处理工具箱中，也有专门的谱分析模块，可以计算并以图形方式直观显示信号的频谱、功率谱等。

1. 频谱和功率谱的程序求解

在 MATLAB 中，有几个实现快速傅里叶变换和信号频谱求解的函数，常用的有 fft() 函数和 fftshift() 函数。

1）函数 fft()

函数 fft() 采用快速傅里叶变换算法求解和计算离散信号的傅里叶变换和频谱，其基本调用格式如下：

```
Y = fft(X,N)
```

其中，向量 X 保存的是离散信号中各点幅度；N 为离散傅里叶变换的长度，也就是结果向量 Y 中元素的个数。

在结果向量 Y 中，各元素依次代表信号频谱中频率 $f=k\Delta F(k=0\sim N-1)$ 的各点频谱取值。其中，$\Delta F=F_s/N$ 为频谱分辨率，F_s 为离散信号 X 的采样频率。

由于信号的频谱一般情况下为复变函数，因此结果向量 Y 中的各元素都是复数，可以调用 abs() 和 angle() 函数分别求取其模和辐角，从而得到信号的幅度谱和相位谱。

2）函数 fftshift()

在程序中，调用函数 fft() 得到的是离散信号的频谱。由于离散信号频谱的周期性，在根据 FFT 算法得到的结果向量中，只需要考虑频率 f 在 $0\sim F_s/2$ 的范围内的一段频谱，对应结果向量 Y 中序号 $k=0\sim N/2-1$。

函数 fftshift() 的作用就是将函数 fft() 返回的信号频谱向量中各元素作循环移动，将对应频率为 0 的分量移动到结果向量的中心，并将频谱向量的前后两半部分进行交换，从而得到 f 在 $-F_s/2\sim F_s/2-1$ 的频率范围内信号的双边频谱。

下面举例说明利用上述两个函数求解信号频谱的编程方法。

例 2-5 已知信号 $f(t)=4\cos(100\pi t)+2\cos(160\pi t)$，编制 MATLAB 程序求其频谱。MATLAB 程序如下。

```
Fs = 1e4; N = 1024;                        %定义采样频率和 FFT 长度
t = 0:1/Fs:1;                              %定义时间向量
ft = 4 * cos(100 * pi * t) + 2 * cos(160 * pi * t);   %产生信号
% ======= FFT 求频谱 =========================================
Y = fft(ft,N)/N;
Fw = fftshift(Y);
% ======= 绘制时间波形和频谱图 ================================
df = Fs/N;                                 %求频谱分辨率
k = 0:N-1; f = df * (k - N/2);             %定义频率向量
subplot(211);plot(t,ft);                   %绘制时间波形图
title('时间波形');xlabel('t/s');grid on
subplot(212);plot(f,abs(Fw));              %绘制幅度谱图
axis([ - 500,500,0,2.5])
title('幅度谱');xlabel('f/Hz');grid on
```

程序运行结果如图 2-31 所示。分析时，考虑到频谱泄露和截断效应，可以近似认为信号频谱中有离散的 4 根谱线，每对称的两根谱线分别代表信号中频率为 50Hz 和 80Hz 的两个分量。

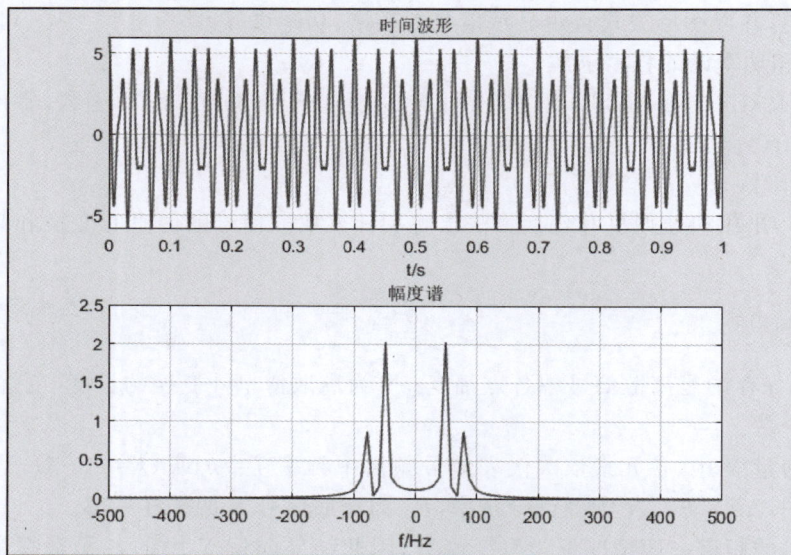

图 2-31   例 2-5 程序运行结果

2. 频谱分辨率

利用计算机程序和 FFT 对模拟信号（连续信号）进行频谱分析，必须先通过采样和加窗截断将其转换为有限时间长度的离散信号。通过采样将模拟信号转换为程序能够处理的离散和数字信号，通过加窗截断将信号变为持续时间有限的信号。

在上述分析和变换过程中，必须正确合理设置如下重要参数。

（1）采样间隔 T 和采样频率 F_s：必须满足采样定理。采样频率越高，采样间隔越小，仿真分析精度越高，但运行所需时间变长，仿真效率降低。

（2）分析长度 N：FFT 的点数，为计算频谱所需要的信号采样点数。N 越大，则截取

的信号时间越长,FFT 的计算结果也越能反映待分析模拟信号的全貌,但分析计算的速度也越慢。

以上两个参数决定了 FFT 算法中一个极其重要的参数,即频率分辨率 $\Delta F = F_s/N$,该参数决定了在 FFT 算法得到的信号频谱中,能够分辨的相邻两个频率分量之间的频率间隔。ΔF 越大,频谱分辨率越差。如果分辨率过大,根据计算结果分析信号时,将遗漏一些频率分量,导致分析结果错误。

在例 2-5 的程序中,如果将变量 N 的值减小为 512,重新运行程序,得到频谱如图 2-32 所示。此时可以认为只有两根对称的谱线,说明信号中只有一个分量。显然,这一结论是错误的,主要原因就是频谱分辨率不够,造成了频谱泄漏。

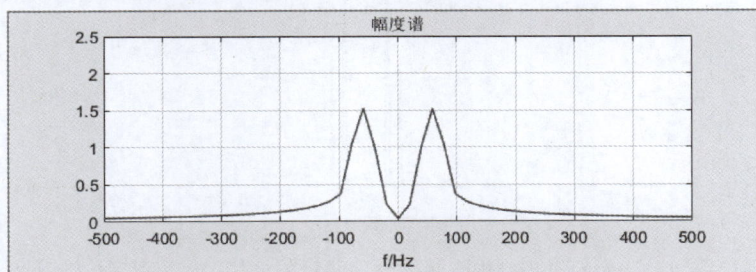

图 2-32　由于频谱分辨率太低得到的错误频谱

3. Simulink 中的谱分析仪

在 DSP System Toolbox/Sinks 模块库中,提供了谱分析仪,用于观察分析仿真模型中指定信号的频域特性。在本书后面的仿真分析中,主要用到的是频谱分析界面,其中又分为功率谱(功率)、功率谱密度(功率密度)和 RMS(有效值,Root Main Square,实际上为幅度谱)。这里对功率谱和功率谱密度的使用和注意事项作如下几点说明。

(1) 对具有离散谱的信号(例如周期信号),一般用功率谱观测其频域特性,信号的平均功率等于各谱线高度的叠加。

(2) 对具有连续谱的信号(例如噪声),一般用功率谱密度观测其频域特性,信号的平均功率计算公式为

$$P = \int_{f_L}^{f_H} P_d(f) \mathrm{d}f \tag{2-66}$$

其中,$f_L \sim f_H$ 为频谱范围。

(3) 设功率谱为 $P(f)$,功率谱密度为 $P_d(f)$,二者的关系为

$$P(f) = P_d(f) \times \mathrm{RBW} \tag{2-67}$$

其中,RBW 为频谱分辨率。

(4) 功率谱的单位为 W、dBW(分贝)或 dBm(毫分贝),功率谱密度的单位为 W/Hz、dBW/Hz 或 dBm/Hz。这些单位之间的换算关系为:0dBW=30dBm=1W,0dBm=−30dBW=1mW。

例 2-6　搭建如图 2-33 所示模型,观察例 2-5 中信号 $f(t)$ 的功率谱和功率密度,并计算信号的平均功率。

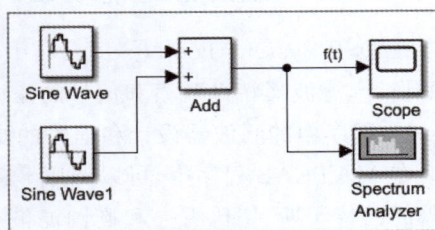

图 2-33　例 2-6 模型

模型中设置两个正弦信号源模块的采样间隔为 0.1ms,则采样频率为 10kHz。根据上述采样速率可以得到频谱分析时的频谱分辨率 RBW$=10^4/1024\approx9.76$Hz。设置仿真运行时间 1s,运行后得到信号的功率谱如图 2-34 所示。

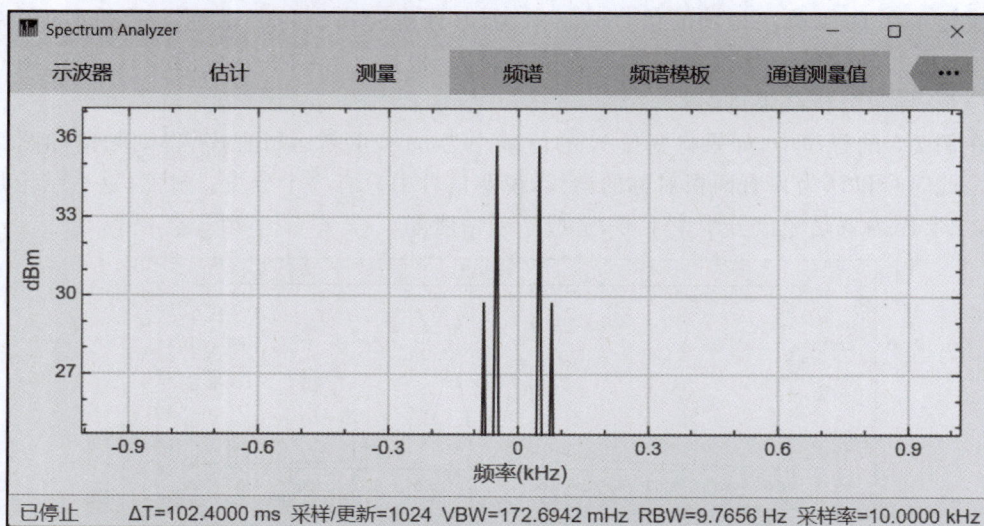

图 2-34　由谱分析仪模块计算得到的功率谱

在功率谱图中,有 4 根对称的谱线,分别代表信号中的 2 个分量。4 根谱线的高度分别近似为 36dBm 和 30dBm,即 6dB 和 0dB,则信号的平均功率为

$$P\approx(10^{6/10}+10^0)\times2\approx9.96\text{W}$$

观察分析时,注意在窗口中的"示波器"菜单下设置显示功率谱,并通过"频谱"菜单设置频谱单位为 dBm。另外,注意通过按钮组中的"设置"按钮或菜单命令,对显示样式和颜色等作适当配置。

需要注意如下两点。

(1) 在使用谱分析仪时,如果设置的仿真运行时间太短,谱分析仪将提示无法计算得到频谱。默认情况下,谱分析仪内部实现的是 $N=1024$ 的 FFT 变换,从而决定了为计算频谱所需的仿真运行时间至少为 $N/F_s=1024/F_s$。

(2) 送入谱分析仪的信号必须是采样后的离散信号。当运行给出相关提示时,可以在谱分析仪输入端添加一个 Zero-Order Hold(零阶保持器)模块,并根据估计的信号频谱范围合理设置其"采样时间"参数。该模块位于 Simulink 基本库的 Discrete 子库中。

2.6.3　滤波器的辅助设计及特性分析

在 DSP System Toolbox 工具箱中,提供了大量函数和模块,用于实现模拟和数字滤波器的设计、滤波器特性观察和信号的滤波处理变换等。

1. 程序中的滤波器设计和信号的滤波处理

在 MATLAB 程序中,可以调用 butter()、cheby1()、cheby2()、ellip()等函数设计得到所需的巴特沃斯、切比雪夫和椭圆滤波器,调用函数 filter()对信号实现滤波处理和变换。这些函数的调用格式及入口和出口参数等可以查阅 MATLAB 帮助文档,这里举例说明其基本用法。

例 2-7　编制如下 MATLAB 程序实现数字滤波器的设计及信号的滤波处理。

```
Fs = 1e4; Fc = 100;                          % 设置采样频率和滤波器截止频率
t = 0:1/Fs:0.1;
x = 5 * cos(200 * pi * t) + 2 * cos(400 * pi * t);   % 产生滤波器输入信号
[b,a] = butter(5,2 * Fc/Fs);                 % 设计 5 阶数字低通滤波器
y = filter(b,a,x);                           % 滤波得到滤波器输出信号
subplot(311);plot(t,x,t,y)                   % 绘制输入输出信号波形
title('滤波器输入输出信号的时间波形');
xlabel('t/s');grid on
[h,f] = freqz(b,a,2048,Fs)                   % 求滤波器的频率特性
subplot(312);plot(f,mag2db(abs(h)))          % 绘制滤波器幅频特性曲线
title('滤波器的幅频特性');xlabel('f/Hz')
axis([0,300, - 50,1]);grid on
subplot(313);plot(f,unwrap(angle(h)));       % 绘制滤波器相频特性曲线
title('滤波器的相频特性');xlabel('f/Hz')
axis([0,300, - 8,0]);grid on
```

程序中通过调用函数 butter() 设计 5 阶巴特沃斯数字低通滤波器,该函数的第二个参数指定滤波器的截止频率。对数字滤波器,该参数为滤波器的数字角频率,单位为 π rad。数字角频率 ω 和模拟频率 f 之间的转换关系为

$$\omega = \frac{2\pi f}{F_s} \tag{2-68}$$

其中,F_s 为模拟信号的采样频率。

根据上述关系,将程序中给定的滤波器截止频率 Fc 转换为以 π 为单位的数字角频率,从而得到 2 * Fc/Fs。根据程序中设置的采样频率可以得到该表达式的值为 0.02,表示数字滤波器的数字角频率为 0.02πrad。由于程序中设置采样频率 Fs＝1e4 即 10kHz,因此该数字角频率对应的模拟频率为 $0.02\pi F_s/(2\pi)=100$Hz。

程序中在设计得到滤波器后,将其传递函数的分子和分母系数向量 b 和 a 作为参数,调用函数 filter(),即可实现对输入信号 x 的滤波处理,得到输出序列 y。需要注意的是,调用 butter() 等函数既可以设计得到数字滤波器,也可以设计得到模拟滤波器。但调用函数 filter() 只能实现数字滤波器对信号的滤波处理。因此,程序中如果需要用滤波器对信号进行滤波处理,前面必须设计得到数字滤波器,而不是模拟滤波器。

程序后面的各语句用于绘制滤波器输入输出信号的时间波形,计算和绘制滤波器的频率特性曲线。数字滤波器的频率特性通过调用函数 freqz() 实现,其常用的基本调用格式为

```
[h,w] = freqz(b,a,n,fs)
```

其中,b 和 a 分别为滤波器传递函数的分子分母系数向量,也就是前面调用函数 filter() 返回的结果;n 为对频率特性的采样点数;fs 为采样频率,必须等于输入信号的采样频率。

在函数 freqz() 的返回值中,h 和 w 分别存放滤波器频率特性的采样值和对应的频率采样点。MATLAB 程序中的函数 mag2dB() 和函数 abs() 用于将 h 转换为以分贝为单位的滤波器幅频特性值,最后用函数 plot() 即可绘制出滤波器的幅频特性曲线。

需要注意的是,函数 angle() 用于求向量 h 中各复数值的相位,从而得到滤波器的相频

特性。该函数的返回值将被归一化到 $-\pi \sim +\pi$ 的范围内,通过调用函数 upwrap() 可以解除该归一化转换操作,得到连续的相频特性曲线。

2. Simulink 中的滤波器设计模块

在 DSP System Toolbox/Filtering(滤波器)库中,有大量模块用于各种类型滤波器的设计、实现和性能分析。限于篇幅,这里主要介绍 Filter Designs 子库中的数字滤波器设计模块 Digital Filter Design。

模块 Digital Filter Design 用于设计数字滤波器,该模块的参数对话框主要包括滤波器特性观察面板和参数设置面板。参数设置面板用于设置滤波器的设计参数,包括响应类型、设计方法、滤波器阶数、频率设定(频率指标)和幅值设定(幅度指标)等子面板。其中响应类型指的是滤波器的功能,主要是低通滤波器、高通滤波器、带通滤波器和带阻滤波器这 4 种典型的滤波器。根据要求设计的是 IIR(无限脉冲响应,Infinite Impulse Response)滤波器还是 FIR(有限脉冲响应,Finite Impulse Response)滤波器,设计方法可以选择巴特沃斯、椭圆滤波器、窗函数法、等波纹法、最小二乘法等。根据滤波器响应类型和设计方法的不同,需要设置的滤波器技术指标参数也有所区别。

在设置好滤波器参数后,单击参数对话框最下面的"设计滤波器"按钮,将根据上述设置自动设计得到所需的滤波器。通过对话框上面的滤波器特性观察面板,可以观察设计滤波器的各种特性和相关信息。

下面举例说明 Digital Filter Design 模块的使用方法。

例 2-8 在图 2-35 所示仿真模型中,两个信号源模块产生幅度为 1V、频率分别为 100Hz 和 1000Hz 的正弦波,合成为滤波器的输入信号。设置零阶保持器的采样时间为 0.1ms,将输入信号采样变为离散信号后送入数字滤波器设计模块。

Digital Filter Design 模块的参数按照图 2-36 进行设置,其中指定"响应类型"为"低通","设计方法"为巴特沃斯 IIR。通带和阻带截止频率分别为 500Hz 和 600Hz,通带和阻带衰减分别为 0.1dB 和 50dB。设置好上述技术指标后,单击对话框下面的"设计滤波器"按钮,将立即在上面的图形区显示出两个滤波器的幅频特性(幅值响应)。

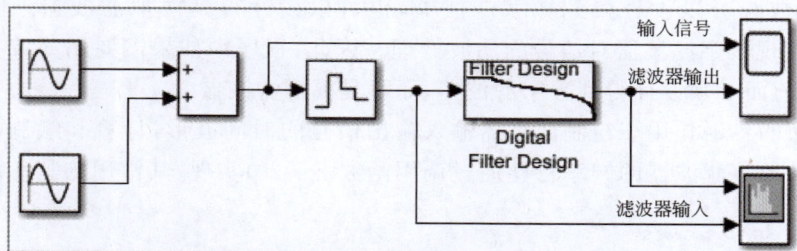

图 2-35　数字滤波器设计模块的应用仿真模型

运行仿真模型后,在示波器上显示滤波器输入和输出信号的波形如图 2-37 所示。滤波器输入信号中有频率分别为 100Hz 和 1000Hz 的两个正弦波,分别位于滤波器的通带和阻带内。经过滤波后,1000Hz 频率分量被大幅度滤除,使得输出信号中只有 100Hz 的低频分量。

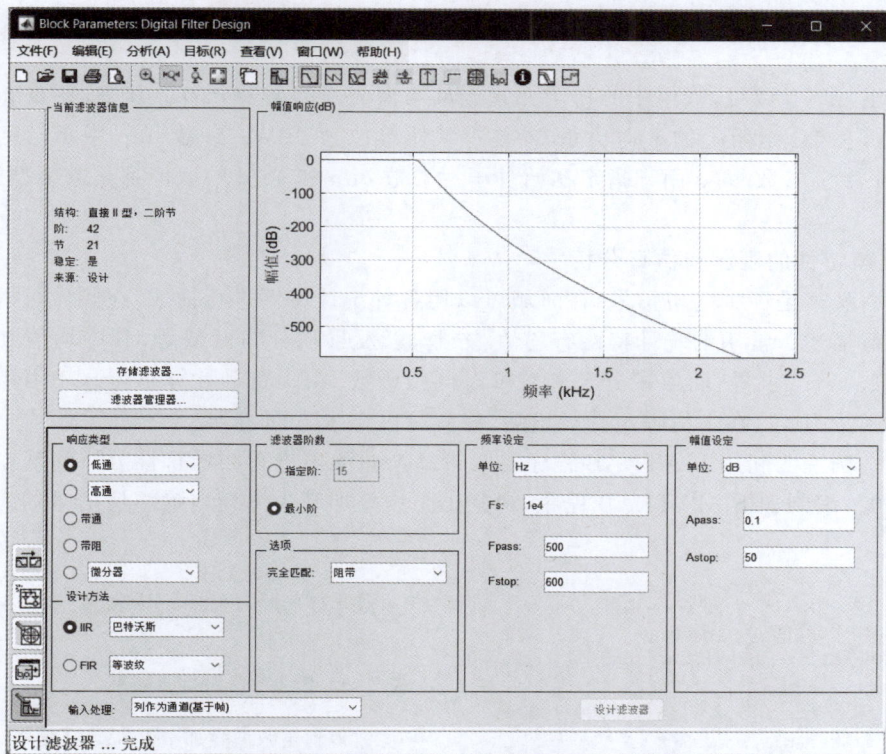

图 2-36 Digital Filter Design 模块的参数对话框

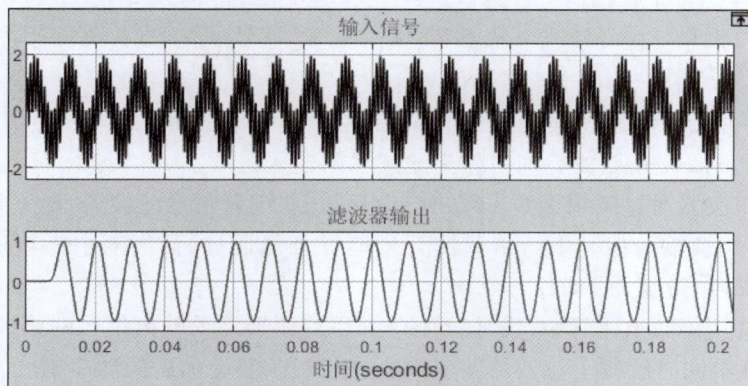

图 2-37 IIR 和 FIR 滤波器的输入输出信号波形

2.6.4 噪声特性仿真分析

噪声是通信系统中一种典型的随机信号,因此前面介绍的用于产生随机信号的内置函数大多数都可以用于产生噪声。此外,MATLAB 中也提供了几个内置函数,专门用于产生具有不同特性的噪声。

1. 高斯噪声的产生

在 MATLAB 程序中,可以通过调用函数 randn()或函数 wgn()产生高斯白噪声,再将其滤波得到带限白噪声、窄带高斯白噪声等。以函数 wgn()为例,其基本调用格式为

```
noise = wgn(m,n,power,imp,seed)
```

该命令产生 m×n 数组,数组中的每个元素服从均值为 0 的高斯分布。其中,参数 power 用于指定噪声在 1Ω 电阻上的平均功率(方差),默认单位为 dBW;参数 imp 用于指定负载电阻(单位为 Ω);参数 seed 用于指定初始种子。参数 imp 和 seed 的取值都是数值型数据,可以省略。

2. 噪声特性的观测和仿真分析

高斯白噪声是一种随机信号,在时域可以用各种统计特性进行描述,在频域可以用功率谱密度进行描述。常用的统计特性有均值、方差,以及累积分布函数等,其中均值和方差可以调用函数 var() 求得,而累积分布函数可以调用函数 cdf() 自动计算求得。功率谱密度可以先调用函数 fft(),在求得噪声的频谱后,将其幅度谱平方而得到。

下面举例说明利用 MATLAB 程序对窄带高斯白噪声进行频域特性分析的基本方法。

例 2-9 编制如下 MATLAB 程序,观察正弦波叠加窄带高斯白噪声后信号的时域和频域特性。

```
Ts = 1e-4; t = 0:Ts:1;                    % 设置采样间隔,创建时间向量
f1 = 2 * cos(5000 * pi * t);
nt = wgn(1,length(t),20,'dBm');
ft = f1 + nt;                             % 2.5kHz 正弦波叠加高斯噪声
[b,a] = butter(15,2 * [2000 3000] * Ts);
yt = filter(b,a,ft);                      % 滤波得到正弦波叠加窄带高斯白噪声
N = length(t);
F = fftshift(fft(ft,N)/N);                % 求滤波器输入信号的功率谱
Y = fftshift(fft(yt,N)/N);                % 求滤波器输出信号的功率谱
; ====== 绘制各信号时间波形和功率谱 ======================================
...                                       % 参看电子版代码
```

在上述程序中,调用函数 wgn() 产生高斯白噪声,其中给定噪声的方差为 20dBm=0.1W。高斯白噪声与 2.5kHz 正弦波叠加后作为滤波器的输入。

程序中的滤波器通过调用函数 butter() 设计得到 15 阶带通滤波器,上下截止频率设为 2kHz 和 3kHz,因此输入信号中的正弦波分量能够全部通过,而高斯白噪声通过滤波后变为窄带高斯白噪声,带宽为 1kHz。

程序之后调用函数 fft() 和函数 fftshift() 求得滤波器输入输出信号的频谱和功率谱,如图 2-38 所示,其中同时绘制了滤波器输入白噪声与正弦波叠加后的功率谱。

在滤波器输入信号的功率谱中,频率为 ±2.5kHz 位置有两根对称的离散谱线,代表输入信号中的正弦波。两根谱线的高度近似为 0dB,表示滤波器输入信号中正弦波分量的平均功率为 $2\times10^{0/10}=2W$。在滤波器输出信号的功率谱中,也有完全相同的两根离散谱线,说明输入信号中的正弦波全部通过了滤波器。

此外,在滤波器输入信号的功率谱中,除了两根离散谱线外,其他的连续谱线近似为一条水平线,平均高度近似为 −50dB = −20dBm,这代表的是滤波器输入信号中的高斯白噪声。在输出信号的功率谱中,高斯白噪声被带通滤波器滤波,成为带限白噪声。在滤波器通带范围内,带限白噪声谱线的高度保持不变,而宽度近似等于带通滤波器的带宽。

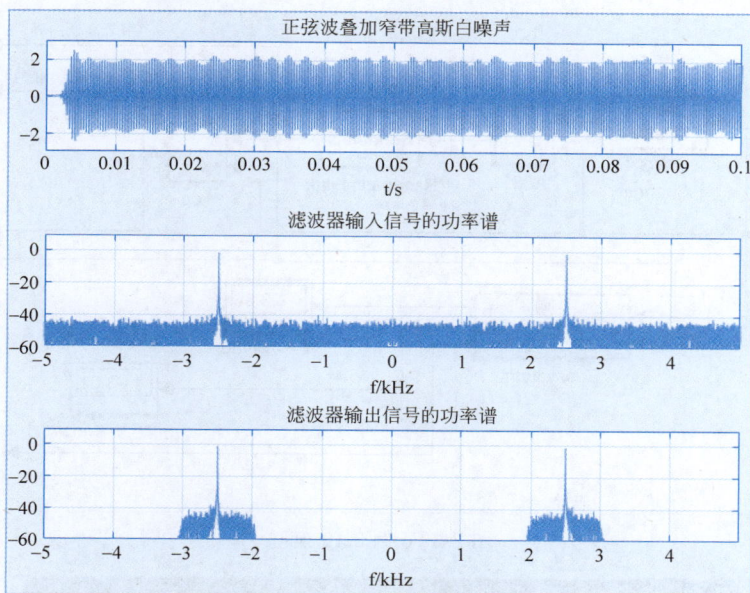

图 2-38　窄带高斯白噪声与正弦波的叠加

2.6.5　信道模块及其特性仿真

在通信工具箱的 Channels 子库中,有若干模块用于对实际系统中的传输信道进行模拟仿真,其中包括加性高斯白噪声信道（AWGN Channel）、二进制对称信道（Binary Symmetric Channel）、多输入输出衰落信道（MIMO Fading Channel）等。

在本书后面的仿真分析中,主要用到 AWGN Channel 模块,该模块用于向输入信号中引入加性高斯白噪声（Additive White Gaussian Noise）。模块内部产生的高斯白噪声与输入信号叠加后,由输出端子输出。

下面通过一个具体的仿真模型观察由 AWGN Channel 模块产生的噪声以及信噪比测量的基本方法。

例 2-10　搭建如图 2-39 所示模型,观察正弦波叠加窄带高斯白噪声及信噪比的测量。

在模型中,利用 Sine Wave 信号源模块产生幅度为 1V、频率为 2kHz 的正弦波,送入 AWGN Channel 信道模块。注意设置正弦波的采样间隔为 0.1ms。信道模块的输出与正弦波相减,得到高斯白噪声,经过 Bandpass Filter（带通滤波器）模块滤波后成为窄带高斯白噪声。模型中的 SubSystem 用于测量正弦信号和窄带高斯白噪声的平均功率。

1）信道模块

模型中 AWGN 的参数设置如图 2-40 所示,其中设置模块输出的信噪比为 10dB,输入信号的功率为 0.5W。

需要注意的是,在 Simulink 模型中,AWGN Channel 模块产生的噪声实际上是低通型白噪声,其频带范围为 $-F_s/2 \sim F_s/2$,其中 F_s 为采样速率,等于模型中 Sine Wave 模块采样时间的倒数。因此信道模块输出白噪声的平均功率为 $N_0 = \dfrac{n_0}{2} \times F_s$,其中 $\dfrac{n_0}{2}$ 为白噪声的双边功率谱密度。

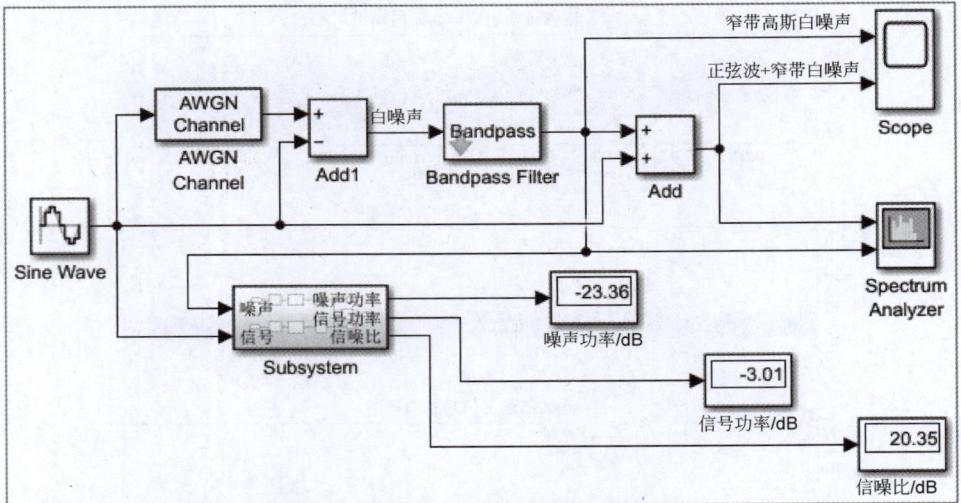

图 2-39 例 2-10 模型

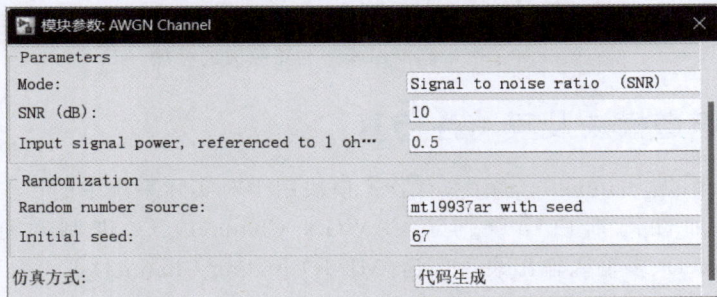

图 2-40 AWGN Channel 模块的参数设置

2）带通滤波器

模型中的带通滤波器模块 Bandpass Filter 用于将 Add1 模块输出的高斯白噪声滤波后得到窄带高斯白噪声。该模块位于 DSP System Toolbox/Filtering/Filter Designs 子库中，其主要参数设置如图 2-41 所示。

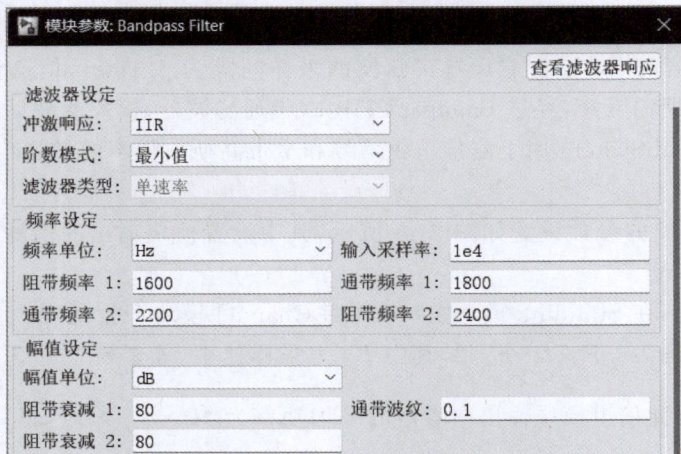

图 2-41 带通滤波器模块参数设置

根据所设置的参数设置可知，模型中的带通滤波器带宽近似为 $2200\mathrm{Hz}-1800\mathrm{Hz}=400\mathrm{Hz}$，因此输出窄带高斯白噪声的带宽为 400Hz。由于设置通带纹波为 0.1dB，则滤波器对通带内的白噪声幅度放大倍数近似为 0dB，即噪声的功率谱密度与输入高斯白噪声相同。

3）信噪比测量子系统

根据定义，信号和噪声的平均功率都等于其有效值的平方。在 DSP System Toolbox/Statistics 库中，有 RMS（有效值）和 Moving RMS（滑动有效值）模块，可用于自动统计测量输入信号的有效值，将模块的输出平方后即可得到输入信号或噪声的平均功率。

在模型中，Subsystem 就是根据上述原理实现信号和噪声平均功率及信噪比的测量。信噪比测量子系统内部的仿真模型如图 2-42 所示，其中主要包括 RMS 模块和 dB Conversion（分贝值转换）模块。

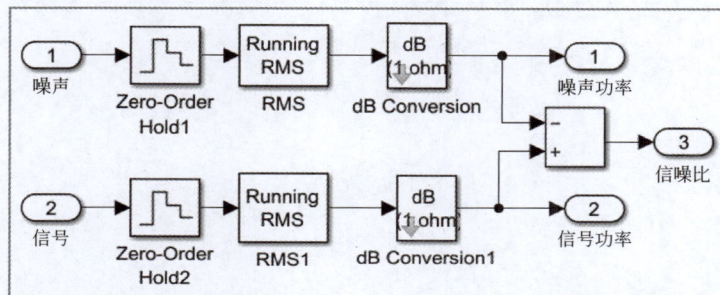

图 2-42　信噪比测量子系统内部的仿真模型

RMS 模块要求输入信号必须是经过采样后的离散序列。为此，在两个 RMS 模块的输入端分别插入一个零阶保持器模块，并设置其采样时间为 0.1ms，等于模型中 SineWave 模块的采样间隔。此外，在 RMS 模块的参数对话框中，必须勾选 Running RMS，表示求所有采样点对应的信号有效值。

模块 dB Conversion 用于得到信号和噪声平均功率的分贝值。由于该模块的输入为信号的有效值，因此在参数对话框中必须将参数 Input Signal 设置为 Amplitude（幅度）。反之，如果该参数设置为 Power，则必须将 RMS 模块的输出平方后再送入。

在子系统中，上下两条支路的输出分别为信号和噪声的平均功率，只需要利用除法运算模块将两路输出相除，即可得到信噪比。由于在两支路中已经平均功率都转换为分贝值，因此计算信噪比时应是两个分贝值相减。

4）测量结果分析

在模型中，设置正弦信号的振幅为 1V，信道模块的 SNR=10dB。仿真运行后，由示波器观察到窄带白噪声及其与正弦波叠加后的信号的时间波形如图 2-43 所示。

设置仿真运行足够长的时间，在模型中由 Display 模块观测到信号和噪声的平均功率及信噪比如图 2-39 所示，同时由谱分析仪窗口显示的功率谱如图 2-44 所示。下面结合功率谱对上述测量进行理论分析验证。

在功率谱图中，两根离散的谱线即代表正弦信号，谱线高度近似为 $-16\mathrm{dBW/Hz}$，则正弦信号的平均功率为 $10^{-16/10}\times2\times\mathrm{RBW}=0.05\times9.77\mathrm{W}\approx0.49\mathrm{W}\approx-3.1\mathrm{dB}$，近似等于模型中 Display 模块上显示的测量结果 $-3.01\mathrm{dB}$。注意分析计算时乘以频谱分辨率 RBW。

由于设置信道模块的 SNR=10dB，因此信道输出低通型白噪声的平均功率为 $N_0=$

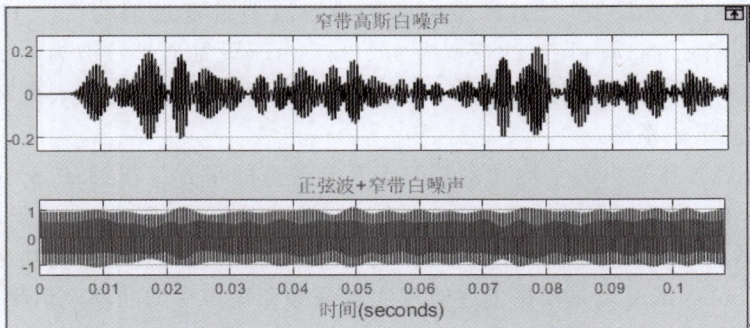

图 2-43   窄带高斯白噪声及其与正弦信号的叠加波形

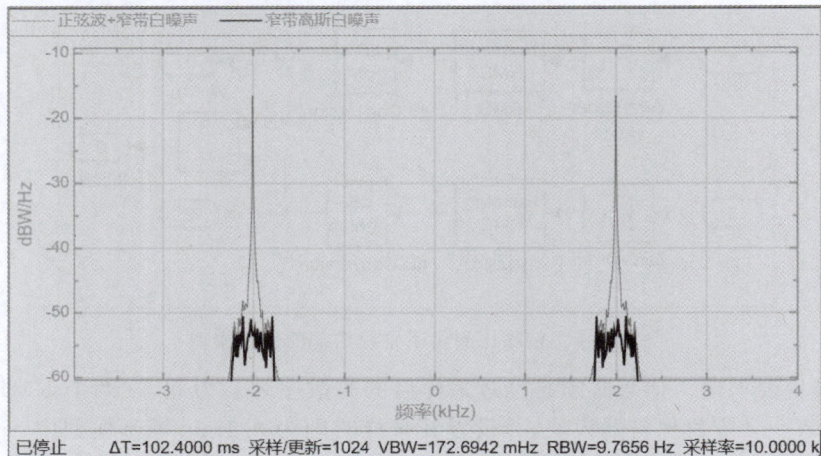

图 2-44   正弦波和窄带高斯白噪声的功率谱

$0.5/10^{10/10}=0.05\mathrm{W}$，则噪声的双边功率谱密度为 $n_0/2=N_0/F_s=5\mu\mathrm{W/Hz}\approx-53\mathrm{dBW/Hz}$，这就是图 2-44 中窄带高斯白噪声功率谱密度曲线的高度。由于带通滤波器的带宽 $B=400\mathrm{Hz}$，因此滤波器输出窄带高斯白噪声的平均功率应为

$$N=\frac{n_0}{2}\times(2B)=5\times10^{-6}\times800\mathrm{mW}=4\mathrm{mW}\approx-23.98\mathrm{dB}$$

在模型中，由信噪比测量子系统测量得到噪声的平均功率为 $-23.36\mathrm{dB}$，最后得到信噪比为 $20.35\mathrm{dB}$。与上述理论计算结果之间存在误差的主要原因是功率谱图上的读数误差以及带通滤波器的特性不理想。例如，由于滤波器的过渡带造成实际噪声的频带范围要大于 $400\mathrm{Hz}$，因此噪声的平均功率要比上述计算结果大。

本章课程拓展

1. 傅里叶的科学精神

傅里叶以他深邃的洞察力和敏锐的直觉，洞察了自然界中复杂现象背后的简单规律。他的傅里叶级数和变换理论，如同解锁宇宙奥秘的钥匙，让我们得以窥见隐藏在纷繁复杂的现象背后的秩序与和谐。这种对真理的执着追求，正是傅里叶科学精神的核心所在。

在科学研究过程中,傅里叶展现出了非凡的毅力和耐心。他深知科学研究的道路充满了艰辛和挑战,但他从未放弃对真理的追求。他不断地进行理论推导和实验验证,直到最终建立起自己的理论体系。这种坚持不懈、勇于探索的精神正是傅里叶科学精神的精髓所在。

此外,傅里叶还非常注重科学方法的运用。他善于运用数学工具来分析和解决问题,善于从复杂的现象中提炼出简单的规律。这种严谨的科学态度和方法论使得他的研究成果更加可靠和具有说服力。

傅里叶不仅是数学和物理学的杰出代表,更是科学精神的化身。傅里叶的科学精神体现在他勇于探索未知领域、坚持不懈追求真理、善于运用科学方法等方面。傅里叶的科学精神,如同一盏明灯,照亮了人类探索自然奥秘的道路。傅里叶的科学精神是对真理的执着追求、不屈不挠的毅力、开放包容的学术态度以及对后世的深远影响的综合体现。这种精神不仅是他个人成功的关键所在,更是人类科学事业不断向前发展的强大动力。

2. 绘图与科学研究中的规矩规则意识

在绘图与科学研究的广阔领域中,规矩与规则意识是不可或缺的核心要素,它们不仅确保了研究的严谨性,还促进了知识的有效传播与积累。不仅是科学精神的体现,也是科学研究得以顺利进行和取得成果的重要保障。

绘图作为科学研究的视觉表达手段,其准确性、清晰度和规范性至关重要。科学家和绘图者必须严格遵守相关领域的绘图标准,如颜色选择、线条粗细、图例说明等,以确保图表的直观性和可读性。这种对细节的严谨把控,正是规矩意识的体现。

在科学研究过程中,规矩与规则意识更是贯穿始终。从研究设计、数据收集、分析处理到结果呈现,每一个环节都需要遵循既定的规范和流程。这些规矩不仅保证了研究的科学性和可重复性,也为后续研究提供了坚实的基础。

习题 2

2-1 填空题

(1) 幅度为 5V、持续时间为 1ms 的单脉冲信号,其谱零点带宽为_____ Hz。

(2) 信号 $f(t)=10\mathrm{Sa}^2(200\pi t)$,其带宽为_____。

(3) 已知滚降系数为 0.6 的升余弦滚降信号,其频谱波形中奇对称点的频率为 100Hz,则其带宽为_____ Hz。

(4) 已知某线性系统的频率特性为 $H(\mathrm{j}\omega)=\dfrac{200\sqrt{2}\pi}{\mathrm{j}\omega+100\pi}$,则频率为 50Hz 的正弦信号通过该系统时,其幅度将被放大_____倍,时间上延迟_____。

(5) 已知理想 BPF 的带宽为 200Hz,为滤除输入信号中低于 1kHz 和低频分量和高于 1.2kHz 的高频分量,滤波器的中心频率应设为_____。

(6) 窄带高斯白噪声为_____型带限白噪声,而窄带噪声中的同相分量和正交分量都为_____型带限白噪声。

2-2 单脉冲信号 $f_1(t)$ 如图 2-45 所示。

(1) 用傅里叶变换的定义推导 $f_1(t)$ 的频谱 $F_1(\mathrm{j}f)$;

(2) 粗略画出该信号的频谱图,并分析计算信号的第一

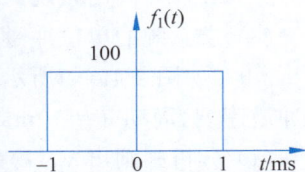

图 2-45 习题 2-2 示意图

谱零点带宽 B_1;

（3）分析并画出 $f_2(t)=f_1(t)\cos(2\pi f_c t)$ 的频谱 $F_2(f)$ 波形，并计算其第一谱零点带宽 B_2。其中 $f_c=10\text{kHz}$。

2-3　已知信号的频谱为

$$F(\text{j}f)=\begin{cases}0.02[1+\cos(0.01\pi f)], & |f|\leqslant 100 \\ 0, & \text{其他}\end{cases}$$

（1）画出信号的频谱图，并求带宽 B;

（2）求其傅里叶反变换 $f(t)$，并粗略画出该信号的时间波形。

2-4　已知信号

$$f(t)=(10+8\cos 20\pi t)\cos 200\pi t$$

（1）分别画出 $f(t)$ 的频谱图 $F(\text{j}f)$ 和功率谱图 $P(f)$;

（2）根据功率谱求 $f(t)$ 的平均功率 P;

（3）求 $f(t)$ 中各分量的平均功率。

2-5　已知信号 $f(t)$ 的频谱如图 2-46 所示。

（1）分析说明信号 $f(t)$ 中有哪些分量;

（2）写出信号 $f(t)$ 的时间表达式;

（3）求 $f(t)$ 信号的带宽 B。

2-6　已知信号

$$f(t)=0.1\frac{\sin(20\pi t)\cos(100\pi t)}{\pi t}$$

分析并画出其频谱图 $F(\text{j}\omega)$，并求带宽 B。

2-7　在图 2-47 所示系统中，理想 BPF 的带宽 $B=10\text{Hz}$，中心频率 $f_0=100\text{Hz}$。已知输入信号为 $f(t)=5+8\cos 40\pi t$。

（1）分析并画出 $f(t)$、$y_1(t)$ 和 $y(t)$ 的频谱图;

（2）分别写出 $y_1(t)$ 和 $y(t)$ 的时间表达式。

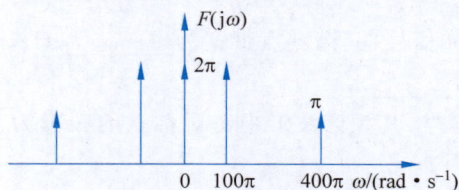

图 2-46　习题 2-5 示意图　　　　图 2-47　习题 2-7 示意图

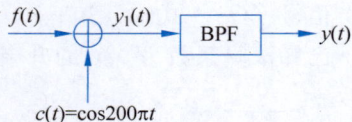

2-8　如图 2-48(a)所示系统，其中理想 LPF 的频率特性 $H_1(\text{j}\omega)$ 如图 2-48(b)所示。

（1）求系统的频率特性 $H(\text{j}\omega)$;

（2）分析并画出系统的幅频特性曲线;

（3）求系统的单位冲激响应 $h(t)$。

2-9　如图 2-49(a)所示系统，已知信号 $f(t)$ 的频谱 $F(\text{j}\omega)$ 如图 2-49(b)所示，$c(t)$ 为周期冲激序列，周期 $T=10\text{ms}$。

（1）分析并画出 $y_1(t)$ 的频谱 $Y_1(\text{j}\omega)$;

（2）为使输出信号 $y(t)=Kf(t)$（K 为任意常数），确定理想 LPF 的频率特性 $H(\text{j}\omega)$。

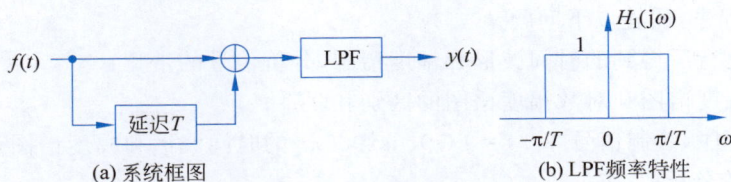

图 2-48　习题 2-8 示意图

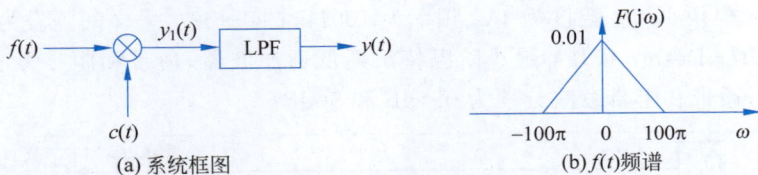

图 2-49　习题 2-9 示意图

2-10　如图 2-50 所示系统，其中理想 BPF 的带宽为 20Hz，中心频率为 100Hz；理想 LPF 的带宽为 20Hz。$n(t)$ 为高斯白噪声，$c(t)=\cos 200\pi t$。

（1）假设 $n(t)=0$，$f(t)=(10+8\cos 20\pi t)c(t)$，分析推导 $y_1(t)$ 和 $y(t)$ 的时间表达式；

（2）假设 $n(t)=0$，$f(t)=(10+8\cos 20\pi t)c(t)$，画出 $y(t)$ 的功率谱图，并求 $y(t)$ 的平均功率；

（3）假设 $f(t)=0$，$n(t)$ 的单边功率谱密度 $n_0=1\mu\text{W/Hz}$，画出 $y_1(t)$ 和 $y(t)$ 的功率谱图，并求 $y(t)$ 的平均功率。

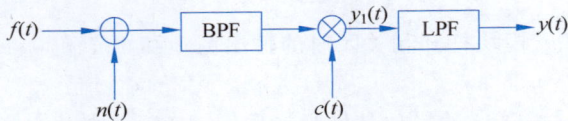

图 2-50　习题 2-10 示意图

实践练习 2

2-1　已知三角频谱信号

$$f(t)=200\text{Sa}^2[200\pi(t-0.6)]$$

编制如下 MATLAB 程序，绘制其时间波形和幅度谱：

```
Fs = 1e4;N = 1e4;                      %定义采样频率、FFT 长度
t = (0:N-1)/Fs;                        %定义时间向量
f = Fs * (-N/2:N/2-1)/N;               %定义频谱自变量 f 向量
ft = 200 * (sinc(200 * (t-0.6))).^2;   %产生三角频谱信号
F = fftshift(fft(ft,N))/N;             %求频谱
AF = abs(F);AFdB = 20 * log10(AF);     %求幅度谱/dB
subplot(311);plot(t,ft);
xlabel('t/s');grid on;axis([0.55,0.65,-10,210])
subplot(312);plot(f,AF);
ylabel('幅度谱');xlabel('f/Hz');grid on
subplot(313);plot(f,AFdB);
ylabel('对数幅度谱/dB');xlabel('f/Hz');grid on
```

调试上述程序,回答以下问题。

(1) 观察运行后得到的时间波形和幅度谱图,分析信号的带宽;

(2) 比较幅度谱图和对数幅度谱图的区别和联系;

(3) 修改程序,绘制信号 $y(t)=f(t)\cos 2000\pi t$ 的时间波形和幅度谱图,并与原程序运行结果进行比较分析。

2-2 搭建如图 2-51 所示仿真模型,其中各模块的主要参数或功能如下。

Sine Wave 模块:产生幅度为 1V、频率为 100Hz 的正弦波,采样间隔设为 0.1ms;

Digital Filter Design 模块:最小阶巴特沃斯低通滤波器,通带和阻带截止频率分别为 50Hz 和 60Hz,通带和阻带衰减分别为 0.1dB 和 50dB。

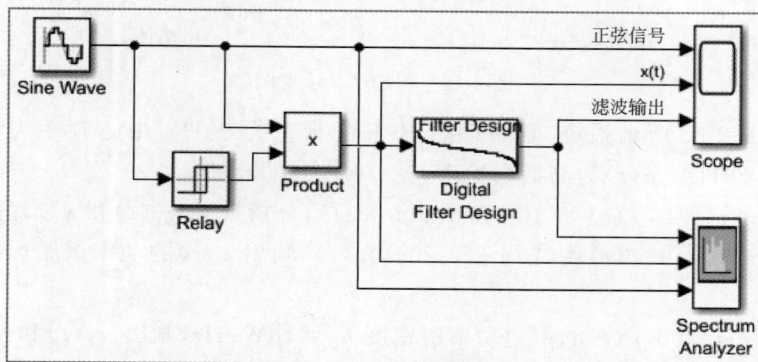

图 2-51 实践练习 2-2 模型

(1) 分别设置 Relay 模块打开和关闭时的输出为 1 和 1、1 和 0、1 和 -1,观察分析比较运行结果。

(2) 将 Digital Filter Design 模块替换为 Lowpass Filter 模块,为了实现上述相同功能,借助 MATLAB 帮助文档正确设置其参数。

(3) 如果设置 Sine Wave 模块的采样时间参数为 0,那么模型该如何修改才能正确运行?

(4) 设置 Sine Wave 模块的采样时间参数为 0,将 Digital Filter Design 模块替换为 Analog Filter Design 模块,为了实现上述相同功能,借助 MATLAB 帮助文档正确设置其参数。

2-3 将 Bernoulli Binary Generator 信源模块产生的随机二进制代码序列基带信号用 Analog Filter Design 模块进行低通滤波,观察滤波前后信号的时间波形和频谱(功率谱)。

(1) 假设码元速率为 100Bd,确定信源模块的参数。

(2) 设置低通滤波器的带宽分别为 50Hz、200Hz、1000Hz,观察和比较各信号波形和频谱上的区别。

2-4 在 MATLAB 程序中调用函数 wgn() 产生高斯白噪声,通过带通和低通滤波分别得到带通和低通型白噪声。观察各噪声的时间波形和功率谱,并测量其平均功率。

提示:在 MATLAB 程序中,调用函数 rms() 可以测量信号和噪声的有效值,平方后能得到其平均功率。

2-5　搭建模型，利用 AWGN Channel 模块产生高斯白噪声，经滤波后得到窄带高斯白噪声。

（1）观察窄带高斯白噪声的时间波形和功率谱。

（2）添加模块实现窄带高斯白噪声中同相分量的提取，观察同相分量的时间波形和功率谱，并与窄带噪声进行比较。

（3）添加模块实现窄带高斯白噪声及其同相分量平均功率的测量，并根据功率谱进行计算验证。

（4）验证窄带噪声与其同相分量的平均功率相同。

模拟调制传输

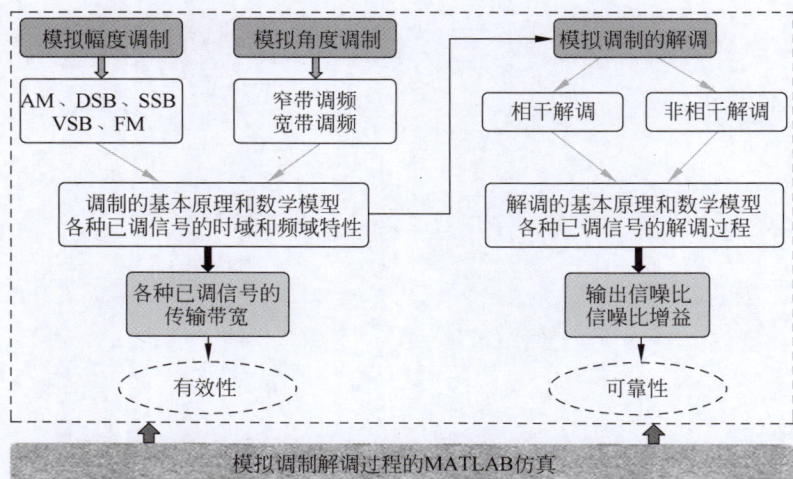

思维导图

在模拟通信系统采用的各种模拟调制中,基带信号是幅度连续取值的模拟信号,已调信号是幅度、频率或相位随基带信号幅度变化的高频正弦载波信号。本章主要介绍模拟通信系统中几种基本的调制解调方法,并对各种模拟调制传输系统的性能进行分析比较。

3.1 模拟幅度调制

模拟幅度调制广泛应用于早期的无线电广播系统中,工作于长波、中波和短波波段,频率范围为 $150\mathrm{kHz}\sim30\mathrm{MHz}$。接收机采用超外差体制,结构简单,价格低廉,适合于固定和便携式接收。

3.1.1 模拟幅度调制的基本原理

所谓幅度调制(简称调幅),就是用模拟基带信号去控制高频载波的幅度,使其幅度随基带信号而变化。

1. 模拟幅度调制的基本原理

模拟幅度调制只需一个模拟乘法器即可实现,其基本原理如图 3-1 所示。$m(t)$ 为待调制的基带信号,$c(t)$ 为高频正弦或余弦载波,模拟乘法器的输出即为调幅信号。

为了分析方便,一般载波取为余弦信号,其时间表达式为

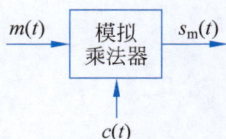

图 3-1 模拟调幅的基本原理

$$c(t) = A\cos\omega_c t \tag{3-1}$$

其中，A 为载波幅度；ω_c 为载波角频率；$f_c = \omega_c/(2\pi)$ 为载波频率，简称为载频。

用模拟乘法器将高频载波 $c(t)$ 与基带信号相乘后，得到的输出信号为

$$s_m(t) = m(t)c(t) = Am(t)\cos\omega_c t \tag{3-2}$$

一般基带信号的频率远低于载频，也就是说，$m(t)$ 变化的速率远低于载波频率。因此，输出已调信号 $s_m(t)$ 可以认为是一个频率等于载波频率的余弦信号，但是其幅度变为 $Am(t)$，与基带信号 $m(t)$ 成正比关系。调制器中各点信号 $s_m(t)$ 的波形如图 3-2 所示。

由图 3-2 可知，已调信号 $s_m(t)$ 的幅度变化规律与基带信号 $m(t)$ 的波形完全一样。低频基带信号与高频载波相乘，带来的效果是使载波的幅度随着基带信号的幅度而变化，也就是用基带信号对载波的幅度进行控制，所以将这一相乘的过程称为幅度调制，而将输出已调信号简称为调幅信号。

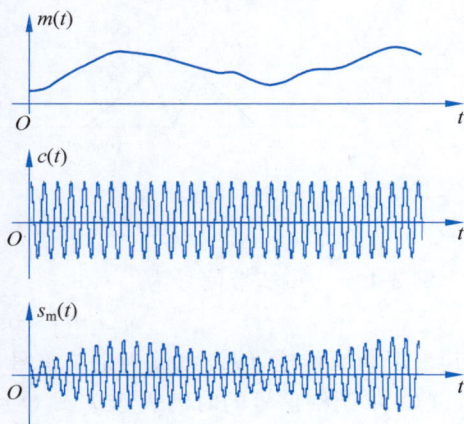

图 3-2 调幅信号的时间波形

2. 调幅过程的频谱分析

下面继续对上述各信号进行频谱分析，进一步分析调幅信号的特性。假设基带信号的频谱为 $M(j\omega)$，载波的幅度 $A=1$。根据傅里叶变换的频移性质可以求得已调信号 $s_m(t)$ 的频谱为

$$S_m(j\omega) = \frac{1}{2}\left[M(j(\omega-\omega_c)) + M(j(\omega+\omega_c))\right] \tag{3-3}$$

由此可见，调制的实质就是信号频谱的搬移。假设基带信号的频谱如图 3-3(a)所示，则对应的调幅信号 $s_m(t)$ 的频谱如图 3-3(b)所示。ω_m 为基带信号的最高角频率，$f_m = \omega_m/(2\pi)$ 也就是基带信号的带宽。对于已调信号，由图 3-3(b)可知，其带宽变为

$$B_w = \frac{(\omega_c+\omega_m)-(\omega_c-\omega_m)}{2\pi} = \frac{2\omega_m}{2\pi} = 2f_m \tag{3-4}$$

式(3-4)说明调幅信号的带宽等于基带信号带宽的 2 倍。

在实际系统中，基带信号都为实信号，其频谱一定关于纵轴左右对称。通过调制将其频谱搬移到载频附近后，已调信号的频谱将在载频两侧呈对称分布。其中，频率高于载频的分量称为上边带，而频率低于载频的分量称为下边带。

显然，上下边带频谱的具体形状取决于基带信号的频谱形状。也就是说，两个边带都携带了基带信号的全部信息，边带中的各分量在基带信号的频谱中都有相应的分量与之相对应。在频谱搬移的过程中，没有新的频率分量产生。因此，上述幅度调制属于线性调制。在接收机中，只需要根据上边带或下边带，即可恢复或提取出原来的基带信号。

(a) 基带信号

(b) 调幅信号

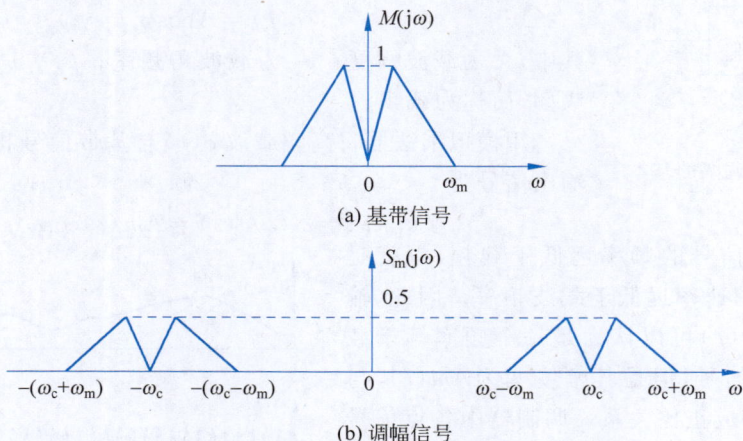

图 3-3　调幅信号的频谱

例 3-1　已知基带信号为

$$m(t) = 8\cos 200\pi t + 4\cos 1000\pi t$$

对其采用调幅传输,假设载波为余弦信号,频率为 6kHz,幅度为 1,初始相位为 0。

(1) 求调幅信号的时间表达式 $s_m(t)$。

(2) 分别画出基带信号和调幅信号的频谱图。

解　(1) 载波信号的时间表达式为

$$c(t) = \cos(2\pi \times 6 \times 10^3 t) = \cos(1.2\pi \times 10^4 t)$$

将其与基带信号相乘,得到调幅信号的时间表达式为

$$s_m(t) = m(t)c(t) = (8\cos 200\pi t + 4\cos 1000\pi t)\cos(1.2 \times 10^4 \pi t)$$

(2) 基带信号由两个分量构成,经过调幅将其频谱搬移到载频附近,得到调幅信号,两个信号的频谱如图 3-4 所示。

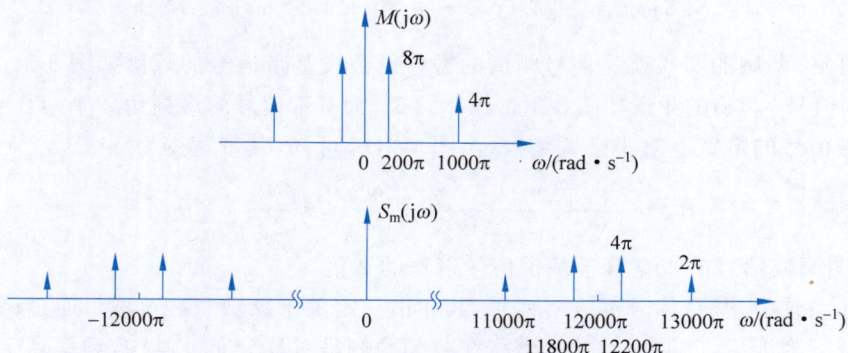

图 3-4　例 3-1 频谱图

3.1.2　DSB-SC 调制和 AM 调制

前面介绍了幅度调制的基本原理。实际通信系统中,模拟幅度调制又分为抑制载波的双边带(Double Side Band-Suppressed Carrier,DSB-SC)调制、常规调幅(Amplitude Modulation,AM)、单边带(Single Side Band,SSB)调制和残留边带(Vestigial Side Band,VSB)调制等方

式。这些调幅方式分别具有不同的时域和频域特性,而应用于各种模拟通信系统中。

1. DSB-SC 调制

实际上 3.1.1 节介绍的幅度调制即为 DSB-SC 调制,其基本方法是将基带信号直接与高频载波相乘,输出即为 DSB-SC 信号,也可以简称为 DSB 信号。

实际系统中传输的基带信号都是双极性的,可以认为其中不含有直流分量,其频谱如图 3-3(a)所示,在 $\omega=0$ 处幅度谱为 0。这样的基带信号与载波相乘实现频谱的搬移后,已调信号的频谱在 $\omega=\omega_c$ 处等于 0,也就是已调信号中没有角频率等于载波角频率 ω_c 的分量,如图 3-3(b)所示。

在已调信号中,频率等于载波频率的分量称为载波分量。因此,按照前述方法得到的已调信号中没有载波分量,而是在载频两侧分别存在上边带和下边带分量。所以,将这种幅度调制称为抑制载波的双边带调制,简称为 DSB-SC 或 DSB 调制。

DSB 信号的幅度包络也随基带信号而变化。但是,如果基带信号是双极性的,则在基带信号的时间波形上,当基带信号的极性发生改变时,载波的相位也要随之反相,从而使已调信号的幅度包络并不能完全反映基带信号的幅度变化,如图 3-5 所示。

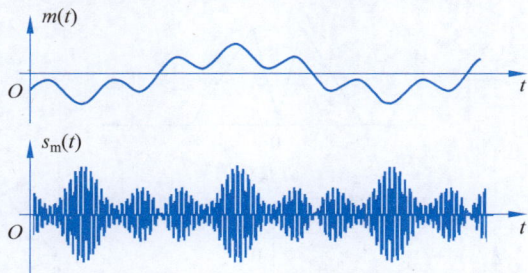

图 3-5 DSB-SC 信号的时间波形

2. AM 的基本原理

最早的广播通信中采用常规调幅(AM)进行语音和音乐信号的传输。相对于 DSB 调制,AM 可以采用简单的包络检波实现非相干解调,从而简化接收机。

图 3-6 所示为常规调幅(AM)的原理。与 DSB-SC 调制不同的是,先将基带信号 $m(t)$ 叠加上一个幅度为 A_0 的直流信号,再与高频载波相乘,输出信号可以表示为

$$s_m(t)=f(t)c(t)=[m(t)+A_0]\cos\omega_c t \tag{3-5}$$

图 3-7 给出了基带信号 $m(t)$ 以及对应的 AM 信号 $s_m(t)$ 的时间波形。可见,在 AM 信号中,载波的幅度包络与加法器输出信号 $A(t)$ 的波形完全相同,只是在幅度上有平移,平移的幅度取决于调制时叠加直流信号的幅度大小 A_0。

图 3-6 AM 的基本原理

假设基带信号的频谱为 $M(j\omega)$,根据傅里叶变换的频移性质,对式(3-5)做傅里叶变换,得到 AM 信号的频谱为

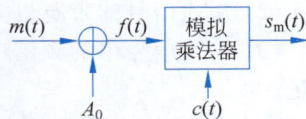

$$S_m(j\omega)=\frac{1}{2}[M(j(\omega-\omega_c))+M(j(\omega+\omega_c))]+\pi A_0[\delta(\omega-\omega_c)+\delta(\omega+\omega_c)] \tag{3-6}$$

式(3-6)中等号右边第 1 项取决于基带信号的频谱;第 2 项为冲激函数,冲激的强度取决于叠加的直流信号的幅度。假设基带信号的频谱如图 3-8(a)所示,则对应 AM 信号的频谱如图 3-8(b)所示。

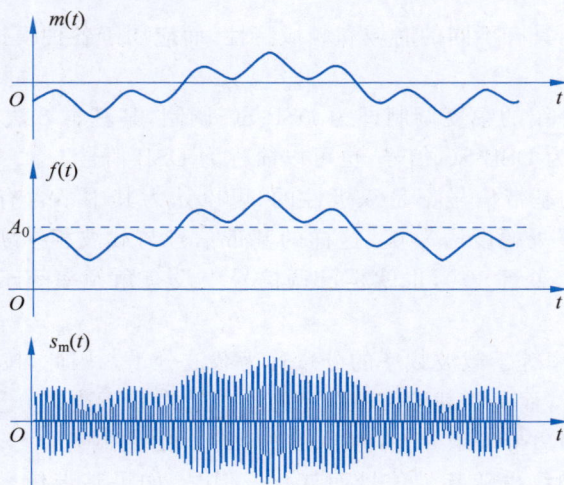

图 3-7 AM 信号的时间波形

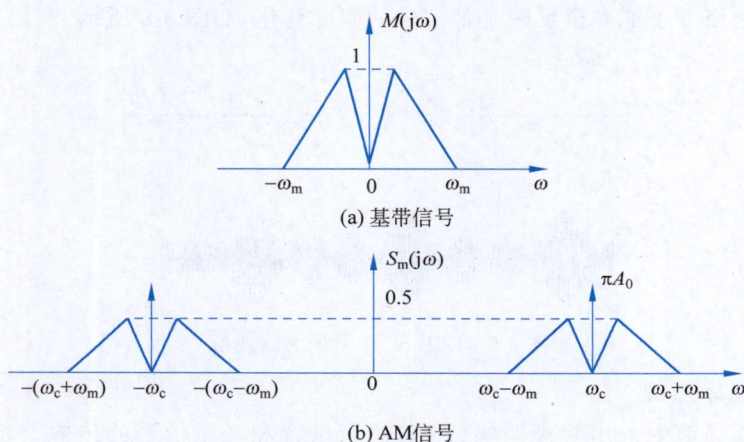

(a) 基带信号

(b) AM信号

图 3-8 AM 信号的频谱

由此可以得到以下结论。

（1）AM 信号的频谱中也含有上下两个边带，各边带分量与基带信号中的各分量相对应，只是高度缩小一半。

（2）AM 信号的带宽也为基带信号带宽的 2 倍。

（3）AM 信号中的频谱中，频率等于载频的位置存在冲激，表明 AM 信号中含有载波分量。

3. AM 信号的调幅指数

这里考虑单频调制的情况。所谓单频调制，是指基带信号中只有一个频率分量，其时间表达式可以表示为

$$m(t) = A_m \cos \omega_m t \tag{3-7}$$

其中，A_m 为基带信号的幅度；ω_m 为基带信号的角频率。

根据上述 AM 的原理，可以得到对应 AM 信号的时间表达式为

$$s_m(t) = [m(t) + A_0] \cos \omega_c t = (A_m \cos \omega_m t + A_0) \cos \omega_c t$$

$$= A_0 (1 + \beta_{AM} \cos \omega_m t) \cos \omega_c t \tag{3-8}$$

其中，$\beta_{AM} = A_m / A_0$ 称为 AM 的调幅指数。

调幅指数 β_{AM} 的物理含义是基带信号的幅度对载波幅度的控制程度，其取值可能小于1、等于 1 或大于 1，相应的 AM 信号时间波形如图 3-9 所示。

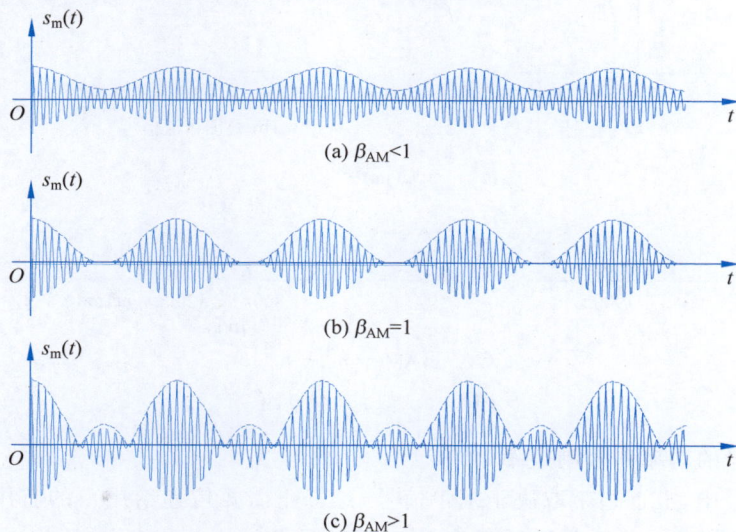

(a) $\beta_{AM} < 1$

(b) $\beta_{AM} = 1$

(c) $\beta_{AM} > 1$

图 3-9 调幅指数对 AM 信号波形的影响

由图 3-9 可知，只有当 $\beta_{AM} \leqslant 1$ 时，已调信号的幅度包络（如图中虚线所示）才能反映基带信号的幅度变化规律，如图 3-9(a)和图 3-9(b)所示；当 $\beta_{AM} > 1$ 时，已调信号的幅度包络不能反映基带信号的幅度变化规律，如图 3-9(c)所示。一般将 $\beta_{AM} < 1$、$\beta_{AM} = 1$ 和 $\beta_{AM} > 1$ 的 3 种情况分别称为欠调幅、满调幅和过调幅。实际系统中为了对 AM 信号实现包络检波解调，要求必须工作在欠调幅或满调幅状态。

例 3-2 已知单频调制 AM 信号的时间表达式为

$$s_m(t) = (2\cos 200\pi t + 4)\cos 1000\pi t$$

(1) 求调幅指数 β_{AM}。

(2) 分别画出基带信号和 AM 信号的频谱图。

解 (1) 由 AM 信号的时间表达式得到 $A_m = 2$，$A_0 = 4$，则调幅指数为

$$\beta_{AM} = A_m / A_0 = 0.5$$

(2) 基带信号 $m(t) = 2\cos 200\pi t$ 是单频正弦信号，其频谱如图 3-10(a)所示。$m(t)$ 叠加上直流信号 A_0 后得到

$$f(t) = A_0 + m(t) = 4 + 2\cos 200\pi t$$

其频谱如图 3-10(b)所示，将其搬移到载频位置得到 AM 信号，其频谱如图 3-10(c)所示。

以上介绍的是单频调制的情况。如果基带信号是由很多分量合成的复杂波形，调幅指数的定义可以修改为

$$\beta = \frac{|f(t)|_{\max} - |f(t)|_{\min}}{|f(t)|_{\max} + |f(t)|_{\min}} \tag{3-9}$$

其中，$f(t) = m(t) + A_0$；$|f(t)|_{\max}$ 和 $|f(t)|_{\min}$ 分别为信号 $f(t)$ 幅度的最大值和最小值，或者已调信号中载波幅度的最大值和最小值。

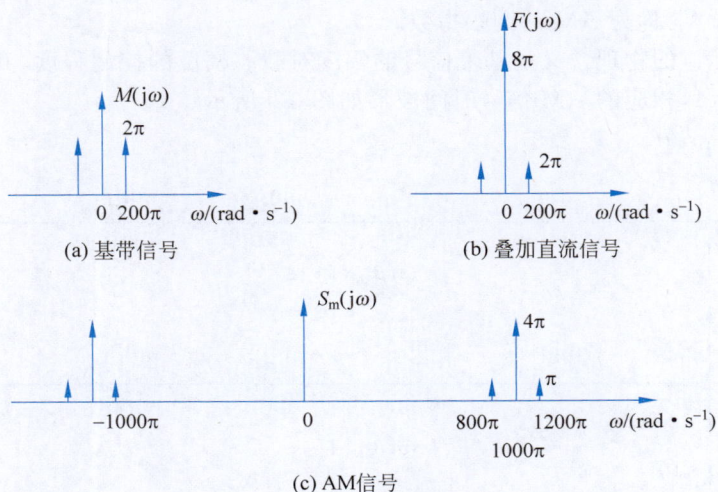

(a) 基带信号 (b) 叠加直流信号

(c) AM信号

图 3-10 例 3-2 频谱图

4. AM 信号的功率和调制效率

在 AM 信号中,上下边带取决于基带信号,是真正需要传递给用户的有用分量。此外,还有不含有基带信息的载波分量。因此,在已调信号发射的总功率中,希望边带分量的功率越大越好,而载波分量的功率越小越好。因此,需要进一步分析在发送的 AM 总功率中各分量所占的功率比重,称为调制效率。

调制效率的具体定义为

$$\eta = \frac{P_f}{P_0} = \frac{P_f}{P_c + P_f} \qquad (3\text{-}10)$$

其中,P_0 为调幅信号的总功率;P_f 为调幅信号的边带功率;P_c 为调幅信号中载波分量的功率。

显然,由于 DSB-SC 信号中不含有载波分量,全部是上下边带分量,则 $P_0 = P_f$,所以其调制效率为 100%,这意味着发射的总功率全部用于传输边带分量和有用的基带信号。下面分析 AM 信号的调制效率。

以单频调制为例,AM 信号的时间表达式为

$$s_m(t) = (A_0 + A_m \cos\omega_m t)\cos\omega_c t$$

仿照例 3-2,可以得到其频谱如图 3-11(a)所示,其功率谱如图 3-11(b)所示。

由功率谱求得 AM 信号的总功率为

$$P_0 = \frac{1}{2\pi}\int_{-\infty}^{\infty} P(\omega)\,\mathrm{d}\omega = \frac{1}{2\pi}\left(\frac{\pi A_0^2}{2}\times 2 + \frac{\pi A_m^2}{8}\times 4\right) = \frac{A_0^2}{2} + \frac{A_m^2}{4} \qquad (3\text{-}11)$$

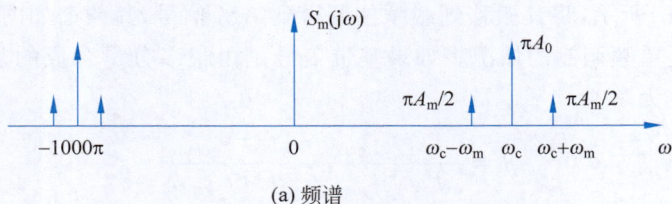

(a) 频谱

图 3-11 单频调制 AM 信号的频谱和功率谱

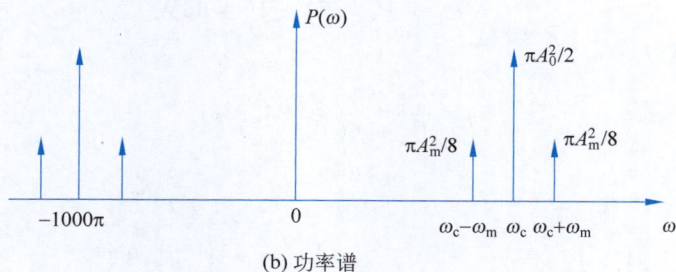

(b) 功率谱

图 3-11 （续）

其中，右边两项分别与载波分量和基带信号有关，分别为载波功率和边带功率，即

$$P_c = \frac{A_0^2}{2}, \quad P_f = \frac{A_m^2}{4} \tag{3-12}$$

再将 P_0 和 P_f 代入式（3-10）得到 AM 的调制效率为

$$\eta = \frac{A_m^2/4}{A_0^2/2 + A_m^2/4} = \frac{A_m^2}{2A_0^2 + A_m^2} = \frac{\beta_{AM}^2}{2 + \beta_{AM}^2} \tag{3-13}$$

由此可见，AM 调制的调制效率随调幅指数的增大而单调增大。但是，实际系统为了能采用包络检波解调出基带信号，要求都不能工作到过调幅状态。也就是说，调幅指数的最大值为 1，此时对应的最高调制效率近似为 33.3%。这说明在调幅信号的总功率中，只有 33.3% 的功率用于传送有用的边带功率，而 66.7% 的功率用于传送载波。

前面是根据信号的功率谱计算和分析各信号的平均功率和 AM 信号的调制效率，称为频域分析方法。此外，也可以根据信号的时间表达式，在时域进行计算。

例 3-3 已知基带信号为

$$m(t) = 8\cos 200\pi t$$

对其采用 AM 传输，假设 $A_0 = 10$V，载波角频率为 ω_c。

（1）求调幅信号的时间表达式 $s_m(t)$。

（2）求调幅指数 β_{AM}。

（3）求调幅信号中的载波功率、边带功率和 AM 信号的总功率。

（4）求调制效率 η。

解 （1）调幅信号的时间表达式为

$$s_m(t) = [A_0 + m(t)]c(t) = (10 + 8\cos 200\pi t)\cos \omega_c t$$

（2）$A_m = 8, A_0 = 10$，则调幅指数为

$$\beta_{AM} = \frac{A_m}{A_0} = \frac{8}{10} = 0.8 = 80\%$$

（3）画出 AM 信号的频谱和功率谱，如图 3-12 所示。其中，位于 ω_c 处的冲激代表载波分量，其余冲激代表边带分量。则载波功率和边带功率分别为

$$P_c = \frac{1}{2\pi} \times 50\pi \times 2 = 50\text{W}$$

$$P_f = \frac{1}{2\pi} \times 8\pi \times 4 = 16\text{W}$$

AM 信号的总功率为

$$P_0 = P_c + P_f = 50 + 16 = 66\mathrm{W}$$

（4）调制效率为

$$\eta = \frac{P_f}{P_0} = \frac{16}{66} \approx 24.2\%$$

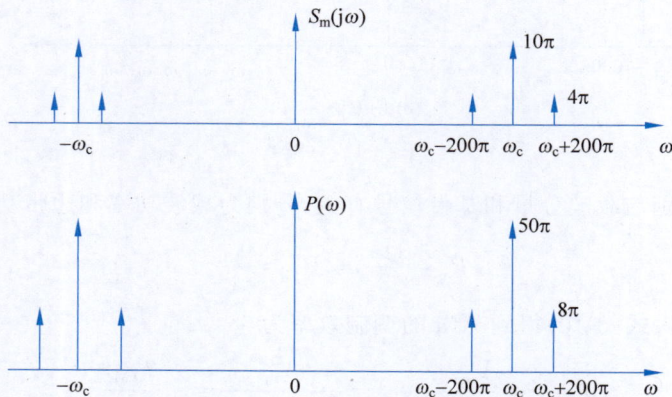

图 3-12　例 3-3 AM 信号频谱和功率谱

3.1.3　SSB 调制和 VSB 调制

单边带（SSB）调制技术于 1915 年提出，并在 1933 年以后为大多数远洋通信所采用。从 1954 年起，单边带电台在军用无线电通信系统中迅速发展，逐步取代了普通的调幅电台。在现代通信系统中，单边带调制广泛用于短波波段，也适用于中波、长波和超短波波段。在载波电话通信系统中，采用单边带调制实现多路话音信号的频分复用。

第 15 集
微课视频

与 AM 调制和 DSB-SC 调制相比，SSB 调制传输具有节省频谱、节约功率、便于多路复用等优点。

1. SSB 调制的基本原理

在 DSB-SC 和 AM 信号中，都含有上下两个边带，这两个边带分别是由基带信号中的正负频率部分搬移到载频位置而得到的。对实际系统中的基带信号，其频谱中的正负频率部分完全对称。因此，在调制传输时，可以只传输其中的一个边带。这就是单边带调制。

利用滤波器将 DSB-SC 信号中的一个边带滤除，而保留另一个边带，即可得到单边带信号。由此得到 SSB 调制的基本原理，如图 3-13 所示。

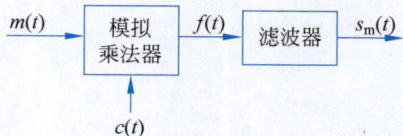

首先用模拟乘法器将基带信号 $m(t)$ 与高频载波 $c(t)$ 相乘，得到抑制载波的双边带信号 $f(t)$，其中含有上边带和下边带。上边带分量的频率都高于载频，而下边带分量的频率都低于载频。

图 3-13　SSB 调制的基本原理

图 3-13 中的滤波器可以为低通滤波器或高通滤波器。如果采用低通滤波器，并且其截止频率等于载频，则将乘法器输出 DSB-SC 信号中的上边带滤除，而保留下边带。此时得到的 SSB 信号中只含有下边带，称为下边带（Lower Side Band，LSB）调制。如果采用高通滤波器，并且其截止频率等于载频，则将乘法器输出 DSB-SC 信号中的下边带滤除，而保留上边带，此时称为上边带（Upper Side Band，USB）调制。

图 3-14 给出了 LSB 信号及其对应的基带信号、DSB-SC 信号的频谱图，其中的虚线为

低通滤波器的幅频特性。由频谱图可见,单边带信号的带宽等于基带信号的带宽。在基带信号带宽相同时,SSB 信号的带宽是 DSB-SC 和 AM 信号带宽的一半。因此,采用 SSB 调制传输可以节省一半的信道带宽,传输的有效性最好。

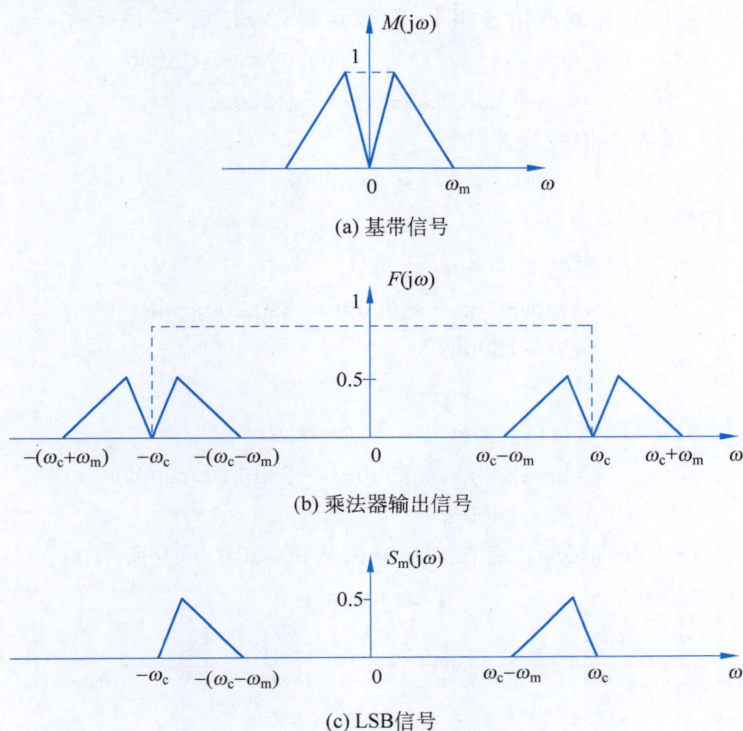

(a) 基带信号

(b) 乘法器输出信号

(c) LSB信号

图 3-14　LSB 信号的频谱

2. 相移法调制

除了上述滤波法以外,借助希尔伯特变换,还可以用相移法实现单边带调制。仍然假设基带信号为 $m(t)$,则根据希尔伯特变换的概念,单边带信号可以表示为

$$s(t) = m(t)\cos\omega_c t \pm \hat{m}(t)\sin\omega_c t \tag{3-14}$$

其中,$\hat{m}(t)$ 为基带信号的希尔伯特变换;ω_c 为载波频率。当右边取"＋"时,$s(t)$ 为下边带信号;取"－"时,$s(t)$ 为上边带信号。

根据式(3-14)得到相移法实现单边带调制的模型,如图 3-15 所示。其中,$H_H(j\omega)$ 代表希尔伯特滤波器。

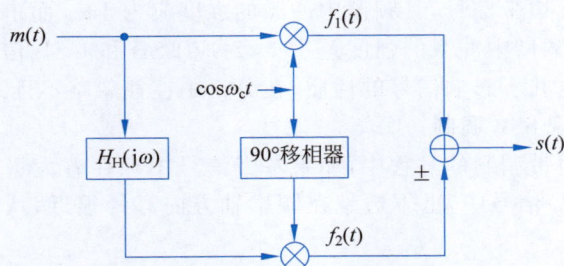

图 3-15　相移法实现单边带调制的模型

例 3-4 已知基带信号为 $m(t)=8\cos200\pi t$，载波角频率 $\omega_c=2000\pi$ rad/s。

(1) 分别写出对应的 DSB-SC、LSB、USB 信号的时间表达式。

(2) 画出上述各已调信号的频谱。

解 (1) 将基带信号和载波信号相乘，即得到 DSB-SC 信号，因此有

$$s_{DSB}(t)=m(t)c(t)=8\cos200\pi t\cos2000\pi t$$
$$=4\cos2200\pi t+4\cos1800\pi t$$

基带信号 $m(t)$ 的希尔伯特变换为

$$\hat{m}(t)=8\sin200\pi t$$

则对应的下边带信号为

$$s_{LSB}(t)=m(t)\cos\omega_c t+\hat{m}(t)\sin\omega_c t$$
$$=8\cos200\pi t\cos2000\pi t+8\sin200\pi t\sin2000\pi t$$
$$=8\cos1800\pi t$$

上边带信号为

$$s_{USB}(t)=m(t)\cos\omega_c t-\hat{m}(t)\sin\omega_c t$$
$$=8\cos200\pi t\cos2000\pi t-8\sin200\pi t\sin2000\pi t$$
$$=8\cos2200\pi t$$

(2) 根据以上各式可直接画出各已调信号的频谱，如图 3-16 所示。

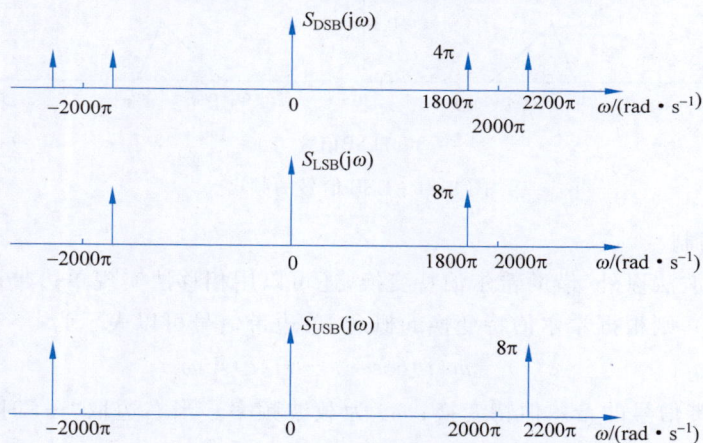

图 3-16 例 3-4 各已调信号的频谱

注意到在滤波法中，将 DSB-SC 信号中的上边带滤除，即得到下边带信号。对于本例，将上边带滤除后得到下边带信号，其频谱中冲激的强度应为 4π。而上述解答中的上下边带是根据相移法得到的，频谱中冲激的强度差一半，对应 LSB 和 USB 信号的时间表达式上也在系数上有差异。但这并不影响信号的性质，在分析中往往忽略不计。

3. 多级滤波法实现 SSB 调制

在滤波法实现单边带调制的过程中，如果基带信号中存在着大量的低频分量甚至直流分量，将使得在 DSB-SC 信号中，上下边带在频率轴方向靠得很近，从而无法用实际的滤波器将其分开。

例如，模拟语音电话的频率范围为 $300\sim3400\mathrm{Hz}$，最低频率为 $300\mathrm{Hz}$。通过乘法器将其频谱搬移到载频位置后，上下边带之间的频率间隔只有 $600\mathrm{Hz}$。另外，实际的滤波器都存在

着过渡带,要在比较高的载频附近将滤波器的过渡带做到不超过 600Hz,从而将上下边带完全分开以得到 SSB 信号,这是很难实现的。

考虑到上述问题,在实际系统中,为了得到比较理想的单边带信号,一般采用多级滤波调制。每次调制实现频谱搬移,同时加大调制后各边带之间的距离,从而便于利用实际的滤波器进行滤波。

图 3-17 所示为一个二级滤波调制原理图。基带信号 $m(t)$ 先通过模拟乘法器实现第 1 级 DSB-SC 调制,经 $H_1(j\omega)$ 滤波后得到第 1 级单边带信号 $s_1(t)$。$s_1(t)$ 再经随后的模拟乘法器和滤波器 $H_2(j\omega)$ 实现第 2 级调制和滤波,输出单边带信号 $s_2(t)$。

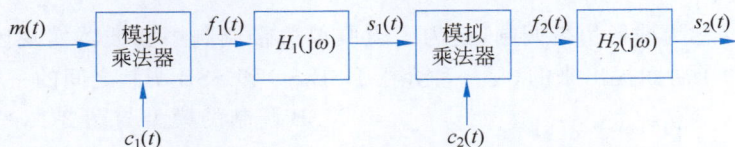

图 3-17 二级滤波调制原理图

在二级调制中,载波的角频率分别为 ω_{c1} 和 ω_{c2},则两级滤波器的截止频率应分别等于 ω_{c1} 和 ω_{c2},并且各级载波频率依次提高,即 $\omega_{c1}<\omega_{c2}$。

设基带信号的频谱如图 3-18(a)所示,其最低和最高频率分别为 ω_1 和 ω_u。第 1 级 DSB-SC 调制后得到 $f_1(t)$,其上下边带之间的频率间隔为 $W_1=2\omega_1$。假设 $H_1(j\omega)$ 为低通滤波器,则滤除 $f_1(t)$ 中的上边带后,得到 LSB 信号 $s_1(t)$,其频谱如图 3-18(b)所示。

将 $s_1(t)$ 再经第 2 级 DSB-SC 调制后得到 $f_2(t)$,其上下边带之间的频率间隔增大为 $W_2=2(\omega_{c1}-\omega_u)$,并且频率间隔可以通过调节第 1 级载波频率 ω_{c1} 而进行调节。$f_2(t)$ 再通过第 2 级低通滤波器后得到 $s_2(t)$,其频谱如图 3-18(c)所示。

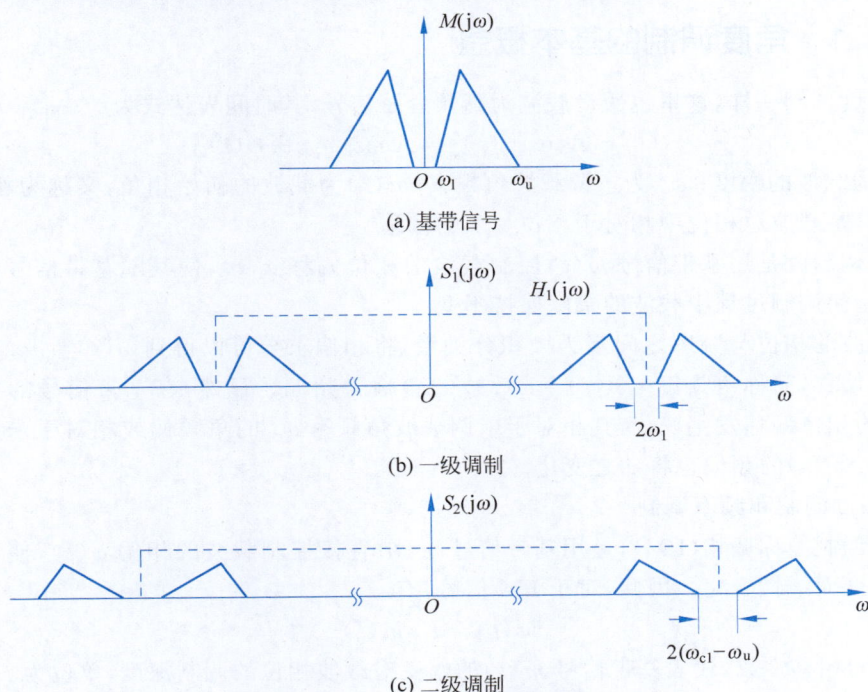

(a) 基带信号

(b) 一级调制

(c) 二级调制

图 3-18 二级滤波法调制信号的频谱

假设对上述模拟语音信号采用多级滤波法调制传输,则 $\omega_1 = 2\pi \times 300 = 600\pi$ rad/s。两级载波频率分别取为 10kHz 和 100kHz。则两级调制后,上下边带之间的频率间隔分别为

$$B_{w1} = 2\omega_1 = 2 \times 600\pi = 1200\pi \text{ rad/s}$$

$$B_{w2} = 2(\omega_{c1} - \omega_u) = 2 \times (2\pi \times 10 \times 10^3 - 2\pi \times 3400) = 26\,400\pi \text{ rad/s}$$

两级滤波器的过渡带只要分别不超过 1200π rad/s 和 $26\,400\pi$ rad/s,即可将上下边带完全分开。

4. VSB 调制

VSB 调制又称为残留边带调制,是为了克服单边带调制中滤波器实现困难,同时又能节约频带宽度的矛盾而提出来的,是一种介于 DSB-SC 和 SSB 调制之间的一种调制方式。

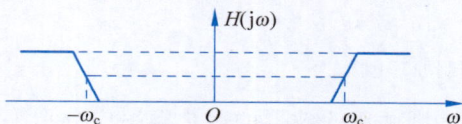

图 3-19　残留下边带时滤波器的频率特性

VSB 调制的模型与图 3-13 完全相同,只是其中滤波器不是理想的高通或低通特性,而是有意识地在截止频率附近引入一定的过渡带,从而使另外一个边带的一部分也能通过滤波器。残留下边带时滤波器的频率特性如图 3-19 所示。

3.2　模拟角度调制

模拟角度调制分为频率调制和相位调制两种。与幅度调制相比,频率调制抗干扰能力强,可以实现高保真度广播,可播出多套节目,天线尺寸小。此外,调频波段较宽,容易实现多路频分复用和立体声广播。

3.2.1　角度调制的基本概念

与幅度调制一样,这里也假设载波为高频余弦信号,其时间表达式为

$$s(t) = A\cos[\theta(t)] = A\cos[\omega_c t + \varphi(t)] \tag{3-15}$$

其中,A 为载波的幅度;ω_c 为未调载波角频率;$\varphi(t)$ 为载波的初始相角,又称为相位偏移,简称相偏,是载波总相位中相对于相位 $\omega_c t$ 的偏移。

角度调制就是用基带信号 $m(t)$ 控制载波的相位偏移 $\varphi(t)$,使其随基带信号的幅度而线性变化,而调制过程中载波的幅度保持不变。

正弦波的相位与频率之间互为微积分关系,将相偏求导可以得到 $\omega(t) = d\varphi(t)/dt$,称为角频率偏移,简称角频偏。$f(t) = \omega(t)/(2\pi)$ 称为频偏。显然,在基带信号的控制作用下,载波的相位偏移发生变化,其相对于未调载波角频率 ω_c 的角频偏或相对于未调载波频率 $f_c = \omega_c/(2\pi)$ 的频偏也将随之变化。

1. 相位调制和频率调制

相位调制简称调相(PM),是用基带信号 $m(t)$ 直接控制载波的相偏 $\varphi(t)$,使其随基带信号的幅度而线性变化。因此,对于 PM 信号,有

$$\varphi(t) = K_p m(t) \tag{3-16}$$

其中,K_p 为相移常数,代表基带信号 $m(t)$ 的幅度对载波相位的调制深度,单位为 rad/V。

频率调制简称调频(FM),是用基带信号 $m(t)$ 控制载波的角频偏 $\omega(t)$ 或频偏 $f(t)$,使

其随基带信号的幅度而线性变化。因此,对于 FM 信号,有

$$\omega(t) = K_F m(t) \tag{3-17}$$

或

$$f(t) = K_F m(t) \tag{3-18}$$

其中,K_F 为频偏常数,又称为调频灵敏度,代表基带信号 $m(t)$ 的幅度对载波频率的调制深度。显然,式(3-17)和式(3-18)中 K_F 的单位不同,分别为 rad/(s·V) 和 Hz/V,数值上是 2π 倍的关系。

根据上述概念,将式(3-16)和式(3-17)分别代入式(3-15),可以得到 PM 信号和 FM 信号的时间表达式分别为

$$s_{PM}(t) = A\cos[\omega_c t + K_P m(t)] \tag{3-19}$$

$$s_{FM}(t) = A\cos\left[\omega_c t + K_F \int m(\tau)\mathrm{d}\tau\right] \tag{3-20}$$

当基带信号为单频余弦信号时,图 3-20 给出了对应的 PM 信号和 FM 信号的时间波形。由此可知,对于单频调制 PM 和 FM 信号,除了有一个时间上的偏差外,两个信号的波形完全一样,调制结果都是使载波的频率随基带信号的幅度而变化,而载波的幅度始终保持恒定。这说明 PM 调制和 FM 调制没有本质的区别,两者可以相互转换。由于在模拟通信系统中大多采用调频传输,因此这里着重介绍频率调制。

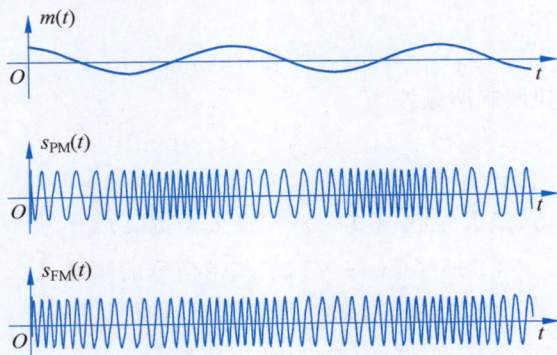

图 3-20 单频调制基带信号及 PM 信号和 FM 信号的时间波形

2. 调频指数和最大频偏

假设基带信号为单频余弦信号,即

$$m(t) = A_m \cos\omega_m t$$

将其代入式(3-20)得到对应的 FM 信号为

$$s_{FM}(t) = A\cos\left(\omega_c t + K_F \frac{A_m}{\omega_m}\sin\omega_m t\right) = A\cos(\omega_c t + \beta_{FM}\sin\omega_m t) \tag{3-21}$$

其中,β_{FM} 称为调频指数,表示的是调频信号相对于未调载波相位 $\omega_c t$ 的最大相偏。

$$\beta_{FM} = \frac{K_F A_m}{\omega_m} = \frac{\Delta\omega_{max}}{\omega_m} \tag{3-22}$$

其中,$\Delta\omega_{max}$ 称为 FM 信号的最大角频偏,单位为 rad/s。

$$\Delta\omega_{max} = K_F A_m \tag{3-23}$$

如果调频灵敏度 K_F 的单位为 Hz/V,则 $K_F A_m$ 的单位为 Hz,用 Δf_{max} 表示,表示 FM

信号的最大频偏。相应地,调频指数应修改为

$$\beta_{FM} = \frac{K_F A_m}{f_m} = \frac{\Delta f_{max}}{f_m} \tag{3-24}$$

其中,$f_m = \omega_m/(2\pi)$ 为基带信号的频率。

以上考虑的主要是单频调制的情况。对任意的基带信号 $m(t)$,其调频指数和最大频偏可以分别表示为

$$\beta_{FM} = K_F \left| \int m(\tau)d\tau \right|_{max} \tag{3-25}$$

$$\Delta \omega_{max} = K_F |m(t)|_{max} \tag{3-26}$$

例 3-5 已知基带信号为 $m(t) = 8\cos100\pi t \, V$,对其进行频率调制,载波幅度为 5V,载波频率为 $1000\pi \, rad/s$,频偏常数 $K_F = 50Hz/V$。

(1) 求最大频偏 Δf_{max} 和调频指数 β_{FM}。

(2) 写出 FM 信号的时间表达式。

解 (1) 由已知的基带信号表达式求得 $A_m = 8V, \omega_m = 100\pi \, rad/s$,则

$$\Delta f_{max} = K_F A_m = 50 \times 8 = 400Hz$$

$$\beta_{FM} = \frac{\Delta f_{max}}{f_m} = \frac{400}{100\pi/(2\pi)} = 8$$

(2) 由式(3-21)得到

$$s_{FM}(t) = 5\cos(1000\pi t + 8\sin100\pi t)$$

例 3-6 已知某单频调制调频波为

$$s_{FM}(t) = 5\cos(2 \times 10^8 \pi t + 4\sin10^6 \pi t)$$

(1) 求角频偏 $\omega(t)$ 和频偏 $f(t)$。

(2) 求调频指数 β_{FM}、最大角频偏 $\Delta\omega_{max}$ 和最大频偏 Δf_{max}。

(3) 若频偏常数 $K_F = 10^7\pi \, rad/(s \cdot V)$,求基带信号的幅度 A_m。

解 (1) 由已知的调频波表达式可知调频波的相偏为

$$\varphi(t) = 4\sin10^6 \pi t \, rad$$

则角频偏和频偏分别为

$$\omega(t) = \frac{d\varphi(t)}{dt} = 4 \times 10^6 \pi\cos10^6 \pi t \, rad$$

$$f(t) = \frac{1}{2\pi}\omega(t) = 2 \times 10^6\cos10^6 \pi t \, Hz$$

(2) $\beta_{FM} = 4, \Delta\omega_{max} = 4 \times 10^6 \pi \, rad/s, \Delta f_{max} = \Delta\omega_{max}/(2\pi) = 2MHz$。

(3) 基带信号的幅度为

$$A_m = \frac{\Delta\omega_{max}}{K_F} = \frac{4 \times 10^6 \pi}{10^7 \pi} = 0.4V$$

3.2.2 窄带调频和宽带调频

实际系统中,根据调频指数和调频信号的带宽,可以将调频分为宽带调频和窄带调频。当调频指数 $\beta_{FM} \ll 1$,频率调制所引起的最大相偏远小于 $\pi/6 \, rad$ 或近似为 $0.5rad$ 时,这样

的频率调制称为窄带调频（Narrow Band Frequency Modulation，NBFM）。否则，当调频指数 $\beta_{FM} \gg 1$，频率调制所引起的最大相偏远大于 $\pi/6$ rad 或 0.5 rad 时，这样的频率调制称为宽带调频（Wide Band Frequency Modulation，WBFM）。

对于窄带调频，有

$$\left| K_F \int m(\tau)d\tau \right|_{max} \ll \frac{\pi}{6}$$

则

$$\cos\left[K_F \int m(\tau)d\tau \right] \approx 1$$

$$\sin\left[K_F \int m(\tau)d\tau \right] \approx K_F \int m(\tau)d\tau$$

因此，利用三角公式将式(3-20)所示的 FM 信号展开，并做上述近似后，得到 NBFM 信号的时间表达式为

$$s_{FM}(t) \approx A\cos\omega_c t - AK_F \int m(\tau)d\tau \cdot \sin\omega_c t \tag{3-27}$$

对于宽带调频，调频指数 $\beta_{FM} \gg 1$，频率调制所引起的最大相移远大于 $\pi/6$rad 或 0.5rad，因此不能采用上述方法进行近似分析。

以最简单的单频调制为例，经数学分析可知，对应的 WBFM 信号可以表示为

$$s_{FM}(t) = A \sum_{n=-\infty}^{\infty} J_n(\beta_{FM})\cos(\omega_c + n\omega_m)t \tag{3-28}$$

其中，A 为未调载波幅度；ω_c 为载波角频率；ω_m 为基带信号的角频率；$J_n(\beta_{FM})$ 为第 1 类 n 阶贝塞尔函数。

式(3-28)表明，宽带调频信号可以分解为无穷多个余弦信号的叠加，其中第 n 个余弦信号的角频率为 $\omega_c + n\omega_m$，幅度为 $AJ_n(\beta_{FM})$。$J_n(\beta_{FM})$ 有两个自变量：n 和 β_{FM}，函数值一般可以通过查表方法获得，附录 D 列出了部分第 1 类 n 阶贝塞尔函数。

1. 调频信号的频谱

根据式(3-28)，不难得到 WBFM 信号的频谱为

$$S_{FM}(jf) = \frac{A}{2} \sum_{n=-\infty}^{\infty} J_n(\beta_{FM})\left[\delta(f - f_c - nf_m) + \delta(f + f_c + nf_m) \right] \tag{3-29}$$

其中，$f_c = \omega_c/(2\pi)$ 为载波频率；$f_m = \omega_m/(2\pi)$ 为基带信号频率。

式(3-29)说明，WBFM 信号的频谱由无穷多个冲激函数构成，分别对应以下频率分量。

（1）当 $n=0$ 时，在 $f = \pm f_c$ 处存在冲激，代表 FM 信号中频率等于载波频率的分量，称为载波分量。

（2）当 $n = \pm 1$ 时，在 $f = \pm(f_c + f_m)$ 和 $f = \pm(f_c - f_m)$ 处对称地存在 4 个冲激，对应两个一次边频分量，频率等于 $f_c \pm f_m$。

（3）当 $|n| > 1$ 时，在载频两侧对称地存在无穷多个冲激，每两个关于纵轴对称的冲激代表一个高次边频分量，频率等于 $f_c \pm nf_m$。

（4）对给定的调频指数 β_{FM}，由于 $J_n(\beta_{FM})$ 随自变量 n 单调或振荡衰减，当 n 增大到一定值时，$J_0(\beta_{FM})$ 近似为 0，因此 WBFM 中频率远离载频的分量幅度越来越小。

例 3-7 已知基带信号 $m(t) = 2\cos200\pi t$，对其进行调频传输，载波频率 $f_c = 1$kHz，幅

度 $A = 10\text{V}$，频偏常数 $K_F = 80\text{Hz/V}$。

(1) 分析并画出 FM 信号的频谱图。

(2) 说明该调频信号中含有哪些分量。

解 (1) 由已知数据求得

$$\beta_{FM} = \frac{K_F A_m}{f_m} = \frac{80 \times 2}{200\pi/(2\pi)} = 1.6$$

查表得到

$$J_0(1.6) = 0.455, \quad J_1(1.6) = 0.570, \quad J_2(1.6) = 0.257$$

$$J_3(1.6) = 0.073, \quad J_4(1.6) = 0.015, \quad J_5(1.6) = 0.002$$

并且当 $n > 5$ 时，$J_n(1.6) \approx 0$。再结合贝塞尔函数的性质得到

$$J_{-1}(1.6) = -J_1(1.6) = -0.570, \quad J_{-2}(1.6) = J_2(1.6) = 0.257$$

$$J_{-3}(1.6) = -J_3(1.6) = -0.073, \quad J_{-4}(1.6) = J_4(1.6) = 0.015$$

$$J_{-5}(1.6) = -J_5(1.6) = -0.002$$

当 $n < -5$ 时，$J_n(1.6) \approx 0$。

由此得到 FM 信号的频谱图，如图 3-21 所示。

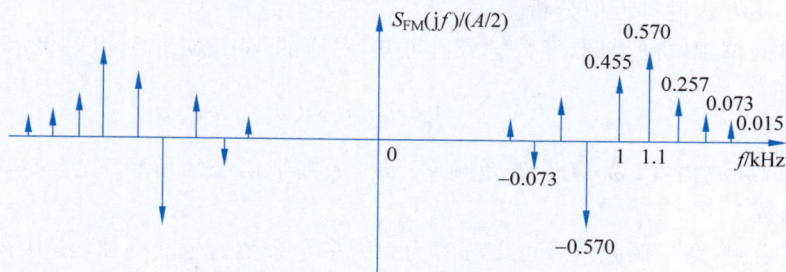

图 3-21　例 3-7 频谱图

(2) 由本例可以清楚地看到，WBFM 信号的频谱中含有载频分量和各次边频分量，其中一次边频分量可以认为是由基带信号的频谱搬移到载频位置而得到的。但除此之外，WBFM 信号中还有其他边频分量。因此，宽带调频是频谱的非线性搬移，属于非线性调制。

将上述各贝塞尔函数值代入式(3-28)，其中 $n = 0$ 对应 FM 信号中的载频分量，其时间表达式为

$$s_0(t) = 10 \times 0.455\cos(2\pi \times 1000t) = 4.55\cos 2000\pi t$$

$n = \pm 1$ 的两项对应两个一次边频分量，其时间表达式分别为

$$s_1(t) = 10 \times 0.570\cos[2\pi \times (1000 + 100)t] = 5.7\cos 2200\pi t$$

$$s_{-1}(t) = 10 \times (-0.570)\cos[2\pi \times (1000 - 100)t] = -5.7\cos 1800\pi t$$

$n = \pm 2$ 的两项对应两个二次边频分量，其时间表达式分别为

$$s_2(t) = 10 \times 0.257\cos[2\pi \times (1000 + 2 \times 100)t] = 2.57\cos 2400\pi t$$

$$s_{-2}(t) = 10 \times 0.257\cos[2\pi \times (1000 - 2 \times 100)t] = 2.57\cos 1600\pi t$$

当 $|n| > 2$ 时，对应的其他高次边频分量幅度都很小，因此可以忽略。

2. 调频信号的带宽

通过上述时域和频域分析可知，宽带调频信号中存在着载频分量和各次边频分量。因

此,理论上说,调频信号的带宽应为无穷大。但是根据贝塞尔函数的特点,其函数值都随自变量 n 单调或振荡衰减,意味着 WBFM 信号中频率远离载频的分量幅度越来越小。当 n 增大到一定值时,$J_0(\beta_{FM})$ 近似为 0,对应的分量幅度和功率都足够小,可以忽略。

当 $|n| > 1 + \beta_{FM}$ 时,对应分量的幅度不超过未调载波幅度的 10%,忽略这些分量,得到 WBFM 信号的带宽近似为

$$B_f \approx 2(1 + \beta_{FM}) f_m \tag{3-30}$$

式(3-30)称为卡森公式。由该式可知,当 $\beta_{FM} \ll 1$ 时,$B_f \approx 2f_m$,带宽近似等于基带信号频率的 2 倍,这就是窄带调频的情况;当 $\beta_{FM} \gg 1$ 时,$B_f \approx 2\beta_{FM} f_m = 2\Delta f_{max}$,其中 Δf_{max} 为调频信号的最大频偏。

对于实际系统中的调频信号,一般其调频指数远大于 1,因此由卡森公式可知,其带宽远大于 $2f_m$。而调幅信号的带宽等于 $2f_m$(AM、DSB-SC 信号)、f_m(SSB 信号)或为 $f_m \sim 2f_m$(VSB)。因此,调频信号的带宽远大于调幅信号的带宽,或者说调频系统的有效性不如调幅系统。

例如,在例 3-7 中,$\beta_{FM} = 1.6$,则 $n_{max} = 2.6 \approx 3$,说明该调频信号中主要含有载频分量和 $1 \sim 3$ 次边频分量,带宽近似为

$$B_f \approx 2(1 + \beta_{FM}) f_m = 2 \times (1 + 1.6) \times 100 = 520 \text{Hz}$$

如果对该例中的基带信号进行 DSB-SC 调制传输,则带宽为 $2 \times 100 = 200 \text{Hz}$,远小于调频信号的带宽。

将上述结论推广到任意基带信号的情况,此时 FM 信号的带宽计算式为

$$B_f \approx 2(1 + D_{FM}) f_m \tag{3-31}$$

其中,D_{FM} 称为频偏比,其定义为

$$D_{FM} = \frac{\Delta \omega_{max}}{\omega_{max}} = \frac{\Delta f_{max}}{f_{max}} \tag{3-32}$$

其中,f_{max} 和 ω_{max} 分别为基带信号的最高频率和最高角频率;Δf_{max} 和 $\Delta \omega_{max}$ 分别为调频信号的最大频偏和最大角频率偏移,并且有

$$\Delta \omega_{max} = K_F |f(t)|_{max}$$

$$\Delta f_{max} = \frac{1}{2\pi} \Delta \omega_{max}$$

3. 调频信号的功率

与 AM 调制一样,FM 信号中既有载波分量,也有边带分量。因此,在发送 FM 信号的功率中,一部分功率用于传送与基带信号无关的载波分量,另一部分用于传送与基带信号有关的边带分量。

同样考虑最简单的单频调制的情况。根据式(3-28),WBFM 信号可以视为无穷多个余弦信号的叠加,因此其总功率等于各项余弦信号功率之和。而第 n 项余弦信号的幅度为 $|A_0 J_n(\beta_{FM})|$,其平均功率为

$$P_n = \frac{1}{2} [A J_n(\beta_{FM})]^2 = \frac{1}{2} A^2 J_n^2(\beta_{FM}) \tag{3-33}$$

由式(3-33)可以求得 FM 信号中各分量的功率。当 $n = 0$ 时,对应载波分量的功率为

$$P_0 = \frac{1}{2} A^2 J_0^2(\beta_{FM}) \tag{3-34}$$

当 $n=\pm 1$ 时,对应两个一次边频分量。考虑到 $J_{-1}(\beta_{FM})=-J_1(\beta_{FM})$,则一次边频分量的功率为

$$P_1=\frac{1}{2}A^2 J_{-1}^2(\beta_{FM})+\frac{1}{2}A^2 J_1^2(\beta_{FM})=A^2 J_1^2(\beta_{FM})$$

以此类推,第 n 次边频分量的功率为

$$P_n=A^2 J_n^2(\beta_{FM}) \tag{3-35}$$

所有余弦分量的功率之和即为 FM 信号的总功率 P_{FM},由此求得

$$P_{FM}=\sum_{n=-\infty}^{\infty}P_n=\frac{1}{2}A^2\sum_{n=-\infty}^{\infty}J_n^2(\beta_{FM})=\frac{1}{2}A^2 \tag{3-36}$$

由此可见,FM 信号的总功率只决定于未调载波的幅度,与调频指数无关。但是,调频指数的大小影响到各阶贝塞尔函数值,从而将使 FM 信号中载波分量和各次边频分量的功率发生变化。因此,调频的实质是用基带信号控制和改变已调信号中各分量的功率分配关系。

例 3-8 已知基带信号 $m(t)=3\cos200\pi t$,对其进行调频传输,载波幅度 $A=10V$,频偏常数 $K_F=100Hz/V$。

(1) 求调频信号的总功率。

(2) 求已调信号中载波分量的功率和带宽范围内边频分量的功率。

(3) 若将基带信号的幅度放大为 5V,重做问题(2)。

解 (1) 总功率为

$$P_{FM}=\frac{1}{2}A^2=\frac{1}{2}\times10^2=50W$$

(2) 由已知数据求得

$$\beta_{FM}=\frac{K_F A_m}{f_m}=\frac{100\times3}{200\pi/(2\pi)}=3$$

则最高边频次数 $n_{max}=1+\beta_{FM}=4$,由卡森公式求得调频信号的带宽为

$$B_f\approx2(1+\beta_{FM})f_m=2\times(1+3)\times100=800Hz$$

在带宽范围内,只有载波分量和 $n=1\sim4$ 的各次边频分量。查表得到

$J_0(3)=-0.260$, $J_1(3)=0.339$, $J_2(3)=0.486$, $J_3(3)=0.309$, $J_4(3)=0.132$

则载波分量的功率为

$$P_0=\frac{1}{2}A^2 J_0^2(\beta_{FM})=\frac{1}{2}\times10^2\times(-0.260)^2=3.38W$$

边频分量的功率为

$$\begin{aligned}P_f&=P_1+P_2+P_3+P_4\\&=A_0^2 J_1^2(\beta_{FM})+A_0^2 J_2^2(\beta_{FM})+A_0^2 J_3^2(\beta_{FM})+A_0^2 J_4^2(\beta_{FM})\\&=10^2\times(0.339^2+0.486^2+0.309^2+0.132^2)\\&\approx46.4W\end{aligned}$$

(3) 当 $A_m=5V$ 时,调频指数变为

$$\beta_{FM}=\frac{K_F A_m}{f_m}=\frac{100\times5}{200\pi/(2\pi)}=5$$

则最高边频次数 $n_{max}=1+\beta_{FM}=6$,由卡森公式求得调频信号的带宽为

$$B_f \approx 2(1+\beta_{FM})f_m = 2 \times (1+5) \times 100 = 1200\,\text{Hz}$$

在带宽范围内,只有载波分量和 $n=1\sim6$ 的各次边频分量。查表得到

$$J_0(5) = -0.178, \quad J_1(5) = -0.328, \quad J_2(5) = 0.047, \quad J_3(5) = 0.365$$

$$J_4(5) = 0.391, \quad J_5(5) = 0.261, \quad J_6(5) = 0.131$$

则载波分量和边频分量的功率分别为

$$P_0 = \frac{1}{2} \times 10^2 \times (-0.178)^2 \approx 1.58\,\text{W}$$

$$P_f = P_1 + P_2 + P_3 + P_4 + P_5 + P_6$$

$$= A_0^2 J_1^2(\beta_{FM}) + A_0^2 J_2^2(\beta_{FM}) + A_0^2 J_3^2(\beta_{FM}) + A_0^2 J_4^2(\beta_{FM})$$

$$= 10^2 \times [(-0.328)^2 + 0.047^2 + 0.365^2 + 0.391^2 + 0.261^2 + 0.131^2]$$

$$\approx 48.12\,\text{W}$$

3.2.3　调频信号的产生方法

根据上述基本原理,产生调频信号的方法一般有两种,即直接调频法和间接调频法。

1. 直接法调频

所谓直接法,就是用压控振荡器(Voltage Controlled Oscillator,VCO)直接实现频率调制。VCO 是一种电压/频率转换器件,在一定范围内,振荡器输出信号的频率与输入电压的大小成正比。因此,将基带信号作为 VCO 的控制电压,则其输出信号的频率也就随基带信号的幅度而线性变化。

利用 VCO 实现直接调频,线路简单,并且输出调频信号的频偏大。但是 VCO 输出调频信号的载频容易发生漂移。因此,实际系统中需要附加稳频电路,或者利用锁相环构成特殊的调频线路。下面着重介绍间接法调频的基本原理。

2. 间接法调频

所谓间接法调频,指的是利用调相器实现频率调制。具体原理是先利用调相器实现窄带调频,然后通过倍频和混频等方法变换得到宽带调频信号,因此这种方法又称为倍频法调频。图 3-22 所示为间接法调频的原理框图,其中主要包括窄带调频和倍频两个环节。

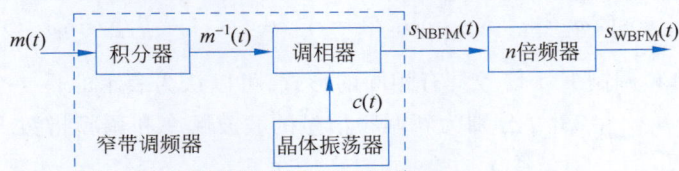

图 3-22　间接法调频的原理框图

1) 窄带调频

在间接法调频中,基带信号 $m(t)$ 首先通过积分器积分得到 $m^{-1}(t)$。$m^{-1}(t)$ 与晶体振荡器输出的高频载波 $c(t)$ 一起送入调相器。由于调相器的输入为基带信号的积分,因此对于原始基带信号 $m(t)$,调相器输出的是调频信号。

在实际系统中,为了减小调相失真,各种调相器对输出信号相位的变化范围都有一个限制,从而使这种方法输出的调频信号的最大频偏和调频指数都相应有所限制。也就是说,调相器的输出是窄带调频信号。

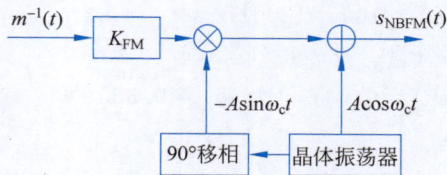

图 3-23　窄带调频的原理

前面已经知道,在满足最大相移不超过 $\pi/6$ 时,NBFM 信号可以用式(3-27)近似表示。可以得到利用调相器产生 NBFM 信号的一种具体实现方法,其原理如图 3-23 所示。

2)倍频

NBFM 信号的调频指数减小,抗噪声能力差,因此实际的调频系统中都采用宽带调频。为了获得 WBFM 信号输出,就必须增大调频信号的最大频偏和调频指数。因此,在图 3-23 中,调相器输出的 NBFM 信号再通过倍频器以提高调频指数,从而获得 WBFM 信号输出。

图 3-22 中的 n 倍频器一般用非线性器件实现,如用平方律器件实现 2 倍频。理想平方律器件的输入输出特性可以表示为 $y(t)=Kf^2(t)$。

当输入为调频信号时,有

$$f(t)=A\cos[\omega_c t+\varphi(t)]$$

则平方律器件的输出信号为

$$y(t)=KA\cos^2[\omega_c t+\varphi(t)]=\frac{KA}{2}+\frac{KA}{2}\cos[2\omega_c t+2\varphi(t)]$$

等式右边第 1 项为直流分量,将其滤除后得到

$$\frac{KA}{2}\cos[2\omega_c t+2\varphi(t)]$$

由此可见,平方律器件的输出仍然可以认为是一个调频信号,但其载波频率增大为 $2\omega_c$,相偏及其导数频偏也同时增大为原来的 2 倍。

例如,单频调制 FM 信号的时间表达式如式(3-21)所示,经过平方律器件 2 倍频后得到输出

$$y(t)=s_{FM}^2(t)=A^2\cos^2(\omega_c t+\beta_{FM}\sin\omega_m t)$$

$$=\frac{A^2}{2}+\frac{A^2}{2}\cos(2\omega_c t+2\beta_{FM}\sin\omega_m t)$$

滤除其中第 1 项直流分量后得到

$$\frac{A^2}{2}\cos(2\omega_c t+2\beta_{FM}\sin\omega_m t)=A_1\cos(\omega_{c1} t+\beta_{FM1}\sin\omega_m t)$$

该表达式与单频调制 FM 信号具有相同的形式,可以认为表示的是一个新的调频信号,其中,$\omega_{c1}=2\omega_c$ 和 $\beta_{FM1}=2\beta_{FM}$ 分别为新调频信号的载波频率和调频指数,而基带信号的频率仍然保持为 ω_m。

由此可见,通过 2 倍频后,得到的仍然是调频信号,只是载波频率和调频指数都增大为原调频信号的 2 倍。由于基带信号的频率保持不变,因此最大频偏也增大为 2 倍。

根据上述原理,用 n 倍频器可以将调频信号的最大频偏、调频指数增大为原来的 n 倍。但是,载波频率也同时增大为原来的 n 倍。为了使输出调频信号的调频指数和载波分量可以分别单独调节,实际的间接法调频中还需要增加混频器,用于调节输出调频信号的载波频率。

3. 阿姆斯特朗法

混频器用于实现两个信号的频率加减运算,相当于实现信号频谱的搬移,但不改变信号的频谱结构。在前述间接法调频的基础上,将混频器和倍频器配合使用,以得到频偏和载波

频率都可独立调节的宽带调频信号,这种产生调频信号的方法称为阿姆斯特朗法。

图 3-24 所示为阿姆斯特朗法调频的原理,其中 NBFM 是利用调相器实现窄带调频。NBFM 的输出 $s_{NBFM}(t)$ 首先通过 n_1 倍频器实现 n_1 倍频。由乘法器和带通滤波器 BPF 实现混频。设 $s_1(t)$ 和 $c_1(t)$ 的瞬时频率分别为 f_1 和 f_2,且 $f_1 > f_2$,则 $s_2(t)$ 的瞬时频率为 $f_1 + f_2$(和频)或 $f_1 - f_2$(差频),具体为和频还是差频由 BPF 的参数决定。$s_2(t)$ 再经过 n_2 倍频器,其输出即为所需的宽带调频信号。

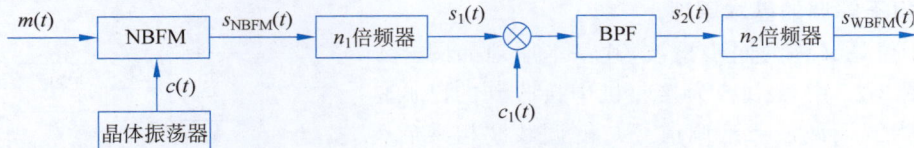

图 3-24 阿姆斯特朗法调频的原理

设 NBFM 调制器输出窄带调频信号的载波频率、最大频偏和调频指数分别为 f_0、Δf_0 和 β_0,则通过 n_1 倍频后得到 $s_1(t)$ 仍然为调频信号,且载波频率、最大频偏和调频指数分别变为 $n_1 f_0$、$n_1 \Delta f_0$ 和 $n_1 \beta_0$。混频器输出信号 $s_2(t)$ 的载波频率、最大频偏和调频指数分别变为 $n_1 f_0 \pm f_2$、$n_1 \Delta f_0$ 和 $n_1 \beta_0$,则 n_2 倍频器输出宽带调频信号的载波频率 f_c、最大频偏 Δf 和调频指数 β 分别为

$$f_c = n_2(n_1 f_0 \pm f_2), \quad \Delta f = n_1 n_2 \Delta f_0, \quad \beta = n_1 n_2 \beta_0 \tag{3-37}$$

例 3-9 已知基带信号为频率 $f_m = 5\text{kHz}$、幅度 $A_m = 2\text{V}$ 的单频余弦信号,窄带调频信号的载频为 $f_0 = 10\text{kHz}$,频偏常数为 $K_F = 50\text{Hz/V}$。采用阿姆斯特朗法实现宽带调频,已知 $n_1 = 100$,混频器的参考频率 $f_2 = 1\text{MHz}$,混频后取和频。

第 18 集
微课视频

(1) 求窄带调频信号的调频指数 β_0。

(2) 求 n_1 倍频输出宽带调频信号的调频指数 β_1 和载波频率 f_1。

(3) 为使输出宽带调频信号的调频指数 $\beta = 100$,求 n_2。

(4) 求输出宽带调频信号的载波频率 f_c。

解 (1) 根据已知参数得到

$$\beta_0 = \frac{K_F A_m}{f_m} = \frac{50 \times 2}{5000} = 0.02$$

(2) 通过 n_1 倍频后调频指数和载波频率同时增大为原来的 n_1 倍,则

$$\beta_1 = n_1 \beta_0 = 100 \times 0.02 = 2$$

$$f_1 = n_1 f_0 = 100 \times 10 \times 10^3 = 1\text{MHz}$$

(3) 由 $\beta = n_2 \beta_1 = 100$ 求得

$$n_2 = \frac{\beta}{\beta_1} = \frac{100}{2} = 50$$

(4) $f_c = n_2(f_1 + f_2) = 50 \times (1 + 1) = 100\text{MHz}$

3.3 模拟调制系统的解调

已调信号通过信道传送到接收端后,在接收机中再用解调器从中提取出原始基带信号,这就是解调过程。对于不同的已调信号,由于其时域和频域具有不同的特点,因此要能正确

恢复原始基带信号,所采用的解调方法不同。归纳起来,典型的解调方式可以分为相干解调和非相干解调两种。

3.3.1 相干解调

DSB、SSB 和 VSB 调制都属于线性调制,可以采用相干解调。如果 AM 的调幅指数大于 1,即工作在过调幅状态,也必须采用相干解调才能恢复基带信号。

1. 相干解调的基本原理

相干解调又称为同步检波,其基本原理如图 3-25 所示。图 3-25 中,$s_m(t)$ 为接收机中接收到的已调信号,$c(t)$ 为解调载波。已调信号与解调载波相乘后得到 $f(t)$,再通过低通滤波器(LPF),输出即为解调得到的基带信号 $m_o(t)$。

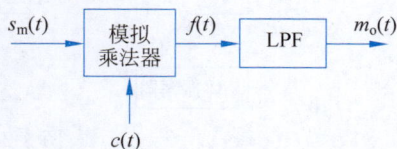

图 3-25 相干解调的基本原理

在相干解调中,为了正确还原原始基带信号,要求解调载波必须与发送端的调制载波完全同频同相,称为相干载波。前面介绍调制过程都是假设调制载波是频率为 ω_c、初始相位为 0 的高频余弦信号,因此这里解调载波也必须为频率为 ω_c、初始相位为 0 的高频余弦信号。

1) DSB 信号的相干解调

先从时域考虑。设基带信号为 $m(t)$,则 DSB 信号的时间表达式为

$$s_{DSB}(t) = m(t)\cos\omega_c t$$

将其与相干解调载波相乘后,得到输出

$$f(t) = s_{DSB}(t)c(t) = m(t)\cos^2\omega_c t$$

$$= \frac{1}{2}m(t) + \frac{1}{2}m(t)\cos 2\omega_c t$$

一般基带信号的带宽远小于载波频率 ω_c,因此等式右边第 2 项为高频分量,通过低通滤波器将其滤除后,得到输出

$$m_o(t) = \frac{1}{2}m(t) \tag{3-38}$$

由此可见,解调器输出信号 $m_o(t)$ 除了幅度为原来的一半以外,波形与发送端的基带信号 $m(t)$ 呈线性关系。这就说明输出信号完全决定于基带信号,从而正确实现了解调。

2) SSB 信号的相干解调

单边带信号的时域表达式如式(3-14)所示,将其送入图 3-24 所示的相干解调器,得到乘法器的输出为

$$f(t) = s_{SSB}(t)c(t)$$

$$= [m(t)\cos\omega_c t \pm \hat{m}(t)\sin\omega_c t]\cos\omega_c t$$

$$= \frac{1}{2}m(t)(1+\cos 2\omega_c t) \pm \frac{1}{2}\hat{m}(t)\sin 2\omega_c t$$

$$= \frac{1}{2}m(t) + \frac{1}{2}m(t)\cos 2\omega_c t \pm \frac{1}{2}\hat{m}(t)\sin 2\omega_c t$$

等式右边的后两项为高频分量,将其用低通滤波器滤除后,得到输出为

$$m_{\mathrm{o}}(t) = \frac{1}{2}m(t)$$

2. 相干解调过程的频域分析

前面以 DSB 和 SSB 为例,从时域分析了相干解调过程。这里以 DSB 为例,介绍相干解调过程的频域分析方法。

假设基带信号的频谱 $M(\mathrm{j}\omega)$ 如图 3-26(a) 所示,则对应的 DSB 已调信号的频谱 $S_{\mathrm{DSB}}(\mathrm{j}\omega)$ 如图 3-26(b) 所示。

相干解调时,首先将 DSB 信号与相干载波相乘,因此在频域中也是频谱的搬移,乘法器输出信号 $f(t)$ 的频谱如图 3-26(c) 所示。

图 3-26(c) 中同时给出了低通滤波器的频率特性 $H(\mathrm{j}\omega)$。显然,只要低通滤波器的截止频率 ω_0 满足 $\omega_{\mathrm{m}} < \omega_0 < 2\omega_{\mathrm{c}} - \omega_{\mathrm{m}}$,则滤波器将使 $F(\mathrm{j}\omega)$ 中位于 $2\omega_{\mathrm{c}}$ 附近的高频分量全部滤除,只有位于零频附近的低频分量能够通过滤波器,得到输出信号的频谱 $M_{\mathrm{o}}(\mathrm{j}\omega)$。$M_{\mathrm{o}}(\mathrm{j}\omega)$ 除了幅度相差一半以外,频谱结构与 $M(\mathrm{j}\omega)$ 完全相同。

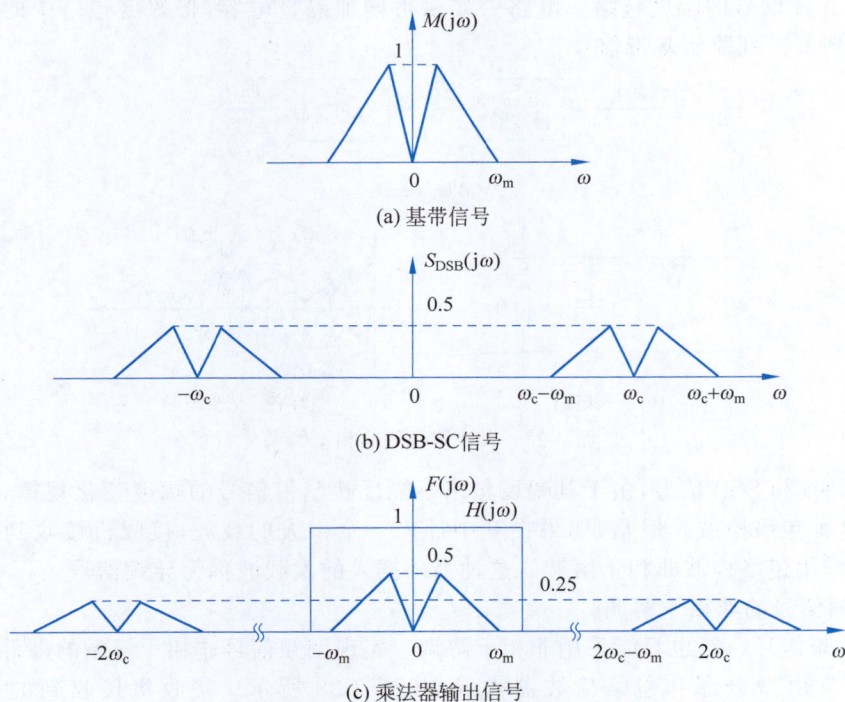

(a) 基带信号

(b) DSB-SC信号

(c) 乘法器输出信号

图 3-26 DSB 相干解调各点信号的频谱

对于 AM 信号,也可以采用相干解调。但是由于 AM 信号中含有载波分量,使解调器中利用乘法器将其实现频谱搬移后,在乘法器输出信号中除了有与基带信号相关的低频分量外,还含有直流分量。因此,乘法器的输出应该用带通滤波器,以便同时将直流分量滤除。

3.3.2 非相干解调

对于 AM 信号,当工作在欠调幅和满调幅状态时,其幅度包络与基带信号的幅度变化规律完全相同。因此,只要通过简单的包络检波提取出幅度包络,即可实现解调。对于

WBFM 信号,载波频率的变化与基带信号的幅度变化规律完全相同。因此,只要将载波频率的变化转化为幅度包络的变化,也可以采用包络检波实现解调。由于这种解调方式不需要相干载波,因此称为非相干解调。

1. AM 信号的非相干解调

为了提取出 AM 信号的幅度包络,可以采用包络检波器、平方律检波器等。其中,包络检波器线路简单,实现容易,广泛应用于早期的中波超外差式无线电接收机中。

采用包络检波器实现 AM 信号非相干解调的原理如图 3-27(a)所示。首先用包络检波器提取出 AM 信号的幅度包络,再用低通滤波器(LPF)对波形做进一步平滑处理,即可得到基带信号。

图 3-27(b)所示为包络检波器电路。D 为二极管,用于实现半波整流。当二极管断开时,电容 C 通过电阻 R 放电。当二极管导通时,输入 AM 信号对电容 C 充电,充电速度决定于 AM 信号的幅度包络的大小。通过不断充放电,在电容 C 和电阻 R 两端得到接近锯齿形状的输出波形。该输出波形再通过低通滤波器,将其中的高频杂波滤除,得到平滑的输出信号,即为 AM 信号的幅度包络。电路中如果再增加隔直电容,将幅度包络中的直流分量滤除,即可恢复得到原始基带信号。

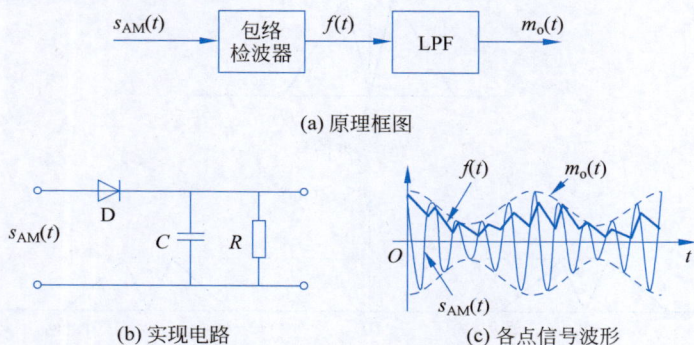

(a) 原理框图

(b) 实现电路   (c) 各点信号波形

图 3-27   AM 信号的非相干解调

对于 DSB 和 SSB 信号,由于其幅度包络不能反映基带信号的幅度变化规律,因此不能直接采用这种包络检波。但是,如果在其中插入一个很大的载波,接收机接收到这种信号后,也可以采用包络检波非相干解调。这种另外插入的大载波称为导频信号。

2. 调频信号的非相干解调

宽带调频信号一般也只能采用非相干解调。实现调频信号非相干解调的部件通常称为鉴频器,通常由微分器和包络检波器构成,如图 3-28 所示。接收机接收到的调频信号 $s_{FM}(t)$ 首先通过限幅器将其转换为幅度恒定的调频信号,然后再送入鉴频器。

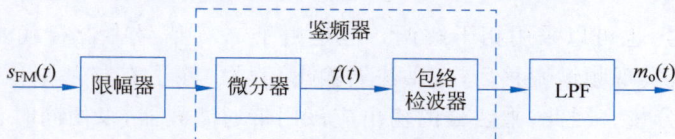

图 3-28   调频信号的非相干解调

假设基带信号的波形如图 3-29(a)所示,对应的调频信号为

$$s_{FM}(t) = A_0 \cos\left[\omega_c t + K_F \int m(\tau) d\tau\right]$$

其波形如图 3-29(b)所示。通过微分器求导后得到输出为

$$f(t) = \frac{\mathrm{d}}{\mathrm{d}t} s_{\mathrm{FM}}(t) = -A_0 [\omega_c + K_F m(t)] \sin\left[\omega_c t + K_F \int m(\tau)\mathrm{d}\tau\right]$$

其幅度包络和瞬时角频率分别为

$$y(t) = A_0 [\omega_c + K_F m(t)]$$

$$\omega(t) = \omega_c + K_F m(t)$$

由此可见,微分器输出的信号 $f(t)$ 的幅度包络和瞬时角频率都随基带信号 $m(t)$ 线性变化。因此,$f(t)$ 为调幅调频信号,其中既有调幅,又有调频,其波形如图 3-29(c)所示。

当满足 $\omega_c \gg K_F m(t)$ 时,可以将 $f(t)$ 视为包络为 $y(t)$ 的 AM 信号。因此,通过包络检波器提取出其包络,并滤除其中的直流成分 $A_0 \omega_c$ 后,即得到解调输出

$$m_o(t) = K_d K_F m(t) \tag{3-39}$$

其中,K_d 为鉴频器的鉴频灵敏度。

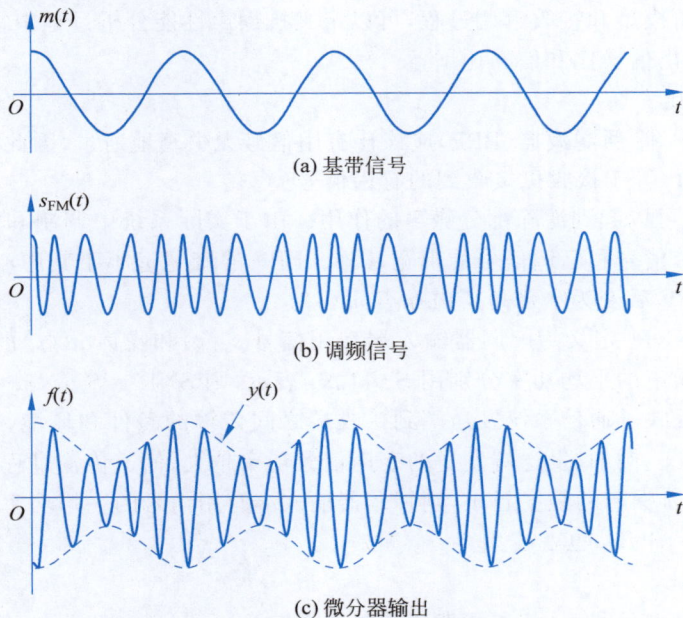

(a) 基带信号

(b) 调频信号

(c) 微分器输出

图 3-29　FM 信号的非相干解调

第 19 集
微课视频

3.4　模拟调制系统的抗噪声性能

前面介绍了模拟调制系统中典型的调制和解调,分析过程中都假设系统中没有噪声。实际的通信系统在传输信号时,不可避免地会受到噪声的影响。这里只考虑信道引入的噪声对接收端的影响,介绍前述各种模拟调制传输系统抗噪声性能的分析方法和重要结论。

3.4.1　抗噪声性能分析模型

为了分析传输系统的抗噪声性能,引入如图 3-30 所示的分析模型。加法器用于代表传输信道,带通滤波器 BPF 和解调器合起来代表接收机。

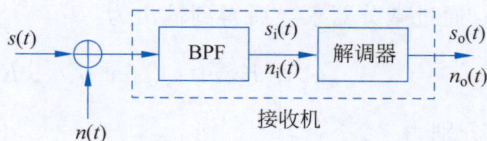

图 3-30　抗噪声性能分析模型

这里假设信道的频率特性是理想的,即发送端送来的已调信号在通过信道传输的过程中没有失真,只是幅度上可能会有衰减,时间上可能会有延迟。此外,信道会引入加性高斯白噪声 $n(t)$,与有用信号 $s(t)$ 叠加在一起后送入接收机。

接收机中的带通滤波器用于选择需要接收的信号,同时会对信道引入的噪声有一定的过滤作用。经过滤波后的信号和噪声一起送入解调器,作为解调器的输入信号 $s_i(t)$ 和输入噪声 $n_i(t)$。显然,解调器对输入的有用信号和噪声进行同样的变换处理,得到解调输出中也同时含有有用信号 $s_o(t)$ 和噪声 $n_o(t)$。

根据上述分析模型和接收解调过程,可以定义抗噪声性能分析过程中常用的 3 个参数,即输入信噪比、输出信噪比和信噪比增益。

1. 输入信噪比

在分析模型中,带通滤波器(BPF)应该让有用信号无失真地通过,因此可以认为解调器输入有用信号 $s_i(t)$ 等于接收机接收到的有用信号 $s(t)$。

另外,BPF 也可以起到滤除部分噪声的作用。由于实际系统中调制和解调载波的频率一般都远大于基带信号和已调信号的带宽,因此,BPF 的带宽远小于其中心频率,则高斯白噪声 $n(t)$ 通过 BPF 后变为窄带高斯白噪声 $n_i(t)$。

输入信噪比 $\mathrm{SNR_i}$ 定义为解调器输入端有用信号 $s_i(t)$ 和噪声 $n_i(t)$ 的平均功率之比。假设有用信号和噪声的平均功率分别用 S_i 和 N_i 表示,则 $\mathrm{SNR_i} = S_i/N_i$。

输入信噪比反映了通信系统发送端到接收端之间传输的条件和环境,或者说接收机接收条件的恶劣程度。例如,发送端发送的有用信号功率越大,信道传输过程中对有用信号的衰减越小,信道引入噪声的强度越小,则解调器输入端有用信号的平均功率 S_i 越大,噪声的平均功率 N_i 越小,$\mathrm{SNR_i}$ 也就越大。

2. 输出信噪比

BPF 输出的已调信号 $s_i(t)$ 和窄带高斯白噪声 $n_i(t)$ 一起送入解调器,经过解调后,在输出端也将同时含有有用信号和噪声。显然,用户希望解调输出信号中有用信号的功率越大越好,而噪声的功率越小越好。

输出信噪比 $\mathrm{SNR_o}$ 定义为解调器输出端有用信号 $s_o(t)$ 的平均功率 S_o 和噪声 $n_o(t)$ 的平均功率 N_o 之比,即 $\mathrm{SNR_o} = S_o/N_o$。输出信噪比不仅取决于调制解调方式,还与接收机输入端引入的信号和噪声的强弱有关。

3. 信噪比增益

对于不同的解调器,在相同的输入信噪比下,输出信噪比也不一样。为了比较各种调制方式解调器的抗噪声性能,引入信噪比增益,又称为调制制度增益,其定义为解调器输出信噪比与输入信噪比的比值,即

$$G = \frac{\mathrm{SNR_o}}{\mathrm{SNR_i}} = \frac{S_o/N_o}{S_i/N_i} \tag{3-40}$$

信噪比增益 G 的物理含义是解调器对信噪比的改善程度。如果 $G>1$，则意味着信号和噪声通过解调器时，有用信号相对于噪声的功率得到放大和提高；反之，如果 $G<1$，则表示通过解调后，有用信号相对于噪声的功率减小了，这当然是不希望的。

在以上各定义中，输入信噪比和输出信噪比都是信号和噪声功率实际数值之间的关系。实际应用中，功率很多时候用分贝值表示，则相应的输入/输出信噪比和信噪比增益也都可以用分贝值表示。显然，此时有

$$\text{SNR}_{i,dB}=10\lg\frac{S_i}{N_i}=10\lg S_i-10\lg N_i$$

$$\text{SNR}_{o,dB}=10\lg\frac{S_o}{N_o}=10\lg S_o-10\lg N_o$$

$$G_{dB}=10\lg\frac{\text{SNR}_o}{\text{SNR}_i}=\text{SNR}_{o,dB}-\text{SNR}_{i,dB}$$

3.4.2 输入信噪比的计算

输入信噪比指的是解调器输入端有用信号和噪声功率之比。这里首先分析各种调制解调方式下解调器输入端的噪声和有用信号及其功率，并进一步求出相应的输入信噪比。

1. 输入噪声的平均功率

假设信道引入加性高斯白噪声 $n(t)$ 的单边功率谱密度为 n_0，相应的双边功率谱密度为 $n_0/2$，其功率谱如图 3-31(a)所示。高斯白噪声通过带通滤波器 BPF 后变为窄带高斯白噪声 $n_i(t)$，其功率谱如图 3-31(b)所示。由此求得解调器输入端噪声的平均功率为

$$N_i=\frac{1}{2\pi}\int_{-\infty}^{\infty}P_{ni}(\omega)d\omega=\frac{1}{2\pi}n_0W=n_0B \tag{3-41}$$

其中，B 为带通滤波器的带宽，$W=2\pi B$。

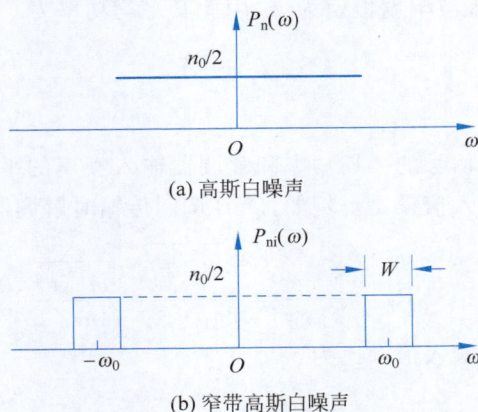

(a) 高斯白噪声

(b) 窄带高斯白噪声

图 3-31 高斯白噪声及窄带高斯白噪声的功率谱

BPF 的带宽必须保证有用信号能全部通过，因此 B 的具体取值取决于接收已调信号的类型。假设基带信号的最高频率都为 f_m，则对于 AM 和 DSB 信号，$B=2f_m$；对于 SSB 信号，$B=f_m$；对于 FM 信号，$B=2(1+\beta_{FM})f_m$。由此得到对各种已调信号进行解调器，解调器输入端噪声的平均功率分别为

$$N_{\mathrm{iAM}} = N_{\mathrm{iDSB}} = N_{\mathrm{iNBFM}} = 2n_0 f_{\mathrm{m}} \tag{3-42}$$

$$N_{\mathrm{iSSB}} = n_0 f_{\mathrm{m}} \tag{3-43}$$

$$N_{\mathrm{iFM}} = n_0 2(1 + \beta_{\mathrm{FM}}) f_{\mathrm{m}} = 2n_0(1 + \beta_{\mathrm{FM}}) f_{\mathrm{m}} \tag{3-44}$$

2. 输入信号的平均功率

设基带信号为 $m(t)$，根据前面得到的各种已调信号时间表达式和频谱，可以分别在时域或频域求出解调器输入端有用信号的平均功率。前面介绍了单频调制 AM 信号平均功率的频域求解方法，这里介绍任意基带信号作用下 AM 信号平均功率的时域求解方法。

AM 信号的时间表达式为

$$s_{\mathrm{AM}}(t) = [m(t) + A_0]\cos\omega_c t$$

其平均功率为

$$
\begin{aligned}
S_{\mathrm{iAM}} = \overline{s_{\mathrm{AM}}^2(t)} &= \overline{[m(t) + A_0]^2 \cos^2\omega_c t} \\
&= \overline{\frac{1}{2}[m(t) + A_0]^2(1 + \cos 2\omega_c t)} \\
&= \frac{1}{2}A_0^2 + \frac{1}{2}\overline{m^2(t)}
\end{aligned} \tag{3-45}
$$

其中，$\overline{m^2(t)}$ 为基带信号 $m(t)$ 的平均功率。

同理，可以求得 DSB 和 SSB 信号的平均功率分别为

$$S_{\mathrm{iDSB}} = \overline{s_{\mathrm{DSB}}^2(t)} = \overline{[m(t)\cos\omega_c t]^2} = \frac{1}{2}\overline{m^2(t)} \tag{3-46}$$

$$S_{\mathrm{iSSB}} = \overline{s_{\mathrm{SSB}}^2(t)} = \overline{[m(t)\cos\omega_c t \pm \hat{m}(t)\sin\omega_c t]^2} = \overline{m^2(t)} \tag{3-47}$$

如果假设基带信号的平均功率相同，注意到根据式(3-46)式(3-47)得到的 DSB 信号的平均功率是 SSB 信号的一半。

对于调频信号，由于载波幅度恒定为 A，因此其平均功率为

$$S_{\mathrm{iFM}} = \frac{1}{2}A^2 \tag{3-48}$$

3. 输入信噪比

前面求出了各种已调信号的平均功率和解调器输入噪声的平均功率，根据输入信噪比的定义即可得到解调器输入信噪比。例如，DSB 调制传输时解调器的输入信噪比为

$$\mathrm{SNR_i} = \frac{S_{\mathrm{iDSB}}}{N_{\mathrm{iDSB}}} = \frac{\frac{1}{2}\overline{m^2(t)}}{2n_0 f_{\mathrm{m}}} = \frac{\overline{m^2(t)}}{4n_0 f_{\mathrm{m}}}$$

而 FM 调制传输解调器的输入信噪比为

$$\mathrm{SNR_i} = \frac{S_{\mathrm{iFM}}}{N_{\mathrm{iFM}}} = \frac{\frac{1}{2}A^2}{2n_0(1 + \beta_{\mathrm{FM}}) f_{\mathrm{m}}} = \frac{A^2}{4n_0(1 + \beta_{\mathrm{FM}}) f_{\mathrm{m}}}$$

3.4.3 输出信噪比和信噪比增益

为了分析输出信号和噪声的平均功率，进一步求出解调器的输出信噪比和信噪比增益，需要分析混有噪声时解调器的解调过程以及输出信号和噪声。这里以 DSB 相干解调为例，

介绍分析方法。

1. 考虑噪声时的解调过程

考虑到噪声时,DSB 相干解调器的分析模型如图 3-32 所示。

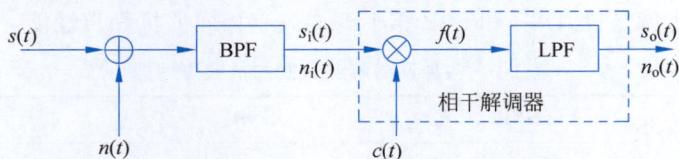

图 3-32 DSB 相干解调器的分析模型

假设信道在传输过程中对信号没有衰减,则解调器输入端的 DSB 信号仍然可以表示为

$$s_i(t) = m(t)\cos\omega_c t$$

而窄带高斯白噪声的时间表达式为

$$n_i(t) = n_I(t)\cos\omega_0 t - n_Q(t)\sin\omega_0 t$$

其中,ω_0 为带通滤波器 BPF 的中心频率。对于 DSB 信号,有 $\omega_0 = \omega_c$,则

$$n_i(t) = n_I(t)\cos\omega_c t - n_Q(t)\sin\omega_c t$$

上述信号和噪声叠加后再与相干解调载波 $c(t)$ 相乘,得到输出为

$$
\begin{aligned}
f(t) &= [s_i(t) + n_i(t)]\cos\omega_c t \\
&= [m(t)\cos\omega_c t + n_I(t)\cos\omega_c t - n_Q(t)\sin\omega_c t]\cos\omega_c t \\
&= \frac{1}{2}m(t) + \frac{1}{2}m(t)\cos2\omega_c t + \frac{1}{2}n_I(t) + \frac{1}{2}n_I(t)\cos2\omega_c t - \frac{1}{2}n_Q(t)\sin2\omega_c t \quad (3\text{-}49)
\end{aligned}
$$

通过低通滤波器(LPF)将式(3-49)中 $2\omega_c$ 的分量滤除,得到输出为

$$s_o(t) + n_o(t) = \frac{1}{2}m(t) + \frac{1}{2}n_I(t) \quad (3\text{-}50)$$

式(3-50)右边第 1 项与基带信号成正比关系,第 2 项只与窄带噪声中的同相分量有关,因此两项分别代表解调输出的有用信号和噪声。

2. 输出信噪比和信噪比增益

根据式(3-50),可以求得 DSB 相干解调输出有用信号和噪声的平均功率分别为

$$S_o = \overline{s_o^2(t)} = \frac{1}{4}\overline{m^2(t)} \quad (3\text{-}51)$$

$$N_o = \overline{n_o^2(t)} = \frac{1}{4}\overline{n_I^2(t)} = \frac{1}{4}n_0 B = \frac{1}{2}n_0 f_m \quad (3\text{-}52)$$

则输出信噪比和信噪比增益分别为

$$\mathrm{SNR}_o = \frac{S_o}{N_o} = \frac{\dfrac{1}{4}\overline{m^2(t)}}{\dfrac{1}{2}n_0 f_m} = \frac{\overline{m^2(t)}}{2n_0 f_m} \quad (3\text{-}53)$$

$$G = \frac{\mathrm{SNR}_o}{\mathrm{SNR}_i} = \frac{\overline{m^2(t)}/(2n_0 f_m)}{\overline{m^2(t)}/(4n_0 f_m)} = 2 \quad (3\text{-}54)$$

表 3-1 总结了各种模拟调制传输系统解调器的输入输出信噪比和信噪比增益。对上述结论做以下几点说明。

（1）由表 3-1 可知，DSB 相干解调和 SSB 相干解调的信噪比增益是 2 倍关系，但这并不能说明 DSB 的抗噪声性能优于 SSB 相干解调。因为上述结论是在 DSB 和 SSB 输入信号功率不同的情况下得到的。如果输入信号的功率相同，通过分析可知两种传输方式的输出信噪比完全相同。也就是说，DSB 和 SSB 相干解调具有相同的抗噪声性能。

表 3-1　各种调制解调方式的抗噪声性能

调制解调方式	SNR_i	SNR_o	G
DSB 相干解调	$\dfrac{\overline{m^2(t)}}{4n_0f_m}$	$\dfrac{\overline{m^2(t)}}{2n_0f_m}$	2
SSB 相干解调	$\dfrac{\overline{m^2(t)}}{n_0f_m}$	$\dfrac{\overline{m^2(t)}}{n_0f_m}$	1
NBFM 相干解调	$\dfrac{A_0^2}{4n_0f_m}$	$\dfrac{3A_0^2K_F^2\overline{m^2(t)}}{8n_0\pi^2f_m^3}$	$\dfrac{3K_F^2\overline{m^2(t)}}{2n_0\pi^2f_m^3}$
AM 非相干解调	$\dfrac{A_0^2+\overline{m^2(t)}}{4n_0f_m}$	$\dfrac{\overline{m^2(t)}}{2n_0f_m}$	$\dfrac{2\overline{m^2(t)}}{A_0^2+\overline{m^2(t)}}$
WBFM 非相干解调	$\dfrac{A^2}{4n_0(1+\beta_{FM})f_m}$	$\dfrac{3A^2K_F^2\overline{m^2(t)}}{8\pi^2n_0f_m^3}$	$\dfrac{3K_F^2\overline{m^2(t)}}{2\pi^2f_m^2}(1+\beta_{FM})$

例 3-10　已知接收机接收到的已调信号功率为 1mW，基带信号的带宽为 2kHz，信道噪声双边功率谱密度为 1nW/Hz。当已调信号分别为 DSB 和 SSB 信号时，求相干解调时的输出信噪比。

解　当已调信号为 DSB 信号时，带宽 $B=2\times2=4$kHz，则输入噪声功率为
$$N_i=n_0B=2\times10^{-9}\times4\times10^3=8\times10^{-6}\text{W}$$
输入信噪比为
$$SNR_i=\frac{S_i}{N_i}=\frac{1\times10^{-3}}{8\times10^{-6}}=125$$
则输出信噪比为
$$SNR_o=G_{DSB}\times SNR_i=2\times125=250$$
当已调信号为 SSB 信号时，带宽 $B=2$kHz，则输入噪声功率为
$$N_i=n_0B=2\times10^{-9}\times2\times10^3=4\times10^{-6}\text{W}$$
输入信噪比为
$$SNR_i=\frac{S_i}{N_i}=\frac{1\times10^{-3}}{4\times10^{-6}}=250$$
输出信噪比为
$$SNR_o=G_{SSB}\times SNR_i=1\times250=250$$

（2）对于常规调幅 AM 信号的非相干解调，由于实际系统中总有 $A_0>|m(t)|_{max}$，因此 G 总是小于 1。以单频调制为例，设基带信号的幅度为 A_m，则基带信号的平均功率为
$$\overline{m^2(t)}=\frac{A_m^2}{2}$$
信噪比增益为

$$G = \frac{2\overline{m^2(t)}}{A_0^2 + \overline{m^2(t)}} = \frac{2 \times \frac{A_m^2}{2}}{A_0^2 + \frac{A_m^2}{2}} = \frac{2A_m^2}{2A_0^2 + A_m^2} = \frac{2\beta_{AM}^2}{2 + \beta_{AM}^2} \qquad (3-55)$$

对于欠调幅和满调幅,调幅指数不可超过 1,则由式(3-55)可知信噪比增益不超过 2/3。这就意味着通过解调,信噪比没有得到改善,所以 AM 调制传输系统的抗噪声性能是比较差的。

例 3-11 参数同例 3-10,当已调信号为满调幅 AM 信号时,求非相干解调时的输出信噪比。

解 输入噪声功率为

$$N_i = n_0 B = 2 \times 10^{-9} \times 4 \times 10^3 = 8 \times 10^{-6} \, \text{W}$$

则输入信噪比为

$$\text{SNR}_i = \frac{S_i}{N_i} = \frac{1 \times 10^{-3}}{8 \times 10^{-6}} = 125$$

对于满调幅 AM 传输,信噪比增益为

$$G_{AM} = \frac{2 \times 1}{2 + 1} = \frac{2}{3}$$

则输出信噪比为

$$\text{SNR}_o = G_{AM} \times \text{SNR}_i = \frac{2}{3} \times 125 = \frac{250}{3}$$

(3) 对于单频调制宽带调频非相干解调,可以求得信噪比增益近似为

$$G_{FM} \approx 3(\beta_{FM} + 1)\beta_{FM}^2 \qquad (3-56)$$

当调频指数远大于 1 时,得到

$$G_{FM} \approx 3\beta_{FM}^3 \qquad (3-57)$$

由此可见,调频系统的抗噪声性能与调频指数有关,或者说,调频系统可以通过增大调频指数来获得比较高的抗噪声性能,而 DSB 和 SSB 调制传输时的信噪比增益是恒定不变的常数,AM 调制传输的信噪比增益与基带信号的幅度和平均功率有关。

另外,调频系统的带宽也取决于调频指数,当调频指数 $\beta_{FM} \gg 1$ 时,带宽近似为 $B \approx 2\beta_{FM}f_m$。因此,当调频指数增大时,带宽也随之增大,有效性下降。因此,调频系统可以通过增大带宽获取抗噪声性能,即可靠性的提高。

例 3-12 已知基带信号为 4kHz 的单频余弦信号,发送端发射已调信号的功率为 2.4kW,信道噪声单边功率谱密度为 5nW/Hz,信道损耗为 50dB。当调频指数分别为 5 和 10 时,比较传输带宽和输出信噪比。

解 当 $\beta_{FM} = 5$ 时,带宽为

$$B = 2(1 + \beta_{FM})f_m = 2 \times (1 + 5) \times 4 = 48 \text{kHz}$$

输入信噪比为

$$\text{SNR}_i = \frac{S_i}{N_i} = \frac{2.4 \times 10^3 / 10^{50/10}}{5 \times 10^{-9} \times 48 \times 10^3} = 100 = 20 \text{dB}$$

信噪比增益为

$$G_{FM} \approx 3(\beta_{FM} + 1)\beta_{FM}^2 = 3 \times (5 + 1) \times 5^2 = 450$$

则输出信噪比为

$$\text{SNR}_\text{o} = G_\text{FM} \times \text{SNR}_\text{i} = 450 \times 100 = 4.5 \times 10^4 \approx 46.53\text{dB}$$

当调频指数 $\beta_\text{FM} = 10$ 时,带宽为

$$B = 2(1 + \beta_\text{FM})f_\text{m} = 2 \times (1 + 10) \times 4 = 88\text{kHz}$$

输入信噪比为

$$\text{SNR}_\text{i} = \frac{S_\text{i}}{N_\text{i}} = \frac{2.4 \times 10^3 / 10^{50/10}}{5 \times 10^{-9} \times 88 \times 10^3} \approx 54.5 \approx 17.4\text{dB}$$

信噪比增益为

$$G_\text{FM} \approx 3(\beta_\text{FM} + 1)\beta_\text{FM}^2 = 3300$$

则输出信噪比为

$$\text{SNR}_\text{o} = G_\text{FM} \times \text{SNR}_\text{i} = 3300 \times 54.5 \approx 52.55\text{dB}$$

(4) 表 3-1 中两种非相干解调方式的信噪比增益是在输入信噪比比较大的情况下得到的。当接收条件较差,输入信噪比 SNR_i 较小时,输出信噪比将急剧下降,这种现象称为门限效应。所有的非相干解调都将出现门限效应,而所有的相干解调器都不存在这个问题。

3.5　模拟调制应用举例

前面介绍了模拟通信系统中常用的幅度调制和频率调制、相干和非相干解调的基本原理。各种调制解调方式具有不同的有效性和可靠性,其中单边带调制传输所需的带宽最小,具有最好的有效性。调频传输所需的带宽大,有效性差,但解调器的信噪比增益高,具有很强的抗噪声性能。

在各种模拟通信系统中,需要根据实际系统对传输有效性和可靠性的具体要求,基于上述性能特点,合理地选择一种调制传输方式。本节对上述各种调制解调传输方式的一些典型应用做一个概括介绍。

3.5.1　频分复用

频分复用(Frequency Division Multiplexing,FDM)是根据调制的基本原理,利用同一个信道实现多路信号互不干扰地同时传输的一种技术。

频分复用的基本原理是利用调制技术,将需要传输的各路基带信号频谱搬移到不同的载波频率附近,分别占据信道的不同频段范围实现传输。在接收端只需要用中心频率不同的带通滤波器即可将各路信号分开,从而只接收指定的一路信号。

图 3-33 所示为频分复用的基本原理。n 路基带信号在发送端首先经过低通滤波器 LPF 进行低通,将其带宽限定在指定频带范围内。限带以后的基带信号分别对不同频率的载波进行调制,因此各路信号的频谱被搬移到不同的频段。调制器输出的各路已调信号再由带通滤波器 BPF 进一步限带,混合在一起后送到同一个信道中进行传输。

由于复用以后的信号中,各路信号分别占据不同的频段。因此,在接收端,用 BPF 即可将接收到的多路混合信号分开,并送到各自的解调器进行解调,最后由低通滤波器 LPF 滤波还原出对应的基带信号。

FDM 最典型的应用是载波电话,利用同一条电话线同时传输多路电话语音信号。在载波电话通信系统中,各路基带语音信号一般采用单边带调制,每路电话信号的频带限制在

300～3400Hz。此外，各路信号之间还留有一定的防护频带，总带宽为 4kHz。

在实际系统中，为了获得更高的频带利用率，通过同一条信道能够传输更多路信号，一般采用多级复用的层次结构。首先由 12 路电话复用为一个基群，再由 5 个基群复用为一个超群，10 个超群复用为一个主群。因此，一个主群包含 600 路语音信号。如果需要传输更多路信号，可以将主群再进行复用，组成巨群。

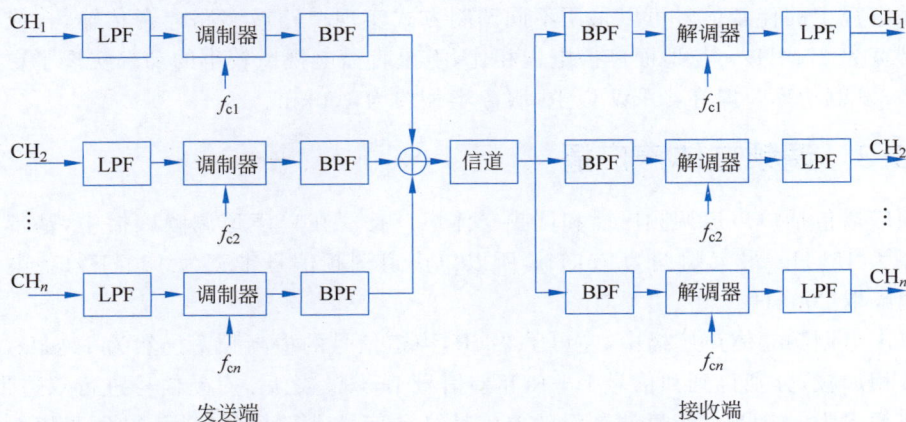

图 3-33　频分复用的基本原理

图 3-34 所示为多路载波电话系统基群信号的频谱结构。由于每路电话信号的带宽为 4kHz，因此 12 路复用得到基群信号总的频带宽度为 48kHz。复用过程中假设每路信号采用下边带调制，因此对第 n 路信号调制所用的载波频率为 $64+4(n-1)$kHz。复用信号总的频带范围为 60～108kHz。

图 3-34　多路载波电话系统基群信号的频谱结构

FDM 技术主要用于模拟通信系统，其主要优点是信道利用率高、技术成熟，但是实现 FDM 的设备复杂，滤波器难以制作，在调制解调和传输过程中的非线性失真会导致各路信号之间的相互干扰。

3.5.2　广播电视通信系统

传统的调幅广播一般采用 AM，根据所用的波段分为中波广播和短波广播两种。中波广播的载频为 535～1605kHz，短波广播的载频为 3.9～18MHz。在调幅广播中，调制信号的最高频率取 4.5kHz，载频间隔为 9kHz。

广播电视系统中的电视信号是由图像信号和伴音信号经过不同的调制组合而成的，其频谱如图 3-35 所示。其中图像信号是 0～6MHz 的宽带视频信号，大多采用残留边带调制。为了便于接收机采用包络检波非相干解调，在已调信号中插入很强的图像载波一起传输。伴音信号的最高频率取

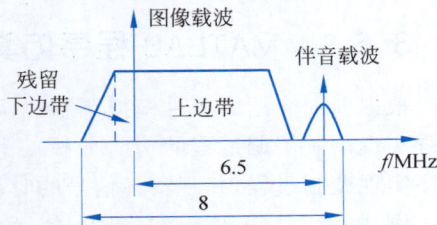

图 3-35　电视信号的频谱

15kHz,一般采用最大频偏为 50kHz 的宽带调频,因此,调频指数为 10/3,伴音信号的带宽近似为 130kHz。图像信号和伴音信号的调制载波频率相差 6.5MHz。合成的电视信号总带宽取 8MHz。

广播电视通信包括地面广播电视和卫星直播电视。由电视塔发射的电视节目称为地面广播电视。在卫星直播电视中,将上述图形信号再采用调频方式传输,最大频偏为 7MHz。卫星广播电视中的伴音信号可以采用不同调制方式实现单路或多路伴音传输,合成的电视信号总带宽为 27MHz。与地面广播电视相比,卫星直播电视以较小的功率实现了更广泛区域的传输,发射功率一般在 10kW 以上,服务半径约为 100km。

3.5.3   调频立体声广播

调频广播包括单声道调频广播和调频立体声广播。在单声道调频广播中,基带信号的最高频率为 15kHz,最大频偏为 75kHz,所以单声道调频信号带宽为 180kHz,各电台之间的频率间隔取 200kHz。

在双声道调频立体声广播中,左(L)、右(R)声道信号的最高频率仍然为 15kHz,两个声道的信号相加减,分别得到和信号 L＋R 和差信号 L－R。之后,对差信号进行双边带调制,调制载波频率为 38kHz。经过调制后的差信号与和信号进行频分复用,得到调频立体声信号的频谱如图 3-36 所示。

第 20 集
微课视频

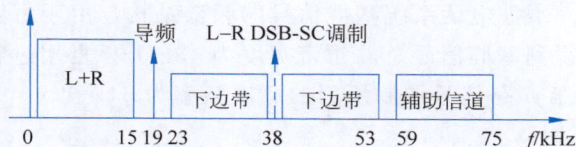

图 3-36   调频立体声信号的频谱

经过上述复用得到的调频立体声基带信号,再进行调频后送到信道传输。频率调制时的载波频率为 87～108MHz。接收端接收到已调信号后,利用解调器(鉴频器)恢复出上述立体声基带信号,再利用相关电路分离得到左、右声道信号。

3.6   模拟调制和解调过程的 MATLAB 仿真

根据本章所述各种调制和解调的基本原理和数学模型,在 MATLAB 中可以通过编程实现调制解调过程的仿真分析,也可以利用 Simulink 库中所提供的基本模块,搭建调制器和解调器的仿真模型,再对其进行仿真分析。此外,Simulink 的通信工具箱还提供了所有模拟幅度和频率调制及解调模块,可以直接用于模拟调制传输系统的性能仿真分析。

3.6.1   MATLAB 程序仿真

根据前面介绍的各种模拟调制解调的基本原理和数学模型,在 MATLAB 中可以通过编程实现调制解调过程的仿真分析。下面以上边带调制(USB)为例,介绍利用 MATLAB 程序实现调制过程,并观察各信号的时域和频域特性。

例 3-13   已知基带信号是 2kHz 的正弦波,载波频率为 10kHz,编制 MATLAB 程序实现 USB 调制,并观察各信号的时间波形和频谱。

MATLAB 程序如下。

```
fm = 2e3; fc = 10e3; Fs = 10 * fc;          % 基带频率,载波频率,采样频率
T = 50/fm; t = 0:1/Fs:T;                    % 运行时间
% ==== 产生基带信号、载波 ======================================
m = cos(2 * pi * fm * t); c = cos(2 * pi * fc * t);   % 产生基带信号和载波信号
% ==== USB 调制 ======================================
dsb = m. * c;                               % DSB 调制
[b,a] = butter(21,2 * fc/Fs,'high')
usb = filter(b,a,dsb);                      % 滤波得到 USB 信号
% ==== % 绘制各信号的时间波形及频谱 ======================================
......                                      % 参看电子版代码
% ==== % 绘制各信号的时间波形及频谱 ======================================
......                                      % 参看电子版代码
```

程序中首先产生基带信号和载波信号,在得到 DSB 信号后,根据滤波法实现上边带调制的基本原理和数学模型,调用函数 butter() 和函数 filter() 设计得到 21 阶巴特沃斯高通滤波器,滤除 DSB 信号中的下边带后得到 USB 信号。根据单边带调制的基本原理,滤波器的截止频率等于载波频率。此外,为尽可能滤除不需要的下边带,滤波器阶数要足够高。

程序运行后,得到基带信号、正弦载波、DSB 和 USB 信号的时间波形如图 3-37 所示,高通滤波器的幅频特性曲线及 DSB 和 USB 信号的频谱如图 3-38 所示。

本例演示了如何实现模拟幅度调制。对于模拟调频,需要用到积分运算。在得到基带信号后,可以调用函数 cumtrapz() 对基带信号进行积分,再根据 FM 信号的时间表达式(数学模型)编程产生 FM 信号。该函数的具体用法可以查阅 MATLAB 帮助文档。

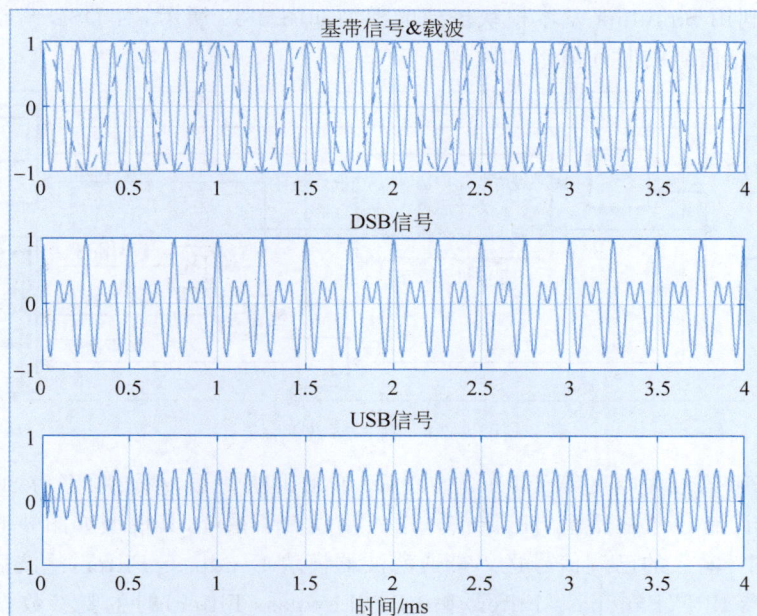

图 3-37 例 3-13 各信号的时间波形

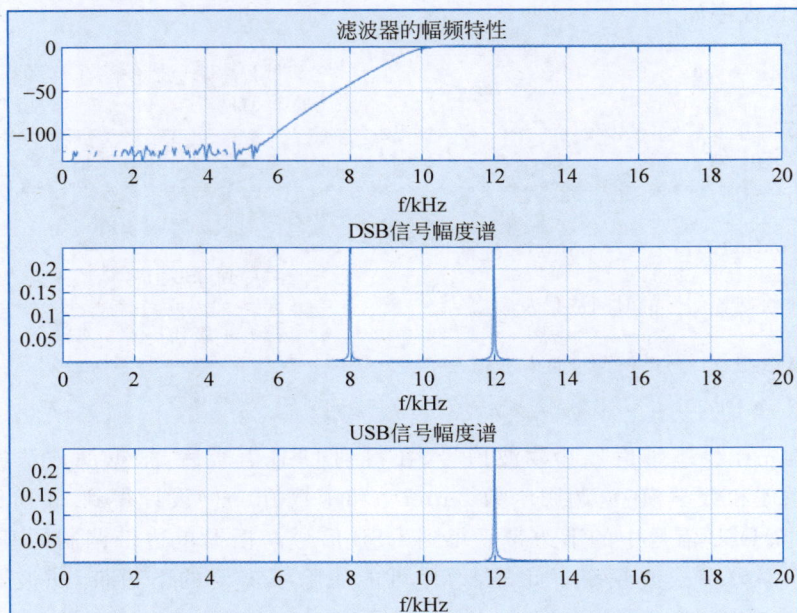

图 3-38　例 3-13 中滤波器的幅频特性曲线及 DSB 和 USB 信号的频谱

3.6.2　Simulink 模型仿真

下面以 DSB 为例,介绍利用 Simulink 中的基本模块搭建模型,实现调制和解调过程的仿真。

例 3-14　利用 Simulink 基本模块搭建的模型如图 3-39 所示,对 DSB 调制解调过程进行仿真,观察各点信号的时间波形和频谱。

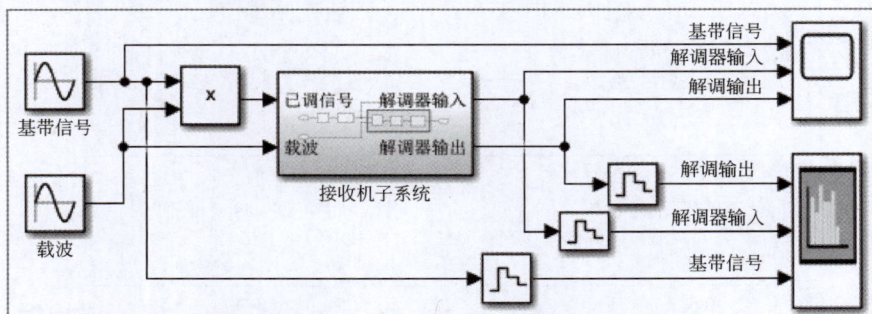

图 3-39　例 3-14 模型

模型中,基带信号为幅度等于 1V 的 100Hz 单频正弦信号,载波频率为 800Hz,乘法器模块实现 DSB 调制。调制器输出已调信号送入接收机子系统,其模型如图 3-40 所示。

在接收机中,输入的已调信号送入带通滤波器模块 Bandpass Filter,滤波后采用相干解调。两个滤波器 BPF(Bandpass Filter)和 LPF(Lowpass Filter)的主要参数设置如图 3-41所示。

模型中所有零阶保持器模块的 Sample time 参数都设为 1e-4。仿真运行后,得到模型中各点信号波形如图 3-42 所示,功率谱如图 3-43 所示。

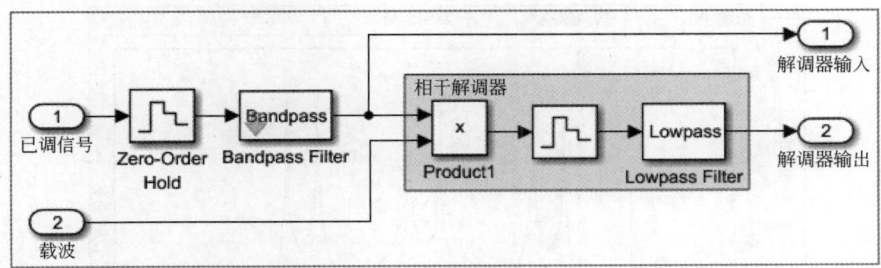

图 3-40　例 3-14 接收机子系统模型

图 3-41　模型中 BPF 和 LPF 的主要参数设置

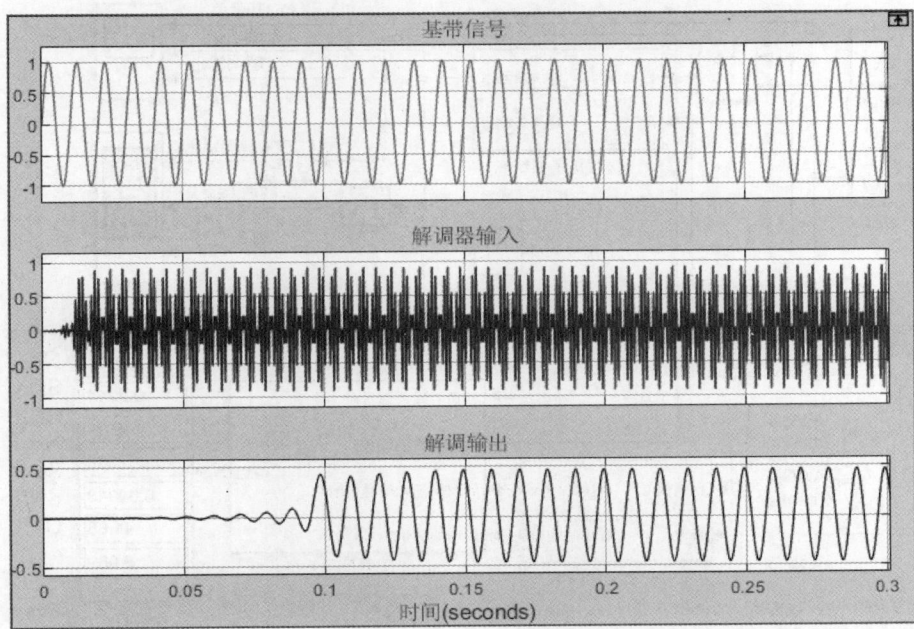

图 3-42　解调器输入输出信号的时间波形

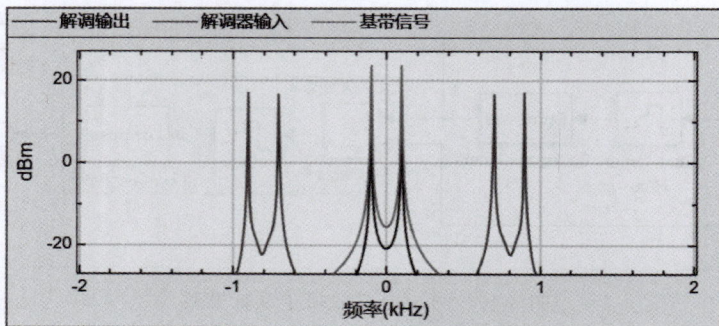

图 3-43　模型中各点信号的功率谱

3.6.3　抗噪声性能的仿真分析

下面在例 3-14 模型的基础上,添加相关模块,实现解调器输入输出信噪比的测量。

例 **3-15**　搭建如图 3-44(a)所示模型,实现 DSB 调制传输过程信噪比的测量,其中信噪比测量子系统如图 3-44(b)所示。

图中的灰色阴影部分用于实现信噪比的测量。DSB 信号首先送入 AWGN Channel 模块,向已调信号中混入高斯白噪声后再送入同样的接收机子系统。需要注意的是,在 MATLAB R2024a 版本中 AWGN Channel 模块增加了一个 Random Number Source 参数。在该模型中,必须将其设置为 mt19937ar with seed。

混有噪声的 DSB 信号与纯净的 DSB 信号以及混有噪声的解调输出和纯净的解调输出送入信噪比测量子系统,分别相减后得到解调器输入和输出端的噪声,再用 RMS 模块实现

第 22 集
微课视频

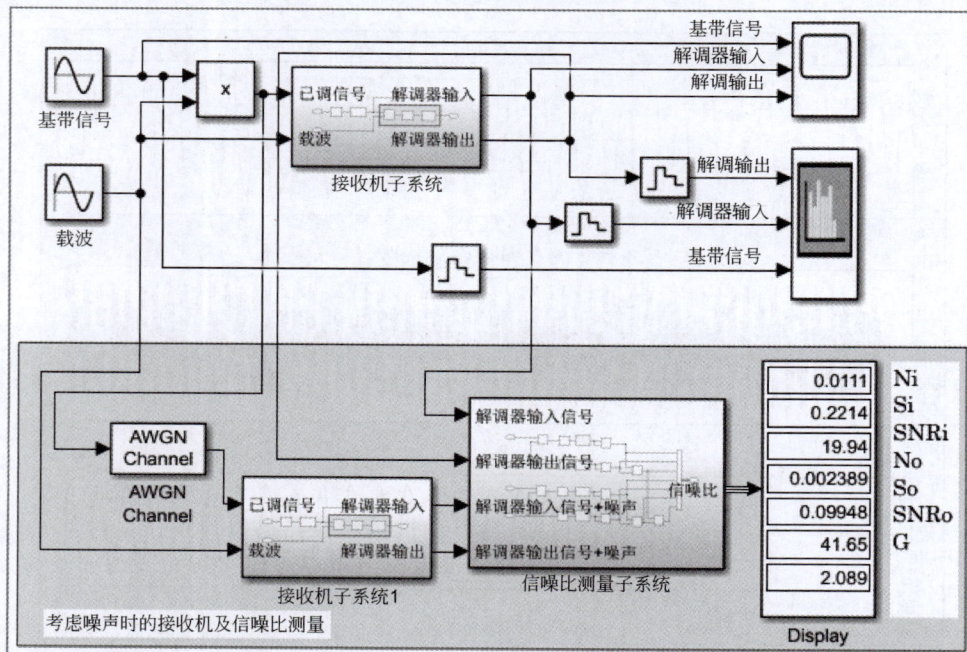

(a) 顶层模型

图 3-44　例 3-15 模型

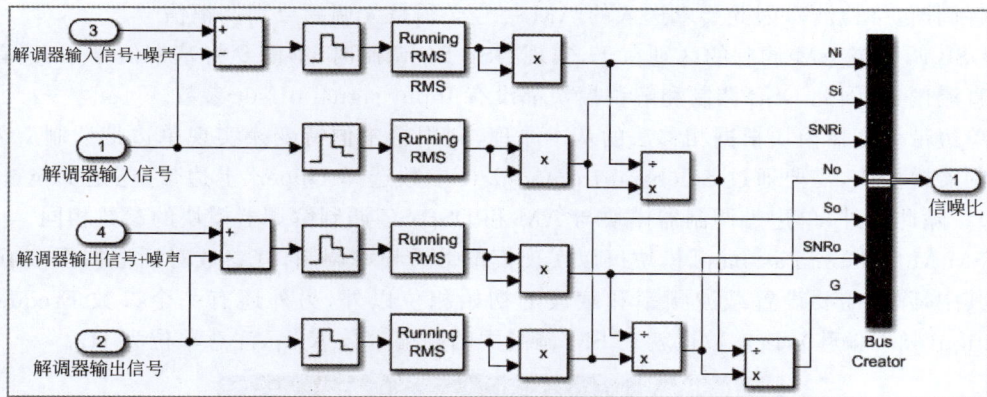

(b) 信噪比测量子系统

图 3-44　（续）

噪声和有用信号功率的测量。测量得到的有用信号和噪声功率相除,得到输入和输出信噪比,二者再相除得到信噪比增益。

模型中的 Bus Creator 为总线创建器模块,用于将测量得到的 7 个结果合并为一路总线输出。设置 AWGN Channel 模块的 SNR 参数分别为 0dB、10dB 和 15dB,仿真运行后,在模型的 Dispaly 模块上显示出的结果如图 3-45 所示。

需要注意以下几点。

（1）本例中所有信号和噪声的功率及输入输出信噪比都没有转换为分贝值,而是用实际数据表示。

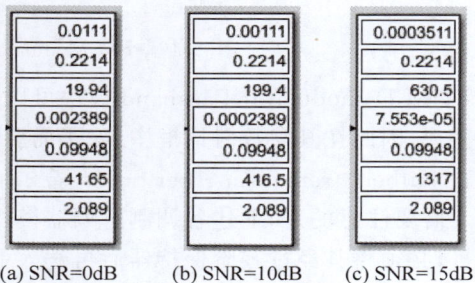

(a) SNR=0dB　(b) SNR=10dB　(c) SNR=15dB

图 3-45　例 3-15 运行结果

第 23 集
微课视频

（2）由于噪声的随机性,测量得到的数据可能有一定的波动。

（3）本例中提出的信噪比测量方法只适用于相干解调。对于 AM 和 FM 的非相干解调,由于解调过程中有用信号和噪声无法截然分开,因此不能用本例的方法单独测量噪声和有用信号的功率。

3.6.4　通信工具箱中的模拟调制和解调模块

Communications Toolbox/Modulation/Analog Passband Modulation（模拟带通调制）的子库提供了 5 种基本的模拟带通调制及其解调模块,包括模拟幅度调制和解调模块、FM 调制及解调模块和 PM 调制及解调模块。本节对这些模块的参数及用法作简要介绍。

1. 模拟调制和解调模块简介

在模块库中,实现 AM、DSB-SC 和 SSB 模拟幅度调制的模块分别命名为 DSB AM Modulator Passband、DSBSC AM Modulator Passband 和 SSB AM Modulator Passband,对应的解调器模块分别为 DSB AM Demodulator Passband、DSBSC AM Demodulator Passband 和 SSB AM Demodulator Passband。

AM 调制器模块的主要参数有 Input signal offset（输入信号偏移）、Carrier frequency（载波频率）和 Initial phase（载波的初始相位）。解调器模块对输入的 AM 已调信号进行非相干解调(包络检波),因此要求送入的 AM 信号必须是欠调幅或满调幅信号。

DSB 调制与 AM 调制的区别在于,实现 DSB-SC 调制时,不需要将基带信号 $m(t)$ 首先进行直流偏置,因此 DSB 调制和解调模块都没有 Input signal offset 参数。

单边带调制器模块根据相移法的基本原理,利用希尔伯特变换实现单边带调制。因此在调制器模块中,需要通过 Sideband to modulate 参数选择 Upper(上边带)还是 Lower(下边带)。除此之外,单边带调制器模块与 AM 和 DSB-SC 调制解调器模块的参数相同。

FM Modulator Passband 模块可以实现模拟带通频率调制,其参数对话框如图 3-46 所示。其中,除了需要设置载波频率和载波的初始相位以外,另外还有一个参数 Frequency deviation(频率偏移),该参数也就是 FM 调制中的频偏常数 K_{FM},注意单位为 Hz。

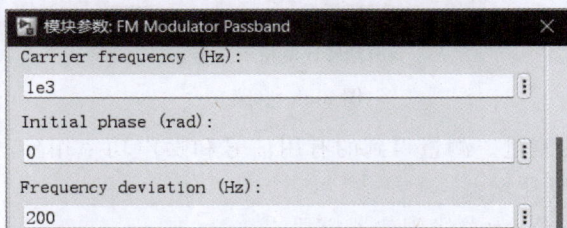

图 3-46　FM Modulator Passband 模块的参数对话框

FM Demodulator Passband 模块可以实现 FM 信号的解调,解调过程利用希尔伯特变换实现,因此在其参数对话框中,除了需要设置载波频率、初始相位和频率偏移以外,还需要设置 Hilbert transform filter order(希尔伯特变换滤波器阶数)。

需要注意的是,上述各调制解调器模块的输入都必须是采样后的离散信号,对模拟基带信号,必须将其经过零阶保持器后再送入上述各调制器模块。

2. 应用举例

例 3-16　搭建如图 3-47 所示 FM 调制解调模型,观察 FM 传输过程,并验证卡森公式。

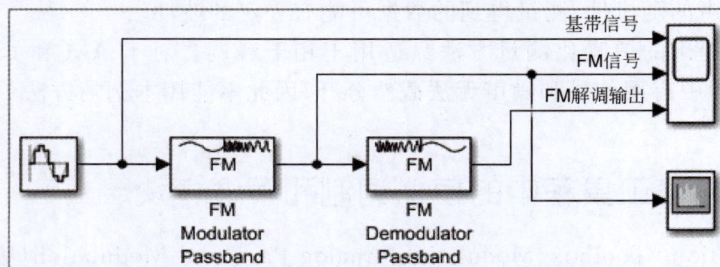

图 3-47　例 3-16 仿真模型

模型中用正弦信号源产生单频正弦信号,作为基带信号。FM 调制和解调都直接选用带通 FM 调制和解调模块,设置两个模块的 Frequency deviation 参数为 200Hz,载波频率为 1kHz,其他参数取默认值。

设置模型中正弦信号源模块产生的正弦信号幅度为 2V、频率为 100Hz,采样时间为 0.1ms,运行后得到各信号的时间波形如图 3-48 所示。

图 3-49 所示为调制器模块输出 FM 信号的频谱。注意在谱分析仪窗口菜单中设置查看信号的 RMS 频谱。由频谱图可知,FM 信号的频谱关于载波频率 1kHz 近似左右对称分

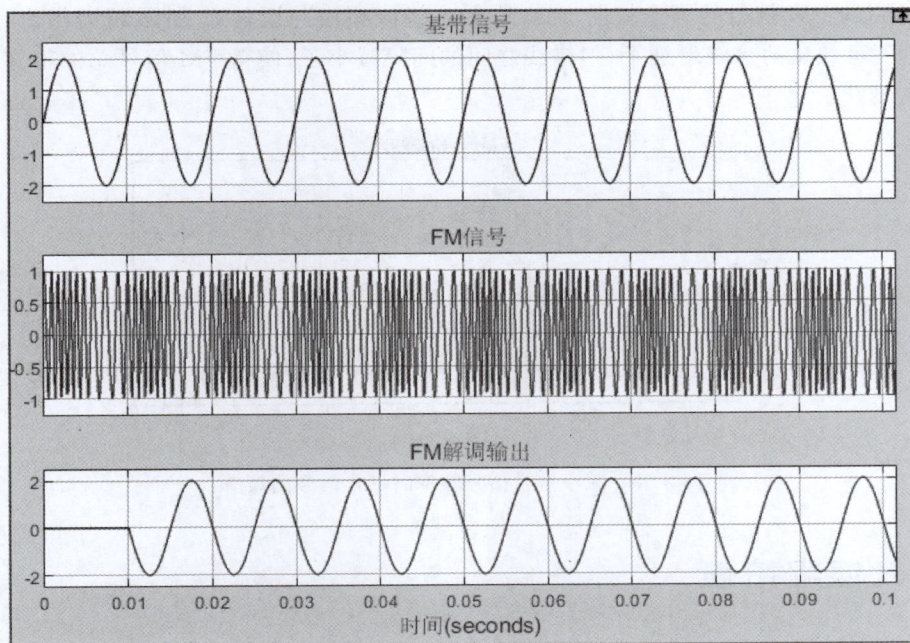

图 3-48 基带信号和 FM 信号的时间波形

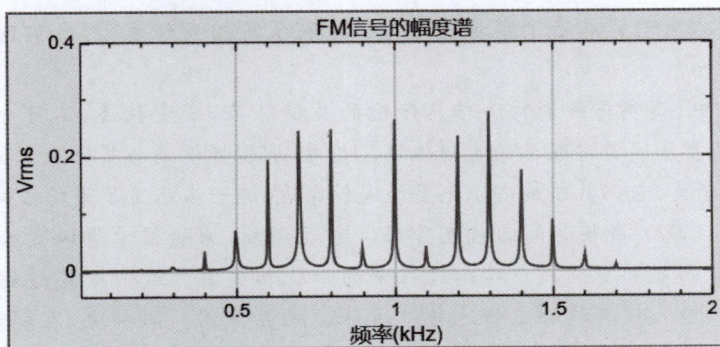

图 3-49 FM 信号的频谱

布。由于 FFT 算法中的截断效应,实际得到的频谱并不是完全左右对称的。在载频两侧,离散地分布着若干谱线,这些谱线之间的间隔等于基带信号频率 100Hz,每根谱线代表一个边频分量。

在频谱图中,能够观察到的谱线在载频位置两侧分别有 7 根,最外侧的两根谱线高度很小,代表对应分量的幅度和功率足够小,因此可以将其忽略。最后得到不能忽略的所有谱线所覆盖的频率范围为 0.5~1.5kHz,因此 FM 信号的带宽为 1kHz。

根据上述参数设置,容易求得调频指数为 4,根据卡森公式得到 FM 信号的带宽近似为 $2\times(4+1)\times100=1$kHz。这就验证了卡森公式。

通过本例的仿真模型可以验证很多有关 FM 的重要结论。例如,FM 信号的带宽近似与调频指数的三次方正比;增大基带信号的幅度,FM 信号的带宽也将随之增大;等等。

如果将模型中基带信号的频率从原来的 100Hz 降低为 50Hz,其他参数保持不变,重新运行后得到的 FM 信号的频谱如图 3-50 所示。将该频谱与图 3-49 所示频谱相比,可以发现:虽然不可忽略的谱线增加了,但谱线之间的间隔减小了,使得 FM 信号总的带宽并没有太明显的变化。

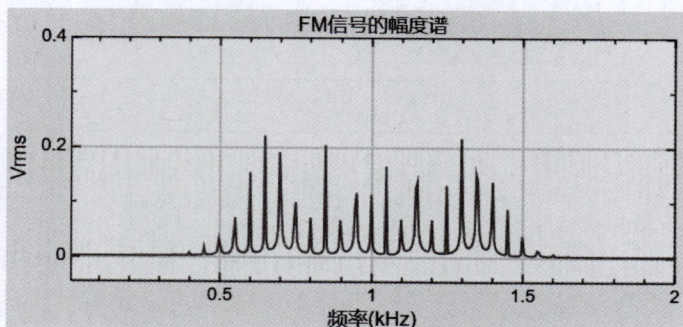

图 3-50　减小基带信号频率时 FM 信号的频谱

本章课程拓展

1. 调制解调与哲学思想

调制解调作为通信领域中的一项基本技术,不仅具有实际的工程实用价值,还蕴含着丰富的哲学思想。它生动地展示了事物之间的普遍联系与相互作用,为我们理解和把握世界提供了有益的启示。

在通信系统中,调制与解调作为信息传输的关键环节,紧密相连、不可分割。这种相互依存的关系,正是事物间普遍联系的直接体现。此外,调制解调还与其他通信技术(如编码、解码、同步等)密切相关,它们共同构成了完整的通信系统,进一步凸显了事物之间的广泛联系。

调制解调还体现了事物之间的相互作用。通过调制,原始信号得以变换为与信道特性相适应的信号,从而能够有效减少传输过程中的干扰和失真。这一变换过程实际上是对原始信号的一种"改造",使其能够更好地与信道环境相互作用。同样地,在解调过程中,已调信号需要经历一系列递变换才能还原回原始信号。这一递变换过程也是基于信道特性和接收端条件的相互作用而进行的。

2. 抗噪声性能与系统的内因和外因

通信系统的抗噪声性能是指系统克服加性噪声影响的能力,这一性能受到内因和外因的共同影响,是内因和外因共同作用的结果。在设计和实现通信系统时,需要充分考虑内因和外因及其相互关系,并采取相应的措施来优化系统的抗噪声性能。

内因方面,主要涉及通信系统的设计和实现方式。不同的调制方式、编码方式、解调方式以及信号处理技术都会影响系统的抗噪声性能。不同的调制技术会使得通信系统的抗噪声性能各不相同。此外,系统的频带宽度、功率利用率以及对信道特性变化的敏感性等也是影响抗噪声性能的重要因素。

外因方面,主要是指信道环境和噪声特性。噪声特性则包括噪声的类型、强度以及分布等,它们会对信号造成不同程度的干扰。在实际应用中,信道环境和噪声特性往往是不可控的,因此通信系统需要具备一定的抗噪声能力,以确保信号的可靠传输。

3. 通信系统有效性和可靠性的矛盾关系

在实际通信系统中,有效性和可靠性之间通常是相互矛盾的。例如,在调频系统中可以通过提高调频指数来获得比较高的抗噪声性能,但这将导致所需的传输带宽大为增加。

无论是通信系统有效性和可靠性的矛盾,还是自然辩证法中的矛盾关系,都体现了事物内部及事物之间的对立统一规律。这种规律要求在认识和改造世界的过程中,要善于分析和解决矛盾,推动事物向着更加完善、更加高级的方向发展。

在处理通信系统有效性和可靠性的矛盾时,可以借鉴自然辩证法的思想和方法。首先,要认识到这种矛盾是客观存在的,不能回避或忽视;其次,要深入分析矛盾产生的原因和性质,明确矛盾的主要方面和次要方面;最后,要采取积极有效的措施来化解矛盾,推动通信系统的整体性能不断提升。同时,也要注意到矛盾双方的相互依存和相互转化关系,避免在解决矛盾的过程中产生新的矛盾或问题。

习题 3

3-1 填空题

(1) 已知某发射机输出 AM 信号的调幅指数为 1,其中载波功率为 10kW,则上边带功率为_____。

(2) 已知 AM 信号中载波的最大和最小振幅分别为 5V 和 3V,则该 AM 信号的调幅指数为_____。

(3) 某 AM 信号的带宽为 10kHz。为了提高传输的有效性,拟改用 LSB 传输,则所需占用信道的带宽至少为_____。

(4) 已知单频基带信号的幅度为 5V,角频率为 200π rad/s,调频灵敏度为 200Hz/V,则对应 FM 信号的最大频偏为_____,调频指数为_____。

(5) 对最高频率为 1kHz 的基带信号进行调频,已知输出 FM 信号的带宽为 10kHz,则调频指数为_____。

(6) 某 FM 电路的频偏常数为 1kHz/V,已知输入基带信号的最大幅度为 12V,最高频率为 3kHz,则该电路输出 FM 信号的带宽为_____。

(7) 对于调幅指数为 1 的 AM 传输,已知接收机输入信噪比为 150,则接收机输出信噪比为_____ dB。

(8) 假设载波频率为 10kHz,基带信号的带宽为 300Hz,则对 LSB 信号进行相干解调时,接收机中带通滤波器的中心频率为_____,带宽为_____。

(9) 已知 DSB 相干接收机的输出信噪比为 10dB,则输入信噪比为_____ dB。

(10) 在输入噪声功率相同的条件下,为达到相同的输出信噪比,解调器输入 SSB 信号的功率必须为 DSB 信号功率的_____倍。

3-2 某 AM 信号 $s_{AM}(t)$ 的频谱 $S_{AM}(j\omega)$ 如图 3-51 所示。

(1) 求载波频率 f_c;

(2) 画出 $s_{AM}(t)$ 的功率谱图 $P(\omega)$;

(3) 求载波分量和边带分量的功率;

(4) 求调制效率 η。

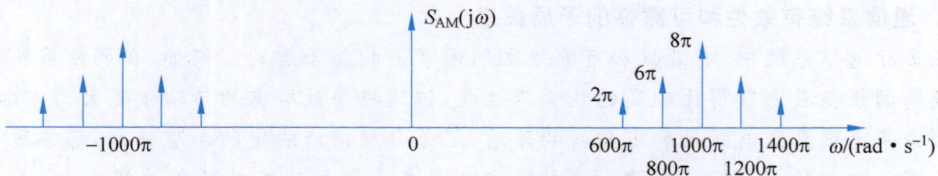

图 3-51 习题 3-2 示意图

3-3 已知基带信号为 $m(t) = 4\cos 200\pi t + 2\cos 400\pi t$,载频为 1000Hz。

(1) 分析并画出 DSB-SC 信号的频谱图 $S_D(jf)$;

(2) 采用滤波法调制,分析并画出 LSB 信号的频谱图 $S_L(jf)$,并写出其时间表达式 $s_1(t)$;

(3) 如果采用相移法调制得到 LSB 信号,推导写出 LSB 信号的时间表达式 $s_2(t)$。

3-4 已知基带信号 $f(t) = 40\mathrm{Sa}^2 20\pi t \cos 50\pi t$,载波角频率为 $1000\pi\,\mathrm{rad/s}$,对其采用滤波法进行 USB 调制,分析画出基带信号和 USB 信号 $s(t)$ 的频谱。

3-5 已知某调角波为

$$s(t) = 10\cos(2\times 10^7 \pi t + 4\sin 1000\pi t)$$

(1) 假设 $s(t)$ 是相移常数 $K_P = 2\mathrm{rad/V}$ 的调相波,求基带信号 $m(t)$;

(2) 假设 $s(t)$ 是频偏常数 $K_F = 1000\pi\,\mathrm{rad/(s \cdot V)}$ 的调频波,求基带信号 $m(t)$ 的时间表达式;

(3) 求调频波的调频指数 β_{FM} 和最大频偏 Δf_{max}。

3-6 已知基带信号为频率 $f_m = 5\mathrm{kHz}$ 的单频正弦信号,对其进行 FM 调制,最大频偏 $\Delta f_{max} = 10\mathrm{kHz}$。

(1) 求 FM 信号的近似带宽;

(2) 若将基带信号的幅度放大一倍,求 FM 信号的带宽;

(3) 若将基带信号的频率增大一倍,求 FM 信号的带宽;

(4) 若将基带信号的幅度和频率都增大一倍,求 FM 信号的带宽;

(5) 若将最大频偏增大一倍,求 FM 信号的带宽。

3-7 已知基带信号 $m(t) = 2\cos 200\pi t$,对其进行调频传输,载波幅度 $A = 4\mathrm{V}$,频偏常数 $K_F = 100\mathrm{Hz/V}$。

(1) 求调频信号的总功率 P;

(2) 求已调信号中载波分量的功率 P_c;

(3) 求调制效率 η。

3-8 已知发送端发送的 DSB 信号为 $s(t) = f(t)\cos\omega_c t$,接收机中相干解调器的解调载波为 $c(t) = \cos[(\omega_c + \Delta\omega)t + \Delta\varphi]$,其中 $f(t)$ 的角频率和 $\Delta\omega$ 远小于 ω_c。分别推导出以下两种情况下的解调输出信号 $y(t)$:

(1) $\Delta\omega = 0$;

(2) $\Delta\varphi = 0$。

3-9 已知某单频调制的调频波调频指数为 5,基带信号频率为 5kHz,信道噪声单边功率谱密度为 $10\mu\mathrm{W/Hz}$,发送端发射功率为 30kW,信道衰减 10dB。

(1) 求输出 FM 信号的带宽 B;

(2) 求输出信噪比;

（3）若将调频指数增大到 9，其他参数保持不变，重新计算上述结果；

（4）根据计算结果，总结调频指数对传输有效性和可靠性的影响。

3-10 已知基带信号带宽为 10kHz，信道双边噪声功率谱密度 0.1mW/Hz，接收端接收到已调信号的功率为 1kW。

（1）求 DSB 调制传输时的输出信噪比；

（2）求 SSB 调制传输时的输出信噪比；

（3）如果采用 FM 传输，要求输出信噪比达到 45dB，确定所需的调频指数。

实践练习 3

3-1 已知基带信号是 50Hz 的正弦波，载波频率为 1kHz，频偏常数为 200Hz/V，编写 MATLAB 程序，产生对应的 FM 信号，并观察 FM 信号的幅度谱。

提示：查阅 MATLAB 帮助文档，了解函数 cumtrapz() 的用法。

3-2 假设基带信号是频率为 200Hz 的单频正弦波，载波频率为 1kHz，编写 MATLAB 程序实现 AM 调制及其非相干和相干解调。设置不同的调幅指数（例如 0.5、1.5、2.5），观察解调输出是否有失真，并分析原因。

提示：AM 非相干解调中的包络检波，其数学模型可以用一个全波整流（取绝对值运算）和低通滤波串联进行模拟。

3-3 搭建如图 3-52 所示 Simulink 模型，实现任意基带信号的 USB 和 LSB 调制及解调过程仿真。图中 Random Integer Generator 模块产生速率为 100Bd 的八进制随机整数，经过 21 阶巴特沃斯带通滤波后（阻带衰减 80dB）得到频率范围为 50～100Hz 的随机模拟信号，作为基带信号。

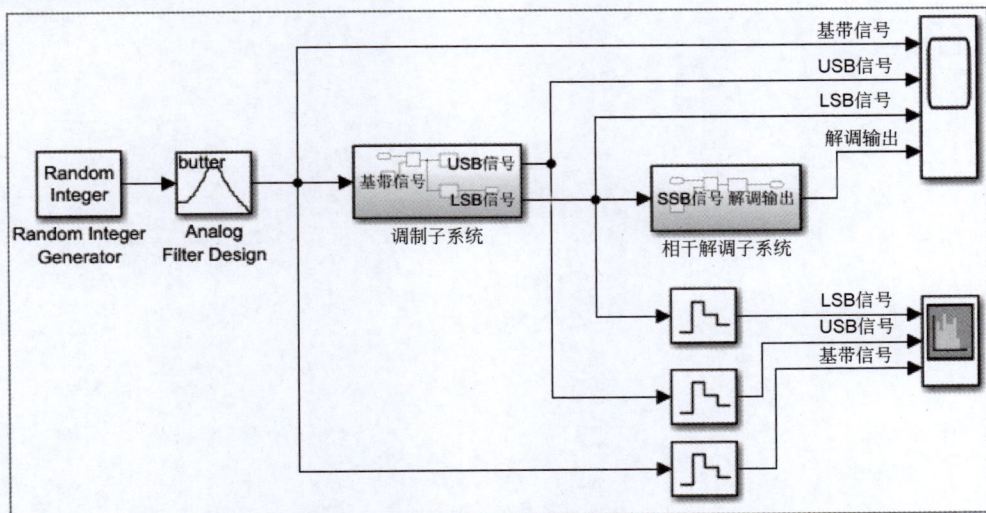

图 3-52 实践练习 3-3 模型

（1）假设载波频率为 1kHz，利用 Simulink 基本模块搭建调制和相干解调子系统的仿真模型；

（2）仿真运行，观察各点信号的时间波形和频谱。

3-4 在图 3-52 模型的基础上,增加相应的模块,实现 USB 调制解调传输过程抗噪声性能的仿真分析,观测不同信道信噪比下解调器的输入输出信噪比。

3-5 在例 3-16 模型中,改变频偏常数、基带信号的频率和幅度,观察 FM 信号带宽的变化,并结合理论进行总结分析。

3-6 利用 FM Modulator Passband 模块产生单频调频信号,并利用 Simulink 基本模块搭建仿真模型,实现 FM 信号的非相干解调。假设基带信号频率为 100Hz,调频指数为 5,载波频率为 1kHz。

3-7 利用 Random Integer Generator 和带通滤波器产生随机基带信号,并利用通信工具箱中的 FM 调制解调模块实现 FM 调制和解调。观察各信号的时间波形和 FM 信号的频谱,观测 FM 信号的带宽,并验证卡森公式。

<table>
<tr><td rowspan="3" style="writing-mode: vertical-rl;"></td></tr>
</table>

第 4 章

模拟信号的数字化传输

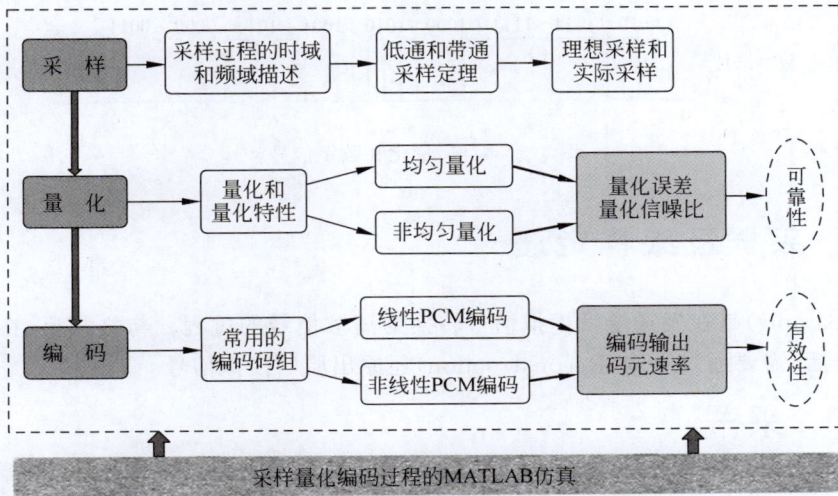

采样 → 采样过程的时域和频域描述 → 低通和带通采样定理 → 理想采样和实际采样

量化 → 量化和量化特性 → 均匀量化 / 非均匀量化 → 量化误差量化信噪比 → 可靠性

编码 → 常用的编码码组 → 线性PCM编码 / 非线性PCM编码 → 编码输出码元速率 → 有效性

采样量化编码过程的MATLAB仿真

思维导图

相对于传统的模拟通信,数字通信有很多优点。例如,数字通信系统的抗噪声性能好,便于实现保密通信,设备制造简单、体积小巧、功耗低等。然而,在目前的通信系统中,需要传输的原始消息信号还有很多是模拟信号。要利用数字通信系统传输这些模拟信号,就需要在发送端将其转换为数字信号。

将模拟信号转换为数字信号,称为模拟信号的数字化,一般需要经过采样、量化和编码3个步骤,转换得到的数字信号可以直接在数字基带系统中传输,也可以将其进行调制后通过数字调制系统中传输。

图 4-1 为模拟信号数字化传输的基本过程。在发送端,先经过采样将模拟信号转换为离散的采样信号,再经过量化使信号的幅度取值也离散化。量化信号经过编码后,输出数字信号,送到数字通信系统进行传输。在接收端,接收到的数字信号通过解码得到幅度和时间

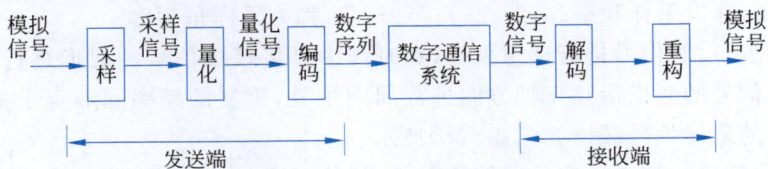

图 4-1 模拟信号数字化传输的基本过程

上都离散的采样量化信号,经过重构还原为模拟信号。各信号的时间波形如图 4-2 所示。

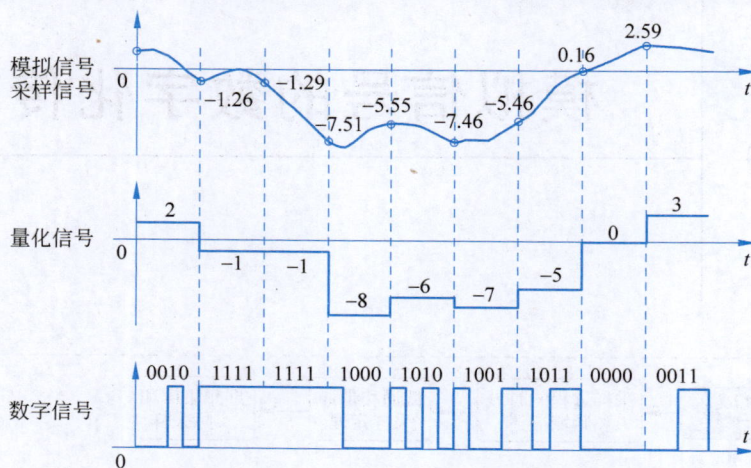

图 4-2　采样、量化和数字信号

4.1　采样及采样定理

第 24 集
微课视频

采样(Sample)是在发送端将模拟信号转换为离散信号的过程。与之相反,在接收端得到离散信号后,需要通过重构(Reconstruction)还原出原始模拟信号。

4.1.1　采样

理想的采样过程可以抽象为将模拟信号 $m(t)$ 与理想的周期冲激序列 $\delta_T(t)$ 进行相乘运算,即

$$m_s(t) = m(t)\delta_T(t) \tag{4-1}$$

其中,T 为周期冲激序列的周期,称为采样间隔。

采样过程的输出 $m_s(t)$ 称为采样信号(Sampled Signal)。采样信号仍然为冲激序列,其时间波形如图 4-3(a)所示。其中,$t=kT(k=0,1,2,\cdots)$ 称为采样时刻,各冲激的强度称为采样值。显然,各时刻的采样值随模拟信号的幅度而变化,因此采样信号中携带有原模拟信号的信息。

假设模拟信号的频谱为 $M(f)$,则根据傅里叶变换的频域卷积性质可以得到对应的采样信号频谱为

$$M_s(f) = M(f) * f_s \sum_{n=-\infty}^{\infty} \delta(f - nf_s) = f_s \sum_{n=-\infty}^{\infty} M(f - nf_s) \tag{4-2}$$

其中,$f_s = 1/T$,称为采样频率;$\omega_s = 2\pi f_s = 2\pi/T$,称为采样角频率。

以上结论表示,对信号进行理想采样,在时域中是将模拟信号的波形进行离散化,而在频域是将模拟信号的频谱沿频率轴方向进行周期重复,重复的频率间隔等于采样频率。模拟信号及对应的采样信号频谱如图 4-3(b)所示。

显然,采样信号的频谱一定是周期函数,这就从频域证明了通过采样可以将模拟信号转换为离散信号。

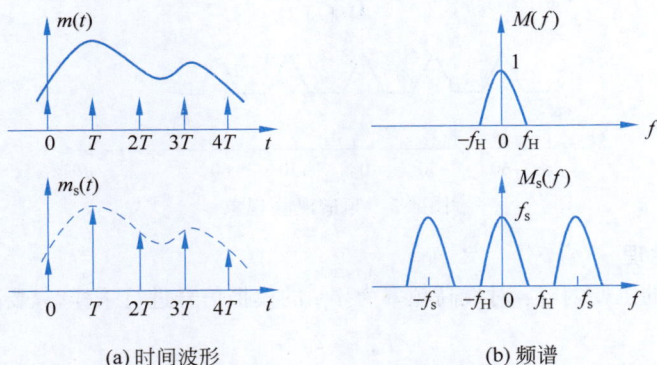

(a) 时间波形　　(b) 频谱

图 4-3　采样信号波形及其频谱

例 4-1　已知模拟信号 $m(t) = 2\mathrm{Sa}^2(20\pi t)$，采样间隔 $T = 20\mathrm{ms}$，画出理想采样信号 $m_s(t)$ 的频谱图。

解　模拟信号 $m(t)$ 的频谱如图 4-4(a) 所示。采样频率 $f_s = 1/T = 50\mathrm{Hz}$，则根据式(4-2) 得到理想采样信号的频谱如图 4-4(b) 所示。

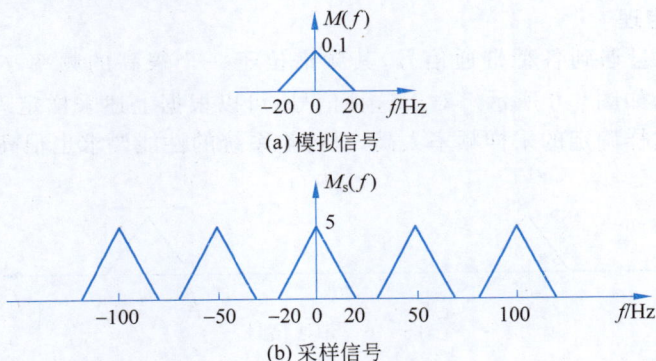

(a) 模拟信号

(b) 采样信号

图 4-4　例 4-1 频谱图

4.1.2　采样定理

在接收端接收到采样信号后，用低通滤波器即可将其还原为模拟信号。例如，对例 4-1 中得到的采样信号，将其送入低通滤波器进行低通滤波。根据采样信号的频谱，如果低通滤波器的带宽为 20～30Hz，则低通滤波后输出信号的频谱将与原始模拟信号的频谱完全相同，只是幅度上有区别。

但是，如果采样频率过低，将无法用低通滤波器实现模拟信号的重构和还原。例如，如果对例 4-1 中的模拟信号 $m(t)$ 用 30Hz 的频率进行采样，在对模拟信号的频谱进行周期重复时，相邻两个频谱波形在频率轴方向将出现重叠，如图 4-5 所示。这种现象称为频谱混叠。

将各重复的频谱波形叠加后，得到采样信号的频谱。显然，此时用低通滤波器将无法由采样信号的频谱得到源模拟信号的频谱，也就无法实现原始模拟信号的重构。

采样定理的主要作用就是确定合适的采样频率，以避免频谱混叠，确保接收端能正确重构模拟信号。在实际系统中，根据被采样的模拟信号特性，又分为低通采样定理和带通采样定理。

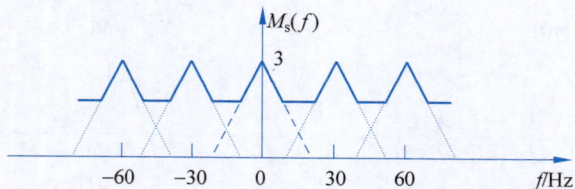

图 4-5 频谱混叠现象

1. 低通采样定理

低通采样定理的主要内容：对最高频率为 f_H 的模拟信号进行采样，只要采样频率 f_s 满足

$$f_s \geqslant 2f_H \tag{4-3}$$

即可由采样信号无失真地重构原始模拟信号。

上述采样定理只是给出了采样频率的下限。实际系统中，考虑到接收端用于重构的滤波器不可能是理想的低通滤波器，模拟信号中还有部分高频分量等，为了确保传输精度和可靠性，采样频率必须取得足够高。当然，提高采样频率，也将对传输系统的性能提出更高的要求。

例如，在语音通信系统中，传输语音信号的最高频率为 3.4kHz，则采样频率至少应取为 6.8kHz，在实际的数字语音通信传统中，一般取为 8kHz。

2. 带通采样定理

通信系统中大量遇到各种带通信号，其频谱位于一个很高的频率 f_0 附近，并且带宽 $B = f_H - f_L \ll f_0$，如图 4-6 所示。对于这种信号，可以根据上述采样定理确定采样频率至少应为 $2f_H$。但这样确定的采样频率太高，对传输系统的性能要求也很高。

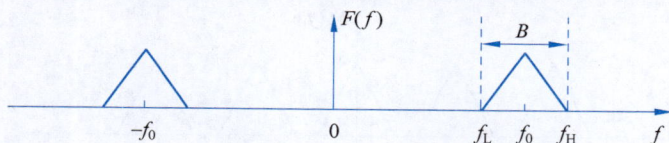

图 4-6 带通信号

为了尽可能降低采样频率，同时又能避免频谱混叠，对这种模拟带通信号，一般根据式(4-4)确定采样频率 f_s。

$$\frac{2f_H}{N} \leqslant f_s \leqslant \frac{2f_L}{N-1} \tag{4-4}$$

其中，f_L 和 f_H 分别为带通信号的最低频率和最高频率；N 为不超过 f_H/B 的最大正整数。

带通采样的基本思想是将带通信号频谱中频率较低的低频段空白部分利用起来。在进行频谱周期重复时，原模拟带通信号的频谱将有部分移动到这些空白部分，因此也不会出现频谱混叠。但是，对于带通采样得到的信号，在接收端必须采用带通滤波器，将移动到低频空白段的频谱分量也要过滤掉，才能恢复原带通信号。

例 4-2 已知模拟信号的频率范围为 3～5kHz，为避免频谱混叠，求采样频率 f_s 应该满足的条件。

解 模拟信号的最高频率 $f_H = 5$kHz，最低频率 $f_L = 3$kHz，带宽 $B = f_H - f_L = 2$kHz，则 $f_H/B = 5/2 = 2.5$，$N = 2$，由此求得

$$\frac{2f_H}{N} = \frac{2 \times 5}{2} = 5\text{kHz}, \quad \frac{2f_L}{N-1} = \frac{2 \times 3}{2-1} = 6\text{kHz}$$

因此，采样频率必须满足 5kHz$\leqslant f_s \leqslant$6kHz。

对本例中所给的带通模拟信号,根据低通采样定理,得到的采样频率至少应为 $10\mathrm{kHz}$,而根据带通采样定理,最低采样采样频率可以降低到 $5\mathrm{kHz}$。

实际上,低通采样定理可以认为是带通采样定理的特例。对于不满足 $B<f_0$ 的低通信号,其带宽 B 等于信号的最高频率 f_H,则带通采样定理中的 $N=1$,因此根据式(4-4)得到采样频率应满足 $2f_\mathrm{H}\leqslant f_\mathrm{s}\leqslant\infty$,与根据低通采样定理得到的结论完全一致。

4.1.3　实际采样

在实际系统中,理想的周期冲激序列不可能得到,通常只能采用窄脉冲串作为采样脉冲,称为实际采样。前面用理想的周期冲激序列作为采样脉冲进行的采样称为理想采样。具体实现时,实际采样又可分为自然采样和平顶采样两大类。

1. 自然采样

如果采样脉冲是具有一定占空比的周期性窄脉冲,则对应的采样称为自然采样。在实际系统中,通常用周期性窄脉冲控制电子开关的通断,从而实现自然采样。

数学模型上,自然采样仍然可以用乘法运算表示,即

$$m_\mathrm{s}(t)=m(t)p_T(t) \tag{4-5}$$

其中,$p_T(t)$ 为周期窄脉冲序列,其周期 T 为采样间隔,每个脉冲的宽度为 τ,占空比为 τ/T。

假设被采样的模拟信号和采样脉冲序列如图 4-7(a)所示,则对应的自然采样信号如图 4-7(b)所示。由此可见,自然采样信号是窄脉冲序列,其周期和占空比保持不变,而脉冲的幅度随着模拟信号的幅度而变化。

假设采样脉冲的幅度为 1,则周期窄脉冲序列的频谱为

$$P_T(f)=\tau f_\mathrm{s}\sum_{n=-\infty}^{\infty}\mathrm{Sa}(n\pi\tau f_\mathrm{s})\delta(f-nf_\mathrm{s})$$

因此,自然采样信号的频谱为

$$M_\mathrm{s}(f)=M(f)*P_T(f)=\tau f_\mathrm{s}\sum_{n=-\infty}^{\infty}\mathrm{Sa}(n\pi\tau f_\mathrm{s})M(f-nf_\mathrm{s}) \tag{4-6}$$

其中,$M(f)$ 为模拟信号的频谱;f_s 为采样频率。

由此可见,自然采样与理想采样的频谱非常相似,也是由模拟信号的频谱周期重复叠加而成。不同的是,自然采样对每个重复的频谱波形有一个加权,使每个重复波形的高度按照 Sa 函数的规律变化。

在式(4-6)中,当 $n=0$ 时,对应的项为 $\tau f_\mathrm{s}M(f)$,这意味将频谱中各点高度乘以加权系数 τf_s,但频谱波形的形状与模拟信号的频谱 $M(f)$ 完全相同,因此仍然可以用低通滤波器实现模拟信号的重构。

2. 平顶采样

自然采样是很容易实现的,但实际系统中,为了对采样信号进行正确的量化和编码,要求在对每个采样值进行编码期间,脉冲的幅度保持恒定不变,如图 4-7(c)所示,这样的采样称为平顶采样。

在实际系统中,平顶采样信号通过自然采样和保持电路实现,二者通常用一个电路同时实现,称为采样/保持电路。通过零阶保持器使每个采样时刻脉冲的幅度保持恒定。每个采样时刻脉冲的幅度称为采样值。

与理想采样和自然采样相比,平顶采样信号的频谱中也有加权,但加权项是频率的函数,因此会导致频率失真,使频谱的形状发生改变。为了正确还原和重构原始模拟信号,在接收端需要采用专门的电路进行频率补偿,以抵消平顶保持所造成的频率失真。

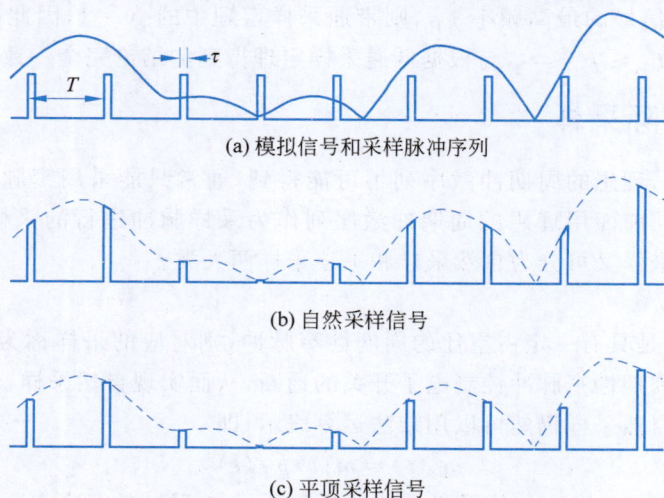

(a) 模拟信号和采样脉冲序列

(b) 自然采样信号

(c) 平顶采样信号

图 4-7　自然采样和平顶采样

4.2　量化及量化信噪比

采样信号(采样值序列)在时间上是离散的,但其幅度是连续的,在一定范围内可取任意值,无法用有限位的数字信号表示。因此,必须在编码之前,将各时刻的采样值幅度用预先规定的有限个取值表示,这一过程称为量化(Quantization),实现量化的电路称为量化器。

在实际系统中,广泛采用两种量化,即均匀量化(Uniform Quantization)和非均匀量化(Nonuniform Quantization)。均匀量化是非均匀量化的基础,下面首先介绍均匀量化的基本原理和相关概念。

4.2.1　均匀量化

量化器的输入为模拟信号的采样值,输出称为量化电平。采样值与量化电平之间的关系称为量化特性,通常用量化特性曲线表示,如图 4-8 所示。

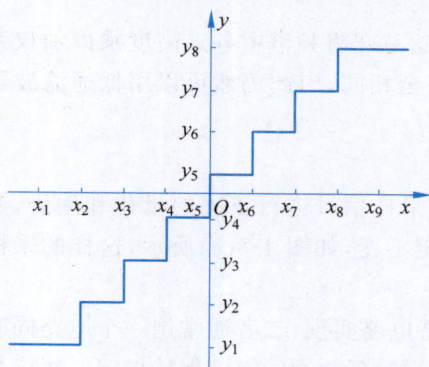

图 4-8　量化特性曲线

在图 4-8 中,横轴和纵轴分别代表量化器输入的采样值 x 和输出的量化电平 y。沿横轴方向,将采样值划分为若干个取值区间,称为量化区间。各量化区间交界处的电平 $x_i(i=1,2,\cdots,9)$ 称为分层电平,各量化区间对应电平幅度的变化范围称为量化间隔,用 Δ 表示。

如果所有量化区间的量化间隔都相等,即将采样值总的变化范围进行等分,则称为均匀量化;否则称为非均匀量化。

量化时,量化器根据输入采样值所处的量化区间,输出相应的量化电平 $y_j(j=1,2,\cdots,8)$。例如,如果某时刻的采样值为 $x_6 \sim x_7$,则量化器输出电平为 y_6。

实际系统中,量化电平一般取为对应量化区间两个分层电平的平均值,即等于量化区间的中点电平。例如,在图 4-8 中,$y_6=(x_6+x_7)/2$。量化电平的个数等于量化区间的个数,称为量化级数。因此,对于所有可能的输入采样值,量化器输出的量化电平只有离散的有限个取值,从而实现了幅度的离散化。

在图 4-8 中,量化器输出的最小量化电平为 y_1,最大量化电平为 y_8。考虑到实际系统中大多数信号都是双极性的,因此一般有 $x_1=-x_9$,$y_1=-y_8$。设 $x_1=-M$,则 $x_9=+M$,$(-M,+M)$ 称为量化器的量化范围。

当量化器输入的采样值小于 x_1 或大于 x_9 时,量化器将分别输出最小电平 y_1 和 y_8,这种情况称为量化过载。实际系统中,应当根据输入采样值可能的幅度变化范围,为量化器确定一个合适的量化范围,以确保量化不过载。

例 4-3 已知均匀量化器的量化范围为 $-2 \sim +2$V,量化区间个数 $L=8$。

(1) 列出所有的分层电平和量化电平。

(2) 假设采样器输入信号为 $f(t)=2\sin(2\pi t-\pi/4)$,将其以 $T=0.1$s 的采样间隔进行理想采样后送入上述量化器,写出 $t=0 \sim 0.9$s 的时间范围内的采样值序列及对应的量化器输出量化电平。

解　(1) 将量化范围等分为 8 个量化区间,则量化间隔

$$\Delta = \frac{2-(-2)}{8} = 0.5\text{V}$$

因此,分层电平为 ± 2V、± 1.5V、± 1V、± 0.5V、0V,量化电平为 ± 1.75V、± 1.25V、± 0.75V、± 0.25V。

(2) 采样值序列及对应的量化器输出量化电平如表 4-1 所示。

表 4-1　采样值序列及对应的量化器输出量化电平

t/s	采样值/V	量化电平/V	t/s	采样值/V	量化电平/V
0.0	-1.41	-1.25	0.5	1.41	1.25
0.1	-0.31	-0.25	0.6	0.31	0.25
0.2	0.91	0.75	0.7	-0.91	-0.75
0.3	1.78	1.75	0.8	-1.78	-1.75
0.4	1.98	1.75	0.9	-1.98	-1.75

在本例中,阶梯形状的量化特性曲线在 0V 处是与纵轴重合的垂直线,称为中升型量化。实际系统中还有另一种量化特性,在 0V 处是与横轴重合的水平线,称为中平型量化,这里就不详细介绍了。

4.2.2　量化误差和量化信噪比

由例 4-3 可知,量化器输出的量化电平与输入采样值之间存在误差,这种误差是由量化过程产生的,称为量化误差。对于模拟信号的数字化传输,量化误差是影响传输精度和可靠性的一个重要因素。

1. 量化误差

量化误差的定义为输入模拟信号采样值与量化器输出量化电平之差。由于量化电平一般取为对应量化区间的中点电平,因此,在不过载的情况下,每个采样值对应的量化误差大

小都不会超过量化间隔的一半,即 $\Delta/2$。当量化范围给定后,量化间隔将随量化间隔数的增加而减小,量化误差也将随之减小。

在实际的通信系统中,语音和图像等都是随机信号,因此,采样值和量化误差也是随时间随机变化的,可以将量化误差认为是一种随机信号,通常又称为量化噪声。根据随机信号的相关知识,对量化间隔 Δ 足够小的均匀量化,在不过载的前提下,可以求得量化噪声的平均功率为

$$N_q = \frac{\Delta^2}{12} \tag{4-7}$$

由此可见,对于均匀量化,量化噪声的功率 N_q 只与量化间隔 Δ 有关。一旦给定量化间隔,无论采样值大小如何,量化噪声功率 N_q 都保持不变。

2. 量化信噪比

量化信噪比描述的是量化误差相对于量化信号平均功率的大小,其具体定义为量化器输出量化信号的平均功率与量化噪声的平均功率之比。当采样频率足够高、量化间隔足够小时,量化信号的平均功率 S_q 近似等于采样器输入模拟信号的平均功率,则量化器输出的量化信噪比可以近似为

$$\text{SNR} = \frac{S_q}{N_q} \tag{4-8}$$

显然,量化信噪比与输入信号的功率成正比,与量化噪声的功率成反比。

以模拟正弦信号为例,假设其幅度为 A_m,令正弦信号的归一化有效值为

$$D = \frac{A_m}{\sqrt{2}\,M} \tag{4-9}$$

其中,M 为量化器的最大量化电平。对该正弦信号进行均匀量化,则量化信噪比为

$$\text{SNR} = \frac{S_q}{N_q} = \frac{A_m^2/2}{N_q} = \frac{(\sqrt{2}MD)^2/2}{\Delta^2/12} = 12\left(\frac{MD}{\Delta}\right)^2$$

假设量化间隔数为 L,则量化间隔 $\Delta = 2M/L$,由此得到量化信噪比为

$$\text{SNR} = 12\left(\frac{MD}{2M/L}\right)^2 = 3D^2L^2$$

或者用分贝值表示为

$$\text{SNR}_{dB} = 10\lg\text{SNR} \approx 4.77 + 20\lg D + 20\lg L$$

模拟信号经过采样量化后,需要再对量化器输出的每个量化电平用若干位二进制代码表示。假设量化电平数 $L = 2^n$,则需要 n 位编码,其中 n 为正整数。此时量化信噪比为

$$\text{SNR}_{dB} \approx 4.77 + 20\lg D + 6.02n \tag{4-10}$$

其中,$20\lg D$ 代表正弦信号相对于满载时的归一化功率。在满载时,$A_m = M$,则 $20\lg D = 20\lg(1/\sqrt{2}) \approx -3.01\text{dB}$。

3. 量化信噪比曲线

根据式(4-10),得到量化信噪比与正弦信号的归一化功率 $20\lg D$ 和编码位数之间的关系,可以用图 4-9 所示的曲线表示,称为量化信噪比曲线。

需要说明以下几点。

(1) 式(4-10)中的 $20\lg D$ 随正弦信号幅度 A_m 的变化而变化,实际上代表的是正弦信号平均功率的分贝值。量化信噪比随正弦信号平均功率的减小而线性减小。

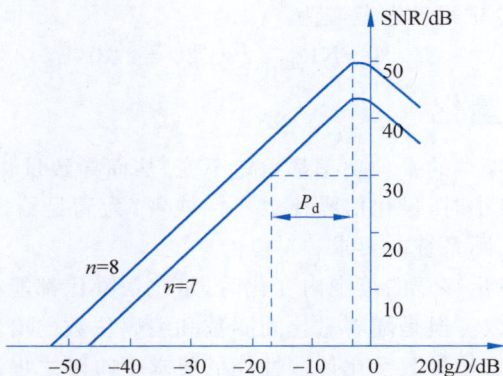

图 4-9　正弦信号均匀量化时的量化信噪比曲线

（2）满载时，能够达到的最大量化信噪比为

$$\mathrm{SNR}_{\mathrm{dB,max}} = 1.76 + 6.02n \tag{4-11}$$

由此可知，最大量化信噪比取决于量化编码位数 n。编码位数每增加一位，最大量化信噪比近似增大 6dB。例如，当 $n=7$ 和 $n=8$ 时，最大量化信噪比分别近似等于 44dB 和 50dB，这就是图 4-9 中虚线位置对应的量化信噪比。

（3）实际系统中，通常要求量化信噪比必须大于某个给定值，也就要求正弦信号的功率不能太低。满足一定量化信噪比要求所允许的信号功率的变化范围称为信号的动态范围，也就是在量化信噪比曲线上，当从最大值降到给定量化信噪比时，对应正弦信号功率的变化范围。

假设要求量化信噪比不低于 30dB，量化编码位数 $n=7$，由图 4-9 可以得到正弦信号的动态范围近似为 14dB。

（4）当量化器过载时，量化误差将急剧增大，从而导致量化信噪比急剧下降，如图 4-9 中虚线以右的部分所示。

（5）对实际通信系统中的语音信号进行量化编码时，量化信噪比曲线与图 4-9 类似。在不过载的前提下，量化信噪比曲线与信号功率呈线性关系；过载时，量化信噪比将明显下降。

例 4-4　对正弦信号进行均匀量化，要求满载时的最大量化信噪比达到 46dB。

（1）求量化级数 L 和编码位数 n。

（2）当输入正弦信号的幅度下降到满载时的一半时，求量化信噪比。

（3）要求量化信噪比不低于 26dB，求信号的动态范围。

解　（1）由式（4-11）求得

$$n = \frac{46 - 1.76}{6.02} \approx 7.35$$

取 $n=8$，则 $L=2^8=256$。

（2）当输入正弦信号的幅度下降到满载时的一半时，归一化有效值 D 也降为满载时的一半，则由式（4-10）得到

$$\mathrm{SNR}_{\mathrm{dB}} \approx 4.77 + 20\lg\frac{1}{2\sqrt{2}} + 6.02 \times 8 = 43.9\mathrm{dB}$$

（3）当 $n=8$ 时，最大量化信噪比为

$$\mathrm{SNR}_{\mathrm{dB,max}} = 1.76 + 6.02 \times 8 \approx 50\mathrm{dB}$$

则由 $\text{SNR}_{\text{dB,max}} - P_\text{d} \geqslant 26$ 求得动态范围为

$$P_\text{d} \leqslant \text{SNR}_{\text{dB,max}} - 26 = 24\text{dB}$$

4.2.3 非均匀量化

对于均匀量化,量化噪声的平均功率都恒定不变,从而导致量化信噪比随信号功率的减小而减小。当信号幅度过小时,量化信噪比太小。或者,为满足给定的量化信噪比要求,信号的动态范围不能满足实际系统的要求。

为保证当信号功率在足够宽的范围内变化时,量化信噪比都能满足要求,可以减小量化间隔,或者增加量化间隔数。但是随着量化间隔数和编码位数的增加,所需编码电路将变得复杂,并且对量化编码输出信号数字化传输性能的要求也将随之提高。为了解决这一问题,提出了非均匀量化。

1. 非均匀量化的基本原理

非均匀量化的基本思想:当信号幅度比较小时,适当减小量化间隔,从而同步减小量化误差;当信号幅度大时,适当增大量化间隔,以避免量化级数和量化编码位数增加太多。

实现非均匀量化的基本原理:将采样值先通过压缩,然后再进行均匀量化。也就是说,在发送端,采样信号 x 首先经过压缩器处理,得到输出 y 后,再用均匀量化器对其进行均匀量化。在接收端,只需将解码后的输出信号送入扩张器进行反变换,即可恢复原始信号。实现非均匀量化的基本原理如图 4-10 所示。

压缩器的压缩特性一般是一条向上拱的非线性曲线,如图 4-11 所示。当输入信号 x 比较小时,曲线的斜率大于 1;当 x 比较大时,曲线的斜率小于 1。

均匀量化器对压缩器的输出 y 进行均匀量化,假设量化间隔为 Δy。由于压缩器的非线性特性,使相同的量化间隔映射到 x 轴方向成为非均匀的量化间隔 Δx,从而在整个量化范围内,得到不相等的量化间隔,实现了非均匀量化。

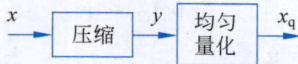

图 4-10 实现非均匀量化的基本原理 　图 4-11 压缩特性

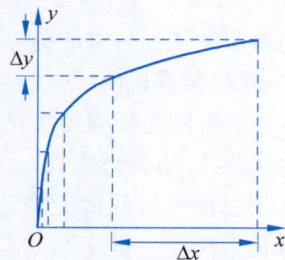

2. 压缩特性

目前,在语音信号的数字化传输过程中,常用的压缩特性有 A 律压缩特性和 μ 律压缩特性,这里重点介绍国内使用的 A 律压缩特性。

令量化器的满载电压为归一化值 1,相当于将输入信号 x 对量化器的最大量化电平 M 进行归一化处理,则 A 律压缩特性可以表示为

$$y = \begin{cases} \dfrac{Ax}{1+\ln A}, & 0 \leqslant x \leqslant \dfrac{1}{A} \\ \dfrac{1+\ln(Ax)}{1+\ln A}, & \dfrac{1}{A} \leqslant x \leqslant 1 \end{cases} \tag{4-12}$$

其中，x 和 y 为压缩器输入输出电平的归一化值；A 为压缩参数，表示压缩的程度。A 越大，压缩效果越明显，在国际标准中取 $A=87.6$。

压缩特性是一条非线性曲线，曲线上各点具有不同的斜率，斜率的大小反映了采用非均匀量化时量化信噪比的改善量。对于 $A>1$ 的压缩特性，随着信号功率的减小，曲线斜率逐渐增大。因此，信号功率越小，对量化信噪比的改善量越大。但是，随着信号功率增大，量化信噪比没有得到改善，甚至有一定程度的下降。

图 4-12 所示为采用 $A=87.6$ 的 A 律对数压缩特性实现非均匀量化时的量化信噪比曲线，图中同时给出了 8 位均匀量化时的量化信噪比曲线。由此可见，假设要求量化信噪比不低于 25dB，采用非均匀量化时，信号的动态范围将从 8 位均匀量化时的 25dB 扩大到近似 52dB。

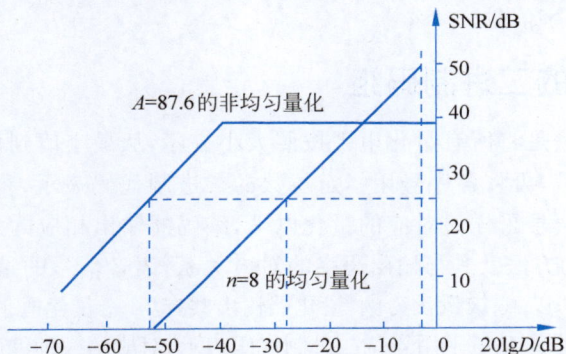

图 4-12　非均匀量化的量化信噪比曲线

3. 压缩特性的 13 折线近似

A 律压缩特性是一条连续的曲线，早期用非线性模拟电路实现，其精度和稳定性都不够理想，后来逐渐采用分段的折线逼近曲线。折线近似的基本实现方法如下。

在 x 轴方向，将 $0\sim1$ 的归一化取值范围以 $1/2$ 递减规律分为 8 个不均匀的段，其中第 1 段和第 2 段长度相等，都为 $1/128$。在 y 轴方向，将 $0\sim1$ 的归一化取值范围等分为 8 段，各段长度都为 $1/8$。将 x 轴和 y 轴方向的 8 段中各相应段的交点连接起来，得到 8 条直线构成的折线，如图 4-13 所示。

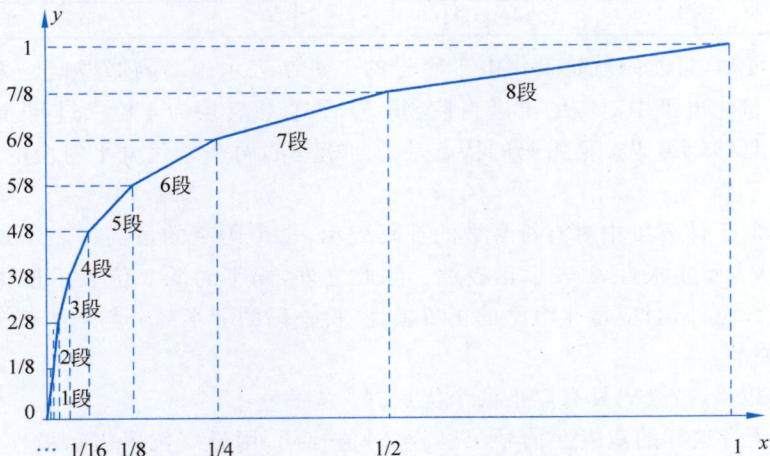

图 4-13　A 律压缩特性的 13 折线近似

根据上述分段的方法,可以得到 8 段折线的斜率依次为 16、16、8、4、2、1、1/2 和 1/4。由于第 1 段和第 2 段斜率相同,可以合并为一条直线。此外,在负极性方向的第 1 段和第 2 段斜率也为 16。最终,在正负极性两个方向,得到 13 条斜率不同的折线,因此称为 A 律压缩特性的 13 折线近似。

4.3 编码

通过采样得到时间上离散的采样值序列,通过量化将各采样值的幅度再进行离散化。所谓编码(Coding),就是将量化器输出量化信号在各离散时刻的取值用指定位数的二进制代码表示,从而得到数字信号。

4.3.1 常用的二进制码组

最基本的编码方法是将所有量化电平按照大小排序,从最小值到最大值,每个量化电平分别对应一个整数序号,再将各序号用指定位数的二进制代码表示,称为码字(Codeword)。根据各时刻送来模拟信号采样值对应的量化电平,编码器输出相应的二进制代码码字。

根据各电平排序的方法及其与输出码字的对应关系,语音信号的编码方法常用的有自然码、折叠码和格雷码等。以 16 级量化为例,量化器输出共有 16 个量化电平,则编码器需要的编码位数为 $n=4$,也就是每个量化电平用 4 位二进制代码表示,对应的 3 种编码如表 4-2 所示。

表 4-2　常用的二进制编码

极性	量化电平序号	自然码	折叠码	格雷码	极性	量化电平序号	自然码	折叠码	格雷码
正	15	1111	1111	1000	负	7	0111	0000	0100
	14	1110	1110	1001		6	0110	0001	0101
	13	1101	1101	1011		5	0101	0010	0111
	12	1100	1100	1010		4	0100	0011	0110
	11	1011	1011	1110		3	0011	0100	0010
	10	1010	1010	1111		2	0010	0101	0011
	9	1001	1001	1101		1	0001	0110	0001
	8	1000	1000	1100		0	0000	0111	0000

由表 4-2 可知,自然码就是量化电平序号的二进制表示。编码器根据送来的量化电平确定其在所有量化电平中对应的十进制整数序号后,直接转换为 4 位二进制,即可得到该量化电平对应的自然码编码。格雷码的特点是任何相邻的两个量化电平对应的码字,只有一位代码不同。

折叠码类似于计算机中对有符号数的补码表示,每个码字的最高位表示量化电平的极性,最高位为 0 表示负极性,1 表示正极性。除此之外,码字的低 3 位表示量化电平的绝对值大小。除最高位外,对应量化电平的正负极性,折叠码的上半部分与下半部分呈倒影对称关系,即折叠关系。

与自然码相比,折叠码具有以下两个优点。

(1)对于语音这样的双极性信号,只要绝对值相同,用最高位码表示极性后,则可以采用单极性编码的方法,使编码过程大大简化。

（2）在传输过程中出现误码，对小信号影响较小。例如，小信号的 1000 误传为 0000，对于自然二进码误差是 8 个量化级，而对于折叠二进码误差却只有 1 个量化级。

例 4-5　对例 4-3 中均匀量化器输出的量化电平进行编码。

（1）确定编码位数 n。

（2）列表给出所有量化电平对应的自然码和折叠码。

解　（1）量化区间的个数 $L=8$，则编码位数为 $n=\mathrm{lb}L=3$。

（2）例 4-3 中已经得到了所有的量化电平，将 8 个量化电平顺序排列，得到对应的自然码和折叠码编码如表 4-3 所示。

表 4-3　3 位自然码和折叠码编码

量化电平/V	自然码	折叠码	量化电平/V	自然码	折叠码
1.75	111	111	−0.25	011	000
1.25	110	110	−0.75	010	001
0.75	101	101	−1.25	001	010
0.25	100	100	−1.75	000	011

4.3.2　均匀量化编码方法

在实际系统中，一般将量化和编码合并，统一用一个电路实现，如 A/D（模/数）转换器。这里介绍一种手工进行均匀量化自然码和折叠码编码的方法。

1. 自然码编码

根据上述自然码的编码方法，如果已知量化器的量化范围（$-M$，$+M$）、量化级数 L 和采样值 x，可以通过如下步骤求得其自然码编码：首先根据量化范围和量化间隔数计算量化间隔数和编码位数 n，其中量化间隔 $\Delta=2M/L$；然后计算 $[x-(-M)]/\Delta$，得到商的整数部分，再将其转换为 n 位二进制。

2. 折叠码编码

为了得到折叠码，首先由采样值 x 的正负确定最高位。然后，将 x 的绝对值与量化间隔 Δ 相除，并将商的整数部分转换为 $n-1$ 位二进制代码。与最高位拼起来得到 n 位折叠码编码。

例 4-6　已知均匀量化器的量化范围为 $-4\sim+4\mathrm{V}$，编码位数 $n=6$，采样值 $x=-1.2\mathrm{V}$。

（1）求 x 对应的自然码和折叠码编码。

（2）求解码输出及量化误差。

解　（1）$M=4$，量化级数为 2^6，则量化间隔为

$$\Delta=\frac{4-(-4)}{2^6}=0.125\mathrm{V}$$

由

$$\frac{x-(-4)}{\Delta}=\frac{-1.2-(-4)}{0.125}=22.4$$

将整数部分 22 转换为 6 位二进制，得到自然码编码为 010110。

由于 $x<0$，则 6 位折叠码编码的最高位为 0。由

$$\frac{|x|}{\Delta} = \frac{1.2}{0.125} = 9.6$$

将整数部分 9 转换为 5 位二进制为 01001,最后得到折叠码编码为 001001。

(2) 根据上述编码方法,容易得到译码输出电平的计算方法。对于自然码编码,接收端的解码输出为

$$\hat{x}_1 = 22\Delta + (-4) + \Delta/2 = 22 \times 0.125 - 4 + 0.125/2$$
$$= -1.1875\text{V}$$

量化误差为

$$x_{q1} = x - \hat{x}_1 = (-1.2) - (-1.1875) = -0.0125\text{V} = -12.5\text{mV}$$

对于折叠码编码,接收端的解码输出为

$$\hat{x}_2 = -(9\Delta + \Delta/2) = -(9 \times 0.125 + 0.125/2)$$
$$= -1.1875\text{V}$$

量化误差为

$$x_{q1} = x - \hat{x}_1 = (-1.2) - (-1.1875) = -0.0125\text{V} = -12.5\text{mV}$$

注意,解码输出电平要叠加上量化间隔的一半,使量化误差不超过 $\Delta/2$。

4.3.3 A 律 13 折线编码

A 律 13 折线编码是专门针对上述 A 律压缩特性进行非均匀量化提出的一种非线性编码方法。在这种编码方法中,将 A 律折线近似中的各段再等分为 16 个小的量化区间,每个小的量化区间对应一个量化电平,再对各量化电平进行编码。显然,由于正负方向共有 16 段折线,因此总的量化电平数为 $16 \times 16 = 256$,一共需要 8 位编码。

在对 256 个量化电平进行编码时,一般采用 8 位折叠二进码,其中,最高位为极性位,用 1 和 0 分别表示量化电平的正负极性;中间 3 位为段落码,用于表示量化电平所处的段落;最低 4 位采用自然码编码,用于表示量化电平位于该段落的第几个量化电平,称为段内码。

在上述编码方法中,由于各段落长度不相等,使不同段落内的量化间隔也是不相等的。其中,第 1 段落和第 2 段落长度为归一化值的 1/128,将其等分为 16 小段后,得到的量化间隔等于归一化值的 $(1/128) \times (1/16) = 1/2048$。这是最小的量化间隔,称为量化单位,仍然用 Δ 表示,即 $\Delta = 1/2048$。而第 8 段落中的量化间隔最大,等于归一化值的 $(1/2) \times (1/16) = 1/32 = 64\Delta$。为便于统一编码方法,将各段落的起始电平和量化间隔都用量化单位表示,如表 4-4 所示。

表 4-4 段落序号及其对应的起始电平和量化间隔

段落序号	1	2	3	4	5	6	7	8
段落码	000	001	010	011	100	101	110	111
段落起始电平/Δ	0	16	32	64	128	256	512	1024
段内量化间隔/Δ	1	1	2	4	8	16	32	64

如果已知采样值或量化电平 x,利用表 4-4 即可得到相应的编码输出,具体步骤如下。

(1) 由 x 的正负确定极性码(0 为负,1 为正)。

(2) 将 $|x|$ 与各段落起始电平 x_i 比较,确定段落码。

(3) 计算 $(|x| - x_i)/\Delta_i$,其中 Δ_i 为第 i 段落中的量化间隔。

（4）将商的整数部分转换为 4 位二进制得到段内码。

（5）将极性码、段落码和段内码顺序排列在一起，得到 8 位 A 律折线编码。

下面举例说明根据表 4-4 进行手工编码的方法和步骤。

例 4-7   已知采样值 $x_1 = +150\Delta, x_2 = -200\Delta$，分别求出对应的 A 律 13 折线编码、解码输出和量化误差。

解   （1）由于 $x_1 > 0$，则极性码为 1；由于 $128\Delta < x_1 < 256$，因此位于第 5 段落，段落码为 100；由于 $(x_1 - 128)/8 = 2.75$，则段内码为 0010。最后得到 A 律 13 折线编码为 11000010。

解码输出和量化误差分别为

$$\hat{x}_1 = +(128 + 2 \times 8 + 8/2) = +148\Delta$$

$$x_{q1} = x_1 - \hat{x}_1 = 2\Delta$$

（2）由于 $x_2 < 0$，则极性码为 0；由于 $128\Delta < |x_2| < 256$，因此位于第 5 段落，段落码为 100；由于 $(|x_2| - 128)/8 = 9.0$，则段内码为 1001。最后得到 A 律 13 折线编码为 01001001。

解码输出和量化误差分别为

$$\hat{x}_2 = -(128 + 9 \times 8 + 8/2) = -204\Delta$$

$$x_{q2} = x_2 - \hat{x}_2 = 4\Delta$$

例 4-8   设 A 律压缩非均匀量化器的量化范围为 $-2 \sim +2\text{V}$，求采样值 $x = -0.12\text{V}$ 对应的编码输出、解码输出电平和量化误差。

本例中已知的是采样值的实际电平，为了能够根据表 4-4 进行编码，必须先将其转换为以量化单位 Δ 表示的归一化值。

解   根据已知数据求得 $\Delta = 2/2048\text{V}$，则

$$x = -0.12/\Delta = -0.12/(2/2048) \approx -123\Delta$$

查表求得编码输出为 00111110。

解码输出和量化误差分别为

$$\hat{x} = -(64 + 14 \times 4 + 4/2) = -122\Delta \approx -0.119\text{V}$$

$$x_q = x - \hat{x} = -0.12 - (-0.119) \approx 1\text{mV}$$

4.4   脉冲编码调制系统

通过采样、量化和编码将模拟信号转换为数字信号，这一过程可以认为是用模拟信号作为基带信号，以二进制脉冲序列作为载波，通过调制改变脉冲序列中各二进制码元的取值，因此上述模拟信号到数字信号的转换过程又称为脉冲编码调制（Pulse-Code Modulation，PCM）。

通过 PCM 输出的二进制代码序列称为 PCM 编码信号，编码输出信号经过数字通信系统传输到接收端后，解码（译码）得到量化信号，再由滤波器和频率失真补偿等电路即可重构原始模拟信号。

4.4.1   PCM 系统的码元速率

码元速率是描述数字传输系统有效性的一个重要指标。经过采样量化编码后输出的代码序列，其码元速率的高低也直接决定了通过数字通信系统传输时的性能。

根据上述转换过程,采样器每隔一个采样间隔 T 输出一个采样值。通过量化编码,每个采样值对应输出 n 位二进制代码。由此求得,输出代码序列中,每个码元的宽度(即码元间隔)为 $T_c = T/n$,则码元速率为

$$R_s = \frac{1}{T_c} = \frac{n}{T} = nf_s \tag{4-13}$$

其中,$f_s = 1/T$ 为采样频率,或称为采样速率。

由此可知,编码输出码元速率与采样器的采样频率和量化编码器的编码位数都成正比关系。其中,采样频率根据采样定理确定,编码位数决定了量化误差和量化信噪比的大小。

例 4-9 某模拟信号的频谱范围为 $50 \sim 60 \text{kHz}$,对其采样后进行 32 级和 64 级的均匀量化编码,求编码输出的码元速率。

解 已知的模拟信号为带通信号,根据带通采样定理求得最低采样频率为

$$f_s = \frac{2 \times 60}{6} = 20 \text{kHz}$$

当量化级数 $L = 32$ 时,编码位数为 $n = \text{lb}L = 5$,编码输出码元速率为

$$R_s = nf_s = 5 \times 20 = 100 \text{kBd}$$

当量化级数 $L = 64$ 时,编码位数为 $n = \text{lb}L = 6$,编码输出码元速率为

$$R_s = nf_s = 6 \times 20 = 120 \text{kBd}$$

4.4.2 PCM 系统的抗噪声性能

影响 PCM 系统传输可靠性的主要噪声源有两种:量化噪声和信道噪声。其中,量化噪声对传输系统的影响用量化信噪比描述,量化信噪比随着编码位数按指数规律增加。也就是说,通过增加编码位数可以提高量化信噪比。但是,编码位数增加,编码输出的码元速率也随之增大。因此,与模拟 FM 传输一样,PCM 传输系统可以通过牺牲有效性换取传输可靠性的提高。

信道噪声对 PCM 系统性能的影响表现在接收端的判决误码上。由于 PCM 信号中每个码字代表着一定的量化值,所以若出现误码,被恢复的量化值将与发送端原采样值不同,从而引起误差,带来新的输出噪声,即误码噪声。

假设加性噪声为高斯白噪声,每个码字中出现的误码可以认为是彼此独立的,并设每个码元的误码率都为 P_e。此外,假设编码器采用均匀量化自然码编码。经过分析推导可知,由于信道噪声引起的平均误码噪声功率为

$$N_e = \frac{2^{2n}\Delta^2}{3}P_e \tag{4-14}$$

其中,n 为编码位数;Δ 为量化间隔。

假设输入模拟信号为幅度均匀分布的随机信号,当量化器满载时,对应的误码信噪比为

$$\frac{S_q}{N_e} = \frac{2^{2n}\Delta^2/12}{2^{2n}\Delta^2 P_e/3} = \frac{1}{4P_e} \tag{4-15}$$

4.5 预测编码

在 PCM 编码传输系统中,编码输出的码元速率与采样频率和编码位数成正比,为了降低码元速率,在实际通信系统中广泛采用预测编码,如差分脉冲编码调制和增量调制编码。

在预测编码中,不是独立地对每个采样值进行量化编码,而是根据前面若干个采样值计算得到一个预测值,再与当前采样值进行比较,对其差值(预测误差)进行编码。

对于语音等连续变化的信号,其采样值之间具有一定的相关性,使采样值与预测值之间的预测误差非常小,远小于采样值的变化范围。因此,对于预测误差进行编码,可以极大减少编码位数,从而降低编码输出码元速率。

4.5.1　差分脉冲编码调制

差分脉冲编码调制(Differential Pulse Code Modulation,DPCM)就是利用语音信号的相关性,根据过去的信号采样值预测当前时刻的采样值,得到当前采样值与预测值之间的差值,并对该预测误差进行量化编码。

图 4-14 所示为 DPCM 系统的原理框图。在发送端,模拟信号经过采样后得到采样值 x_k,该采样值与延迟器的输出 x_{k1} 相减后得到误差 e_k,经过量化后得到 r_k,再送入编码器进行编码。量化器的输出同时与 x_{k1} 相加,作为延迟器的输入,延迟一个采样间隔后得到新的输出 x_{k1}。

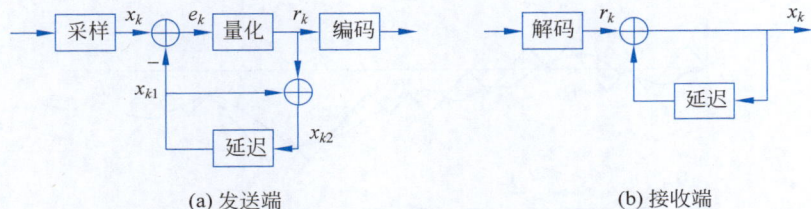

(a) 发送端　　　　　　　(b) 接收端

图 4-14　DPCM 系统的原理框图

假设量化器的量化误差为零,即 $r_k = e_k$,则由原理图得到

$$x_{k2} = r_k + x_{k1} = e_k + x_{k1} = (x_k - x_{k1}) + x_{k1} = x_k$$

这就说明延迟器的输入等于模拟信号的采样值,是对模拟信号采样值的预测。该预测值延迟一个采样间隔后再与当前采样值相减,从而得到 e_k 为预测误差。

在接收端,延迟器和加法器的组成结构与发送端相同。如果信道传输没有误码,则解码器输出与发送端中量化器的输出完全相同。因此,解码输出信号与发送端延迟器的输入信号相同,等于模拟信号的采样值。如果考虑到发送端量化器的量化误差,则解码输出信号是带有量化误差的采样信号。

4.5.2　增量调制

增量调制(Delta Modulation,DM 或 ΔM)可以视为 DPCM 的一个特例,是一种两电平量化的差分脉冲编码调制。

在增量调制中,量化器的输出只有正、负两个电平,经过编码后输出一位二进制代码。当预测误差大于 0 时,量化器输出正电平,编码输出 1 码;当预测误差小于 0 时,量化器输出负电平,编码输出 0 码。

在接收端,每收到一个 1 码,解码器的输出相对于前一个时刻的采样值就上升一个量化间隔;每收到一个 0 码,解码器的输出相对于前一个时刻的采样值就下降一个量化间隔。

在实际系统中,通常将发送端和接收端的延迟器和加法器合并用一个积分器实现,并将发送端中的采样器放到移到加法器后面,与量化器合并为采样判决器,从而得到增量调制编码传输系统的原理框图,如图 4-15 所示。

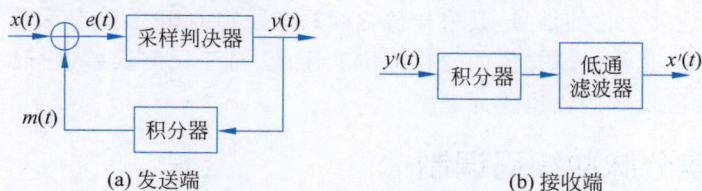

(a) 发送端   (b) 接收端

图 4-15   增量调制的原理框图

图 4-15 中,输入模拟信号 $x(t)$ 与预测值 $m(t)$ 相减后得到预测误差 $e(t)$。预测误差经过采样后,对每个采样值的极性进行比较判决。若采样值为正,则判决输出 $+\sigma$;若采样值为负,则判决输出 $-\sigma$。$+\sigma$ 和 $-\sigma$ 分别用 1 码和 0 码表示,则输出 $y(t)$ 为二进制数字信号。

在接收端,积分器每接收到一个 1 码,就使其输出电平增大 σ;每接收到一个 0 码,就使其输出电平减小 σ,积分器经低通滤波和平滑处理后,输出与 $x(t)$ 逼近的模拟信号。各点信号的时间波形如图 4-16 所示。

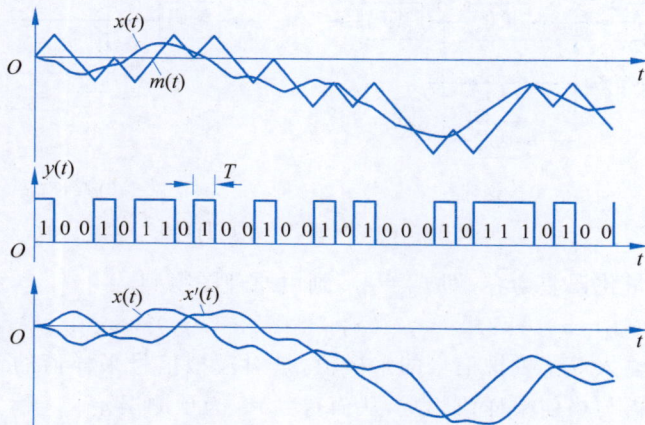

图 4-16   各点信号的时间波形

由于在每个采样间隔只量化编码输出一位码元,因此增量调制编码输出的码元速率在数值上等于采样频率。

根据上述工作原理,当输入模拟信号 $x(t)$ 变化速度太快时,积分器输出将跟不上其变化,导致误差 $e(t)$ 明显增大,引起解码后信号的严重失真,这种现象称为增量调制编码的斜率过载现象。

4.6   时分复用和复接

在早期的模拟通信系统中,大都利用调制技术实现频分复用,将多路信号在时域合并后,在频域相互独立传输。而在模拟信号的数字化传输过程中,根据采样量化编码的基本过程可以很方便地实现时分复用,多路信号在时域彼此不重叠,但信号的频谱是重叠在一起的。

4.6.1　时分复用的基本原理

时分复用(Time Division Multiplexing,TDM)的基本原理是将一条通信线路的传输时间周期性地划分为若干互不重叠的时间片段,称为时隙(Time Slot),各信号分别利用不同的时隙进行传输。

实现时分复用的基础是采样,各路信号在不同的时刻进行采样,并将其采样值插入所分配的时隙中,在接收端再按各时隙选出相应的采样值,并恢复为原来的信号。

以3路语音信号为例,实现时分复用的基本原理如图4-17所示。各路语音信号分别经过抗混叠低通滤波器(LPF)滤波,将其带宽限定在指定范围内。然后,利用旋转开关 K_1 轮流对各信号进行采样。

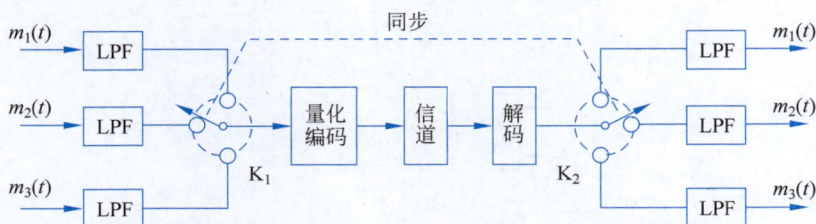

图 4-17　实现时分复用的基本原理

假设各路语音信号的采样频率为 f_s,并令 K_1 旋转一周所需的时间等于采样间隔 $T = 1/f_s$,则在 T 这段时间内,通过开关 K_1 依次将3路信号的一个采样值在时间上错开,送入后面的量化编码器。量化编码器每接收到一个采样值,立即进行编码,并通过信道传输到接收端。

假设每个采样值编码输出 n 位二进制,则在 T 这段时间内,共编码输出 $3n$ 位二进制。因此,通过时分复用后,量化编码输出的码元速率为 $R_s = 3n/T = 3nf_s$。

推广到一般情况,假设共有 m 路信号进行时分复用,每路信号采样频率为 f_s,量化编码位数为 n,则码元速率为

$$R_s = mnf_s \tag{4-16}$$

旋转开关旋转一周,分别将各路信号轮流采样一次,对应的时间称为一帧(Frame)。显然,一帧的时间(称为帧周期)等于各路信号的采样间隔。一般情况下,开关匀速旋转,也就意味着传输每路信号的采样量化编码所需的时间为 T/m,这就是一个时隙的时间宽度。

在接收端,对接收到的每个编码进行解码后,得到的是各路信号合在一起的采样值序列。只要旋转开关 K_2 与发送端的 K_1 开关同步,就能将各路信号的采样值从混合序列中提取出来,分别送到各自低通滤波器,从而还原出各路信号。

与频分复用相比,时分复用的主要优点是便于实现数字通信、设备易于制造、易于实现集成化、生产成本低。

4.6.2　复接

在通信网中,为了充分利用信道的传输能力,一般需要经过多级复用,由各链路送来的低级复用信号(低次群)可能需要再次进行复用,构成速率更高的高级复用信号(高次群)。这种将低次群合并为高次群的过程称为复接(Multiplexing)。

在数字复接系列中,根据传输速率的不同,将复用后的数据流分别称为基群(一次群)、

二次群、三次群和四次群等。图 4-18 所示为我国采用的 A 律数字复接系列的复接等级,又称为 E 体系。

图 4-18 中,每个一次群由 30 路语音信号和帧同步码、话路信令构成。其中,每路语音信号的 A 律 PCM 编码分别占据 $\text{TS}_{1\sim15}$ 和 $\text{TS}_{17\sim31}$ 时隙,帧同步码和话路信令分别利用时隙 TS_0 和 TS_{16} 进行传输,共 32 个时隙。

由于 PCM 编码传输系统的采样频率为 8kHz,因此帧周期为 $125\mu s$。每路语音信号的 PCM 编码和帧同步码、话路信令都包括 8 位编码,因此一帧共有 256 个编码,速率为 $8 \times 256 = 2048\text{kb/s} = 2.048\text{Mb/s}$。

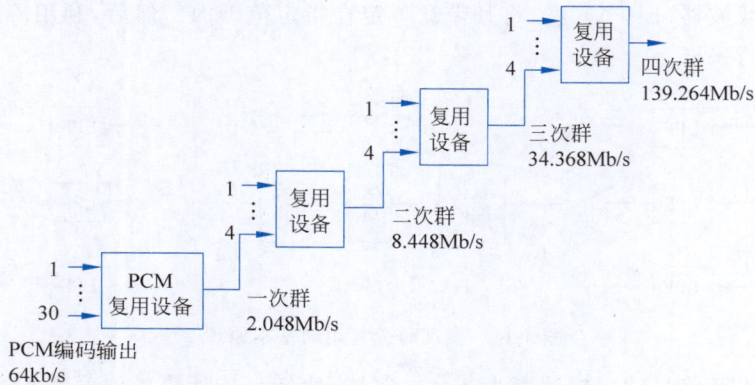

图 4-18 A 律数字复接等级

在将一次群复用为二次群时,还需要加入群同步、信令码元等,因此得到的二次群速率为 8.448Mb/s。以此类推,分别得到速率为 34.368Mb/s 的三次群和速率为 139.264Mb/s 的四次群。

在上述复接体系中,由于各路信号可能来自不同地点,并且通常各路信号的采样和编码时钟不可能保持完全同步,因此在低次群合并为高次群时,需要将各路信号的时钟调整统一。这种复接技术称为准同步数字系列(Plesiochronous Digital Hierarchy,PDH)。

随着光纤通信的发展,四次群已经不能满足大容量高速率传输的要求。因此,提出了四次群以上的同步复接系列(Synchronous Digital Hierarchy,SDH)。同步复接的含义是在整个网络中,各设备的时钟来自同一个时间标准,没有 PDH 中各设备定时存在的误差问题。与 PDH 相比,SDH 具有同步复用、标准光接口和强大的网络管理能力等优点,逐渐在光纤、微波和卫星等多种通信系统中得到广泛应用。

在 SDH 中,信息以同步传输模块(Synchronous Transfer Module,STM)的信息结构进行传送,按照模块的大小和传输速率的不同,分为若干等级,每级容量扩大 4 倍,速率也是 4 倍关系,在各级之间没有群同步等额外开销。其中,第 1 级 STM-1 速率为 155.52Mb/s,4 个 STM-1 复接为速率等于 622.08Mb/s 的 STM-4,4 个 STM-4 复接为 STM-16,4 个 STM-16 复接为 STM-64。

4.7   采样量化编码过程的 MATLAB 仿真

本节介绍利用 Simulink 模块搭建仿真模型,实现量化信噪比的测量和 PCM 传输系统仿真分析的基本方法,以便进一步熟悉前面各节的相关内容。

4.7.1　采样过程的 Simulink 仿真

在 Simulink 中,利用 Zero-Order Hold(零阶保持器)模块,可以实现将模块输出的模拟信号转换为离散信号。零阶保持器将每个采样值保持到下一个采样时刻,因此其输出信号可以认为是平顶采样信号。

为了熟悉通信系统中实现模拟信号采样的原理,这里不用零阶保持器,而是用 Simulink 基本库中的乘法器实现采样。通过下面的例子体会对实际通信系统中的采样过程进行建模仿真的基本方法。

例 4-10　利用 Simulink 基本库模块搭建如图 4-19 所示仿真模型,验证带通采样定理。

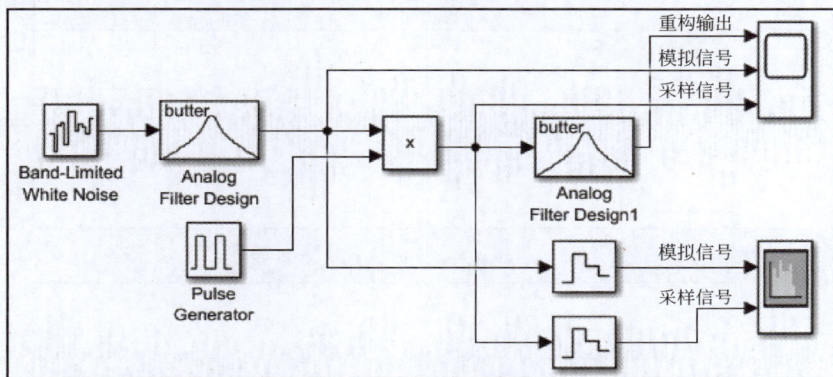

图 4-19　例 4-10 仿真模型

仿真模型中,利用 Band-Limited White Noise(带限白噪声)模块产生带限白噪声,经过带通滤波后得到带通模拟信号。模型中的脉冲发生器模块用于产生采样脉冲。将采样脉冲与带通型模拟信号相乘后得到实际的采样信号,再利用带通滤波器实现重构,恢复原始模拟信号。模型中各主要模块的参数如表 4-5 所示,未列出的参数取默认值。

表 4-5　例 4-10 仿真模型中的模块参数

模　　块	主要参数及其设置	功　　能
Band-Limited White Noise	噪声功率:0.1W 采样时间:0.5ms	随机信号源
Analog Filter Design Analog Filter Design1	Design method:Butterworth Filter type:Bandpass Filter order:8 Lower passband edge frequency:200 * pi rad/s Upper passband edge frequency:280 * pi rad/s	滤波输出带通模拟信号 信号重构
Pulse Generator	周期:1/150s 脉冲宽度(周期百分比):50	产生采样脉冲

设置仿真运行 2s,得到模型中各信号的时间波形和功率谱如图 4-20 所示。对运行结果做如下分析说明。

(1) 由于采样脉冲是占空比为 50% 的方波脉冲,因此该例中实现的是自然采样,采样信号仍然是脉冲序列,但每个脉冲的幅度随模拟信号的变化而变化,如图 4-20(a)所示。

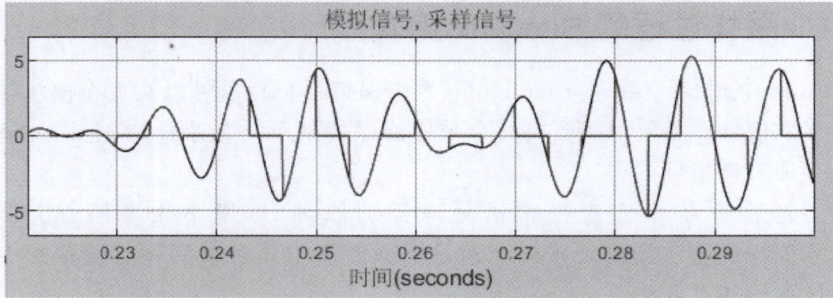

(a) 模拟信号和采样信号的时间波形

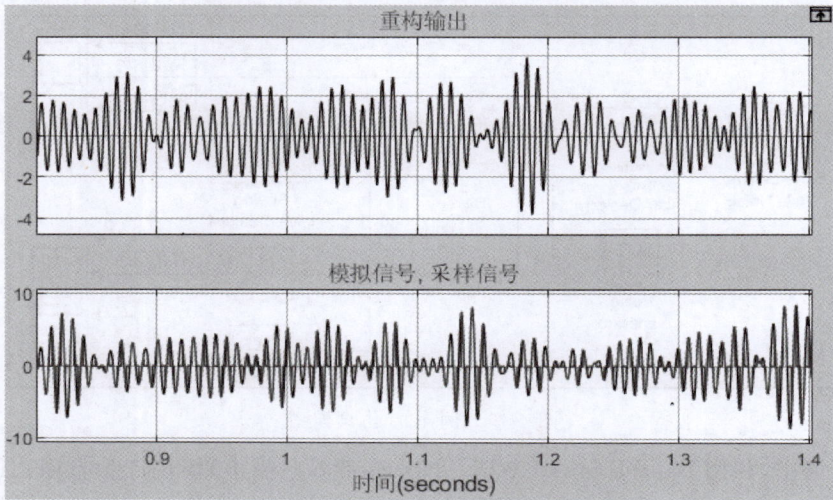

(b) 模拟信号和重构输出信号的时间波形

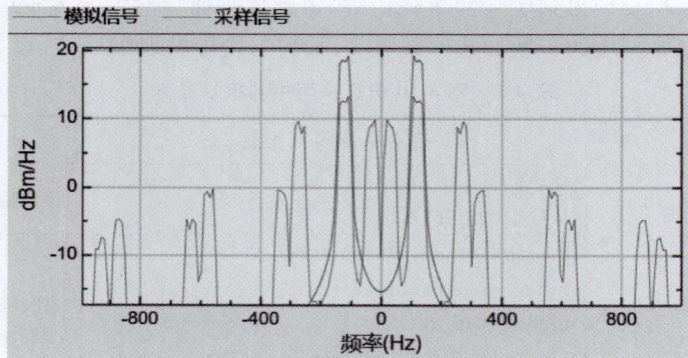

(c) 模拟信号和采样信号的功率谱

图 4-20　例 4-10 仿真模型中各信号的时间波形和功率谱

（2）经过带通滤波器得到的随机模拟信号是带通信号，根据带通采样定理，计算得到采样频率在 $93.3 \sim 200\mathrm{Hz}$ 的范围内，因此设置采样脉冲的频率为 $150\mathrm{Hz}$。

（3）在接收端用带通滤波器能够正确重构发送端带通滤波器输出的模拟信号，只是在波形上有一定的时间延迟，幅度上也有一定的衰减，这主要是由滤波器的特性引起的。如图 4-20（b）所示。

（4）在图 4-20(c)中,采样信号的频谱是被采样模拟信号频谱以 150 Hz 为间隔进行周期延拓重复而得到的,但是每次重复功率谱的高度都各不相同,也就是每个重复的频谱都有一个频率加权。频率加权系数为 $\mathrm{Sa}(n\pi\tau f_{\mathrm{s}})$,其中 n 取值为任意整数；τ 为采样脉冲的时间宽度；f_{s} 为采样频率,τf_{s} 实际上为采样脉冲的占空比。

4.7.2　量化及量化信噪比的测量

本小节以模拟正弦信号的采样和均匀量化为例,介绍在 Simulink 仿真模型中如何进行量化,并对量化信噪比进行测量。

例 4-11　搭建如图 4-21 所示仿真模型,实现模拟正弦信号的均匀量化,并测量量化信噪比。

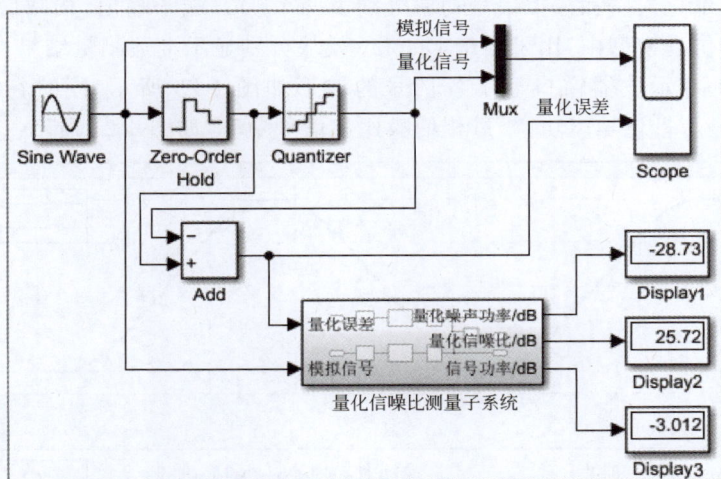

图 4-21　例 4-11 仿真模型

仿真模型中,Sine Wave 模块产生幅度为 1V、频率为 10 Hz 的正弦波模拟信号,经零阶保持器模块采样后得到采样值序列。设置零阶保持器的 Sample time 参数为 1ms,则采样频率为 1kHz,满足采样定理。

1. Simulink 中的均匀量化器模块

仿真模型中的 Quantizer(量化器)模块位于 Simulink/Discontinuities 库中。该模块实现均匀量化,模块输入 u 与输出 y 之间的关系可以表示为

$$y = q \cdot \mathrm{round}(u/q) \tag{4-17}$$

其中,q 是模块的 Quantization interval(量化间隔)参数；round(·)表示四舍五入取整。

设置量化器模块的量化间隔为 0.125V,则对于幅度为 1V 的正弦波,所有采样值将被量化为 2/0.125＝16 个量化电平,对应量化编码位数为 4。

2. 量化信噪比的测量

在模型中,模拟正弦信号和 Add 模块输出的量化误差同时送入量化信噪比测量子系统,实现量化误差和量化信噪比的测量,其内部模型如图 4-22 所示。

在子系统中,设置两个零阶保持器的采样时间等于模拟正弦信号的采样间隔即 1ms。两个 RMS 模块输出的有效值用 dB Conversion(分贝转换)模块转换为分贝值。注意设置该模块的 Input signal 参数为 Amplitude(幅度)。

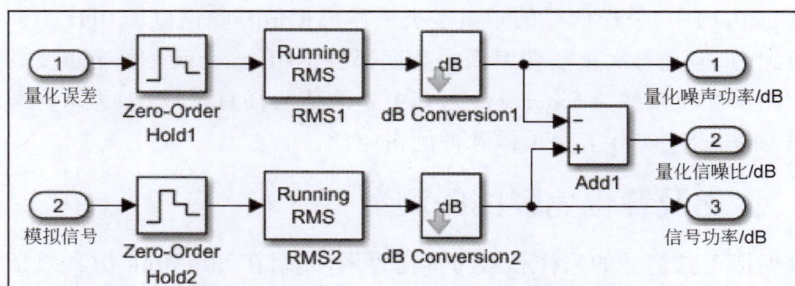

图 4-22   量化信噪比测量子系统

测量得到的量化误差和模拟信号功率分别由两个 Out 端子输出,相减后即可得到量化信噪比。在顶层仿真模型中,用了 3 个 Display 模块分别显示上述测量结果。

仿真运行后,在示波器窗口显示各信号的波形如图 4-23 所示,同时在模型中的 3 个 Display 模块上显示量化噪声功率、量化信噪比和信号功率,如图 4-21 所示。

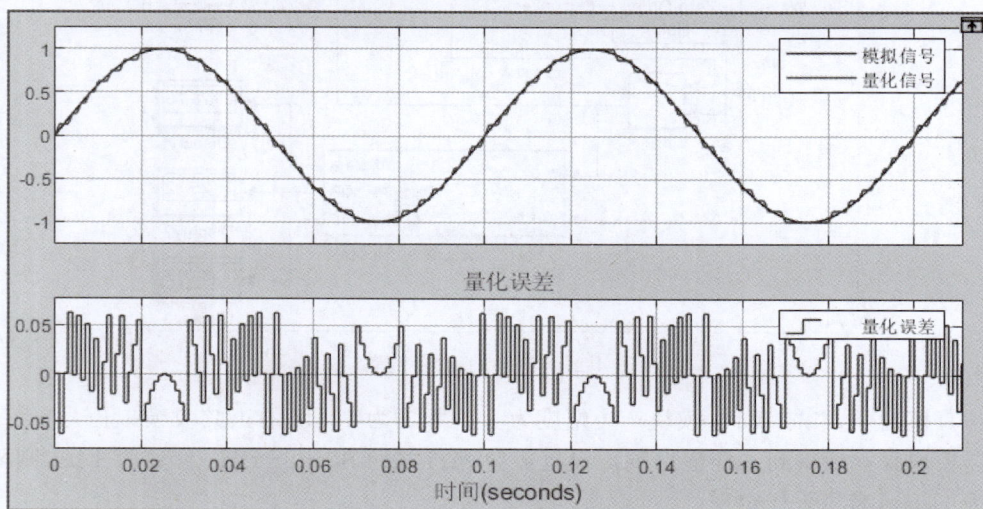

图 4-23   例 4-11 运行结果

对上述测量结果可以做如下验证:由于模拟信号的幅度设为 1V,因此其功率为 0.5W,近似为 -3dB;量化器的量化间隔设为 $\Delta = 0.125$V,则量化误差功率为 $N_q = \Delta^2/12 \approx 1.3mW= -28.86$dB;量化信噪比 $\text{SNR}_q = -3 - (-28.86) = 25.76$。理论计算结果为 $1.76 + 6.02n = 1.76 + 6.02 \times 4 = 25.76$dB。由此可见,上述实测结果与理论计算结果非常接近。

如果在量化器量化间隔保持不变的前提下,调节正弦信号的幅度,量化器仍然以给定的量化间隔对其进行量化,只是量化输出电平的个数和量化编码的位数将随之改变。

例如,假设将模拟信号的幅度减小为 0.5V,则量化器以 0.125V 的间隔对其进行量化,输出量化电平的个数将减少为 $2 \times 0.5/0.125 = 8$,量化编码位数相应地减小为 3。此时理论上最大量化信噪比为 $1.76 + 6.02 \times 3 = 19.82$dB,实测得到的量化信噪比为 20.22dB。

同理,如果设置模拟正弦信号的幅度为 2V,则量化编码位数将增大为 5,此时理论计算得到的最大量化信噪比为 31.86dB,实测得到的量化信噪比为 32.95V。

由此可见,利用 Quantizer 模块实现量化,不能观测到量化过载现象,观测得到的一定是最大量化信噪比,而量化编码的位数决定于所设置的正弦波幅度。

4.7.3 编译码过程的仿真

上小节中利用 Quantizer(量化器)模块实现对采样值的量化过程。该模块输出的是实际的量化电平,大多数情况下都是实数。利用均匀编码器模块可以更简便地实现均匀量化编译码和非线性 PCM 编码过程的仿真。

1. 均匀量化编码过程的仿真

DSP System Toolbox/Quantizers 库提供了均匀编码器模块 Uniform Encoder 和均匀译码器模块 Uniform Decoder。编码器模块对输入模拟信号的采样值进行量化,并编码为整数输出。译码器对输入的二进制代码序列进行译码,输出对应的量化电平。下面举例说明利用相关模块实现均匀量化编码的基本方法。

例 4-12 搭建如图 4-24 所示模型,实现均匀量化自然码编码。模型中各主要模块的参数如表 4-6 所示。

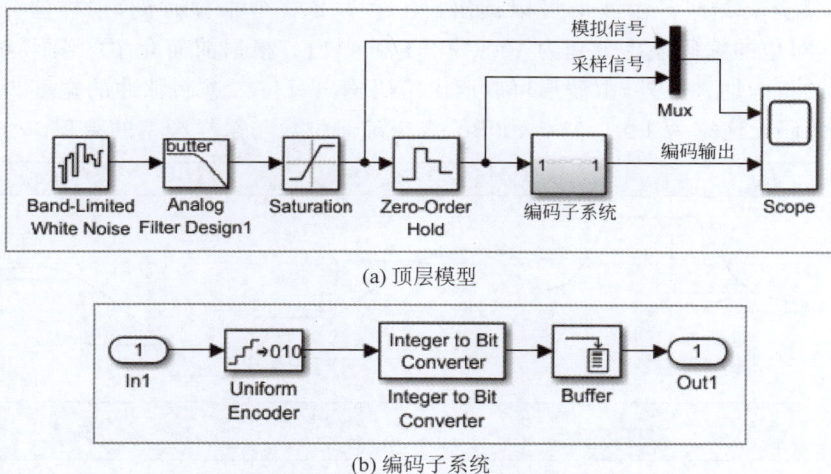

(a) 顶层模型

(b) 编码子系统

图 4-24 例 4-12 模型

第 28 集
微课视频

表 4-6 例 4-12 模型中的模块参数

模 块	主要参数及其设置	功 能
Band-Limited White Noise	噪声功率:0.01W 采样时间:0.01s	随机信号源
Analog Filter Design	Design method:Butterworth Filter type:Lowpass Filter order:2 Passband edge frequency:50 * pi rad/s	滤波输出模拟信号
Saturation	上限:1V 下限:−1V	限幅
Zero-Order Hold	采样时间:0.01s	模拟信号的采样
Uniform Encoder	Peak:1V Bits:4 Output type:Unsigned integer	均匀量化编码

续表

模　　块	主要参数及其设置	功　　能
Integer to Bit Conversion	每个整数的位数：4 将输入的值视为：Unsigned 输出为顺序：MSB 优先	编码
Buffer	Output buffer size：1	并/串转换

在图 4-24(a)所示模型中,低通滤波器的滤波输出作为原始模拟信号。饱和器模块 Saturation 用于限幅,确保输出信号幅度不超过量化编码器的量化范围。零阶保持器用于实现模拟信号的采样,设置其采样时间为 0.01s,即采样频率为 100Hz。由于带通滤波器输出模拟信号的最高频率(带宽)为 25Hz,因此采样频率满足采样定理。

在图 4-24(b)所示自然码编码子系统中,编码器模块输出的无符号整数送入 Integer to Bit Converter 模块转换为二进制代码。Buffer 为缓冲器模块,当设置其参数 Output buffer size(输出缓冲大小)为 1 时,可以将输入的二进制代码进行并/串转换再逐位输出。

图 4-25 为运行结果。由波形可以读出：在第 1、2、3 个采样时刻,采样值分别为 0V、0.2V 和 1V,对应的编码输出分别为 1000、1001 和 1111。根据前面介绍的编码方法可以验证运行结果的正确性。此外,由波形可以读出编码输出每位二进制脉冲的宽度为 0.01/4＝0.0025s,因此码元速率为 1/0.025＝400Bd,等于编码位数与采样频率的乘积。

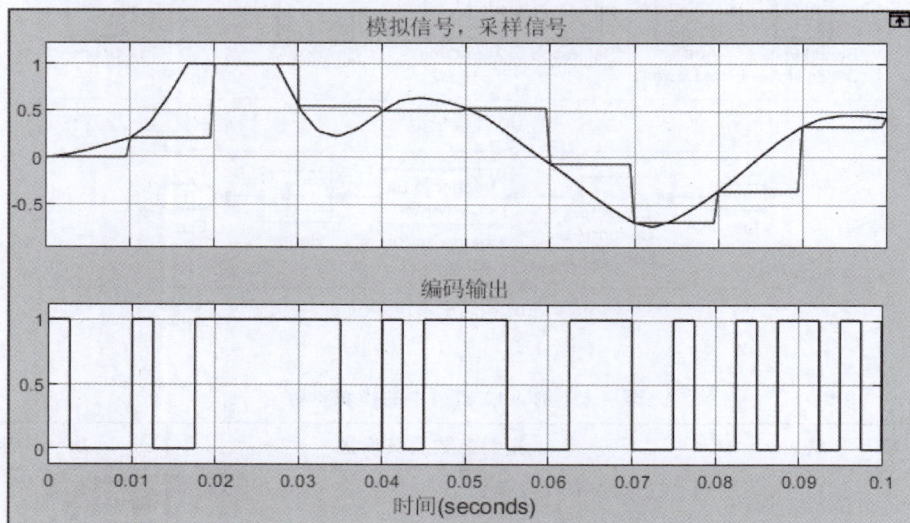

图 4-25　例 4-12 运行结果

下面再对模型中的几个重要模块做些说明。

1) 均匀编码器模块 Uniform Encoder

该模块将输入信号的幅度范围$[-M,(1-2^{1-n})M]$等分为 2^n 个均匀间隔的量化电平,其中 n 和 M 分别为模块的 Bits 和 Peak 参数。在编码过程中,各量化区间中的量化电平线性映射为 2^n 个整数值输出,这些整数也就是各量化电平的序号。在本例中,设置 $n=4$,$M=1$,则模块实现 4 位编码,量化范围为 $-1\sim+0.875$V,因此量化间隔为 $\Delta=[0.875-(-1)]/2^4=\dfrac{15}{128}$V。

当设置模块的 Output type 参数分别为 Signed integer(有符号整数)和 Unsigned

integer(无符号整数)时,均匀编码器的量化区间及编码输出整数之间的对应关系如图 4-26 所示。图中最后一行数据为量化分层电平,第一行和第二行分别为对应的有符号和无符号整数编码输出。显然,为得到自然码编码输出,必须设置模块的 Output type 参数为 Unsigned integer。

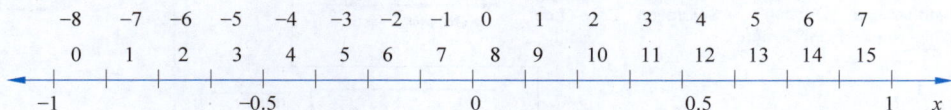

-8	-7	-6	-5	-4	-3	-2	-1	0	1	2	3	4	5	6	7
0	1	2	3	4	5	6	7	8	9	10	11	12	13	14	15

-1　　　　　　-0.5　　　　　　0　　　　　　0.5　　　　　1　　x

图 4-26　均匀编码器的量化区间及编码输出整数之间的对应关系

2) 整数到二进制代码的转换模块 Integer to Bit Converter

在模型中,只需要将 Uniform Encoder 模块的输出再送入 Integer to Bit Converter(十进制整数到二进制数的转换)模块,即可将编码输出的每个十进制整数再转换为二进制序列,从而实现均匀量化编码。该模块有 3 个参数,分别设置每个整数转换输出的二进制代码位数、顺序和输入整数的类型(有符号整数还是无符号整数)。输出二进制代码的位数也就是量化编码的位数,必须与编码器模块的参数 Bits 设置值相同。

2. 非线性 PCM 编码的仿真

非线性 PCM 编码指的是将模拟信号的采样值进行压缩后再进行均匀量化编码。根据这一原理,只需要在均匀量化折叠码编码的基础上增加压缩器,即可实现编码过程的仿真。

例 4-13　搭建如图 4-27 所示模型,实现非线性 PCM 编码和译码过程的仿真。

在图 4-27(a)所示顶层模型中,随机模拟信号的产生及采样与例 4-12 相同,其中主要增加的是两个子系统分别实现 PCM 编码和译码,以及重构滤波器。重构滤波器用 Analog Filter Design1 模块实现,设置其参数与发送端 Analog Filter Design 模块完全相同。

1) PCM 编码子系统

PCM 编码子系统的内部结构如图 4-27(b)所示。其中 A-Law Compressor 为 A 律压缩器,设置其 A value 参数为默认值 87.6,即实现 $A=87.6$ 的 A 律压缩。参数 Peak signal amplitude 决定送入压缩器的信号峰值幅度,必须与顶层模型中 Saturation 模块的"上限"和"下限"参数一致,默认为 1V。

压缩器的输出分两路,其中一路送入 Relay 模块,当输入采样值为正极性和负极性时, Relay 模块分别输出 1 和 0,作为 8 位 PCM 编码的极性码。压缩器的另一路输出经由 Abs 模块取绝对值后再进行均匀量化编码,从而得到 7 位段落码和段内码。设置均匀量化编码模块的 Bits 和 Peak 参数分别设为 8 和 1V,Output type 参数设为 Unsigned Integer。

需要注意的是,PCM 编码是一种折叠码,这里采用了一种近似方法实现编码,而没有采用实际电路中的折线近似法。由于设置均匀量化编码器模块的位数为 8,并且输入的是采样值的绝对值,因此编码器输出的无符号整数范围为 $128\sim255$。这些编码输出与 $2^7=128$ 相减后,输出整数范围为 $0\sim127$,正好是 7 位段落码和段内码的变化范围。

加法器输出的无符号整数通过 Integer to Bit Converter 模块转换为 7 位二进制代码后,再利用 Mux(多路复用器,multiplexer)模块合并为 8 位 PCM 编码输出。注意设置 Integer to Bit Converter 模块的"每个整数的位数"参数为 7。此外,Relay 模块的输出极性码作为 8 位编码的最高位,必须接到 Mux 模块的第一个端子。

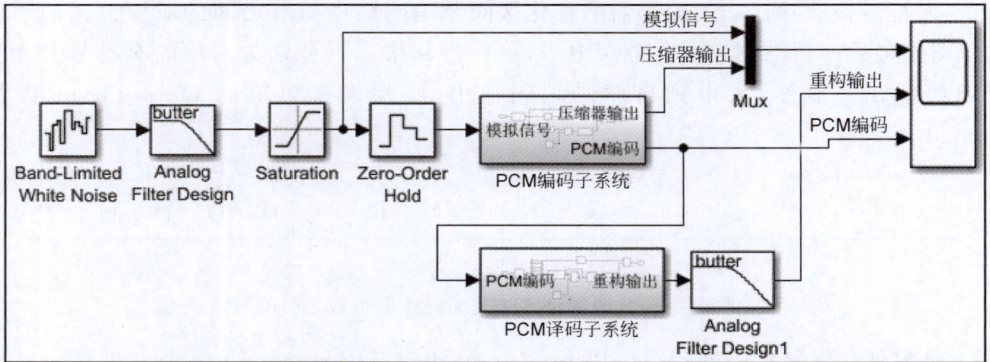

(a) 顶层模型

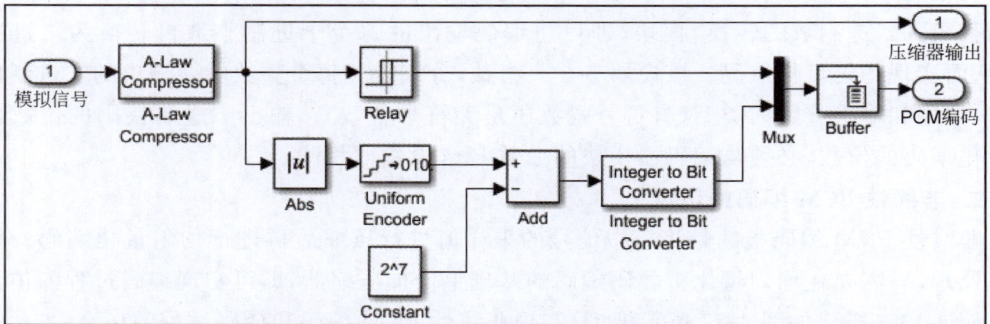

(b) PCM编码子系统

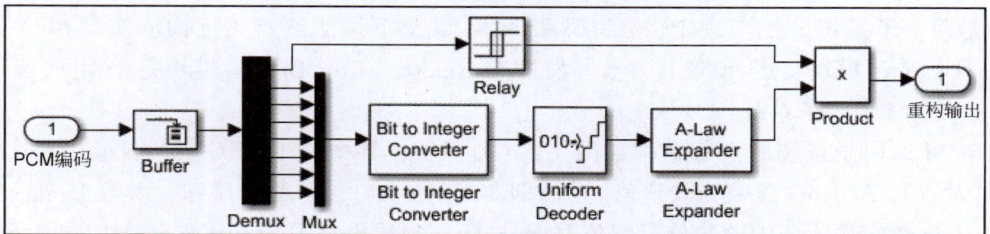

(c) PCM译码子系统

图 4-27　例 4-13 模型

2）PCM 译码子系统

PCM 译码子系统的内部结构如图 4-27（c）所示。其中 Buffer 模块的 Output buffer size 设为 8，从而将输入的 PCM 编码二进制代码序列每 8 位一组送入 Demux 模块。

Demux 是分路器模块，将输入的每组 8 位编码分为 8 路输出，其中最高极性位送入 Relay 模块，判决输出±1。低 7 位经 Mux 模块送入 Bit to integer Converter 模块，转换为 0～127 之间的整数，因此设置模块的 Number of bits per integer 参数为 7。

模块 Bit to integer Converter 的输出送入模块 Uniform Decoder（均匀译码器）。该模块的输出经过 A 律扩张器模块 A-Law Expander 进行扩张变换后再与 Relay 模块的输出相乘，从而得到译码输出，再送入顶层模型中的模拟低通滤波器，经滤波后重构得到原始模拟信号。

3）运行结果

仿真运行后，在示波器窗口显示各信号的时间波形如图 4-28 所示。为了验证模型的正确性,将模拟信号和 PCM 编码输出波形做局部放大,如图 4-29 所示。在图中可以读出模拟信号在各时刻的采样值及对应的 PCM 编码。例如,在 $0.73 \sim 0.75\mathrm{s}$ 时刻,每隔一个采样间隔 $0.01\mathrm{s}$,模拟信号的幅度依次为 $-0.59\mathrm{V}$、$-0.07\mathrm{V}$、$0.47\mathrm{V}$,对应的压缩器输出分别为 $-0.90\mathrm{V}$、$-0.51\mathrm{V}$、$0.88\mathrm{V}$,编码输出分别为 01110011、01000010、11101110。根据 PCM 编码规则不难验证编码输出的正确性。注意,在读数时考虑示波器波形上的读数误差。

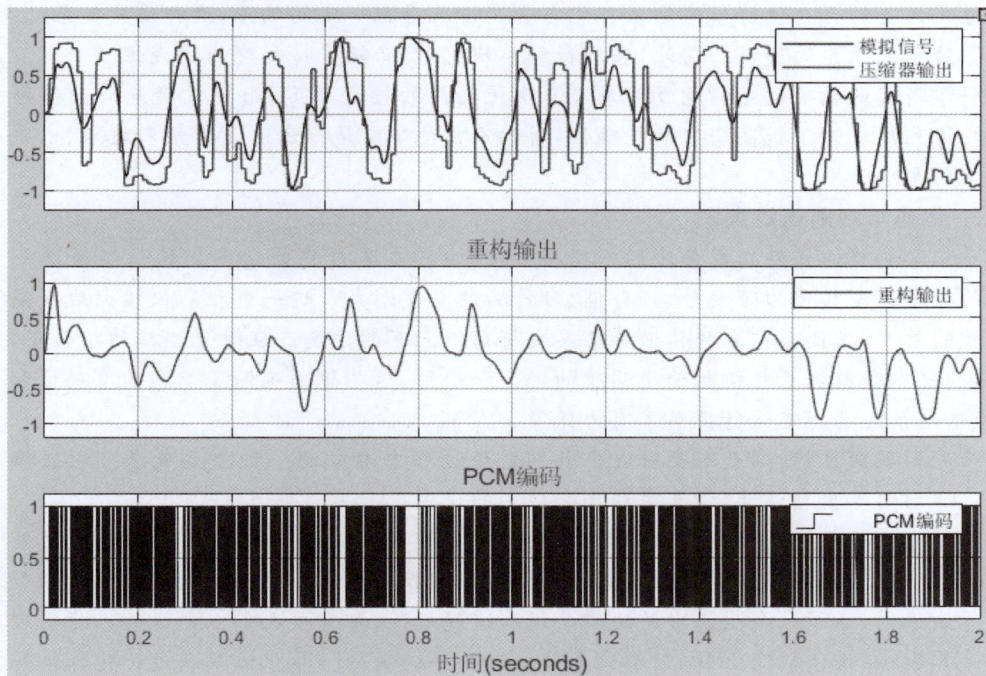

图 4-28 例 4-13 运行结果

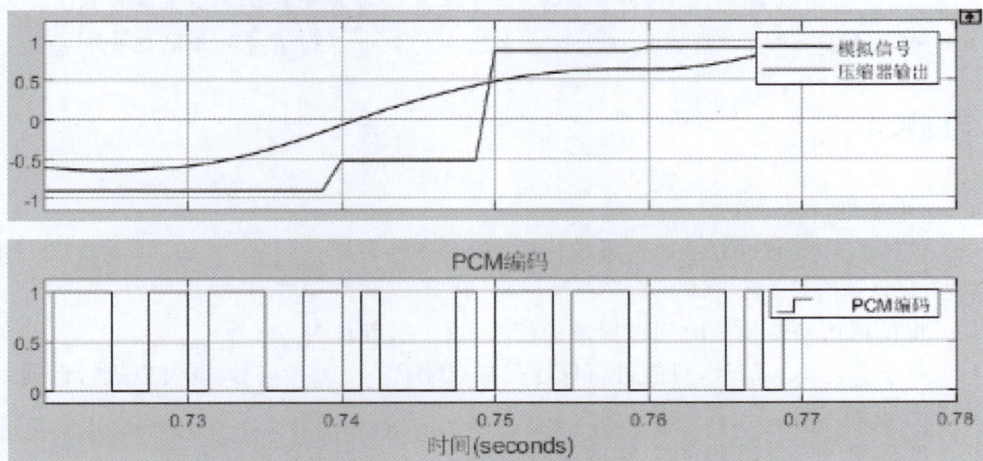

图 4-29 模拟信号和 PCM 编码输出局部放大波形

此外,根据 PCM 编码输出波形可以求得编码输出二进制代码脉冲基带信号的码元间隔为 $(0.01/8)\mathrm{s}$,因此其码元速率为 800Bd,等于 PCM 编码位数 8 除以模拟信号的采样间隔 $0.01\mathrm{s}$ 的商。

本章课程拓展

1. 量化误差与科学研究的严谨性和精确性

量化误差在科学研究中是一个不可忽视的要素,它直接关系到研究结果的严谨性和精确性。

量化误差的存在使得研究结果可能与真实情况存在一定的偏差,这种偏差如果过大,就可能导致研究结论的错误。因此,在进行科学研究时,必须保持高度的严谨性。

科学研究的精确性是指测量结果与真实值之间的接近程度,而量化误差则直接影响了这种接近程度。为了提高研究的精确性,科学家需要不断地改进测量方法和技术,以减小量化误差的影响。

2. 编码与规则规矩意识

量化编码作为信息技术领域的一项核心技术,其本质是将复杂多变的信息通过一系列精确的数学模型转化为可度量、可存储、可传输的数字形式。这一过程不仅极大地提高了信息处理的效率,还使得信息的传递和共享变得前所未有的便捷。在量化编码的框架下,每一条指令、每一个数据点都被赋予了明确的定义和规则,这些规则确保了信息的准确性和一致性,为信息系统的稳定运行提供了有力保障。

而规则规矩意识,则是人类社会在长期发展过程中形成的一种重要观念。它强调的是对既定规则的尊重与遵守,以及对秩序和稳定的追求。

将量化编码与规则规矩意识相结合,我们可以发现二者在多个层面上的共通之处。首先,在方法论上,它们都强调了对规则的严格遵守和精确执行。无论是量化编码中的数学公式和算法规则,还是社会生活中的法律法规和道德规范,都需要人们以严谨的态度去理解和执行。其次,在价值取向上,它们都追求效率和秩序的统一。量化编码通过优化算法和减少冗余信息来提高信息处理效率,而规则规矩意识则通过规范人们的行为来维护社会秩序和稳定。最后,在应用领域上,它们相互渗透、相互促进。随着信息技术的不断发展,量化编码的应用范围越来越广泛,而规则规矩意识也在这一过程中得到了进一步的强化和普及。

习题 4

4-1 填空题

(1) 模拟信号要通过数字通信系统传输,必须经过采样、_____和_____ 3 个阶段将其转换为数字信号。

(2) 将模拟信号转换为时间上离散的信号,这一过程称为_____。

(3) 对于_____信号,只能进行低通采样;对于_____信号,既可以进行低通采样,也可以进行带通采样。

(4) 发送端进行带通采样时,接收端必须用_____滤波器进行重构。

(5) 已知某低通采样器的采样频率为 200 Hz,输入模拟信号的频谱如图 4-30 所示,则 ω_H 必须满足_____。

(6) 已知模拟信号的频谱如图 4-31 所示,则对其进行理想采样时所允许的最低采样频率为_____。

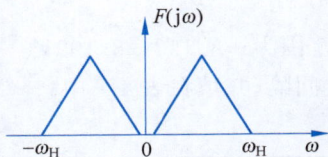

图 4-30 填空题(5)

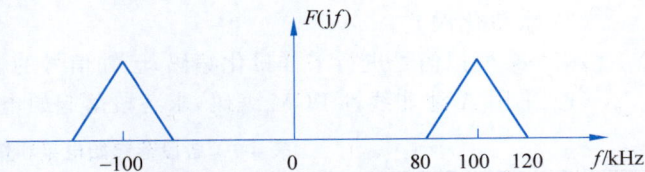

图 4-31 填空题(6)

(7) 对模拟信号采样后进行 5 位均匀量化,已知量化器输入信号的最大幅度为 4V,则量化间隔为_____,量化噪声的功率为_____ dB。

(8) 对正弦信号采样后进行 6 位均匀量化,为保证量化信噪比不低于 30dB,要求输入正弦信号的归一化功率不低于_____ dB。

(9) 对频率范围为 300~3400Hz 的模拟信号进行采样量化和 A 律非线性 PCM 编码,编码输出二进制序列的最低码元速率为_____。

(10) 将 32 模拟信号进行时分复用 A 律 PCM 编码,要求编码输出的码元速率不超过 1.28MBd,则各路模拟信号所允许的最高频率为_____。

4-2 已知模拟信号 $m(t)$ 的频谱为

$$M(f) = \begin{cases} 1 - |f|/200, & |f| < 200 \\ 0, & 其他 \end{cases}$$

(1) 画出 $m(t)$ 的频谱图;

(2) 对 $m(t)$ 进行理想采样,分别画出当采样间隔为 2ms 和 5ms 时采样信号的频谱;

(3) 分析说明以上两种情况能否正确还原模拟信号。

4-3 已知模拟信号 $m(t) = 60\text{Sa}(30\pi t)\cos(100\pi t)$,对其进行理想采样。

(1) 画出 $m(t)$ 的频谱图 $M(\text{j}f)$;

(2) 求所允许的最低采样频率 f_s。

4-4 已知均匀量化器输出的最大量化电平为 +4V,某采样值经量化后的编码输出为 010000。

(1) 若采用自然码编码,求接收端对应的解码输出电平 V_1;

(2) 若采用折叠码编码,求接收端对应的解码输出电平 V_2。

4-5 对模拟正弦信号进行均匀量化,已知量化范围为 -2~+2V,要求最大量化信噪比达到 18dB。

(1) 求编码位数 n 和量化间隔 Δ;

(2) 列出所有的量化电平;

(3) 求采样值 $x = 0.3$V 对应的自然码编码和量化误差。

4-6 对模拟正弦信号进行 64 级均匀量化编码。

(1) 求编码位数 n 和最大量化信噪比 $\text{SNR}_{\text{max dB}}$;

(2) 实际工作时,输入正弦信号峰值只能达到量化器量化范围的一半,求此时的量化信噪比 SNR_{dB}。

4-7 已知 A 律压缩非均匀量化器的量化范围为 -4~+4V,输入采样值 $x = 0.6$V,量化输出信号再进行非线性 PCM 编码。

(1) 求 PCM 编码输出序列;

(2) 求解码输出电平;

(3) 求量化误差。

4-8 某模拟信号进行采样量化编码,已知信号的幅度变化范围为$-8.192\sim8.192$V。

(1) 采用 A 律非线性 PCM 编码,求各段落起始电平和量化间隔,并填在表 4-7 中;

表 4-7 各段落起始电平和量化间隔

段落号	段落起始电平/V	量化间隔/mV	段落号	段落起始电平/V	量化间隔/mV
1			5		
2			6		
3			7		
4			8		

(2) 若以段落 1 的量化间隔对同样的模拟信号进行均匀量化线性 PCM 编码,求量化电平数和量化信噪比;

(3) 若以段落 8 的量化间隔对同样的模拟信号进行均匀量化线性 PCM 编码,求量化电平数和量化信噪比。

4-9 已知模拟信号的幅度范围为$-2\sim2$V,对其进行理想采样和量化编码,采样频率为 10kHz,量化间隔为 1/32V。求:

(1) 理想低通采样时所允许的模拟信号最高频率 f_m;

(2) 量化误差的平均功率 N_q(分贝值);

(3) 编码输出的信息速率 R_b。

4-10 对 20 路模拟信号进行理想采样、量化编码和时分复用传输,已知每路模拟信号的采样频率为 10kHz,量化级数为 256,传输二进制编码过程中的误码率为10^{-6}。求:

(1) 帧周期 T_f;

(2) 每个时隙的时间宽度 T_s;

(3) 传输每个二进制码元的时间间隔 T_c;

(4) 传输 1s 的平均误码个数 N_e。

实践练习 4

4-1 利用零阶保持器模块对随机的模拟信号进行采样,观察采样信号的时间波形和频谱,并与例 4-10 的结果进行比较,总结其区别。

4-2 将例 4-11 中的正弦信号源替换为均匀分布的随机信号源,测量这种情况下的量化信噪比,总结这种情况下最大量化信噪比与量化编码位数之间的数学关系,并与正弦信号的均匀量化的量化信噪比进行比较。

提示:Uniform Random Number 位于 Simulink 基本模块库的 Sources 子库中,用于产生随机信号,其幅度在给定的最小值和最大值范围服从均匀分布。

4-3 在例 4-12 所示模型中增加模块,实现均匀量化折叠码编码,并根据运行结果总结自然码编码和折叠码编码之间的关系。

4-4 在例 4-12 的基础上,添加相应的模块,实现均匀量化自然码编码的译码和模拟信号的重构。

4-5 在例 4-13 模型中,将原始模拟信号替换为正弦信号,观察 PCM 编译码传输过程。

4-6 编写 MATLAB 程序,实现 A 律压缩特性,在同一个图形窗口同时绘制出 A 为 1、10、50 和 87.6 时的压缩特性曲线,并进行比较。

4-7 根据 PCM 手工编码和译码方法,编制 MATLAB 程序实现 PCM 编码和译码,并求量化误差。要求:PCM 编码和 PCM 译码程序分别编制为 MATLAB 函数。

4-8 搭建如图 4-32(a)所示的模型,实现增量调制编码传输过程的仿真及性能分析。其中 Random Integer Generator 模块以 0.01s 的间隔产生四进制无符号数,经过加法器偏置变为双极性信号,再由模拟滤波器滤波成为随机的模拟信号。零阶保持器的采样间隔设为 0.01s,Relay 和 Relay2 模块的参数设置如图 4-32(b)所示,Relay1 模块的参数设置如图 4-32(c)所示。两个模拟滤波器都设置为 5 阶巴特沃斯低通滤波器,带宽为 10Hz。

(1)查阅资料了解增量调制编译码的基本原理和实现方法;

(2)仿真运行,观察重构输出是否正确;

(3)修改模型中零阶保持器的采样时间参数,观察分析编码输出的码元速率的变化情况;

(4)修改 Relay 和 Relay2 模块的输出幅度参数(例如分别修改为 $\pm 2V$、$\pm 20V$),观察重构输出波形是否有失真。

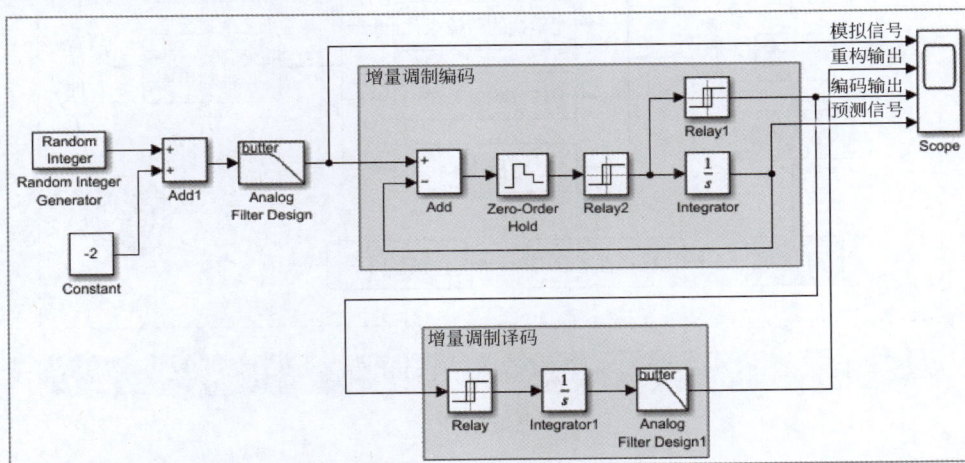
(a) 仿真模型

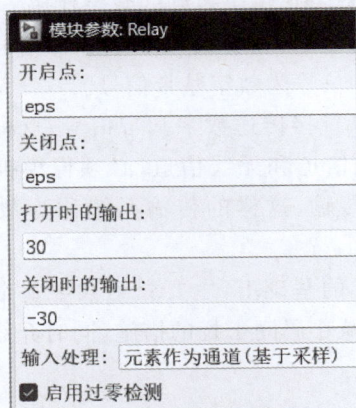
(b) Relay和Relay2模块的参数

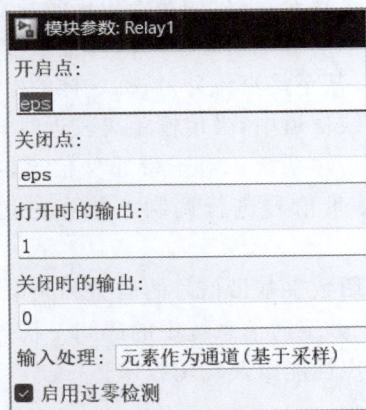
(c) Relay1模块的参数

图 4-32 实践练习 4-8 图

第 5 章

数字基带传输

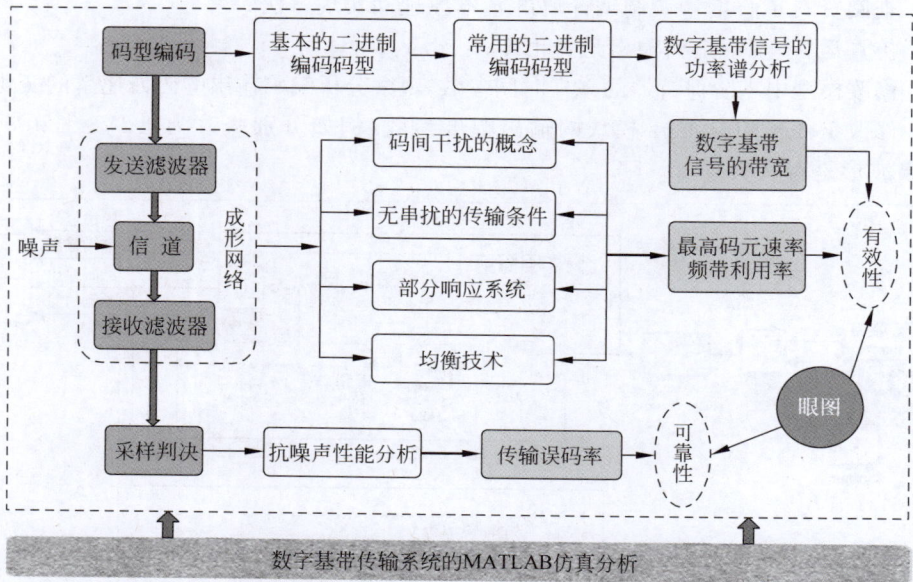

思维导图

数字传输系统中传输的是各种进制的数字信息,这些数字信息可能来自计算机、数字传感器或其他数字设备,也可能是模拟信号经过采样量化编码得到的数字代码。传输时,首先必须将这些抽象的数字信息用离散的电信号波形表示,得到的原始电脉冲信号中主要包含很多低频分量,甚至是直流分量,称这样的电脉冲信号为数字基带信号。

在某些有线信道中,当传输距离较近时,可以直接传送数字基带信号,这样的传输系统称为数字基带传输系统。对于带通型信道,如光信道和无线信道,必须像模拟通信系统一样,先将数字基带信号进行调制才能在信道中传输,这样的传输系统称为数字调制传输系统。

本章在介绍数字基带信号的码型和频谱特性的基础上,主要介绍数字基带传输系统的典型传输特性、数字通信系统中的码间干扰以及减小码间干扰的措施,同时介绍数字基带传输系统的抗噪声性能以及均衡技术。

5.1　数字基带传输系统的基本组成

最简单的数字基带传输系统可以用双绞线、同轴电缆等直接将发送端和接收端连接起来。但是,利用这样的有线信道直接将发送端送来的电脉冲进行传输,当传输速率较高或传输的数字基带信号不能与信道特性相匹配时,将导致传输性能(可靠性、有效性等)的恶化,甚至不能准确实时地进行传输。

图 5-1 所示为一个实际的数字基带传输系统的基本结构,其中主要包括码型编码、发送滤波器、信道、接收滤波器和采样判决器等部件。此外,为了确保系统能够准确有序地工作,实际系统中还包括同步提取电路。下面结合图 5-2 所示的传输系统中各信号的波形,介绍各部件的作用。

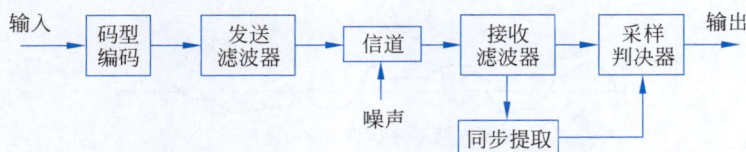

图 5-1　数字基带传输系统的基本结构

(1) 信道信号形成器。码型编码和发送滤波器合起来称为信道信号形成器,其作用是将原始代码序列表示为电脉冲,并转换为适合在信道中传输的波形。其中,码型编码将输入的原始基带信号转换为适合在信道传输的码型,再利用发送滤波器转换为适合在信道传输的波形,以提高信号的抗码间干扰能力和频带利用率。

信源发送的原始代码序列一般是宽度等于码元间隔的单极性码,如图 5-2(a)所示。这样的电信号不适合在低通信道中传输,接收端也无法从中提取出位同步信号。因此,需要经过码型编码转换为适合传输且具有位定时信息的传输码型,如图 5-2(b)所示。为使传输信号的特性与信道特性匹配,再利用发送滤波器将其转换为合适的传输波形,如图 5-2(c)所示。

(2) 信道。数字基带传输系统中的信道可以等价为具有一定带宽的低通滤波器。此外,在传输信号的过程中,信道中会引入噪声和各种随机干扰。图 5-2(d)所示为信道输出信号波形,其中叠加有高频噪声。

(3) 接收滤波器。滤除信道噪声,对信道特性进行均衡校正,使输出波形有利于采样判决。由于接收滤波器带宽有限,信道噪声不可能完全滤除,传输过程中还会出现码间干扰,使波形发生一定程度的畸变和失真。接收滤波器输出信号波形如图 5-2(e)所示。

(4) 同步提取电路。从接收滤波器输出的信号中提取位同步信号,用于控制采样判决时刻,图 5-2(f)所示为同步提取电路提取得到的位同步信号(采样脉冲)。

(5) 采样判决器。在位同步信号的控制下,对接收滤波器输出的信号进行采样,然后根据预先确定的判决规则对采样值进行判决,以恢复或再生数字基带信号,判决输出数字代码序列。判决器输出波形如图 5-2(g)所示。当传输过程的码间干扰和噪声达到一定程度时,采样判决输出的代码序列将发生错误,形成误码。

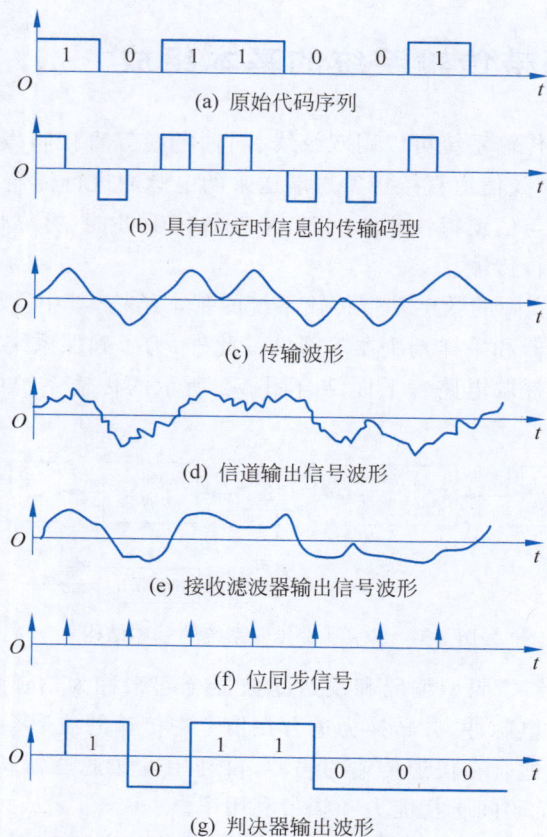

(a) 原始代码序列

(b) 具有位定时信息的传输码型

(c) 传输波形

(d) 信道输出信号波形

(e) 接收滤波器输出信号波形

(f) 位同步信号

(g) 判决器输出波形

图 5-2　数字基带传输系统各点信号波形

5.2　数字基带信号及其频域特性

数字通信系统必须首先将需要传输的数字代码用相应的电脉冲表示,通常把这一过程称为码型变换或码型编码。不同形式的数字基带信号(又称为码型)具有不同的频域特性,所以实现基带传输首先要考虑的问题是如何合理设计数字基带信号的码型,以便将需要传送的信息和数字基带信号转换为适合给定信道传输特性的频谱结构和波形。

5.2.1　基本码型

在数字电路系统中,数字代码 1 和 0 的基本表示方法是用标准矩形脉冲的高、低电平或正、负电平表示,根据具体波形特点和表示形式可以分为单极性、双极性、归零码和非归零码等。

1. 单极性非归零码

单极性非归零(Non-Return-to-Zero,NRZ)码是一种最简单、最常见的基带信号。在这种码型中,用高、低电平脉冲表示数字代码中的 1 码或 0 码,并且每个脉冲都持续一个码元间隔 T_s,如图 5-3(a)所示。

单极性 NRZ 码数字基带信号中直流分量不为零,在近距离传输(如在同一个电路系统的各印刷电路板或芯片之间)时常采用此波形。

2. 双极性非归零码

在双极性非归零码中,用幅度相同但极性相反的两个矩形脉冲表示 1 码或 0 码,并且各脉冲的宽度都等于码元间隔 T_s。一般用正脉冲表示 1 码,负脉冲表示 0 码,如图 5-3(b)所示。

当 1 码和 0 码等概率出现时,双极性 NRZ 码基带信号中没有直流分量,常在国际电报电话咨询委员会的 V 系列接口标准或 RS-232C 接口标准中使用。

3. 单极性归零码

与单极性非归零码类似,单极性归零(Return Zero,RZ)码也是用脉冲的有无来表示信息,不同的是单极性归零码的脉冲宽度小于码元间隔。也就是说,在传输 1 码期间,高电平脉冲只持续一段时间(如 $T_s/2$),然后回到零电平,如图 5-3(c)所示。

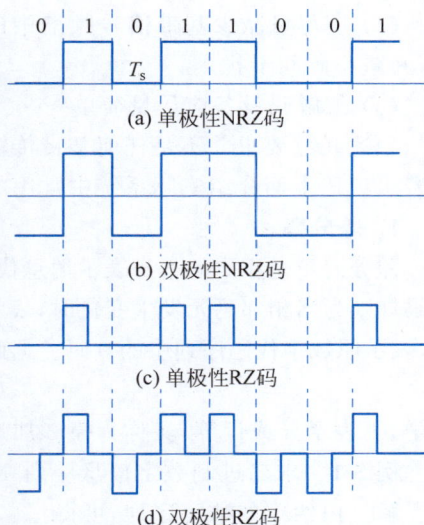

图 5-3　4 种基本码型数字基带信号

在码元间隔相等的条件下,归零码的脉冲宽度小于非归零码的脉冲宽度,因而这种码型的基带信号,其带宽要大于 NRZ 码信号的带宽。此外,RZ 码中含有丰富的位定时成分,一般用作其他码型传输时提取位定时信号的过渡码型。

4. 双极性归零码

双极性归零码基带信号的波形如图 5-3(d)所示。与单极性 RZ 码类似,脉冲的正负电平持续一段时间后回到零电平。因此,在码元间隔相等的条件下,其带宽要大于用双极性非归零码表示的带宽。

对于上述 4 种基本码型,一般用占空比表示在一个码元间隔内脉冲持续的时间,其定义为 $s=\tau/T_s$,其中 τ 为脉冲持续的时间,T_s 为码元间隔,显然有 $0<s\leqslant1$。对于单极性或双极性 NRZ 码基带信号,$s=1$。当 $s=0.5$ 时,称为半占空脉冲。在码元间隔给定后,基带信号的带宽将取决于脉冲的占空比。

5.2.2　常用码型

以上 4 种码型是最基本的基带信号码型,这些码型中含有丰富的低频分量甚至直流分量,因而不适合在有交流耦合的信道中传输。此外,当需要传输的数字代码序列中连续出现比较多的 1 码或 0 码时,NRZ 码波形中将出现长时间连续相同的电平,没有电平的跳变,因而不便于从中提取位同步信号。由于这些原因,这些码型一般只用于近距离的数字基带传输。

实际系统中确定基带信号的码型时,主要考虑以下几点。

(1)绝大多数基带信道的低频传输特性不好,不利于含有直流分量、低频分量的信号传输,所以要使数字基带信号中没有直流成分和低频成分。

(2)数字传输系统的接收端还原原始信号必须有位定时信息。在某些应用中位定时信息占用单独的信道与基带信号同时传输,但远距离传输时这常常是不经济的,因而要求能从基带信号中自动提取出位定时信息。

(3)要求基带信号具有自检错能力,以便接收端检测并纠正传输过程中的错误代码。

（4）应尽量减少基带信号频谱中的高频分量，以节省传输带宽，提高信道的频谱利用率，并减小码间干扰。

（5）编解码设备应尽量简单。

上述几点要求并不是任何基带传输码型都能满足，实际使用时往往根据要求满足其中的若干项。下面介绍实际系统中常用的几种码型。

1. 差分码

差分码不是用码元本身表示消息代码，而是用相邻码元是否产生变化表示原数字信息，其编码规则为当相邻码元发生变化时，表示原数字代码序列中的 1 码；当相邻码元不发生变化时，表示原数字代码序列中的 0 码。据此可以得到差分码 b_n 与原数字代码 a_n 之间的关系为

$$b_n = a_n \oplus b_{n-1} \tag{5-1}$$

其中，$\oplus$ 表示异或运算，又称为模 2 加运算。

例 5-1　求二进制数字信息序列 1011010 的差分码。

解　由给定的数字序列，可得

$$a_1=1, \quad a_2=0, \quad a_3=1, \quad a_4=1, \quad a_5=0, \quad a_6=1, \quad a_7=0$$

假设差分码的初始码元 $b_0=1$，则根据式(5-1)可得

$$b_1=a_1 \oplus b_0=1 \oplus 1=0, \quad b_2=a_2 \oplus b_1=0 \oplus 0=0$$
$$b_3=a_3 \oplus b_2=1 \oplus 0=1, \quad b_4=a_4 \oplus b_3=1 \oplus 1=0$$
$$b_5=a_5 \oplus b_4=0 \oplus 0=0, \quad b_6=a_6 \oplus b_5=1 \oplus 0=1$$
$$b_7=a_7 \oplus b_6=0 \oplus 1=1$$

所以，二进制数字信息 1011010 的差分码为 10010011。

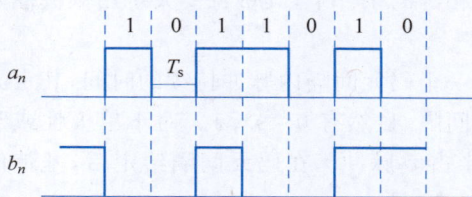

图 5-4　绝对码和相对码

得到差分码后，再将其中的 1 码和 0 码分别用上述基本码型表示，可以采用单极性码或双极性码、非归零码或归零码。图 5-4 所示为将上述第 1 种情况用单极性 NRZ 码表示。由此可见，差分码是用脉冲电平的相对变化区分数字信息中的 1 码和 0 码，因此又称为相对码，而将原数字信息称为绝对码。

在接收端接收到差分码后，必须进行相反的变换以恢复原始数字代码。根据式(5-1)可以求得接收端由相对码 b_n 恢复绝对码 a_n 的变换规则为

$$a_n = b_n \oplus b_{n-1} \tag{5-2}$$

例 5-2　已知接收到的差分码为 0010011，求其对应的绝对码。

解　由差分码可得

$$b_1=0, \quad b_2=0, \quad b_3=1, \quad b_4=0, \quad b_5=0, \quad b_6=1, \quad b_7=1$$

根据式(5-2)可得

$$a_2=b_2 \oplus b_1=0 \oplus 0=0, \quad a_3=b_3 \oplus b_2=1 \oplus 0=1$$
$$a_4=b_4 \oplus b_3=0 \oplus 1=1, \quad a_5=b_5 \oplus b_4=0 \oplus 0=0$$
$$a_6=b_6 \oplus b_5=1 \oplus 0=1, \quad a_7=b_7 \oplus b_6=1 \oplus 1=0$$

所以，由差分码 0010011 所还原的绝对码为 011010，注意绝对码比相对码少一位 a_1。

2. 数字双相码

数字双相码又称为曼彻斯特码。在这种码型中,用宽度等于码元间隔 T_s、相位完全相反的两个方波分别表示原数字信息中的1码和0码,两个方波都是双极性脉冲。

图 5-5 所示为数字代码序列为 1011001 时对应的数字双相码波形。这种码型在每个码元间隔的中心都有电平的跳变,所以其中存在丰富的位定时成分。

由于在每个码元间隔内正电平和负电平各占一半,所以数字双相码基带信号中不存在直流分量。

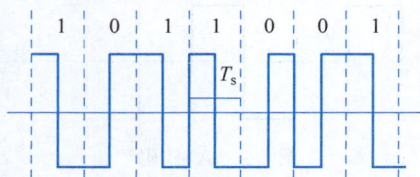

图 5-5 数字双相码

但是,这种码型的带宽与归零码类似,要比非归零码大一倍。数字双相码适合数据终端设备的短距离传输。

3. 密勒码

在密勒码中,1码用码元间隔中间的正跳变或负跳变表示,码元的起始边界上无跳变。0码用宽度等于一个码元间隔的正负电平表示。如果是连续的0码,则在后续0码的每个起始边界上跳变一次。

根据上述编码规则,当两个1码之间只有一个0码时,密勒码中将出现最大宽度等于2倍码元间隔的脉冲,利用这一特点可以实现传输过程中的检错纠错。

假设发送端代码序列为 1011001,图 5-6 所示为对应的密勒码基带信号波形。比较图 5-6 和图 5-5 可知,数字双相码的下降沿(或上升沿)正好对应密勒码波形的跳变。因此,用数字双相码的下降沿(或上升沿)触发双稳电路,即可输出密勒码。

注意图 5-5 所示的数字双相码和图 5-6 所示的密勒码之间的对应关系。在图 5-5 中,1码和0码对应的波形也可以完全相反,但这种情况下必须用数字双相码的上升沿触发翻转,由此得到的密勒码才满足上述编码规则。

4. 传号反转码

在传号反转(Coded Mark Inversion,CMI)码中,1码交替地用宽度等于码元间隔 T_s 的正、负电平表示,称为传号;而0码固定用码元间隔中间的正跳变表示,称为空号。CMI码波形如图 5-7 所示。

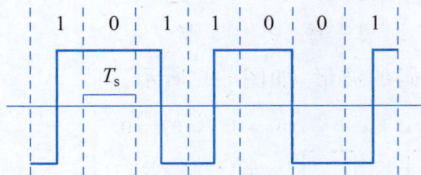

图 5-6 密勒码

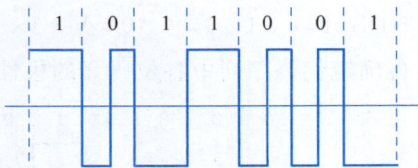

图 5-7 CMI 码

CMI码也没有直流分量,但是波形中频繁出现跳变,便于恢复定时信号。此外,根据上述编码规则,在正常情况下,CMI码波形中,不可能在码元间隔的中间出现负跳变,也不会出现连续的正负电平。利用这种相关性可以检测信道传输过程中的部分码元错误。

CMI码易于实现,并具有以上特点,因此在高次群脉冲编码调制终端设备中广泛用作接口码型,并在速率低于 8.448Mb/s 的光纤数字传输系统中被推荐为线路传输码型。

5. 极性交替码

极性交替码也称为 AMI(Alternate Mark Inversion)码,其编码规则为 0 码用零电平表

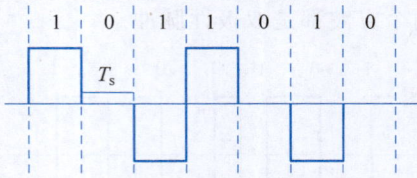

图 5-8　AMI 码

示,1 码用正、负脉冲交替表示,如图 5-8 所示。绘制波形时,可自行设定第 1 个 1 码的脉冲极性,一旦设定,后面 1 码的脉冲极性依次交替变换。此外,正负脉冲都可以为归零或非归零脉冲。

在这种码型中,无论原数字信息中的 1 码和 0 码是否等概,AMI 码基带信号中都没有直流分量。因此,常常把 AMI 码看作对双极性码的一种改进。

AMI 码的主要缺点是码型的功率谱与信源统计特性相关,1 码出现的概率将影响其功率谱形状。另外,当出现连续 0 码时,由于 AMI 码中长时间不出现电平跳变,因而影响位定时信号的提取。

6. HDB$_n$ 码

HDB$_n$ 码是 n 阶高密度双极性码的简称。与 AMI 码类似的是,在 HDB$_n$ 码中 1 码也交替地用正、负脉冲(可以为归零码或非归零码)表示。但与 AMI 码不同的是,HDB$_n$ 码中的连续 0 码数被限制为小于或等于 n。当传输信息中出现 $n+1$ 个连续 0 码时,就用特定码组取代,这种特定码组称为取代节。为了能够在接收端识别出取代节,在取代节中设置破坏点,在这些破坏点将不满足传号极性交替的规律。

HDB$_n$ 码中使用最广泛的是 3 阶高密度双极性码,又称为 HDB$_3$ 码。HDB$_3$ 码是 AMI 码的改进码型,其编码规则如下。

(1) 原始代码序列中的每 4 个连续 0 码用取代节 B00V 或 000V 代替,其中 V 码为破坏点。

(2) 当前一个取代节后有奇数个 1 码时,当前取代节选用 000V;当前一个取代节后有偶数(包括 0)个 1 码时,当前取代节选用 B00V。

(3) 将原始代码序列中的 1 码和 B 码一起作类似于 AMI 码的极性交替。

(4) 所有 V 码的极性与前面最近一个 1 码或 B 码的极性相同,从而破坏极性交替规律。

例 5-3　设有二进制代码序列 1000010000110000,求其对应的 HDB$_3$ 码。

解　首先用取代节替换已知的代码序列中的 4 连 0 串。

代码序列:　1 0 0 0 0 1 0 0 0 0 1 1 0 0 0 0

HDB$_3$ 码:　1 0 0 0 V 1 0 0 0 V 1 1 B 0 0 V

再确定代码序列中各位码元的极性,得到 HDB$_3$ 码的波形,如图 5-9 所示。

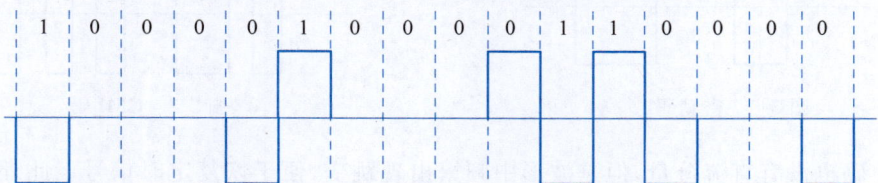

图 5-9　HDB$_3$ 码

HDB$_3$ 码具有和 AMI 码一样的优点,此外,还具有使连续 0 码个数减少为至多 3 个的优点。这个特性非常有利于定时信号的恢复。而且 HDB$_3$ 码具有检错能力,当传输过程中出现单个误码时,传输序列的极性交替规律将受到破坏,所以可以在不中断通信的情况下检

测信号误码率。

以上介绍的各种常用码型都是以矩形脉冲为基础。由于矩形脉冲中存在比较丰富的高频分量,因而这样的基带信号带宽较大。当传输信道带宽有限时,传输过程中波形的失真比较严重,使相邻码元之间存在相互干扰,影响传输的可靠性。因此,在发送之前必须通过波形变换,将基带信号的波形变换为适合信道传输的形式。实际系统中常用的传输波形有升余弦脉冲、钟形脉冲、三角脉冲等。

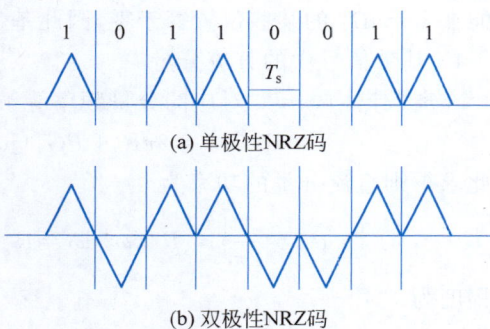

(a) 单极性NRZ码

(b) 双极性NRZ码

图 5-10　三角脉冲传输波形

图 5-10 所示为传输波形为三角脉冲时的基带信号。每个三角脉冲的宽度都等于一个码元间隔,因此都属于 NRZ 码。在图 5-10(a)中,用三角脉冲的有无表示 1 码和 0 码,信号波形中各时刻的幅度都大于或等于 0,因此为单极性码。在图 5-10(b)中,用三角脉冲的正、负两个极性表示 1 码和 0 码,因此属于双极性码。

5.2.3　数字基带信号的功率谱

由于数字基带信号是一个随机的脉冲序列,没有确定的频谱函数,因而只能用功率谱描述其频谱特性。

在前面介绍的 4 种基本码型基带信号中,分别用两种不同的波形表示原始数字信息中的 1 码和 0 码,称为二元码基带信号。在二元码基带信号中,假设表示 1 码和 0 码的信号基本波形分别为 $g_1(t)$ 和 $g_2(t)$,并且 1 码和 0 码相互独立,出现的概率分别为 P 和 $1-P$。另外,假设码元速率为 R_s,码元间隔为 $T_s=1/R_s$。

第 30 集
微课视频

经过数学推导和分析可知,二元码基带信号的功率谱由两部分叠加而成,即

$$P(\omega)=P_c(\omega)+P_d(\omega) \tag{5-3}$$

其中

$$P_c(\omega)=R_s P(1-P)\mid G_1(j\omega)-G_2(j\omega)\mid^2 \tag{5-4}$$

$$P_d(\omega)=2\pi R_s^2 \sum_{n=-\infty}^{\infty}\mid PG_1(jn\Omega_s)+(1-P)G_2(jn\Omega_s)\mid^2 \delta(\omega-n\Omega_s) \tag{5-5}$$

其中,$\Omega_s=2\pi R_s=2\pi/T_s$;$G_1(j\omega)$ 和 $G_2(j\omega)$ 分别为基本波形 $g_1(t)$ 和 $g_2(t)$ 的频谱。

1. 连续谱

由于 $g_1(t)$ 和 $g_2(t)$ 都是持续时间不超过 T_s 的非周期信号,因此其频谱 $G_1(j\omega)$ 和 $G_2(j\omega)$ 都是连续谱,则式(5-4)中的 $P_c(\omega)$ 是以 ω 为自变量的连续函数,所以称为连续谱。

实际系统中,表示和区分 1 码和 0 码的两种基本波形 $g_1(t)$ 和 $g_2(t)$ 一定不相同,则 $G_1(j\omega)$ 和 $G_2(j\omega)$ 一定不相等,因此基带信号功率谱中的连续谱是一定存在的。

大多数基带信号的连续谱都具有 Sa 函数的波形形状,因此功率谱中连续谱的波形一般都按 Sa 函数的平方而变化。一般将基带信号连续谱第 1 次达到横轴对应的频率定义为该基带信号的带宽,称为谱零点带宽。

2. 离散谱

式(5-5)中,$P_d(\omega)$ 由无穷多个冲激函数构成,各冲激函数都位于 Ω_s 的整数倍位置,因

而称为离散谱。其中,各冲激函数的强度取决于 $G_1(j\omega)$ 和 $G_2(j\omega)$ 在此位置的频谱函数值,可能在 $\omega = n\Omega_s$ 的某些位置等于零,因此基带信号中可能不存在离散谱。

1)基带信号中的直流分量

在离散谱中,$n = 0$ 对应的分量频率等于 0,称为直流分量。对应的冲激为

$$P_0(\omega) = 2\pi R_s^2 \mid PG_1(j0) + (1-P)G_2(j0) \mid^2 \delta(\omega)$$

由此求得则直流分量的功率为

$$P_0 = \frac{1}{2\pi} \int_{-\infty}^{\infty} P_0(\omega) \, d\omega = R_s^2 \mid PG_1(j0) + (1-P)G_2(j0) \mid^2 \tag{5-6}$$

而幅度为

$$A_0 = \sqrt{P_0} = R_s \mid PG_1(j0) + (1-P)G_2(j0) \mid \tag{5-7}$$

2)基带信号中的位定时分量

离散谱中频率等于码元速率 R_s 的分量,称为位定时分量,也就是在式(5-5)中 $n = \pm 1$ 时对称的两个冲激合起来构成的离散分量。将这两项冲激积分,可以求得基带信号中位定时分量的功率为

$$P_1 = R_s^2 \mid PG_1(j\Omega_s) + (1-P)G_2(j\Omega_s) \mid^2 + R_s^2 \mid PG_1(-j\Omega_s) + (1-P)G_2(-j\Omega_s) \mid^2$$

考虑实信号频谱的对称性,显然有

$$P_1 = 2R_s^2 \mid PG_1(j\Omega_s) + (1-P)G_2(j\Omega_s) \mid^2 \tag{5-8}$$

位定时分量是频率等于 R_s 的正弦信号,因此其幅度为

$$A_1 = \sqrt{2P_1} = 2R_s \mid PG_1(j\Omega_s) + (1-P)G_2(j\Omega_s) \mid \tag{5-9}$$

例 5-4 求 0,1 等概的单极性归零码基带信号的功率谱。假设码元间隔为 T_s,脉冲的幅度为 A。

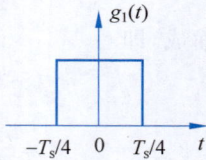

图 5-11 基本波形

解 所谓 0,1 等概,即原始数字代码序列中 1 码和 0 码的概率相等,因此 $P = 0.5$。设 1 码对应的基本波形 $g_1(t)$ 如图 5-11 所示,而 0 码对应的基本波形 $g_2(t) = 0$,则

$$G_1(j\omega) = \frac{AT_s}{2} \mathrm{Sa}\left(\frac{\omega T_s}{4}\right), \quad G_2(j\omega) = 0$$

代入式(5-4)和式(5-5),得到连续谱和离散谱分别为

$$P_c(\omega) = \frac{1}{T_s} \times \frac{1}{2} \times \frac{1}{2} \left(\frac{AT_s}{2}\right)^2 \mathrm{Sa}^2\left(\frac{\omega T_s}{4}\right) = \frac{A^2 T_s}{16} \mathrm{Sa}^2\left(\frac{\omega T_s}{4}\right)$$

$$P_d(\omega) = 2\pi \frac{1}{T_s^2} \sum_{n=-\infty}^{\infty} \left[\frac{1}{2} \times \frac{AT_s}{2} \mathrm{Sa}\left(\frac{n\Omega_s T_s}{4}\right)\right]^2 \delta(\omega - n\Omega_s)$$

$$= \frac{\pi A^2}{8} \sum_{n=-\infty}^{\infty} \mathrm{Sa}^2\left(\frac{n\pi}{2}\right) \delta(\omega - n\Omega_s)$$

其中,$\Omega_s = 2\pi / T_s$。

得到单极性归零码基带信号的功率谱,如图 5-12 所示。由图 5-12 的连续谱求得基带信号的带宽为 $B = 2\Omega_s/(2\pi) = 2/T_s$,等于码元速率的 2 倍。

此外,在 $\omega = 0$ 处存在离散谱,因此基带信号中存在直流分量,其功率和幅度分别为

$$P_0 = \frac{1}{2\pi} \times \frac{\pi A^2}{8} = \frac{A^2}{16}, \quad A_0 = \frac{A}{4}$$

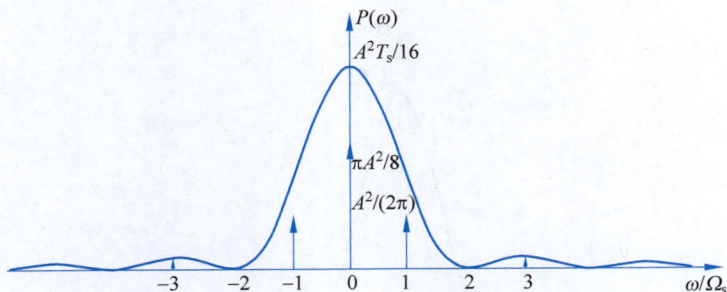

图 5-12 单极性归零码基带信号的功率谱

在 $\omega = \pm\Omega_s$ 处存在冲激,说明该基带信号中存在位定时分量,其功率和幅度分别为

$$P_1 = 2 \times \frac{1}{2\pi} \times \frac{\pi A^2}{8} \times \text{Sa}^2\left(\frac{\pi}{2}\right) = \frac{A^2}{2\pi^2}, \quad A_1 = \sqrt{2P_1} = \frac{A}{\pi}$$

例 5-5 求 0,1 等概的双极性 NRZ 码基带信号的功率谱。假设码元间隔为 T_s,脉冲的幅度为 A。

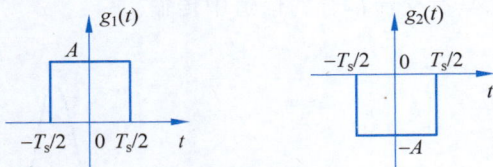

图 5-13 双极性非归零码的基本波形

解 因为 0,1 等概,则 $P = 0.5$。根据双极性非归零码的编码规则,设 1 码和 0 码对应的基本波形 $g_1(t)$ 和 $g_2(t)$ 如图 5-13 所示,显然 $g_2(t) = -g_1(t)$,则

$$G_1(\text{j}\omega) = AT_s\text{Sa}\left(\frac{\omega T_s}{2}\right), \quad G_2(\text{j}\omega) = -G_1(\text{j}\omega) = -AT_s\text{Sa}\left(\frac{\omega T_s}{2}\right)$$

代入式(5-4)和式(5-5)得到连续谱和离散谱分别为

$$P_c(\omega) = R_s P(1-P) \mid 2G_1(\text{j}\omega) \mid^2 = 4R_s P(1-P) \mid G_1(\text{j}\omega) \mid^2$$

$$= 4 \times \frac{1}{T_s} \times \frac{1}{2} \times \frac{1}{2}\left[(AT_s)^2\text{Sa}^2\left(\frac{\omega T_s}{2}\right)\right]$$

$$= A^2 T_s \text{Sa}^2\left(\frac{\omega T_s}{2}\right)$$

$$P_d(\omega) = 2\pi R_s^2 \sum_{n=-\infty}^{\infty} \mid PG_1(\text{j}n\Omega_s) + (1-P)G_2(\text{j}n\Omega_s) \mid^2 \delta(\omega - n\Omega_s)$$

$$= 2\pi R_s^2 \sum_{n=-\infty}^{\infty} \mid PG_1(\text{j}n\Omega_s) - (1-P)G_1(\text{j}n\Omega_s) \mid^2 \delta(\omega - n\Omega_s)$$

$$= 0$$

其中,$\Omega_s = 2\pi/T_s$。

由此可见,0,1 等概的双极性非归零码的功率谱中没有离散谱,只有连续谱,因此,这种基带信号中没有直流分量,也没有位定时分量。图 5-14 所示为其功率谱。由图 5-14 可知,这种基带信号的带宽为 $B = \Omega_s/(2\pi) = 1/T_s$,数值上等于码元速率。

需要注意的是,在上述计算过程中,1 码和 0 码分别用两种不同的基本波形信号 $g_1(t)$ 和 $g_2(t)$ 表示。而对于多元码基带信号(如 AMI 码和 HDB$_3$ 码),各码元间隔内的时间波形有多种情况,因此无法利用上述公式计算其功率谱,需要利用其他方法或借助计算机仿真软件进行分析。

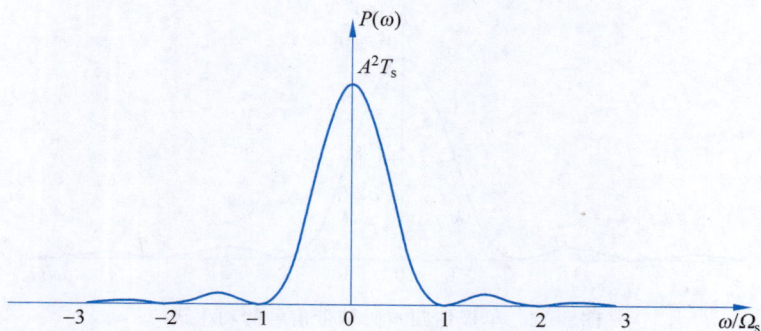

图 5-14　双极性非归零码基带信号的功率谱

图 5-15 所示为 AMI 码基带信号的功率谱。由此可见,这种码型的基带信号,其功率主要集中在 $\Omega_s/2$ 附近,直流成分和高频成分都比较小。因此,AMI 码特别适合在低频特性不好、具有交流耦合的信道中传输。

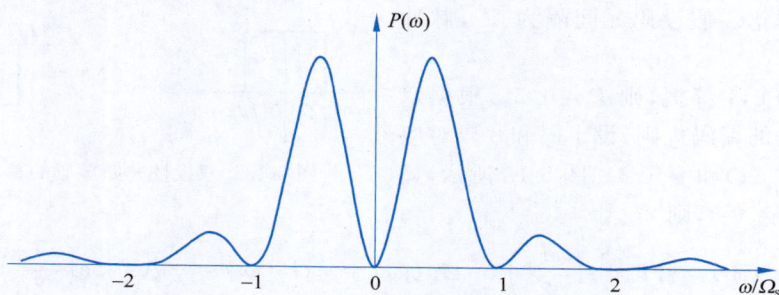

第 31 集
微课视频

图 5-15　AMI 码基带信号的功率谱

此外,在上述计算方法中,并没有限定 $g_1(t)$、$g_2(t)$ 和 $v(t)$ 的波形,因此对于实际系统中采用的升余弦脉冲基带信号、三角脉冲基带信号等,也可以利用上述方法计算其功率谱。

根据功率谱可以分析基带信号的带宽、其中是否存在直流分量、位定时分量等,这些结论对设计基带传输系统是相当重要的。下面再做些总结。

(1)单极性基带信号中一定存在直流分量。

(2)0,1 等概的双极性基带信号中不存在离散谱,也就没有直流分量和位定时分量。

(3)在 4 种基本码型的基带信号中,只有单极性归零码基带信号中存在位定时分量。对于不存在位定时分量的基带信号,在接收端可以通过一些非线性变换将其变为单极性归零信号,然后从中提取位定时信息。

(4)归零码基带信号的带宽都大于非归零基带信号。对于半占空归零码,其带宽在数值上等于码元速率的 2 倍,是非归零码基带信号带宽的 2 倍。

5.3　码间干扰

在数字通信系统中,由于传输信道的特性不理想,将造成码间干扰。码间干扰达到一定程度时,将使采样判决发生错误,形成误码,从而影响传输的可靠性。

5.3.1 码间干扰的概念

为了说明码间干扰的概念,先假设数字基带传输系统中没有发送滤波器和接收滤波器。在发送端和接收端之间通过有线信道直接连接,并假设信道具有低通特性。

假设发送端发送的数字基带信号为双极性 NRZ 码矩形脉冲基带信号,其谱零点带宽等于码元速率。信号中位于频谱主瓣(即带宽范围)内的低频分量具有比较大的幅度和功率,此外,还含有大量的位于频谱旁瓣内的高频分量。

当信道带宽远大于基带信号的带宽时,意味着主瓣内的分量和旁瓣内幅度和功率较大的分量都能够通过信道,在接收端合成的波形与发送的基带信号波形之间失真很小。此时,接收端接收到的波形也近似为标准的矩形脉冲,如图 5-16 所示。

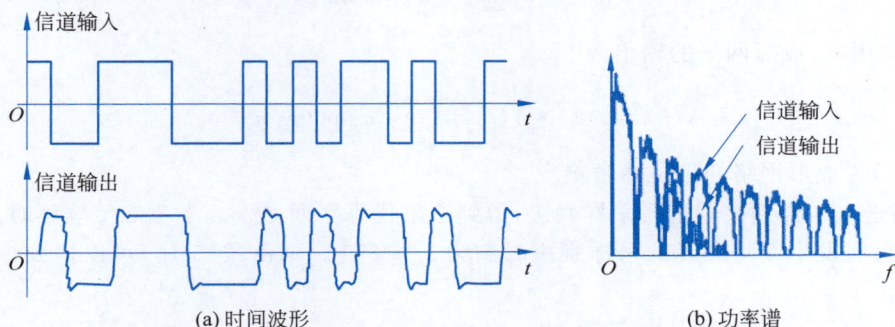

(a) 时间波形 (b) 功率谱

图 5-16 信道带宽大于信号带宽时的输入输出信号

当信道带宽小于基带信号的带宽时,基带信号中幅度和功率比较大的低频分量也将受到一定程度的过滤和衰减,导致信道输出波形出现较大的失真和畸变,如图 5-17 所示。

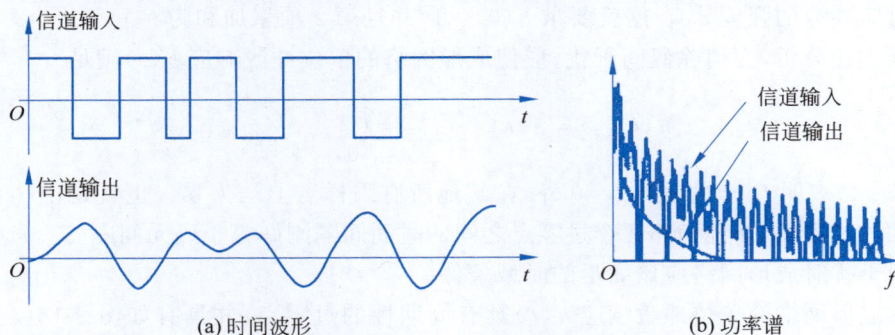

(a) 时间波形 (b) 功率谱

图 5-17 信道带宽小于信号带宽时的输入输出信号

由于信道特性不理想,带宽不够大,导致传送的数字基带信号中高频分量和部分位于带宽范围内的低频分量被大幅度衰减,从而使各码元引起的信道输出信号时间波形被展宽和拖尾,相互造成干扰,使信号波形出现畸变和失真。这种现象称为码间干扰(Inter-Symbol Interference,ISI),又称为码间串扰或符号间干扰。

显然,为了避免或减少码间干扰,需要信道提供足够大的带宽。但是,这将使频带利用率降低,传输的有效性变差。因此,有必要探寻更有效的方法,以尽可能降低对信道传输带宽的要求,又能获得足够高的传输速率。常用的方法是在发送端采用发送滤波器,将传输的基带信号转换为与信道特性相匹配的传输波形。

5.3.2　无码间干扰传输的条件

为分析无码间干扰传输的条件,将数字基带传输系统中的发送滤波器、信道和接收滤波器的串联合起来,称为成形网络。发送端发送的数字基带信号通过发送滤波器后得到基带信号的传输波形。

1. 时域条件

考虑到数字通信系统接收端中的采样判决,为简化分析,可以将发送端发送的代码序列 $\{a_n\}$ 对应的基带信号表示为相距一个码元间隔 T_s、强度等于 a_n 的冲激序列 $a(t)$,即

$$a(t) = \sum_{n=-\infty}^{\infty} a_n \delta(t - nT_s)$$

在 $a(t)$ 作用下,成形网络的输出为

$$s(t) = a(t) * h(t) = \sum_{n=-\infty}^{\infty} a_n h(t - nT_s) \tag{5-10}$$

其中,$h(t)$ 为成形网络的单位冲激响应。

$s(t)$ 送入采样判决器进行采样判决,得到输出代码序列 $\{b_n\}$。不考虑传输延时,为实现正确判定,假设第 k 个码元的采样判决时刻为 $t_k = kT_s$。则由式(5-10)可以得到该时刻的采样值为

$$s(t_k) = \sum_{n=-\infty}^{\infty} a_n h(t_k - nT_s) = \sum_{n=-\infty}^{\infty} a_n h(kT_s - nT_s) = a_k h(0) + \sum_{n=-\infty, n\neq k}^{\infty} a_k h(kT_s - nT_s)$$

等式右边第2项累加和表示其他码元对第 k 个码元 a_k 采样值造成的影响,因此这一项即代表码间干扰。如果不考虑传输损耗等因素,上述采样值 $s(t_k)$ 应等于发送端 $\{a_n\}$ 中第 k 个码元对应冲激的强度 a_k。这就要求 $h(0)=1$,并且第2项累加和为0。

根据上述分析,为消除码间干扰,应使成形网络的单位冲激响应 $h(t)$ 满足

$$h(kT_s) = h(t)\,|_{t=kT_s} = \begin{cases} 1, & k=0 \\ 0, & k\neq 0 \end{cases} \tag{5-11}$$

式(5-11)表明 $h(t)$ 的值除 $t=0$ 外,在其他所有采样点上均为零。也就是说,$h(t)$ 应具有周期性的过零点,并且相邻两个过零点之间的时间间隔刚好等于码元间隔 T_s。这就是传输无码间干扰时成形网络应该满足的时域条件。

假设成形网络的单位冲激响应 $h(t)$ 具有周期性的过零点,并具有如图 5-18(a)所示的波形。此外,发送端采用单极性传输,发送的代码序列为1101,则成形网络的输出 $s(t)$ 波形如图 5-18(b)中的实线所示。

接收端对成形网络的输出 $s(t)$ 每隔一个码元间隔 T_s 采样一次,如图 5-18(b)的小黑点所示。每个采样值再与门限电平相比较,判决得到代码序列。对于单极性传输,判决门限电平取为信号幅度最大值的一半,则判决输出代码序列为1101,与发送的代码序列完全相同,这就说明没有码间干扰和传输误码。

如果成形网络的单位冲激响应如图 5-19(a)所示,显然此时 $h(t)$ 不满足式(5-11)。如图 5-19(b)所示,接收端对成形网络的输出信号 $s(t)$ 在 $t=kT_s(k=0,1,2,3)$ 时刻采样,判决结果为1110,这就说明出现了码间干扰,并且其中后两个码元出现了误码。

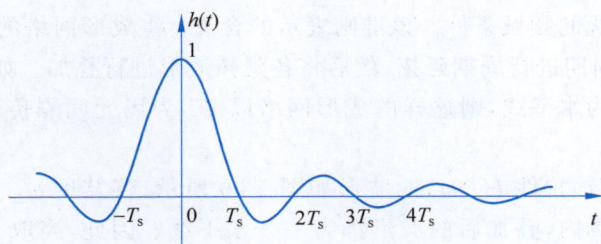

(a) 单位冲激响应

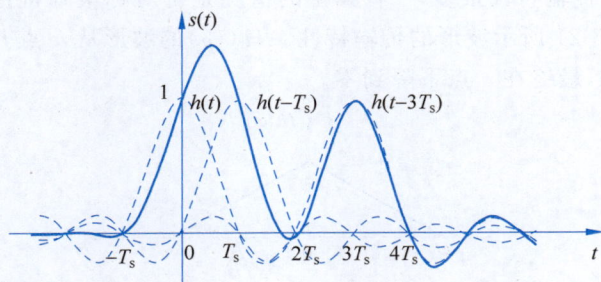

(b) 成形网络输出

图 5-18　成形网络的单位冲激响应及输出波形

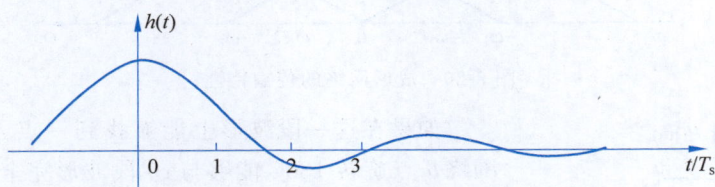

(a) 单位冲激响应

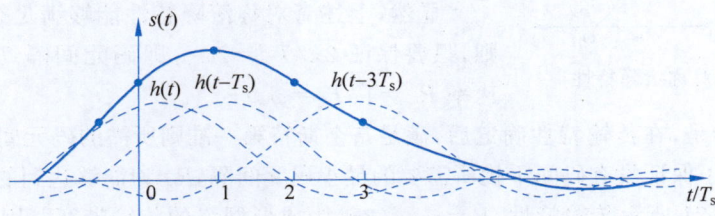

(b) 成形网络输出

图 5-19　有码间干扰的情况

2. 奈奎斯特第一准则

为保证没有码间干扰,成形网络的单位冲激响应必须具有周期性的过零点,并且传送的码元间隔刚好等于相邻两个过零点之间的时间间隔。由于成形网络的单位冲激响应 $h(t)$ 与其传输特性 $H(j\omega)$ 互为傅里叶变换对,经过数学推导和分析可知,为避免码间串扰,成形网络的传输特性应满足

$$\sum_k H\left[j\left(\omega + \frac{2k\pi}{T_s}\right)\right] = C, \quad |\omega| \leqslant \frac{\pi}{T_s} \tag{5-12}$$

其中,C 为任意常数。

式(5-12)称为奈奎斯特第一准则,是为消除码间干扰,成形网络的传输特性应该满足的

条件,称为无码间干扰的频域条件。该准则表示的含义:将成形网络的传输特性 $H(j\omega)$ 沿频率轴以 $2\pi/T_s$ 为周期进行周期延拓,然后将各延拓波形进行叠加。如果在 $|\omega| \leqslant \pi/T_s$ 区间内,叠加后的波形为水平线,则这样的成形网络以 T_s 为码元间隔传输基带信号时,就不会有码间干扰。

假设成形网络传输特性 $H(j\omega)$ 的波形如图 5-20 所示,将其以 ω_1 为周期延拓再叠加。可见,在整个频率范围内,叠加后的波形都为一条水平线。因此,当取 $2\pi/T_s = \omega_1$,即码元速率 $T_s = 2\pi/\omega_1$ 时,满足上述奈奎斯特第一准则,此时将没有码间干扰。

满足上述条件的传输特性很多,一种典型的情况是奇对称滚降特性。所谓奇对称滚降特性,是指具有如图 5-21 所示波形的传输特性。$H(j\omega)$ 的波形从 a 点开始随着 ω 的增大而逐渐下降(称为滚降),最终在 c 点下降到零。

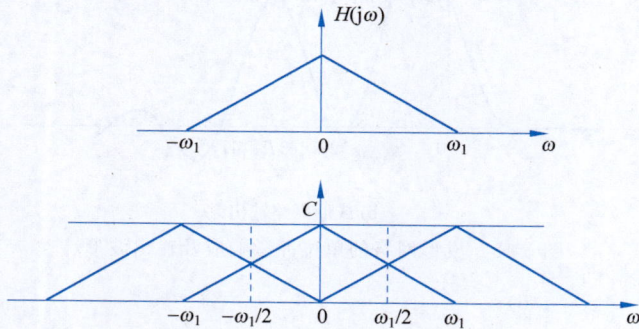

图 5-20　成形网络的传输特性

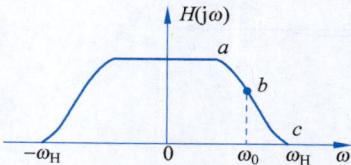

图 5-21　奇对称滚降特性

如果在这一段波形上能够找到一点 b,将 ab 段波形围绕 b 点旋转 180°,能够与 cb 段波形完全重合,则将 b 点称为奇对称点,这样的传输特性就具有奇对称滚降特性。

显然,上述奇对称滚降特性能够满足奈奎斯特第一准则,只要保证 $2\pi/T_s = 2\omega_0$,即码元间隔 $T_s = \pi/\omega_0$,码元速率 $R_s = 1/T_s = \omega_0/\pi$。

需要说明的是,在传输特性确定后,满足奈奎斯特第一准则所需的码元间隔有很多,以上得到的 T_s 是为了保证没有码间干扰所需要的最小码元间隔,R_s 为能够达到的最高码元速率。

对于如图 5-21 所示传输特性,$B = \omega_H/(2\pi)$ 为成形网络的传输带宽。因此,在没有码间干扰的前提下,能够达到的最高频带利用率为

$$\eta_s = \frac{R_s}{B} = \frac{2\omega_0}{\omega_H} \text{Bd/Hz} \tag{5-13}$$

例 5-6　已知基带传输系统成形网络的传输特性如图 5-22 所示。求无码间干扰的最高码元速率 R_s 和最高频带利用率 η_s。

解　由图 5-22 求得传输特性奇对称点的频率为

$$\omega_0 = \frac{1000\pi + 2000\pi}{2} = 1500\pi \text{rad/s}$$

则无码间干扰的最高码元速率为

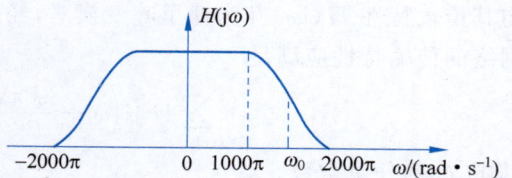

图 5-22　例 5-6 成形网络的传输特性

$$R_{\mathrm{s}} = \omega_0/\pi = 1500\mathrm{Bd}$$

此外,由图 5-22 求得传输带宽 $B = 2000\pi/(2\pi) = 1000\mathrm{Hz}$,则最高频带利用率为

$$\eta_{\mathrm{s}} = \frac{R_{\mathrm{s}}}{B} = \frac{1500}{1000} = 1.5\mathrm{Bd/Hz}$$

5.3.3 无码间干扰的典型传输波形

满足奈奎斯特第一准则的成形网络传输特性和基带信号传输波形有很多,典型的有理想低通特性和升余弦滚降特性。

1. 理想低通特性

理想低通特性是满足奈奎斯特第一准则的一种最简单的情况。此时,成形网络的传输特性如图 5-23(a)所示。由此得到

$$H(\mathrm{j}\omega) = \begin{cases} \dfrac{1}{2B}, & |\omega| < 2\pi B \\ 0, & |\omega| > 2\pi B \end{cases} \tag{5-14}$$

其中,B 为传输带宽。将 $H(\mathrm{j}\omega)$ 取傅里叶反变换得到成形网络的单位冲激响应(即传输波形)为

$$h(t) = \mathrm{Sa}(2\pi Bt) \tag{5-15}$$

其波形如图 5-23(b)所示。

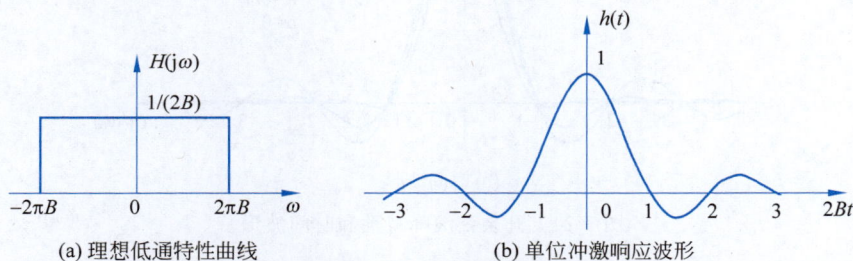

(a) 理想低通特性曲线 (b) 单位冲激响应波形

图 5-23 理想低通特性曲线及其单位冲激响应波形

由此可见,理想低通成形网络的单位冲激响应每隔 $1/(2B)$ 有一个零点。如果令

$$T_{\mathrm{s}} = \frac{1}{2B} \tag{5-16}$$

则

$$h(kT_{\mathrm{s}}) = \mathrm{Sa}(2\pi BkT_{\mathrm{s}}) = \mathrm{Sa}(\pi km) = \begin{cases} 1, & k = 0 \\ 0, & k \neq 0 \end{cases}$$

这就满足了式(5-11)所示的条件。因此,采用理想低通特性可以消除码间干扰。

式(5-16)是在成形网络的传输特性确定(即传输带宽 B 确定)后,为了消除码间干扰,能够达到的最小码元间隔。由此求得无码间干扰的最高码元速率为

$$R_{\mathrm{s}} = \frac{1}{T_{\mathrm{s}}} = 2B \ \mathrm{Bd} \tag{5-17}$$

最高频带利用率为

$$\eta_{\mathrm{s}} = \frac{R_{\mathrm{s}}}{B} = 2\mathrm{Bd/Hz} \tag{5-18}$$

这是所有数字基带传输系统所能达到的最高频带利用率,称为奈奎斯特频带利用率。相应地,将 $2B$ 称为奈奎斯特速率,对应的码元间隔 $1/(2B)$ 称为奈奎斯特间隔。

理想低通传输特性具有最高频带利用率。但是,在实际应用中理想低通系统存在两个问题:一方面,理想低通特性无法实现;另一方面,其单位冲激响应 $h(t)$ 的拖尾往往很长,衰减缓慢。定时稍有偏差,可能会产生比较严重的码间干扰。

2. 升余弦滚降特性

升余弦滚降特性及其单位冲激响应分别如式(2-8)和式(2-9)所示。图 5-24 给出了升余弦滚降信号的频谱和单位冲激响应。

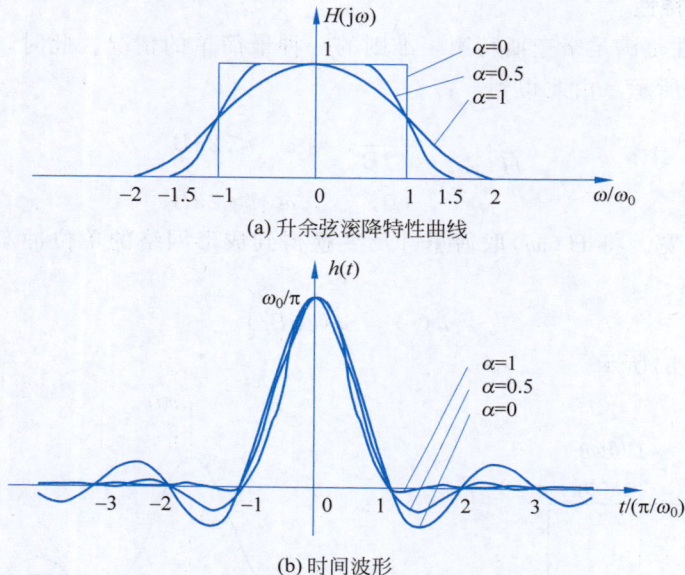

(a) 升余弦滚降特性曲线

(b) 时间波形

图 5-24　升余弦滚降特性和时间波形

比较图 5-23(b)和图 5-24(b)可知,升余弦滚降特性的单位冲激响应与理想低通特性具有类似的波形,即都随时间呈衰减振荡,并且沿横轴方向具有周期性的过零点,每隔 π/ω_0 的时间间隔穿过一次横轴。与理想低通特性相比,升余弦滚降特性的单位冲激响应衰减得快一些,并且 α 越大,衰减越快。这对减小码间干扰和定时误差的影响是有利的。

显然,对升余弦滚降特性,其传输带宽为

$$B = \frac{(1+\alpha)\omega_0}{2\pi} \text{Hz} \tag{5-19}$$

因此,最高码元速率和最高频带利用率分别为

$$R_s = \frac{\omega_0}{\pi} \text{Bd} \tag{5-20}$$

$$\eta_s = \frac{2}{1+\alpha} \text{Bd/Hz} \tag{5-21}$$

例 5-7　已知某数字基带传输系统成形网络具有升余弦滚降特性,滚降系数 $\alpha=0.5$,带宽为 3kHz。求无码间干扰的最高码元速率 R_s。

解　由式(5-21)求得该基带传输系统的最高频带利用率为

$$\eta_s = \frac{2}{1+\alpha} = \frac{4}{3} \mathrm{Bd/Hz}$$

则最高码元速率为

$$R_s = \eta_s B = \frac{4}{3} \times 3 = 4\mathrm{kBd}$$

5.4　部分响应和均衡技术

在实际系统中,码间干扰不可避免,但是可以采取各种技术以尽量减小码间干扰的影响,提高频带利用率。部分响应技术和均衡技术就是常用的两种典型技术。

5.4.1　部分响应技术

为了消除码间干扰,根据奈奎斯特第一准则,可把基带系统的传输特性设计为理想低通特性。但是理想低通特性系统的冲激响应拖尾严重,对接收端采样定时的要求很高。采用升余弦滚降特性,拖尾的衰减速度快,可以降低对定时精度的要求,但系统的频带利用率低。为了降低到对定时精度的要求,同时又保证具有足够高的频带利用率,在高速、大容量的传输系统中,提出了部分响应传输系统,简称部分响应系统。

1. 奈奎斯特第二准则

奈奎斯特第二准则的具体含义:通过有意识地在指定的某些码元采样时刻引入码间干扰,而在其他码元的采样时刻无码间干扰,那么就能使频带利用率提高到理论上的最大值,同时又可以降低对定时精度的要求。

根据上述奈奎斯特第二准则得到的传输波形称为部分响应波形。利用这种波形进行传输的基带传输系统称为部分响应系统。

在理想低通特性中,当码元间隔取为理想低通传输波形中相邻两个零点之间的时间间隔时,$T_s = 1/(2B)$,则 $B = 1/(2T_s)$,代入式(5-15)得到

$$h(t) = \mathrm{Sa}\left(\frac{\pi t}{T_s}\right) \tag{5-22}$$

如果将时间上相隔 T_s 的两个波形叠加,则得到部分响应波形,如图 5-25(a)所示,其时间表达式为

$$s(t) = h(t) + h(t - T_s) = \mathrm{Sa}\left(\frac{\pi t}{T_s}\right) + \mathrm{Sa}\left[\frac{\pi(t - T_s)}{T_s}\right] \tag{5-23}$$

在部分响应波形中,由于 $h(t)$ 与 $h(t-T_s)$ 在时间轴方向的距离刚好等于 $h(t)$ 波形上相邻两个过零点之间的时间间隔,$h(t)$ 与 $h(t-T_s)$ 两个波形的拖尾正好极性相反,从而使合成波形 $g(t)$ 的拖尾相互抵消一部分,最终导致拖尾迅速衰减。

此外,$s(t)$ 在 $t=0$ 和 $t=T_s$ 的幅度都为 1,而在 $t=2T_s,3T_s,\cdots$ 都为零,这说明以这样的波形传输数字代码,只是当前码元对下一个码元有码间干扰,而对其他码元都没有码间干扰。

利用时移性质对式(5-23)取傅里叶变换得到

$$S(j\omega) = [H(j\omega) + H(j\omega)\mathrm{e}^{-j\omega T_s}] = H(j\omega)2\cos\frac{\omega T_s}{2}\mathrm{e}^{-j\omega T_s/2}$$

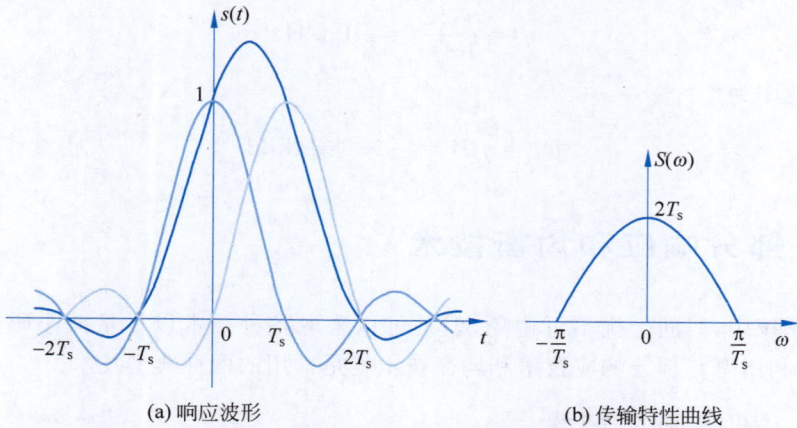

(a) 响应波形　　　　　　　　(b) 传输特性曲线

图 5-25　部分响应波形及其传输特性曲线

其中,$H(\mathrm{j}\omega)$ 为式(5-14)所示的理想低通传输特性,且带宽为 $1/(2T_\mathrm{s})$。若只考虑幅频特性,则得到

$$S(\omega)=\begin{cases}2T_\mathrm{s}\cos\dfrac{\omega T_\mathrm{s}}{2}, & |\omega|<\dfrac{\pi}{T_\mathrm{s}} \\[2mm] 0, & |\omega|\geqslant\dfrac{\pi}{T_\mathrm{s}}\end{cases} \tag{5-24}$$

部分响应系统的传输特性如图 5-25(b)所示。由此可见,部分响应波形的带宽为

$$B=\frac{1}{2\pi}\times\frac{\pi}{T_\mathrm{s}}=\frac{1}{2T_\mathrm{s}} \tag{5-25}$$

码元速率为 $R_\mathrm{s}=1/T_\mathrm{s}$,则频带利用率达到理论上的极限值,即 $\eta_\mathrm{s}=R_\mathrm{s}/B=2\mathrm{Bd/Hz}$。

2. 第 1 类部分响应系统

为了得到上述部分响应波形和传输特性,将原始数字代码序列 $\{a_n\}$ 延时一个码元间隔 T_s 后再与其相加,加法器的输出序列设为 $\{c_n\}$,再将 $\{c_n\}$ 作为成形网络的输入序列,其输出即为部分响应波形 $s(t)$。

在第 1 类部分响应系统中,前后码元之间存在码间干扰。但是由于这时的干扰是确定的,因此是可以采取措施消除的。假设输入的二进制码元序列为 $\{a_n\}$,同时假设 a_n 的取值为 +1 和 -1,即采用双极性传输。当发送第 k 个码元 a_k 时,接收端对应的采样值 s_k 由式(5-26)确定,只可能取 -2,0,+2。如果 a_{k-1} 已经判定,则根据式(5-26),用 s_k 减 a_{k-1},便可得到 a_k 的取值,从而消除码间干扰。

例如,假设发送端发送的数字代码序列 $\{a_n\}$ 为 11001011,则由 $\{a_n\}$ 序列到 $\{s_n\}$ 序列,以及由 $\{s_n\}$ 判决恢复得到 $\{a'_n\}$ 序列的过程如下。

a_n:	−1	+1	+1	−1	−1	+1	−1	+1	+1
a_{n-1}:		−1	+1	+1	−1	−1	+1	−1	+1
s_n:		0	+2	0	−2	0	0	0	+2
a'_n:	−1	+1	+1	−1	−1	+1	−1	−1	+1

其中,第 1 个 a_n 的值是随意假设的初值。在判决得到的 $\{a'_n\}$ 序列中,第 1 个 a'_n 的值假设为

与 a_n 的初值相同。

在实际应用中,上述方法将出现差错传播现象,即在$\{s_n\}$序列中,某个 s_n 因干扰而发生差错,不但会造成对当前 a_n 值的误判,还会影响到后面所有码元的判决和恢复。

为了避免差错传播现象,首先将发送端的原始数字代码序列$\{a_n\}$进行预编码,得到序列$\{b_n\}$。预编码规则为

$$b_k = a_k \oplus b_{k-1} \tag{5-26}$$

其中,$\oplus$表示模 2 和,也就是逻辑异或运算。

得到预编码序列$\{b_n\}$后,再将其作为原始$\{a_n\}$序列,进行式(5-26)所示的编码,称为相关编码,从而得到

$$s_k = b_k + b_{k-1} \tag{5-27}$$

对式(5-27)作模 2 运算处理,得到

$$a'_k = [s_k]_{\text{mod2}} = [b_k + b_{k-1}]_{\text{mod2}} = b_k \oplus b_{k-1} \tag{5-28}$$

而由式(5-26)得到

$$a_k = b_k \oplus b_{k-1} \tag{5-29}$$

式(5-29)表明,将成形网络输出的 $s(t)$ 经过采样后得到$\{s_n\}$序列,再对其作模 2 运算后得到序列$\{a'_n\}$,该序列与发送端的原始代码序列$\{a_n\}$相等,这就实现了代码的判决恢复。该过程并不需要事先知道 a_{k-1},所以避免了错误传播现象。

上述整个处理过程可概括为"预编码-相关编码-模 2 判决"过程,其中模 2 判决的判决规则为

$$a'_k = \begin{cases} 0, & s_k = \pm 2 \\ 1, & s_k = 0 \end{cases} \tag{5-30}$$

假设原始的$\{a_n\}$序列为 11001011,并且采用双极性码传输,则以上处理过程可表示如下。

原始代码 a_n:		1	1	0	0	1	0	1	1
预编码 b_n:	0	1	0	0	0	1	1	0	1
b_{n-1}:		0	1	0	0	0	1	1	0
双极性表示:	−1	+1	−1	−1	−1	+1	+1	−1	+1
相关编码 s_n:		0	0	−2	−2	0	+2	0	0
模 2 判决 a'_n:		1	1	0	0	1	0	1	1

根据上述过程得到第 1 类部分响应系统如图 5-26 所示。其中,第 1 个加法器实现模 2 运算和预编码,第 2 个加法器实现相关编码。成形网络的输出经过采样判决得到相关编码序列$\{s_n\}$,再进行模 2 判决,从而恢复原始代码序列$\{a_n\}$。

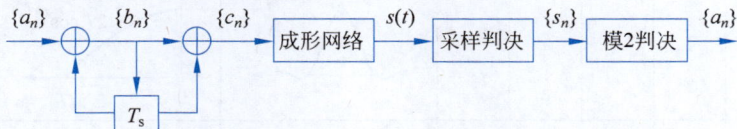

图 5-26　第 1 类部分响应系统

3. 部分响应系统的一般形式

在第 1 类部分响应系统中,只存在前后相邻两个码元之间的相互干扰,在其他码元之间没有干扰。将这一基本思想推广,得到部分响应系统传输波形的一般形式为

$$s(t) = \sum_{i=0}^{N-1} R_i \, \text{Sa}\left[\frac{\pi(t - iT_s)}{T_s}\right] \tag{5-31}$$

其中,R_i $(i=0,1,\cdots,N-1)$ 为加权系数。

对式(5-31)作傅里叶变换,可以得到部分响应系统的传输特性为

$$S(j\omega) = \begin{cases} T_s \sum_{i=0}^{N-1} R_i \, \text{e}^{-j\omega i T_s}, & |\omega| < \dfrac{\pi}{T_s} \\[2mm] 0, & |\omega| > \dfrac{\pi}{T_s} \end{cases} \tag{5-32}$$

在式(5-31)和式(5-32)中,不同的加权系数将得到不同的传输波形和频率特性,分别对应不同类型的部分响应系统。表 5-1 列出了目前常见的 5 类部分响应波形及其传输特性和对应的加权系数 R_i,分别命名为第 1~5 类部分响应波形。为了便于对比,把具有理想低通特性的 Sa(x) 波形也列在表中,并称为第 0 类,对应 $R_0 = 1$。

由表 5-1 可知,各类部分响应系统的传输特性都没有超过理想低通传输特性的频带宽度,第 1 类部分响应传输特性主要集中在低频段,适于信道频带高频严重受限的场合。而第 4 类部分响应传输特性中没有直流分量,并且低频分量小,便于边带滤波以实现单边带调制。

但是各类部分响应波形的频谱结构和对邻近码元采样时刻的干扰不同。例如,在第 2 类部分响应系统中,每个码元将对其后的第 1 个和第 2 个码元分别有 2 倍和 1 倍幅度的码间干扰。在第 4 类部分响应系统中,每个码元引起的输出将对其后第 2 个码元的采样值有极性相反、幅度相同的码间干扰。

最后需要说明的是,部分响应系统带来的好处是在保证频带利用率达到理论上的极限值的前提下减小了码间干扰,其代价是要求发送信号的功率必须增大。这是由于当需要发送的数字代码为 L 进制时,部分响应系统在接收端采样得到的电平幅度要超过 L 个。因此,在同样的输入信噪比的前提下,部分响应系统的抗噪声性能将比第 0 类响应系统差。目前在实际的应用中,第 1 类和第 4 类部分响应系统应用最广泛,主要就是因为这两种类型的部分响应系统中,采样值的电平数比其他类型少。

表 5-1　Sa(x)波形及 5 类常见的部分响应波形及其传输特性

类别	R_0	R_1	R_2	R_3	R_4	传输波形 $s(t)$	传输特性 $\|S(j\omega)\|$	s_n 电平数
0	1							2
1	1	1					$2T_s\cos\dfrac{\omega T_s}{2}$	3
2	1	2	1				$4T_s\cos^2\dfrac{\omega T_s}{2}$	5

续表

类别	R_0	R_1	R_2	R_3	R_4	传输波形 $s(t)$	传输特性 $\lvert S(j\omega)\rvert$	s_n 电平数
3	2	1	−1			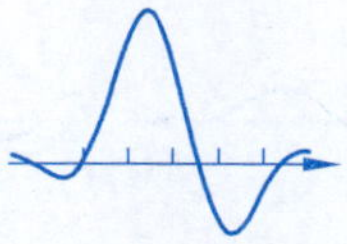	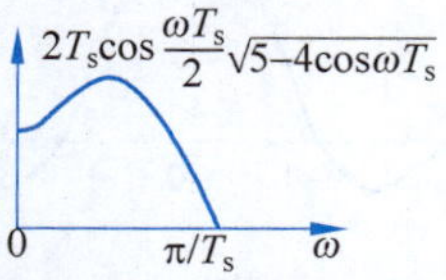 $2T_s\cos\dfrac{\omega T_s}{2}\sqrt{5-4\cos\omega T_s}$	5
4	1	0	−1			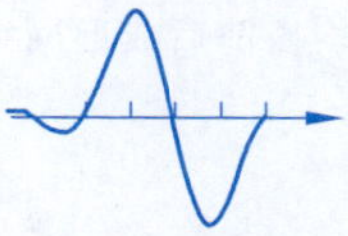	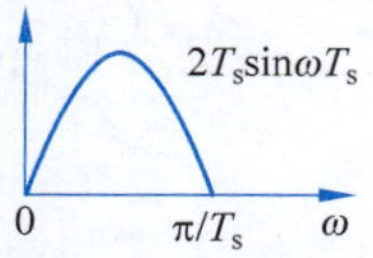 $2T_s\sin\omega T_s$	3
5	−1	0	2	0	−1	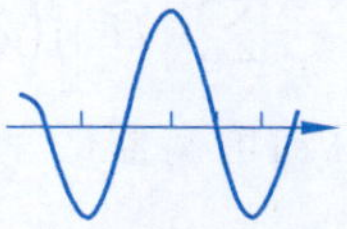	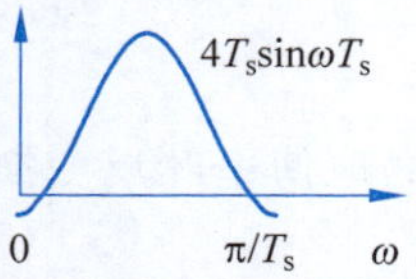 $4T_s\sin\omega T_s$	5

5.4.2　均衡技术

实际的基带传输系统不可能完全满足无码间干扰的传输条件,因而码间干扰是不可避免的。当干扰严重时,必须对系统进行校正,使其达到或接近无码间干扰要求的特性。理论和实践表明,在基带系统中插入一种可调(或不可调)滤波器就可以补偿整个系统的幅频和相频特性,从而减小码间串扰的影响。这个对系统校正的过程称为均衡,实现均衡的滤波器称为均衡器。

插入均衡器后基带系统的模型如图 5-27 所示,图中 $H(j\omega)$ 为均衡前成形网络的频率特性,$T(j\omega)$ 为均衡器的频率特性。

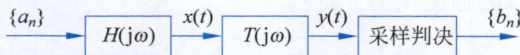

$$\{a_n\} \rightarrow \boxed{H(j\omega)} \xrightarrow{x(t)} \boxed{T(j\omega)} \xrightarrow{y(t)} \boxed{采样判决} \xrightarrow{\{b_n\}}$$

图 5-27　插入均衡器后基带系统的模型

均衡分为频域均衡和时域均衡。频域均衡是从频率响应考虑,使包括均衡器在内的整个系统总传输函数满足无失真传输条件。时域均衡则是直接从时间响应考虑,使包括均衡器在内的整个系统的冲激响应满足无码间串扰条件。

频域均衡在信道特性不变,且传输低速率数据时是适用的,而时域均衡可以根据信道特性的变化进行调整,能够有效地减小码间串扰,故在高速数据传输中得以广泛应用。这里以时域均衡为例,介绍均衡技术的基本思想及其实现方法。

1. 时域均衡的基本原理

假设在均衡前成形网络的单位冲激响应为 $h(t)$,其波形如图 5-28(a)所示,显然 $h(t)$ 不满足无码间干扰的条件。时域均衡就是在原成形网络的输出端(即在接收滤波器和取样判决器之间)插入均衡器,使插入均衡器后整个基带传输系统的单位冲激响应 $h'(t)$ 满足无码间干扰的时域条件,其波形如图 5-28(b)所示。

可以证明,为使校正后整个基带系统的传输特性满足奈奎斯特第一准则,均衡器的传输特性必须为

$$T(j\omega) = \sum_{n=-\infty}^{\infty} c_n e^{-jnT_s\omega} \tag{5-33}$$

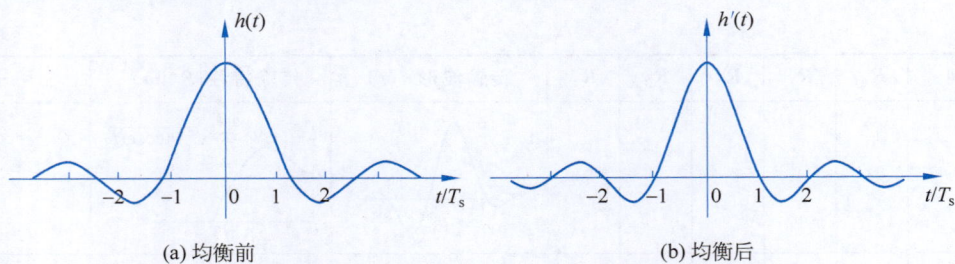

(a) 均衡前　　　　　　　　　　　　(b) 均衡后

图 5-28　均衡前后成形网络的单位冲激响应

其中

$$c_n = \frac{T_s}{2\pi} \int_{-\pi/T_s}^{\pi/T_s} \frac{T_s}{\displaystyle\sum_{m=-\infty}^{\infty} H\left[\mathrm{j}\left(\omega + \frac{2\pi m}{T_s}\right)\right]} \mathrm{e}^{\mathrm{j}nT_s\omega} \mathrm{d}\omega \tag{5-34}$$

对式(5-33)取傅里叶反变换,得到均衡器的单位冲激响应为

$$h_T(t) = \sum_{n=-\infty}^{\infty} c_n \delta(t - nT_s) \tag{5-35}$$

由此可见,均衡器的传输特性完全取决于原基带系统成形网络的传输特性 $H(\mathrm{j}\omega)$。只要已知 $H(\mathrm{j}\omega)$,就可以根据式(5-34)确定出 c_n,从而构造出均衡器,使校正后的整个系统满足无码间干扰的传输条件。

根据式(5-35)得到实现 $T(\mathrm{j}\omega)$ 的均衡器如图 5-29 所示,它实际上是由无限多个横向排列的延迟单元、相乘器和加法器组成的,因此称为横向滤波器。每个延迟单元的延迟时间等于码元间隔 T_s,其输出通过相应的抽头送至乘法器进行加权,加权系数(又称为抽头系数)为 c_n。所有乘法器的输出送至加法器,相加后作为均衡器的输出 $y(t)$,而均衡器的输入为原成形网络中接收滤波器的输出信号 $x(t)$。

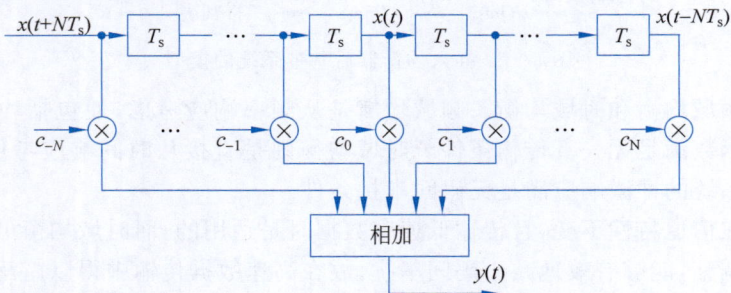

图 5-29　时域均衡器原理

用上述方法构造出的均衡器,可以完全消除各采样点上的码间干扰,但是需要无穷多个延迟单元,这在实际系统中是不可能实现的,大多情况下也是不必要的。因为实际信道往往仅是一个码元脉冲波形对邻近的少数几个码元产生串扰,故实际上只要有一二十个抽头的滤波器就可以了。

假设在实际的均衡器中,延迟单元和抽头数为 $2N+1$ 个,均衡器的输入为原基带系统接收滤波器的输出信号 $x(t)$,则可得到均衡器的输出为

$$y(t) = \sum_{n=-N}^{N} c_n x(t - nT_s) \tag{5-36}$$

在采样时刻 $t = kT_s$ 时输出为

$$y(kT_s) = \sum_{n=-N}^{N} c_n x[(k-n)T_s] \tag{5-37}$$

简写为

$$y_k = \sum_{n=-N}^{N} c_n x_{k-n} \tag{5-38}$$

式(5-38)表明,均衡器输出波形在第 k 个取样时刻的采样值 y_k 将由 $2N+1$ 个值确定,其中各个值是 $x(t)$ 经延迟后与相应的抽头系数相乘的结果。对于有码间干扰的输入波形 $x(t)$,可以用选择适当的抽头系数的方法,使输出 $y(t)$ 的码间干扰在一定程度上得到减小。

例 5-8 设有一个三抽头的均衡器,抽头系数分别为 $c_{-1} = -0.1$,$c_0 = 1$,$c_{+1} = -0.2$。均衡器输入 $x(t)$ 在各取样点上的取值分别为 $x_{-1} = 0.1$,$x_0 = 1$,$x_1 = 0.2$,其余都为 0。试求均衡器输出 $y(t)$ 在各取样点上的值。

解 这里 $N = 1$,则由式(5-38)得到

$$y_k = \sum_{n=-1}^{1} c_n x_{k-n} = c_{-1} x_{k+1} + c_0 x_k + c_{+1} x_{k-1}$$

将各已知数据代入求得

$$y_{-2} = c_{-1} x_{-1} = -0.01$$
$$y_{-1} = c_{-1} x_0 + c_0 x_{-1} = 0$$
$$y_0 = c_{-1} x_1 + c_0 x_0 + c_{+1} x_{-1} = 0.96$$
$$y_1 = c_0 x_1 + c_{+1} x_0 = 0$$
$$y_2 = c_{+1} x_1 = -0.04$$
$$y_k = 0, \quad |k| > 2$$

从上面的计算结果可知,虽然邻近采样点的码间干扰(如例 5-8 中的 y_{-1} 和 y_1)可以校正为零,但是相隔稍远的采样时刻却产生了新的码间干扰(如例 5-8 中的 y_{-2} 和 y_2)。主要原因是均衡器中延迟单元和抽头数太少。一般来说,一个抽头个数有限的均衡器不可能完全消除码间干扰,但是当抽头数增加到一定数目时,可以将码间干扰减小到比较小的程度。

此外,均衡输出波形码间干扰和波形失真的程度,可以用峰值失真和均方失真进行衡量。其中,峰值失真的定义为

$$D = \frac{1}{y_0} \sum_{\substack{k=-\infty \\ k \neq 0}}^{\infty} |y_k| \tag{5-39}$$

其中,累加项是均衡器的输出除 $k = 0$ 以外的各个样值绝对值之和,反映了码间干扰的最大值,其值越小越好;y_0 为有用信号的样值,其值越大越好。因此,峰值失真就是峰值码间干扰和有用信号样值之比,其值越小越好。

均方失真的定义为

$$e^2 = \frac{1}{y_0^2} \sum_{\substack{k=-\infty \\ k \neq 0}}^{\infty} y_k^2 \tag{5-40}$$

以上两种失真是根据均衡后输出信号的采样值定义的。同样,也可以根据均衡前的采样值定义输入峰值失真和输入均方失真,即

$$D_0 = \frac{1}{x_0} \sum_{\substack{k=-\infty \\ k \neq 0}}^{\infty} |x_k| \tag{5-41}$$

$$e_0^2 = \frac{1}{x_0^2} \sum_{\substack{k=-\infty \\ k \neq 0}}^{\infty} x_k^2 \tag{5-42}$$

2. 迫零均衡器

理论分析表明,对具有 $2N+1$ 个抽头的均衡器,如果 $D_0 < 1$,要使均衡后的峰值失真 D 达到最小值,输出 $y(t)$ 的采样值应该满足

$$y_k = \begin{cases} 1, & k = 0 \\ 0, & k = \pm 1, \pm 2, \cdots, \pm N \end{cases} \tag{5-43}$$

将式(5-43)和已知的均衡器输入样值 x_k 代入式(5-38),可以得到 $2N+1$ 个方程构成的方程组,根据方程组就可以求出均衡器所需的 $2N+1$ 个抽头系数 c_n($n=-N \sim +N$)。这 $2N+1$ 个方程可以用矩阵形式表示为

$$\begin{bmatrix} x_0 & x_{-1} & \cdots & x_{-2N} \\ x_1 & x_0 & \cdots & x_{-2N+1} \\ \vdots & \vdots & & \vdots \\ x_N & x_{N-1} & \cdots & x_{-N} \\ \vdots & \vdots & & \vdots \\ x_{2N-1} & x_{2N-2} & \cdots & x_{-1} \\ x_{2N} & x_{2N-1} & \cdots & x_0 \end{bmatrix} \begin{bmatrix} c_{-N} \\ c_{-N+1} \\ \vdots \\ c_0 \\ \vdots \\ c_{N-1} \\ c_N \end{bmatrix} = \begin{bmatrix} 0 \\ 0 \\ \vdots \\ 1 \\ \vdots \\ 0 \\ 0 \end{bmatrix} \tag{5-44}$$

根据这种方法求得 $2N+1$ 个延迟单元的抽头系数,能够使均衡器输出的采样值 y_k 在 $k=0$ 两侧各有 N 个零值,从而使均衡后的峰值失真达到最小,达到最佳均衡效果。采用这种方法确定抽头系数,得到的均衡器称为迫零均衡器。

例 5-9 设计一个三抽头的迫零均衡器,已知均衡器输入在各取样点上的取值分别为 $x_{-2}=0$,$x_{-1}=0.1$,$x_0=1$,$x_1=0.2$,$x_2=0.1$,其余取样值都为 0。求均衡器的抽头系数,并计算均衡前后的峰值失真。

解 由 $2N+1=3$ 求得 $N=1$。将已知的 x_k 代入式(5-44)得到

$$\begin{bmatrix} 1 & 0.1 & 0 \\ 0.2 & 1 & 0.1 \\ 0.1 & 0.2 & 1 \end{bmatrix} \begin{bmatrix} c_{-1} \\ c_0 \\ c_{+1} \end{bmatrix} = \begin{bmatrix} 0 \\ 1 \\ 0 \end{bmatrix}$$

由此求得

$$c_{-1} = -0.1041, \quad c_0 = 1.0405, \quad c_{+1} = -0.1977$$

代入式(5-38)求得

$$y_{-3} = c_{-1}x_{-2} + c_0 x_{-3} + c_{+1}x_{-4} = 0$$

$$y_{-2} = c_{-1}x_{-1} + c_0 x_{-2} + c_{+1}x_{-3} = -0.0104$$

$$y_{-1} = c_{-1}x_0 + c_0 x_{-1} + c_{+1}x_{-2} = 0$$

$$y_0 = c_{-1}x_1 + c_0 x_0 + c_{+1}x_{-1} = 1$$

$$y_1 = c_{-1}x_2 + c_0x_1 + c_{+1}x_0 = 0$$

$$y_2 = c_{-1}x_3 + c_0x_2 + c_{+1}x_1 = 0.0645$$

$$y_3 = c_{-1}x_4 + c_0x_3 + c_{+1}x_2 = -0.0198$$

$$y_k = 0, \quad |k| > 3$$

输入输出峰值失真分别为

$$D_0 = \frac{1}{x_0} \sum_{\substack{k=-\infty \\ k \neq 0}}^{\infty} |x_k| = |x_{-2}| + |x_{-1}| + |x_1| + |x_2| = 0.4$$

$$D = \frac{1}{y_0} \sum_{\substack{k=-\infty \\ k \neq 0}}^{\infty} |y_k| = |y_{-2}| + |y_{-1}| + |y_1| + |y_2| + |y_3| = 0.0947$$

由此可见,均衡后的峰值失真得到了极大地减小。

3. 均衡器的实现

均衡器按照调整方式不同,可以分为自动均衡器和手动均衡器。自动均衡器还可以分为预置式均衡器和自适应均衡器。

1) 预置式均衡

所谓预置式均衡,就是在传输实际数据之前,发送一种预先设定的测试脉冲序列,如频率很低的周期脉冲序列。然后按照"迫零"调整原理,根据测试脉冲得到的样值序列$\{x_k\}$自动或手动调整各抽头系数,直至误差小于某一允许范围。调整各抽头系数后,然后再传送数据,数据在传输过程中不作调整。

图 5-30 所示为一个预置式自动均衡器的原理。在输入端,每隔一段时间送入一个来自发送端的测试单脉冲波形。当各波形间隔 T_s 依次输入时,在输出端对应得到 $2N+1$ 个样值为 $y_k(k = -N, -N+1, \cdots, N-1, N)$ 的波形。根据"迫零"调整原理,若得到的某个 y_k 为正极性时,则相应的抽头增益 C_k 应减小一个适当的 Δ;若 y_k 为负极性,则相应的 C_k 应增加一个适当的增量 Δ。

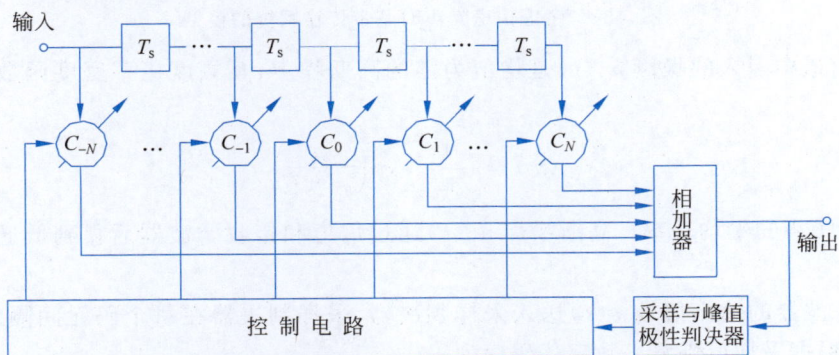

图 5-30　预置式自动均衡器的原理

为了实现上述调整,在输出端将每个 y_k 依次进行采样并进行极性判决,判决的两种可能结果以"极性脉冲"表示,并加到控制电路。控制电路将在某个规定时刻将所有"极性脉冲"分别作用到对应的抽头上,让它们做增加 Δ 或下降 Δ 的改变。这样,经过多次调整,就能达到均衡的目的。

2) 自适应均衡

实际系统中,传输信息时并不允许事先进行预置式调整,即使允许采用预置式调整也并不能确保信道在传输期间一成不变。为了在传输信息过程中能利用包含在信号中的码间干扰信息能自动调整抽头系数,就必须采用自适应均衡器。

所谓自适应均衡,是在数据传输过程中依据某种算法不断调整抽头系数,因而能很好地适应信道的随机变化。自适应均衡器与预置式均衡器一样,都是通过调整横向滤波器的抽头增益实现均衡的。但自适应均衡器不再利用专门的测试单脉冲进行误差的调整,而是在传输数据期间借助信号本身调整增益,从而实现自动均衡目的。

5.5 抗噪声性能与眼图

码间干扰和信道噪声是影响接收端正确判决而造成误码的两个因素。前面分析了忽略噪声影响条件下,能够消除码间干扰的基带传输特性。本节将研究在没有码间干扰的情况下,噪声对基带信号传输的影响,也就是分析系统仅受噪声影响时,系统产生的误码率;同时介绍工程上比较实用的眼图法性能分析。

5.5.1 数字基带信号的传输与判决

考虑信道引入的噪声,数字基带传输系统的模型如图 5-31 所示。其中,数字代码序列 $\{a_n\}$ 经发送滤波器变换为适合信道传输的波形 $s(t)$,和信道引入的噪声 $n(t)$ 一起传输到接收端,接收滤波器的输出为有用的基带信号 $y(t)$ 和噪声 $n(t)$ 的混合波形,即

$$x(t) = y(t) + n(t) \tag{5-45}$$

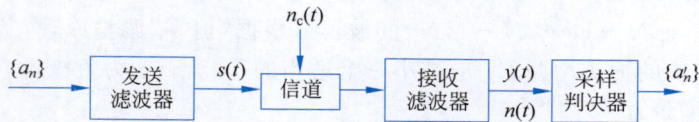

图 5-31 考虑信道噪声时基带传输系统的模型

假设信道中引入的噪声 $n_c(t)$ 是均值为零的高斯噪声,其幅度概率密度函数服从高斯分布,即

$$f(x) = \frac{1}{\sqrt{2\pi}\sigma}\exp\left(-\frac{x^2}{2\sigma^2}\right) \tag{5-46}$$

其中,σ^2 为噪声的平均功率。高斯噪声 $n_c(t)$ 通过信道和接收滤波器后得到低通型高斯噪声 $n(t)$。

接收滤波器的输出信号 $x(t)$ 送入采样判决器,采样判决器在每个码元间隔对 $x(t)$ 进行采样,并根据采样值恢复出数字代码序列 $\{a_n'\}$。

假设数字基带信号采用双极性传输,对应发送数字代码 0 和 1,基带信号脉冲的幅度分别为 $-A$ 和 A,并且假设在传输过程中信道对信号没有衰减,则 $y(t)$ 信号中脉冲的幅度分别为 $-A$ 和 A,并且分别对应 0 码和 1 码。

由于采样判决器的输入为有用信号 $y(t)$ 和噪声 $n(t)$ 的混合波形,则在每个采样时刻的采样值也是 $y(t)$ 和噪声 $n(t)$ 采样值的叠加。在第 k 个码元时刻的采样值为

$$x(kT_s) = y(kT_s) + n(kT_s) = \begin{cases} A + n(kT_s), & \text{发 1 码时} \\ -A + n(kT_s), & \text{发 0 码时} \end{cases} \tag{5-47}$$

将上述采样值再送入判决电路。判决电路中设定一判决门限电平 $L=0$,判决器的判决规则:若采样值大于 0 电平,则判为 1 码;采样值小于 0 电平,则判为 0 码。

5.5.2 误码率分析

根据上述采样判决过程,显然影响正确判决恢复的是噪声的幅度大小。如果噪声幅度小,不至于使采样值超过判决门限,则判决器能够判决得到正确的代码;如果采样时刻噪声幅度过大,使采样值超过了判决门限,则判决器判决得到错误代码。

假设信道引入高斯噪声的均值为 0,通过接收滤波器后得到低通型噪声 $n(t)$,其均值也为 0。因此,在发送 1 码和 0 码时,有用信号和噪声叠加后,得到的混合信号 $x(t)$,其幅度是有用信号 $y(t)$ 和噪声 $n(t)$ 幅度的叠加。

同样,假设发送端采用双极性传输,并且信道传输没有衰耗,则在发送 1 码和 0 码期间,$y(t)$ 的幅度分别为 $+A$ 和 $-A$。与噪声叠加后,得到 $x(t)$ 的幅度是分别在 $+A$ 和 $-A$ 的基础上,按照噪声 $n(t)$ 的幅度规律而变化。因此,在发送 1 码和 0 码期间,$x(t)$ 的幅度概率密度函数分别为

$$f_1(x) = \frac{1}{\sqrt{2\pi}\sigma} \exp\left[-\frac{(x-A)^2}{2\sigma^2}\right] \tag{5-48}$$

$$f_0(x) = \frac{1}{\sqrt{2\pi}\sigma} \exp\left[-\frac{(x+A)^2}{2\sigma^2}\right] \tag{5-49}$$

对应的概率密度函数曲线如图 5-32 所示。

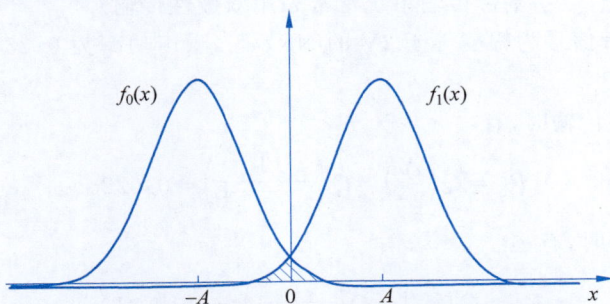

图 5-32 接收滤波器输出信号的幅度概率密度函数曲线

根据上述判决过程,对于双极性传输,最佳判决门限电平取为 0。当采样时刻 $x(t)$ 的幅度大于 0 时,判决器输出 1 码;当采样时刻 $x(t)$ 的幅度小于 0 时,判决器输出 0 码。

如果在发送 0 码期间,采样值大于 0,则判决器的判决输出为 1 码,这就出现了错误;同理,如果在发送 1 码期间,采样值小于 0,则判决器的判决将错判为 0 码。

由此可见,在二进制的基带信号传输过程中,噪声会引起两种误码概率,即 1 码错判为 0 码和 0 码错判为 1 码的概率,分别记为 $P(0/1)$ 和 $P(1/0)$。两种概率分别对应图 5-32 中 $x=0$ 左右两边阴影部分的面积,即

$$P(1/0) = \int_0^{+\infty} f_0(x)\mathrm{d}x = \frac{1}{2}\mathrm{erfc}\left(\frac{A}{\sqrt{2}\sigma}\right) \tag{5-50}$$

$$P(0/1) = \int_{-\infty}^{0} f_1(x)\,\mathrm{d}x = \frac{1}{2}\mathrm{erfc}\left(\frac{A}{\sqrt{2}\sigma}\right) \tag{5-51}$$

其中,erfc(·)为互补误差函数。

由此可知,在最佳判决门限电平取为 $L=0$ 时,1 码和 0 码错判的概率相等。如果发送端发送 1 码和 0 码的概率分别为 $P(1)$ 和 $P(0)$,则基带传输系统总的误码率可表示为

$$P_s = P(1)P(0/1) + P(0)P(1/0) \tag{5-52}$$

当 0,1 等概时,$P(1)=P(0)=1/2$,由式(5-52)求得

$$P_s = \frac{1}{2}\mathrm{erfc}\left(\frac{A}{\sqrt{2}\sigma}\right) = Q\left(\frac{A}{\sigma}\right) \tag{5-53}$$

由式(5-53)可知,当等概率发送时,且在最佳门限电平条件下,系统的总误码率取决于基带信号脉冲的幅度 A 与噪声平均功率 σ^2 的比值。根据互补误差函数的特性,A/σ 的值越大,误码率 P_e 就越小。

以上分析主要针对双极性信号的情况。对于单极性信号,脉冲幅度的取值为 A 或 0,并且最佳判决门限电平应取为 $A/2$。仿照上述方法求得在 0,1 等概时,误码率为

$$P_s = \frac{1}{2}\mathrm{erfc}\left(\frac{A}{2\sqrt{2}\sigma}\right) = Q\left(\frac{A}{2\sigma}\right) \tag{5-54}$$

根据上述结论,当单极性基带信号与双极性基带信号脉冲幅度 A 相同,噪声的平均功率也相同时,采用双极性传输的抗噪声性优于单极性传输。此外,在发送码元等概率条件下,单极性的最佳判决门限电平为 $A/2$,当信道特性发生变化时,信号幅度 A 必须随之改变。因此,判决门限电平也随之变化,并不能获得最佳判决,导致误码率增大。而对于双极性基带信号,其最佳判决门限电平为 0,与信号幅度无关,因而判决门限电平并不随信道特性变化而改变。因此,数字基带传输系统常常采用双极性传输。

例 5-10 设基带信号为幅度等于 2V 的 NRZ 码,噪声功率为 0.25W,求单极性和双极性传输时的误码率 P_s。

解 (1) 单极性传输时,有

$$P_s = Q\left(\frac{A}{2\sigma}\right) = Q\left(\frac{2}{2\sqrt{0.25}}\right) = 0.0228$$

(2) 双极性传输时,有

$$P_s = Q\left(\frac{A}{\sigma}\right) = Q\left(\frac{2}{\sqrt{0.25}}\right) = 3.17 \times 10^{-5}$$

例 5-11 已知 0,1 等概的二进制代码序列采用 NRZ 码标准矩形脉冲进行传输,码元速率为 2kBd,信道噪声的单边功率谱密度为 0.02mW/Hz,信道传输没有衰减,接收滤波器为理想的低通滤波器。为使传输误码率不超过 3×10^{-4},求单极性和双极性传输时所需的发送脉冲的幅度。

解 取接收滤波器的带宽等于发送 NRZ 码基带信号的谱零点带宽,则 $B=2\mathrm{kHz}$,接收噪声的功率为

$$\sigma^2 = n_0 B = 0.02 \times 2 = 0.04\mathrm{W}$$

(1) 单极性传输时,由

$$P_s = Q\left(\frac{A}{2\sigma}\right) \leqslant 3\times10^{-4}$$

查表得到 $A/(2\sigma)\geqslant3.45$,则脉冲幅度为

$$A \geqslant 3.45 \times 2\sigma = 3.45 \times 2\sqrt{0.04} = 1.38\text{V}$$

(2) 双极性传输时,由

$$P_s = Q\left(\frac{A}{\sigma}\right) \leqslant 3 \times 10^{-4}$$

查表得到 $A/\sigma\geqslant3.45$,则脉冲幅度为

$$A \geqslant 3.45\sigma = 3.45 \times \sqrt{0.04} = 0.69\text{V}$$

5.5.3 眼图

在实际应用中,由于器件调试不理想或信道特性发生变化等原因,基带传输系统并不能完全满足无码间干扰的要求。当同时存在码间干扰和噪声时,难以对系统性能定量分析。工程上观察码间干扰是否存在的最直观、最简单的方法就是眼图分析法。根据眼图,可以了解码间干扰和噪声对传输过程的影响,进而估计系统性能的优劣程度。

眼图是为方便估计和改善系统性能而利用实验方法在示波器上观察到的一种图形。具体做法:将接收到的码元脉冲序列送入示波器的 y 轴,并调整示波器的扫描周期,使其与接收码元的周期同步。这样,接收滤波器输出的各码元波形就会在示波器的显示屏上重叠起来。当传输二进制信号波形时,示波器显示的图形很像人的眼睛,故命名为"眼图"。

为便于理解,暂时先不考虑噪声的影响。图 5-33(a)所示为无码间干扰时接收滤波器输出信号的时间波形及其对应的眼图。调整示波器的扫描周期使其与码元周期 T_s 一致,在示波器余辉作用下,各个码元波形经扫描后将重叠在一起,从而形成线条细而清晰的大"眼睛"。图 5-33(b)所示为有码间干扰时的情况。此时接收滤波器输出信号由于码间干扰的影响而造成波形失真,从而使示波器的扫描迹线并不完全重合。眼图中"眼睛"张开得越大,且眼图越端正,表示码间干扰越小;反之,表示码间干扰越大。

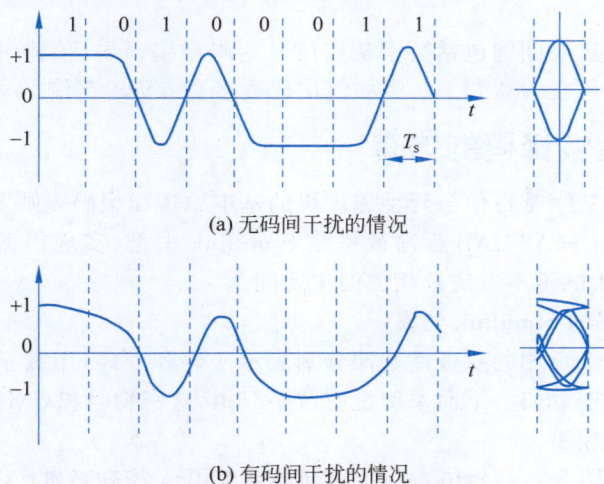

(a) 无码间干扰的情况

(b) 有码间干扰的情况
图 5-33 接收信号波形及眼图

当传输系统存在噪声时,眼图的迹线将变为比较模糊的带状线。噪声越大,迹线越宽,越模糊,"眼睛"张开得越小。因此,利用眼图可以大致估计噪声的强弱。

从以上分析可知,眼图可以定性反映码间干扰和噪声的大小。根据眼图可以调节接收

滤波器,以减小码间干扰,提高系统性能。为便于说明眼图和系统性能之间的关系,可以将眼图简化成一个模型,如图 5-34 所示。可以获得以下信息。

(1) 最佳采样时刻应是"眼睛"张开最大的时刻。

(2) 对采样定时误差的灵敏程度由眼图斜边的斜率决定。

(3) 图中阴影区的垂直高度表示信号的畸变范围。

(4) 图中央的横轴位置对应于判决门限电平。

(5) 在采样时刻上,上下两阴影区的间隔距离的一半为噪声的容限,噪声瞬时值超过此容限就可能发生误判。

(6) 眼图中倾斜阴影带与横轴相交的区间表示接收波形零点位置的变化范围,即过零点畸变,它对于利用信号零交点的平均位置提取定时信息的接收系统有很大影响。

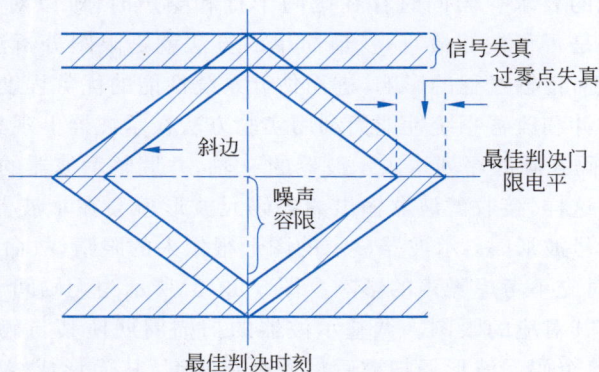

图 5-34 模型化的眼图

第 32 集
微课视频

5.6 数字基带传输系统的 MATLAB 仿真分析

数字基带传输的主要问题包括数字基带信号的码型编译码、传输过程及性能分析。本节将围绕这些问题介绍在 MATLAB 中如何实现数字基带传输传统的仿真分析。

5.6.1 码型编译码的仿真

前面介绍了各种数字基带信号码型编译码的基本原理和编码规则及译码方法。根据这些理论知识,即可编写 MATLAB 程序或搭建 Simulink 模型,实现码型编译码。这里举几个例子,介绍仿真分析的基本方法及相关的主要问题。

1. 1B/2B 码编码的 Simulink 仿真

数字双相码用两个反相的双极性脉冲分别表示 1 码和 0 码,用数字双相码的正跳变或负跳变触发即可得到密勒码。下面举例说明数字双相码、密勒码和 CMI 码这 3 种 1B/2B 码基带信号编码的仿真模型。

例 5-12 搭建如图 5-35 所示仿真模型,实现数字双相码、密勒码和 CMI 码基带信号编码。

仿真模型中,信源产生随机的二进制代码序列,码元速率为 100Bd。设置 Pulse Generator 模块产生的编码时钟周期等于码元间隔,占空比为 50%。

1) 数字双相码编码仿真模型

模型中的两个 Relay 模块用于将原始代码序列和编码时钟变为双极性脉冲,设置

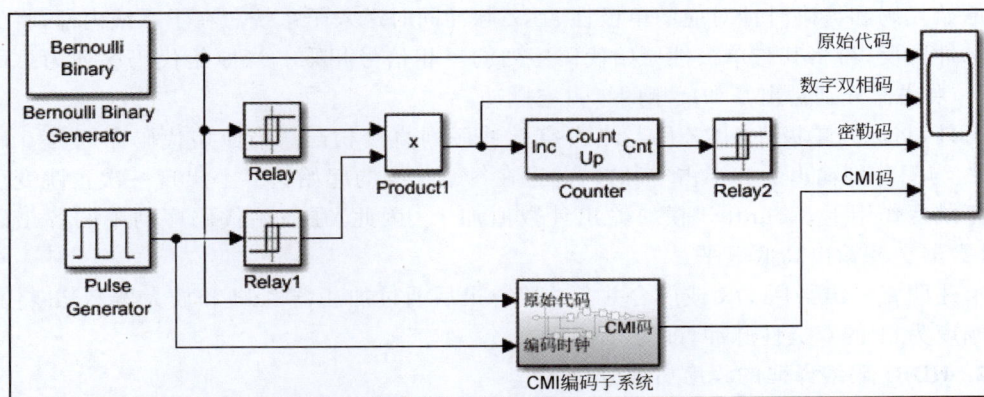

图 5-35 例 5-12 模型

Switch on point 和 Switch off point 参数都为 0.5,等于代码序列和编码脉冲幅度的一半。设置 Output when on 和 Output when off 参数分别为 +1 和 −1,转换得到的两路双极性脉冲相乘,即可得到数字双相码基带信号。

2) 密勒码编码仿真模型

模型中的 Counter 为计数器模块,该模块位于 DSP System Toolbox/Signal Management/Switches and Counters 库中。设置 Count event 参数为 Falling edge(计数脉冲下降沿触发),Maximum count(最大计数值)和 Initial count(计数初值)参数分别设为 1 和 0,Output 参数设为 Count(计数值输出),并取消选中 Reset input(复位输入端)。

根据上述设置,模块输入端每出现一个计数脉冲的负跳变,则输出计数值从初值 0 加 1。由于设置最大计数值为 1,则再来一个计数脉冲负跳变时,输出计数值将复位为 0。如此重复。将上面得到的数字双相码作为计数脉冲,计数器模块输出的 0 和 1 电平再用模块 Relay2 变为双极性脉冲,即得到密勒码。

3) CMI 码编码仿真模型

CMI 码的编码规则为:1 码交替地用宽度等于一个码元间隔的正负电平表示,而 0 码固定用码元间隔中间的正跳变表示。模型中用子系统 Subsystem 实现 CMI 码编码,子程序内部的模型如图 5-36 所示。

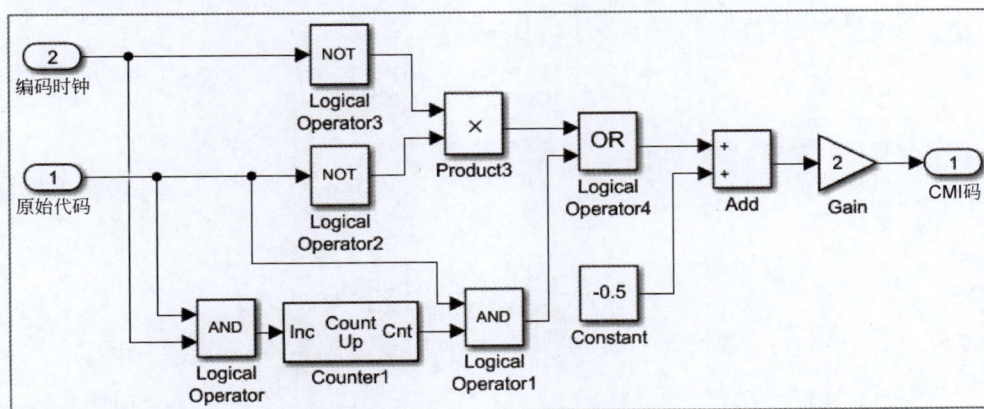

图 5-36 CMI 码编码子程序内部的模型

　　原始代码和编码时钟对应的单极性 NRZ 脉冲同时送入子系统。在子系统内部,将编码时钟脉冲取反,再将其与单极性原始代码序列的反相信号相乘。当原始代码序列为 1 码和 0 码时,乘法器分别输出 0 和反相的半占空脉冲。

　　另外,将原始单极性 NRZ 码与半占空脉冲序列直接相与。当原始代码序列为 0 码和 1 码时,与门分别输出 0 和半占空脉冲,并且在每个 1 码的起始边界上出现一次正跳变。在每个正跳变作用下,Counter1 模块输出计数值加 1。因此,在原始代码序列中的各 1 码期间,计数器交替输出高低电平。

　　上述两路输出再用 OR 或门合并为一路。最后通过加法器 Add 和放大器 Gain 将其转换为幅度为±1 的双极性脉冲,即为 CMI 码。

2. HDB$_3$ 码编译码的程序仿真分析

　　例 5-13　编制如下 MATLAB 程序,对 HDB$_3$ 码的编译码过程及 HDB$_3$ 码基带信号的特性进行仿真分析。

```
M = 50;                               % 码元总数
xn = round(rand(1,M));                % 生成随机代码序列,0 和 1 等概出现
yh = hdb3code(xn);                    % HDB3 编码
dh = hdb3decode(yh);                  % HDB3 译码
% ===== 绘制各信号的时间波形 =========================================
NO = 10; N = M * NO;                  % 每个码元采样点数,总采样点数
T = 0.001; Ts = T/NO;                 % 码元间隔,采样间隔
t = 0:Ts:M * T - Ts;                  % 产生时间向量
for i = 1:M                           % 信号采样
    xnt((i - 1) * NO + 1:i * NO) = xn(i);
    yht((i - 1) * NO + 1:i * NO) = yh(i);
    dht((i - 1) * NO + 1:i * NO) = dh(i);
end
……                                   % 绘制时间波形,参见电子版代码
% ===== 计算并绘制功率谱 =============================================
N = 1024; df = 1/(N * Ts);            % FFT 点数, % 频谱分辨率
f = df * ([0:N - 1] - N/2);           % 频率向量,以便绘制频谱图
F0 = fftshift(fft(xnt,N)/N);          % 求单极性 NRZ 码基带信号的频谱
FH = fftshift(fft(yht,N)/N);          % 求 HDB3 码信号的频谱
……                                   % 绘制功率谱图,参见电子版代码
% =========== HDB3 编码函数 ==========================================
function yh = hdb3code(xn)
M = length(xn);
yn = xn;
num = 0;                              % 1 码计数器初始化为 0
for k = 1:M                           % AMI 编码,存入 yn
    if xn(k) == 1
        num = num + 1;
        if mod(num,2) == 0 yn(k) = 1;
        else yn(k) = -1;
        end
    end
end
num = 0;                              % 连零码个数统计初始化
yh = yn;                              % 输出 HDB3 码初始化
sign = 0;                             % 极性标志初始化为 0
V = zeros(1,M);                       % V 码序列向量
B = zeros(1,M);                       % B 码序列向量
for k = 1:M
```

```
        if yh(k) == 0
            num = num + 1;
            if num == 4
                num = 0;
                yh(k) = 1 * yh(k - 4);
                V(k) = yh(k);                 %得到一个 V 码
                if yh(k) == sign
                    yh(k) = -1 * yh(k); V(k) = yh(k);yh(k - 3) = yh(k);
                    B(k - 3) = yh(k);         %得到一个 B 码
                    yh(k + 1:M) = (-1) * yh(k + 1:M);
                end
                sign = V(k);                  %修改极性标志
            end
        else
            num = 0;                          %连零码个数统计复位
        end
    end
end
% ========== HDB3 译码函数 ==========================================
function dh = hdb3decode(yh)
M = length(yh);
dh = yh;
sign = 0;
for k = 1:M
    if yh(k) ~= 0
        if sign == yh(k)                      %确定 V 码
            dh(k - 3:k) = [0 0 0 0];          %恢复原始 4 连零码
        end
        sign = yh(k);                         %恢复极性标志
    end
end
dh = abs(dh);                                 %整流恢复为单极性码
end
```

上述程序由主程序和两个函数构成。在主程序中调用函数 rand()和 round()产生 0、1 等概的二进制代码序列,之后调用函数 hdb3code()和 hdb3decode()对其进行 HDB$_3$ 码的编码和译码。最后绘制出各信号的时间波形,并计算和绘制 HDB$_3$ 码基带信号的功率谱。

(1)信号的采样和时间波形

主程序中产生的二进制代码序列及其 HDB$_3$ 码编译码输出序列,其自变量可以认为是序列中各码元的序号。为了能够用函数 plot()绘制出各序列的时间波形,必须先以远高于码元速率的频率对各序列对应的码元脉冲进行采样。

程序中设置每个码元间隔内的采样点数 N0 和码元间隔 T,并据此求得采样间隔,之后利用 for 循环对代码序列对应的单极性 NRZ 码基带信号和 HDB$_3$ 码编译码输出信号进行采样。

(2)信号的功率谱计算和分析

主程序中调用函数 hdb3code()得到代码序列对应的 HDB$_3$ 码基带信号序列 yh 后,再经过采样得到 yht,即可调用函数 fft()计算求得 HDB$_3$ 码基带信号的频谱 FH,再调用函数 plot()绘制出功率谱图。程序中同时计算和绘制了原始代码序列对应的单极性 NRZ 码基带信号的功率谱。程序运行后绘制的两个信号功率谱如图 5-37 所示。

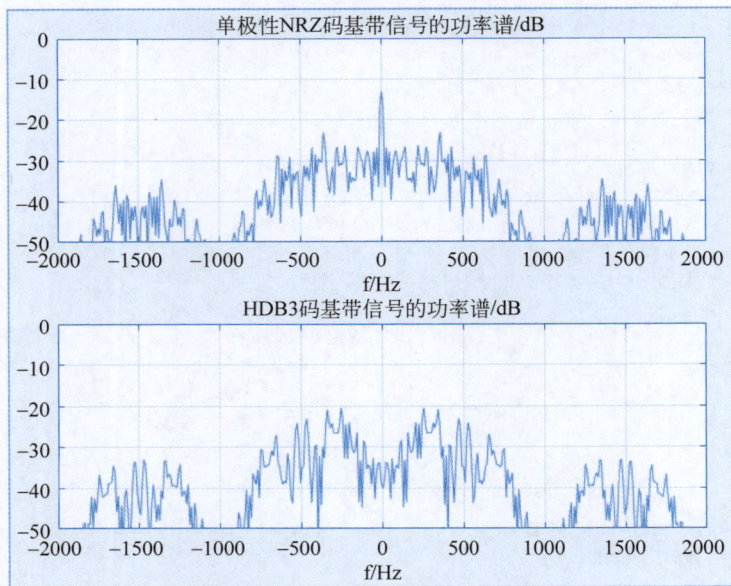

图 5-37   HDB$_3$ 码基带信号的功率谱

比较两个信号的功率谱,可以得到如下主要结论。

① 单极性 NRZ 码基带信号的功率谱中存在直流分量,没有其他的离散谱分量;由图中的连续谱求得谱零点带宽等于程序中所设置的码元间隔的倒数,即 1kHz。

② HDB$_3$ 码基带信号中没有任何离散谱,即说明没有直流分量和位定时分量;连续谱中的主瓣位于 0~1kHz 的范围内并呈带通特性,带宽也等于码元速率。

(3) HDB$_3$ 码编译码函数

程序中实现 HDB$_3$ 码的编码函数 hdb3code() 和译码函数 hdb3decode() 与主程序放在同一个程序文件中。在编码函数中,首先求得对应的 AMI 码,再将其中的 4 连零串替换为 000V 或 B00V,并通过程序语句确定其中 B 码和 V 码的极性,从而得到 HDB$_3$ 编码。为了便于程序实现,注意根据 HDB$_3$ 码编码的原理和过程,总结 V 码和 B 码的极性特点。

在 HDB$_3$ 码的译码函数中,根据各码元的极性确定 V 码位置,将该码元及其前面的 3 个码元恢复为 4 个连续 0 码即可。一般将恢复后的代码序列用单极性 NRZ 码表示,因此最后再调用函数 abs() 取绝对值(整流)即可。

5.6.2   成形网络的特性与码间干扰

在数字基带传输系统中,将发送滤波器、信道和接收滤波器合起来称为成形网络。其中接收滤波器一般用于接收机中的均衡处理和噪声过滤等,信道主要考虑其低通特性和引入的高斯白噪声。本小节将举例介绍 Simulink 通信工具箱中发送滤波器模块的特性和使用方法,并对码间干扰现象进行观察与分析。

例 5-14   搭建如图 5-38 所示仿真模型,对基本的数字基带传输过程进行仿真,了解发送和接收滤波器的特性。

模型中,由模块 Bernoulli Binary Generator 产生速率为 100Bd 的随机二进制序列,并转换为双极性脉冲送入成形网络。这里先不考虑信道及其噪声的影响,成形网络由 Raised

第 34 集
微课视频

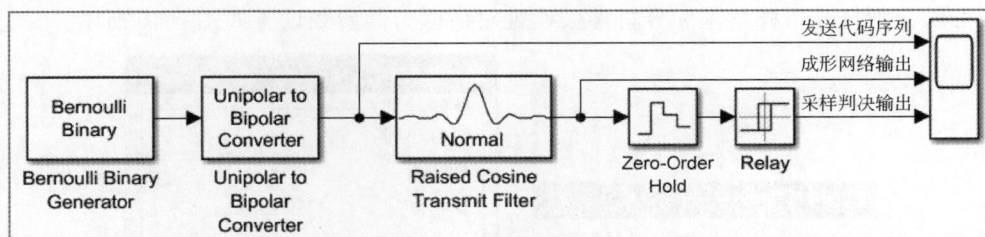

图 5-38 基本的数字基带传输过程仿真模型

Cosine Transmit Filter(发送滤波器)构成。利用模块 Zero-Order Hold 对成形网络的输出进行采样,之后送到继电器模块 Relay 进行判决,输出单极性 NRZ 码基带信号。

1. 发送滤波器模块及其参数设置

模块 Raised Cosine Transmit Filter 位于 Communications System Toolbox/Comm Filters 库中,图 5-39 所示为其参数对话框。模块需要设置的主要参数如下。

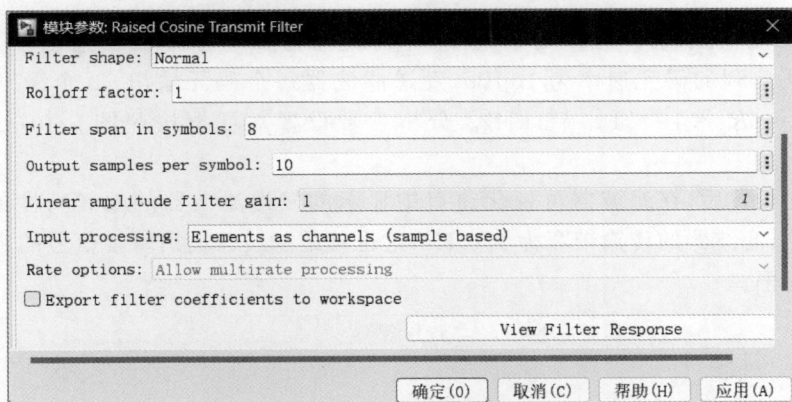

图 5-39 升余弦发送滤波器模块的参数对话框

(1) Filter Shape:滤波器形状。可选 Normal 或 Square root,分别实现普通的升余弦或者平方根升余弦滤波。

(2) Rolloff factor:滚降系数。

(3) Filter span in symbols:滤波器加窗长度,以码元个数为单位。理想的升余弦滤波器的单位脉冲响应长度为无穷大,因此通过该参数设置对单位脉冲响应序列进行截断。

(4) Output samples per symbol:滤波器输出每个码元的采样点数。该参数与滤波器输入数字基带信号的码元速率 R_s 相乘,决定了滤波器输出数字信号的采样速率。假设该参数设为 n,则采样速率为 $F_s = nR_s$。

(5) Linear amplitude filter gain:线性幅度增益。

2. 发送滤波器特性观察与分析

按照图 5-39 设置好发送滤波器的参数后,单击对话框右下角的 Apply(应用)按钮,再单击 View Filter Response(观察滤波器响应)按钮,打开"滤波器可视化工具"窗口,可以观察滤波器的各种时域和频域特性。

为了观察发送滤波器的频域特性,首先单击窗口顶部"分析"按钮组中的"幅值响应""相位响应"或"幅值和相位响应"按钮,切换到相应的视图。之后单击"采样频率"和"分析参数"

按钮,可以分别打开采样频率和分析参数设置对话框。其参数设置如图 5-40 所示。

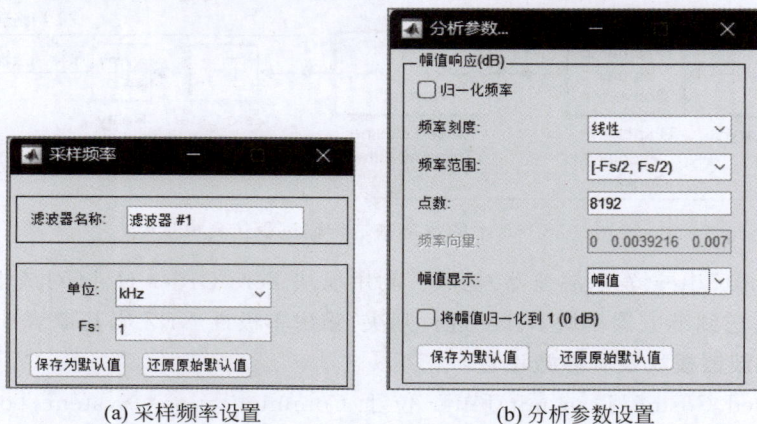

(a) 采样频率设置   (b) 分析参数设置

图 5-40   滤波器的采样频率和分析参数设置

在图 5-40(a)所示采样频率对话框中,采样速率必须等于滤波器输出信号的采样速率。由于代码序列的码元速率为 100Bd,发送滤波器每个码元输出 10 个采样点,因此采样频率为 $F_s = nR_s = 10 \times 100 = 1\text{kHz}$。分析参数设置对话框按照图 5-40(b)所示进行设置。

做好上述设置后,在滤波器可视化窗口中显示的发送滤波器的幅频特性如图 5-41 所示。由此可见,滤波器的传输带宽为 100 Hz,这也就是滤波器输出基带信号的带宽,在数值上等于码元速率。

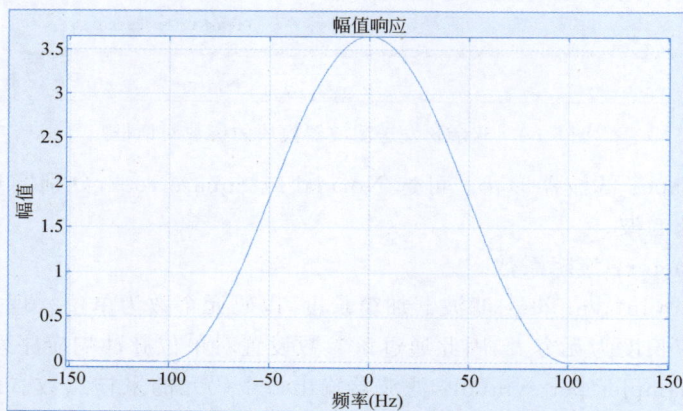

图 5-41   发送滤波器的幅频特性

设置仿真时间为 0.5s,仿真运行后得到模型中各点信号的波形如图 5-42 所示。注意到成形网络输出和采样判决输出相对于发送代码序列有 40ms 即 4 个码元的延时。该延迟时间可以在滤波器可视化窗口中由滤波器的冲激响应波形或群延迟特性观察到。

3. 码间干扰现象观察与分析

根据码间干扰的概念,发送滤波器的输出通过信道传送到接收端。当传输信道的带宽小于发送端发送滤波器输出信号的带宽时,将出现码间干扰。当信道带宽小到一定程度时,码间干扰增大到一定程度,将造成采样判决错误,形成误码。

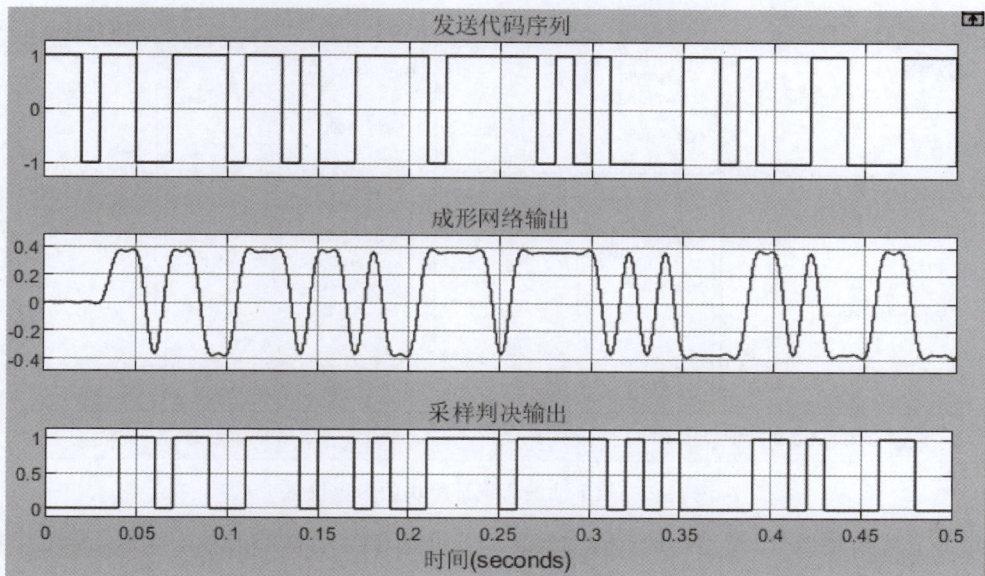

图 5-42　模型运行结果

下面通过 Simulink 模型仿真体会码间干扰的概念,并观察误码的形成。

例 5-15　搭建如图 5-43 所示模型,观察成形网络的特性、码间干扰及传输误码的形成。

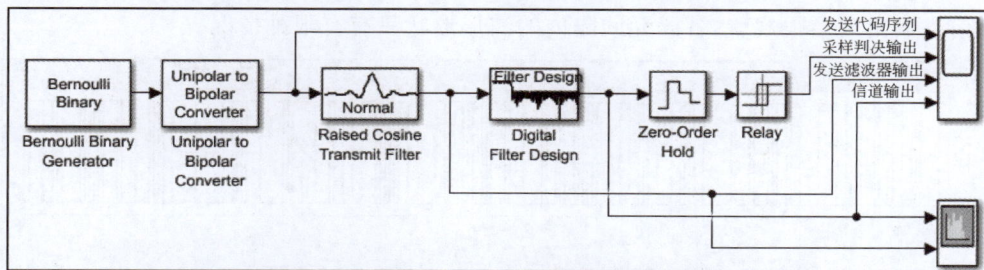

图 5-43　基本的数字基带传输过程仿真模型

本例中设置码元速率为 100Bd,则发送滤波器输出升余弦脉冲信号的采样频率为 1kHz。升余弦发送滤波器模块的参数设置如图 5-44 所示。

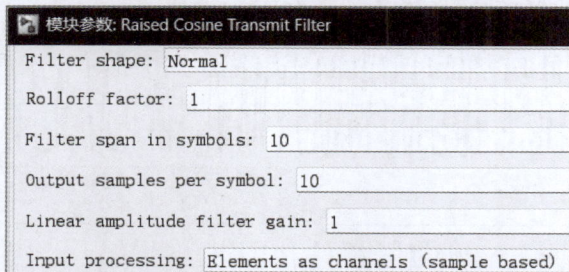

图 5-44　发送滤波器模块的参数设置

模型中的数字滤波器设计模块代表传输信道,其中的 Fs 参数必须与上述升余弦发送滤波器输出信号的采样频率相同,如图 5-45 所示。此外,根据图中的参数设置,传输信道设计为带宽等于 100Hz 的低通型信道。

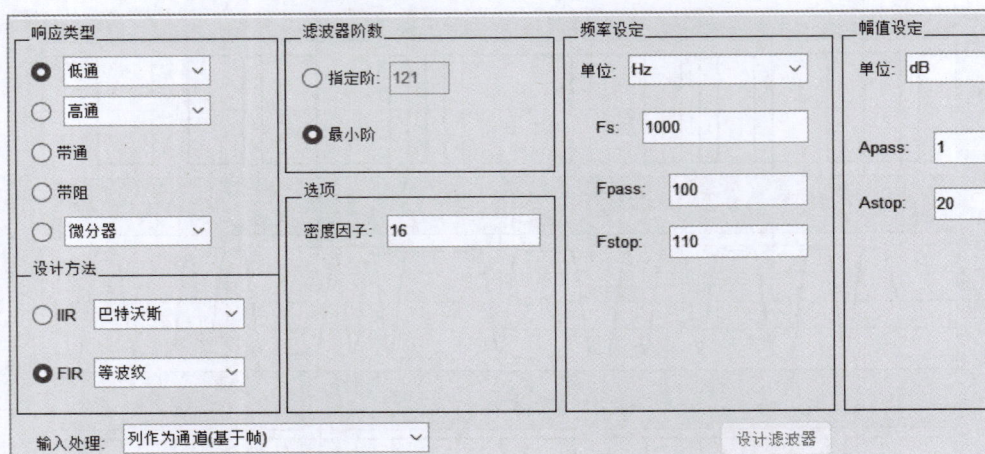

图 5-45　数字滤波器设计模块的参数设置

除了上述模块以外,模型中的 Zero-Order Hold 用于实现基带信号的采样,因此其采样间隔应设置为码元间隔 0.01s。

设置仿真运行时间为 2s,运行后通过两个示波器和谱分析仪模块显示各信号的时间波形和功率谱分别如图 5-46 所示。由此可见,基带信号经过升余弦发送滤波器整形为升余弦脉冲波形后,带宽限制为 100Hz,没有超过信道带宽,因此传输没有码间干扰,没有采样判决误码,信道输出波形很规整,各码元间隔内的波形形状只有有限种情况。

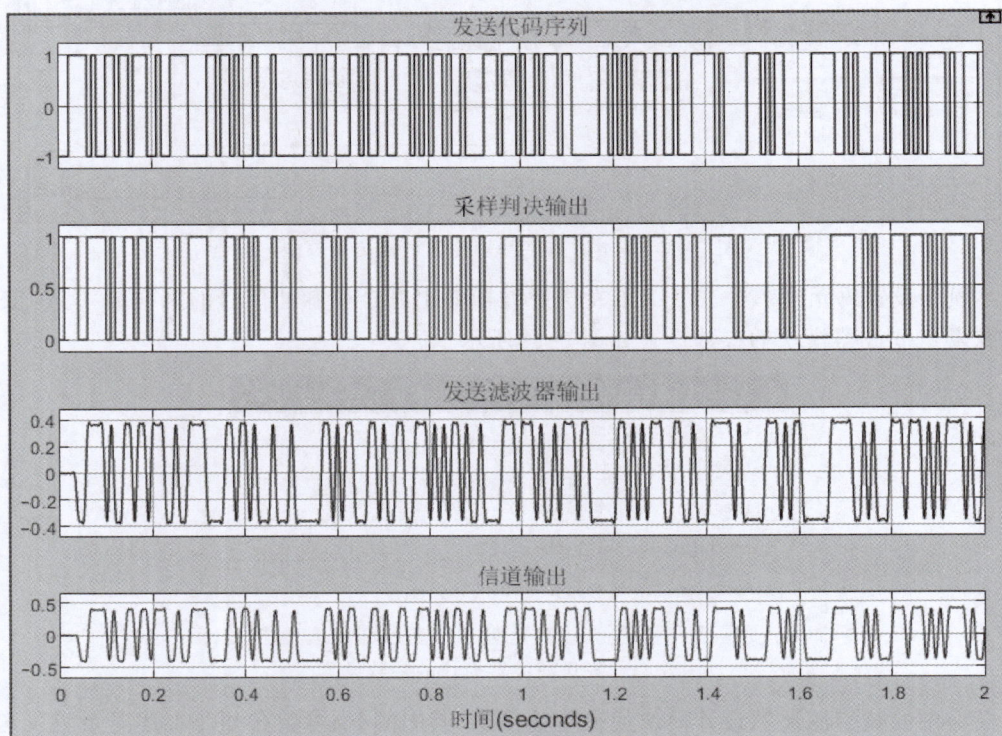

(a) 各信号的时间波形

图 5-46　例 5-15 运行结果

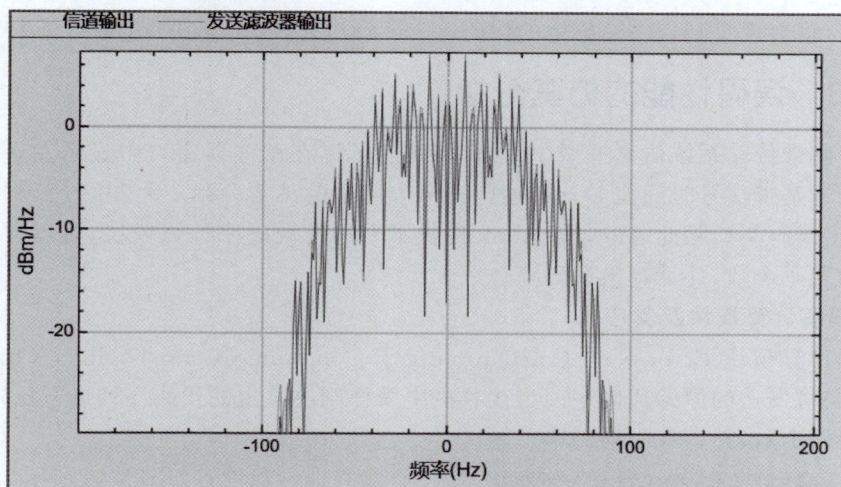

(b) 各信号的功率谱

图 5-46 （续）

重新设置数字滤波器的 Fpass 和 Fstop 分别为 300Hz 和 400Hz，运行后得到数字滤波器（成形网络）输出信号的时间波形如图 5-47(a)所示，发送滤波器和信道输出信号的功率谱如图 5-47(b)所示。

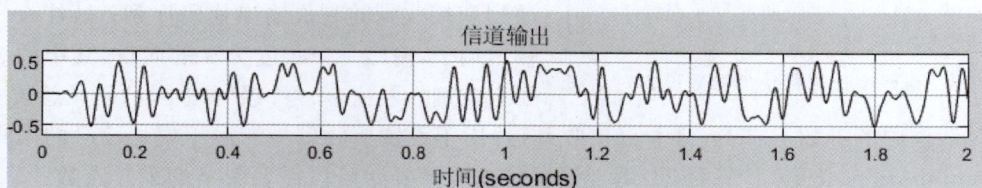

(a) 成形网络输出信号波形

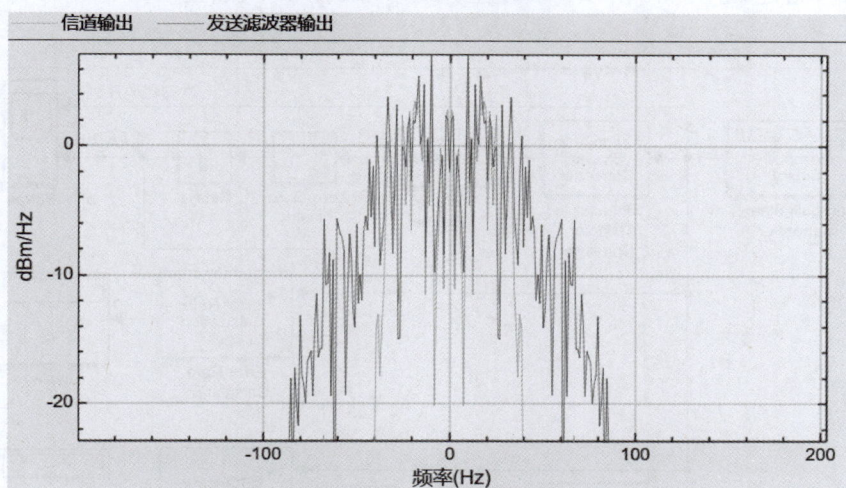

(b) 发送滤波器和信道输出信号的功率谱

图 5-47 码间干扰现象观察

此时由于信道带宽减小，使得基带信号中部分幅度和功率较大的高频分量被滤除，出现严重的码间干扰，信道输出信号的时间波形在各码元间隔内变得随机和杂乱无章。继续减小信道带宽,将会观察到判决输出中的误码。

5.6.3 误码性能的仿真分析

在数字基带传输系统仿真模型中,运行结束后可以在示波器窗口中显示发送和接收代码序列对应的基带信号时间波形。通过比较两个信号的波形,可以手工统计其中误码的个数,并计算出误码率。除此之外,Simulink 提供了专用的误码率计算模块,可以自动统计出传输过程的误码个数,并计算出误码率。

1. 误码率计算模块及其应用

误码率计算模块 Error Rate Calculation 位于 Communications Toolbox/Comm Sinks 库中,该模块将发送的原始代码序列与接收机中采样判决输出的代码序列进行比较,从而自动统计出误码个数,并计算出误码率。

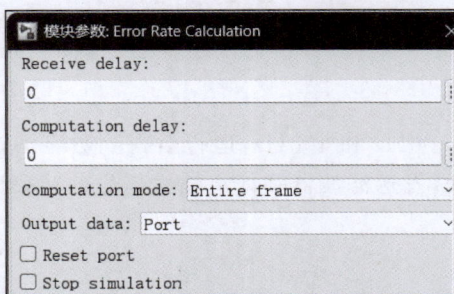

图 5-48 误码率计算模块的参数设置对话框

该模块的参数设置如图 5-48 所示。根据模块的不同参数设置,该模块有 2~4 个输入端子。最简单的一种情况是,设置 Output data(输出数据)参数为 Port,不勾选 Reset port(复位端子)和 Stop simulation(停止仿真)选项。此时,模块将有两个输入端子 Tx 和 Rx,分别送入发送的原始代码序列和接收到的判决输出代码序列;另外有一个输出端子,输出一个长度为 3 的向量,其中的 3 个元素分别为差错率、差错数和输入的码元总数。

对话框中的参数 Receive delay(接收延迟)用于设置接收信号滞后于发送信号的采样点数,Computation delay(计算延迟)用于设置仿真运行开始阶段需要忽略的采样点数。

例 5-16 搭建如图 5-49 所示仿真模型,实现双极性和单极性 NRZ 码基带传输时的误码率测量。

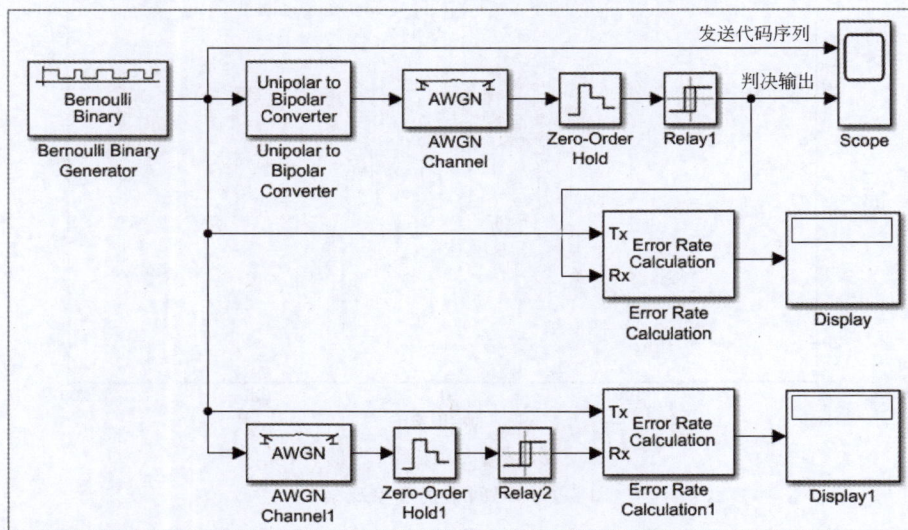

图 5-49 例 5-16 模型

　　模型中,信源产生的原始代码序列(码元速率为 100Bd)为单极性 NRZ 码基带信号,通过 Unipolar to Bipolar Converter 模块转换为双极性 NRZ 码基带信号。两种基带信号分别通过上下两路传输。

　　为了测量误码率,将原始代码序列和判决输出通过 Tx 和 Rx 端子分别送入两个误码率计算模块。模块的 Receive delay 和 Computation delay 都设置为 0。设置 Output data 参数为 Port,并将模块的输出端子连接到模块 Display。

　　设置两个 AWGN Channel 模块的 Mode 参数为 Signal to noise ration(SNR),并且 SNR＝10 * log10(4)dB。由于模型中单极性和双极性 NRZ 码基带脉冲的幅度都为 1V,因此信号功率分别为 0.5W 和 1W,据此设置两个 AWGN Channel 模块的 Input signal power(输入信号功率)分别为 0.5W 和 1W。

　　运行 0.5s 结束后,在示波器窗口中显示双极性传输时原始代码序列和判决输出基带信号的时间波形如图 5-50 所示。对比两个信号的波形可知,在 0.19s 和 0.32s 时刻分别出现了一个误码。此时在 Display 模块上显示误码率为 0.03922,误码个数为 2,共传输了 51 个码元。修改模型中示波器的连接,可以同理观察单极性传输时的误码情况。

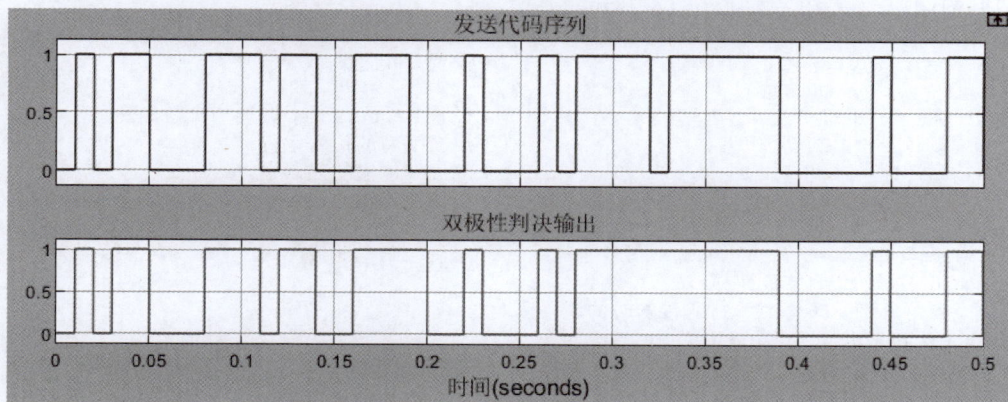

图 5-50　双极性传输时原始代码序列和判决输出基带信号的时间波形

　　需要注意的是,由于信道引入噪声的随机性,每次运行后得到的结果数据将出现比较大的波动。为了获得精度足够高的统计和计算结果,需要传输足够多的码元,也就是设置足够长的仿真运行时间。例如,如果设置运行 1000s,则由 Display 模块上可以读出传输的码元总数都为 10^5 个,单极性和双极性传输时的误码个数都在 7900 和 2300 左右波动,误码率分别近似为 0.079 和 0.023。

　　对上述结果可以做如下验证。在前面单双极性传输的误码率计算公式中,σ 为信道引入噪声的方差,而噪声的功率为 $N＝\sigma^2$。假设 A 为基带脉冲的幅度,则双极性和单极性基带信号的功率分别为 $S_B＝A^2$,$S_U＝A^2/2$,由此得到双极性和单极性传输的误码率分别为

$$P_{S_B}=Q\left(\sqrt{\frac{S_B}{N}}\right), \quad P_{S_U}=Q\left(\sqrt{\frac{S_U}{2N}}\right) \tag{5-55}$$

其中,S_B/N 和 S_U/N 为信噪比,其分贝值也就是 AWGN Channel 模块中设置的 SNR 参数。

　　由于设置 AWGN Channel 模块中设置的 SNR 参数为 10 * log10(4),则 $S_B/N＝S_U/N＝4$,据此求得 $P_{S_B}＝0.023$,$P_{S_U}＝0.079$。

2. 误码率曲线的绘制

在前面各例的基础上,配合 MATLAB 程序,可以自动绘制出误码率(Bit-Error Rate,BER)曲线。下面仍然举例说明。

例 5-17 修改例 5-16 中的仿真模型,并编制 MATLAB 程序实现单/双极性传输时误码率曲线的绘制。

为了绘制误码率曲线,需要将误码率计算模块统计得到的误码率送到 MATLAB 工作区。为此,在仿真模型中,将两个误码率计算模块的 Output data 参数都设置为 Workspace,并且设置 Variable name 分别为 E1 和 E2,也就是将统计结果分别保存工作区的变量 E1 和 E2 中。每次仿真运行,得到的 E1 和 E2 分别都是长度为 3 的向量,其中的 3 个元素分别为误码率、误码个数和总的码元数。

注意在这种情况下,两个误码率计算模块将没有输出端,因此需要将仿真模型中的两个 Display 模块删除。此外,将两个 AWGN Channel 模块的 SNR 参数都设置为变量 SNR,并设置模型的仿真运行时间为 1000s。

做了上述修改和设置后,将仿真模型文件重新保存为 ex5_17. slx。之后,编制如下 MATLAB 程序(文件名为 ex5_17_1. m)。

```
SNR1 = linspace( -10,10,20);            % 设置 SNR 向量
for i = 1:length(SNR1)
    SNR = SNR1(i);                       % 设置 AWGN Channel 模块的参数 SNR
    sim('ex5_17');                       % 启动模型的仿真运行
    PsB(i) = E1(1);                      % 双极性传输的误码率
    PsU(i) = E2(1);                      % 单极性传输的误码率
end
semilogy(SNR1,PsB,'-o',SNR1,PsU,'-*')    % 绘制误码率曲线
legend('双极性','单极性');
title('单极性和双极性 NRZ 码传输时的误码率曲线')
xlabel('SNR/dB');ylabel('Ps'):grid on
```

在上述程序中,每次循环,设置信道模块的 SNR 参数为不同值。之后,启动模型的仿真运行。每次运行,由仿真模型中的误码率计算模块统计得到的误码率依次保存到 PsB 和 PsU 向量中。循环结束后,即可根据这两个向量分别绘制出双极性和单极性传输时的误码率曲线,如图 5-51 所示。

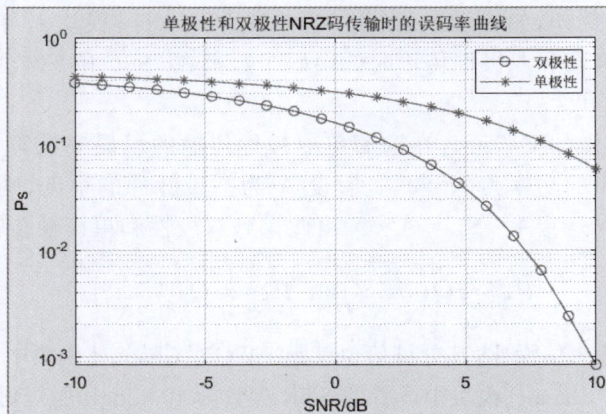

图 5-51 单/双极性传输时的误码率曲线

5.6.4　眼图及基带传输性能仿真分析

在 Simulink 通信工具箱中，专门提供了 Eye Diagram（眼图）模块，在仿真运行过程中，利用该模块可以自动绘制数字传输系统中的眼图，并据此对数字传输系统的传输特性进行观察和分析。

1. Simulink 中的眼图模块

Eye Diagram 模块位于通信工具箱的 Comm Sinks 库中，该模块显示输入信号的多个轨迹以产生眼图。在数字基带传输系统中，一般将成形网络或者接收滤波器的输出信号作为模块的输入，模块根据该信号在专门的窗口中绘制出眼图。

在仿真模型中添加一个模块 Eye Diagram，运行后将自动弹出 Eye Diagram 窗口。单击窗口工具栏中的 Settings 按钮，可以打开 Eye Diagram Plot Settings（眼图图形设置）对话框，如图 5-52 所示。

通过对话框主要设置的参数有如下几个。

（1）Samples per symbol：每个码元的采样点数，由模型中的前后模块参数或者实际需要确定。

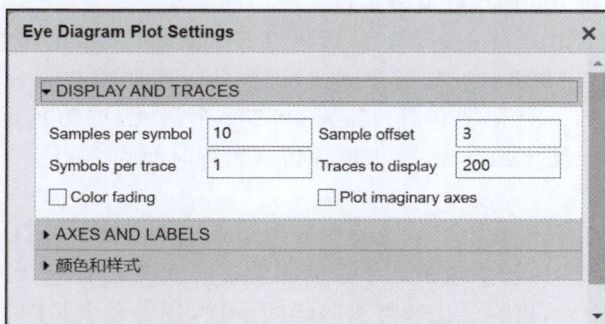

图 5-52　眼图图形设置对话框

（2）Sample offset：用于确定眼图中各轨迹的起始时刻，适当调节该参数值以便使眼图中眼睛张度最大的位置尽量位于图形窗口的中央。

（3）Symbols per trace：眼图中每条轨迹对应的码元个数，也即眼图显示眼睛的个数。

（4）Trace to display：显示的轨迹数，该参数与 Symbols per trace 参数设置值相乘，表示眼图中总共显示的码元个数。如果仿真运行时间不够，传输的码元总数不够，则不会显示出完整的眼图。

根据需要设置好上述参数以后，单击对话框右上角的"×"按钮以关闭该对话框，回到眼图窗口，即可观察到眼图。

2. 传输特性的眼图观察

这里通过如下例子介绍眼图模块的用法及数字基带传输特性观察。

例 5-18　搭建如图 5-53 所示仿真模型，观察双极性脉冲传输时的眼图，并根据眼图分析数字基带传输系统的特性。

在模型中，设置数字滤波器设计模块为等波纹 FIR 滤波器，采样频率 Fs 为 10kHz，通带和阻带截止频率 Fpass 和 Fstop 分别为 1kHz 和 1.1kHz，从而使得模拟信道带宽为 1kHz。当信道带宽小于发送滤波器输出信号的带宽时，将出现码间干扰。

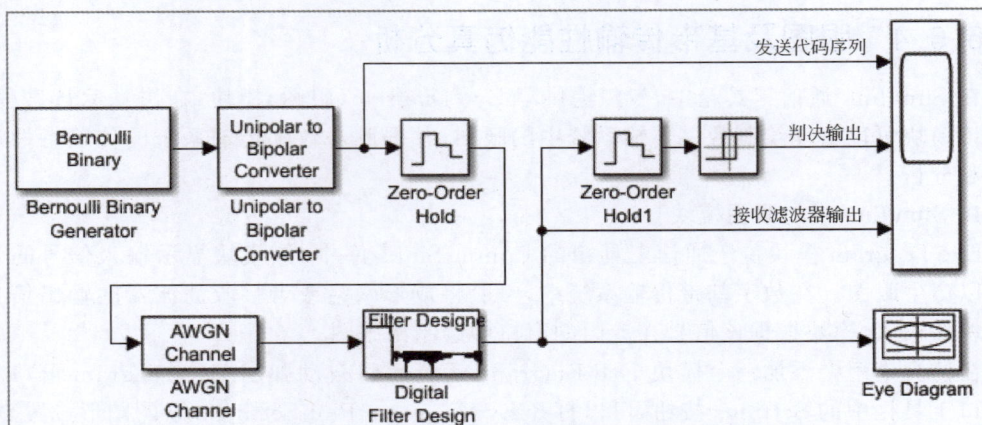

图 5-53　例 5-18 模型

设置信源模块和 Zero-Order Hold1 的采样时间参数为变量 Ts,Zero-Order Hold 的采样时间等于数字滤波器采样频率的倒数即 0.1ms。此外,设置信道模块的输入信号功率为 1W,SNR 足够大(例如 100dB),近似表示没有噪声的情况。

在命令行窗口设置 Ts=1ms,运行 2s 后将打开眼图窗口,并在其中显示眼图。眼图模块的各项参数按照图 5-52 所示进行设置,此时得到的眼图如图 5-54(a)所示。根据上述参数设置,为了绘制眼图,一共需要传输 $200 \times 1 = 200$ 个码元,即仿真运行时间应设为大于 0.2s。为了使绘制的眼图更加清晰,这里设置仿真运行时间为 20s。

1) 码间干扰的观察

设置数字滤波器的通带和阻带截止频率分别为 0.6kHz 和 0.7kHz,重新运行后得到的眼图如图 5-54(b)所示。由于信道带宽小于信源发送的双极性 NRZ 码脉冲的带宽(数值上等于码元速率,为 1kHz),出现了比较严重的码间干扰,各码元引起的信道输出波形相互叠加,使得各条轨迹线在眼图中不重合,导致眼图杂乱无章。

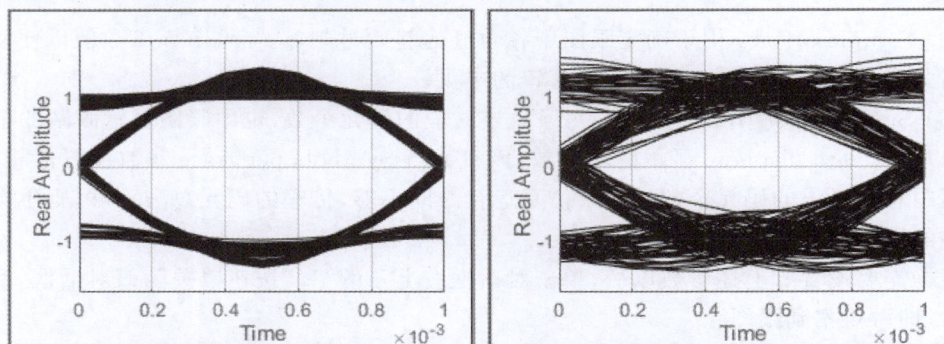

(a) 无码间干扰　　　　(b) 有码间干扰

图 5-54　有无码间干扰时的眼图

2) 抗噪声性能观察

将信道模块的带宽重新设为 1kHz,改变信道模块的信噪比,从而引入不同强度的信道噪声,得到的眼图如图 5-55 所示。

由此可见,当没有信道噪声或者信道信噪比足够高时,眼图轨迹线很清晰明显。随着信道噪声的增强,由于信道噪声的随机叠加影响,眼图中各条轨迹线逐渐变粗。

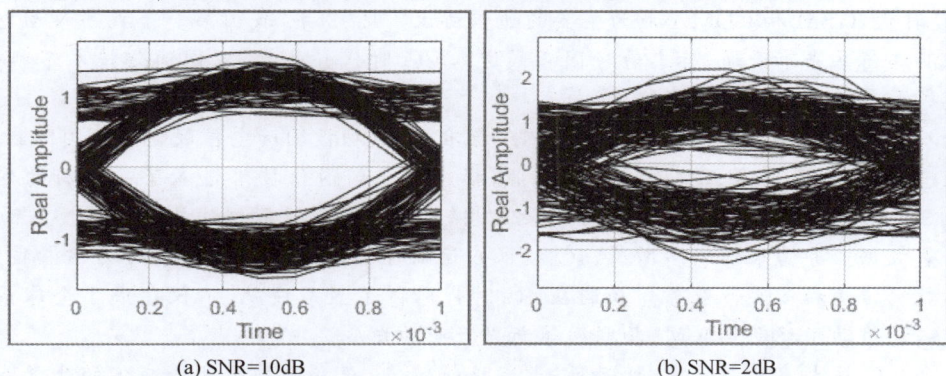

(a) SNR=10dB　　　　　　　(b) SNR=2dB

图 5-55　不同信道噪声时的眼图

本章课程拓展

1. 码间干扰与移动通信

码间干扰作为移动通信中的一个重要问题,其处理技术将随着移动通信技术的不断发展而不断进步。通过不断创新和优化,我们可以期待未来的移动通信系统能够提供更加高效、稳定、可靠的通信服务。

在移动通信中,由于信号在传输过程中会经历多种路径的反射、散射和绕射,导致信号到达接收端时存在时延差,这种现象称为多径效应。多径效应会导致接收信号产生频率选择性衰落,使得信号波形在时域上发生弥散,即接收信号产生码间干扰。码间干扰会导致系统误码率增大,影响通信质量。

为了消除码间干扰,移动通信系统需要采取一系列的技术措施。例如,可以通过设计合适的成形滤波器和接收滤波器,使得信号在通过信道后仍然能够保持较好的波形特性,减少码间干扰。此外,还可以采用均衡技术,对接收信号进行补偿,以消除多径效应引起的码间干扰。

随着移动通信技术的不断演进,从早期的 2G、3G,到现在的 4G、5G,甚至未来可能的 6G,码间干扰的处理技术也在不断进步。在 4G LTE 及 5G 网络中,由于采用了更高级别的调制编码技术(如 OFDM、MIMO 等),以及更复杂的信号处理技术,码间干扰的问题得到了更好的解决。

2. 我国通信技术发展简史

我国通信技术发展简史是一部波澜壮阔的篇章,从古代的烽火传信、飞鸽传书,到现代的智能手机、5G 网络,每一步都见证了我国通信技术的飞跃。

在近代,随着西方列强的入侵,电报、电话等现代通信技术逐渐被引入中国。1871 年,中国香港至上海、日本长崎至上海的水线敷设成功,是我国通信技术的近代化开端。随后,电报机、电话机等通信设备相继在中国出现,并逐渐应用于军事、政治、经济等领域。

进入 20 世纪,我国通信技术经历了从模拟通信到数字通信的转型。1987 年,我国正式进入 1G 时代,但此时的通信市场几乎被国外企业垄断,我国通信技术发展相对滞后。然而,随着中兴、华为等国内企业的崛起,我国逐渐打破了国外的技术垄断,并在 2G 时代实现了技术上的突破。

2G 时代,GSM 和 CDMA 成为主要的通信协议。1993 年,我国第一个数字移动电话通信网在浙江省嘉兴市开通,标志着我国正式进入 2G 时代。此后,我国通信技术不断发展,逐渐建成了覆盖全国的通信网络。

进入 3G 时代,我国提出了 TD-SCDMA 标准,并成功被国际电信联盟列为国际三大 3G 标准之一。2009 年,我国正式发放 3G 牌照,标志着我国通信技术进入了一个新的发展阶段。在 3G 时代,我国通信技术得到了广泛应用,推动了移动互联网的快速发展。

随着数据业务需求的不断增长,4G 技术应运而生。4G 系统以 OFDM 为核心技术,支持高速数据传输和多媒体业务。我国在 4G 时代取得了显著成就,不仅建成了全球最大的 4G 网络,还推动了移动互联网、物联网等新兴产业的发展。

如今,5G 技术以其高速度、低时延、大连接等特点,正在深刻改变着我们的生活和工作方式。我国在 5G 技术研发、网络建设、应用推广等方面都取得了重要进展,为全球 5G 发展贡献了中国智慧和力量。

习题 5

5-1 填空题

(1) 在 0,1 等概的单极性 NRZ 码、单极性 RZ 码、双极性 NRZ 码和双极性 RZ 码基带信号中,有位定时分量的是_____。

(2) 在 0,1 等概的单极性码、双极性码、数字双相码和 AMI 码基带信号中,有离散谱的是_____。

(3) 已知半占空 RZ 码基带信号的谱零点带宽为 10kHz,则码元速率为_____。

(4) 数字基带传输系统中的发送滤波器、信道和接收滤波器合起来称为_____。

(5) 为了消除码间干扰,数字基带传输系统在频域必须满足_____准则。

(6) 某数字基带系统采用理想低通波形进行传输,已知码元速率为 4kBd,则为避免码间干扰,占用信道带宽至少为_____。

(7) 已知信道带宽为 15kHz,采用 $\alpha = 0.5$ 的升余弦波形传输数字代码,则没有码间干扰时能够获得的最高码元速率为_____。

(8) 某数字基带传输系统具有奇对称滚降特性,已知奇对称的角频率为 $10k\pi rad/s$,则没有码间干扰时能够获得的最高码元速率为_____。

(9) 码元速率为 1kBd 的数字代码序列采用占空比为 20% 的双极性 RZ 码基带信号通过低通信道传输,要求信道带宽至少为_____。

(10) 观察眼图时,需要将接收滤波器的输出接到示波器的_____。

5-2 设二进制符号序列为 10011010,画出该序列相应的单极性、双极性、单极性归零、双极性归零码基带信号的波形。

5-3 已知信息代码为 10100000011000001,分别画出 AMI 码和 HDB$_3$ 码基带信号的波形。

5-4 分别画出代码序列 001101 对应的数字双相码和密勒码基带信号波形,并分析总结两种基带信号波形上的关系。

5-5 已知某数字代码序列对应的 CMI 码基带信号波形如图 5-56 所示,画出对应的

HDB$_3$ 码基带信号的波形,其中第 1 位波形已经给出。

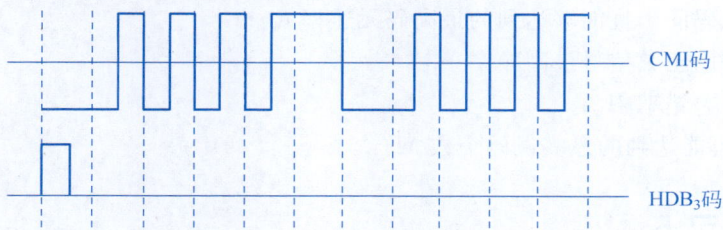

图 5-56 习题 5-5 示意图

5-6 已知某二进制数字基带传输系统中,等概出现的 1 码和 0 码对应的传输波形分别为 $g(t)$ 和 $-g(t)$,$g(t)$ 的波形如图 5-57 所示,其中码元间隔 $T_s=2\text{ms}$。

(1) 求 $G(f)$;

(2) 求该数字基带信号的连续谱 $P_c(f)$;

(3) 粗略分析画出连续谱的波形,并求信号的带宽 B;

(4) 求离散谱 $P_d(f)$,并分析该基带信号中有无直流分量和位定时分量。

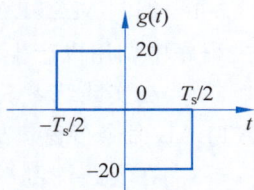

图 5-57 习题 5-6 示意图

5-7 某数字基带传输系统成形网络的频率特性为

$$H(f)=\begin{cases}2+2\cos(0.01\pi f), & -100\text{Hz}<f<100\text{Hz}\\0, & \text{其他}\end{cases}$$

求成形网络的单位冲激响应 $h(t)$,并粗略画出频率特性曲线和单位冲激响应的波形。

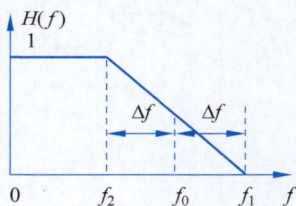

图 5-58 习题 5-8 示意图

5-8 某数字基带传输系统中的成形网络具有如图 5-58 所示的奇对称滚降特性,其中频带利用率 $\eta_s=1.5\text{Bd/Hz}$,传输带宽 $B=6\text{kHz}$。

(1) 求能够获得的最高码元速率 R_s;

(2) 求图 5-58 中的参数 f_0、f_1、f_2 和 Δf;

(3) 若采用 256 进制传输,求最高信息速率 R_b;

(4) 若换为十六进制传输,为达到相同的信息速率,求所需的传输带宽 B_1。

5-9 某部分响应系统中的相关编码规则为

$$s_k=b_k-2b_{k-2}+b_{k-4}$$

(1) 画出相关编码器的原理框图;

(2) 求部分响应波形及其频率特性。

5-10 已知某 3 抽头的时域均衡器中各抽头系数分别为 $c_{-1}=-1/3,c_0=1,c_1=-1/4$,输入信号 $x(t)$ 的采样值 $x_{-2}=1/8,x_{-1}=1/3,x_0=1,x_1=1/4,x_2=1/16$,其余采样值都为 0。求均衡器输入输出波形的峰值失真。

5-11 已知二进制数字基带传输系统接收到双极性 NRZ 码基带信号脉冲的幅度为 $\pm 1\text{V}$,噪声功率为 0.16W,码元速率为 2kBd,求传输 1s 的平均误码个数 M。

5-12 将模拟正弦信号进行采样量化和 A 律 13 折线 PCM 编码后,用 100W 的单极性 NRZ 码脉冲波形进行传输。已知数字基带传输系统的传输带宽为 20kHz。信道对传输信

号衰减 20dB,接收端噪声的功率为 0.02W。求:

(1) 为避免码间干扰能够达到的最高码元速率 R_s;

(2) 所允许的正弦信号最高频率 f_H;

(3) 传输的差错率 P_b;

(4) 1min 可能达到的最多误码个数 M。

实践练习 5

5-1 编制 MATLAB 函数分别实现数字双相码、密勒码、CMI 码和 AMI 码的编码,并在主程序中调用以产生相应的数字基带信号。

5-2 在实践练习 5-1 的基础上,编写 MATLAB 函数实现各种码型的译码。只需要在 MATLAB 命令行窗口显示译码输出的代码序列即可,不需要绘制波形。

5-3 在实践练习 5-1 的基础上,补充程序段,以便观察各种码型基带信号的功率谱。

5-4 搭建如图 5-59(a)所示第Ⅰ类部分响应系统仿真模型,仿真运行后,观察各点信号的波形,并借助于参考资料了解第Ⅰ类部分响应系统的原理和传输特性。模型中主要模块的参数设置如下。

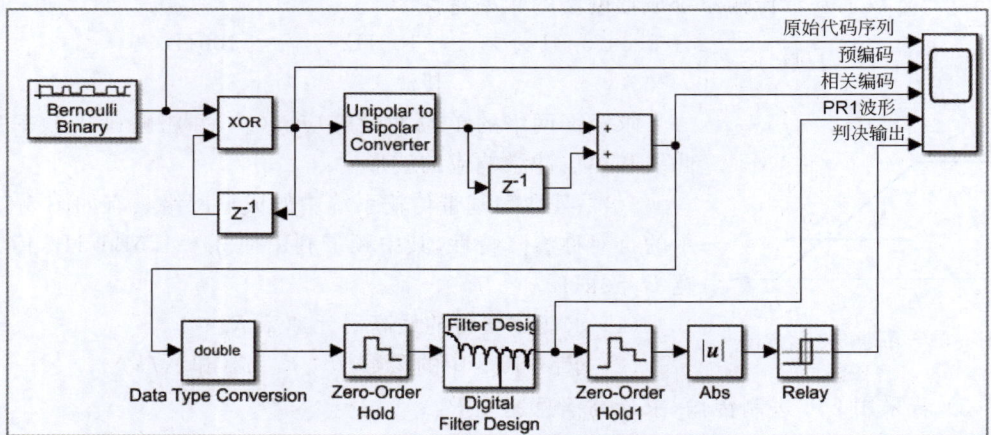

(a) 仿真模型

(b) 数字滤波器参数设置

图 5-59 第Ⅰ类部分响应系统仿真模型

（1）信源发送代码序列的码元速率为 100Bd；

（2）两个 Zero-Order Hold 模块的 Sample time 参数分别设为 1ms 和 10ms；

（3）Relay 模块的 Switch on point 和 Switch off point 参数都设为 1V，Output when on 和 Output when off 参数分别设为 0V 和 1V；

（4）模块 Digital Filter Design 用于模拟低通信道，其参数设置如图 5-59(b)所示。

5-5　搭建如图 5-60 所示模型，实现升余弦脉冲波形传输时误码率的测量。

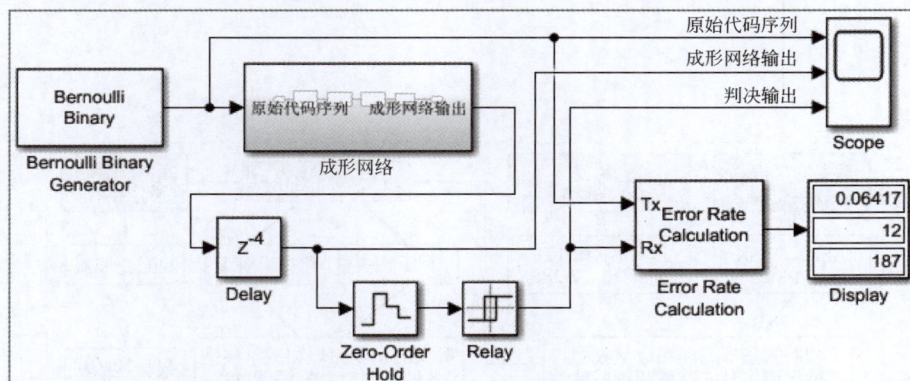

(a) 顶层模型

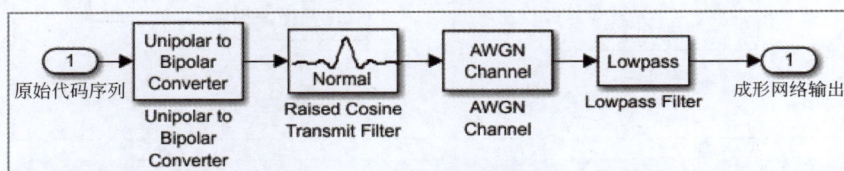

(b) 成形网络子系统

图 5-60　实践练习 5-5 模型

5-6　在图 5-60 所示模型中，添加眼图模块，观察升余弦脉冲波形传输时的眼图。调节信道模块引入噪声的强度，修改成形网络中低通滤波器的带宽，观察眼图的变化。

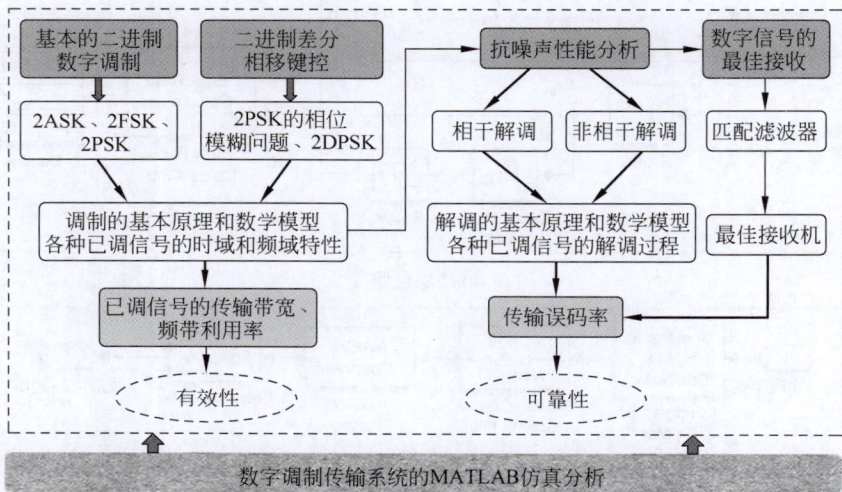

第 6 章

数字调制传输

```
┌─────────────────┐  ┌─────────────────┐        ┌─────────────┐    ┌─────────────┐
│  基本的二进制    │  │  二进制差分      │        │ 抗噪声性能分析│    │ 数字信号的  │
│  数字调制        │  │  相移键控        │        │             │    │ 最佳接收    │
└────────┬────────┘  └────────┬────────┘        └──────┬──────┘    └──────┬──────┘
         │                    │                    ┌───┴───┐              │
┌────────▼────────┐  ┌────────▼────────┐      ┌────▼───┐ ┌─▼──────┐  ┌───▼──────┐
│ 2ASK、2FSK、     │  │ 2PSK的相位       │      │相干解调 │ │非相干解调│  │ 匹配滤波器│
│ 2PSK            │  │ 模糊问题、2DPSK  │      └────┬───┘ └─┬──────┘  └───┬──────┘
└────────┬────────┘  └────────┬────────┘           └────┬───┘             │
         └──────────┬─────────┘              ┌──────────▼──────────┐  ┌───▼──────┐
          ┌─────────▼──────────┐             │ 解调的基本原理和数学模型│  │ 最佳接收机│
          │ 调制的基本原理和数学模型│          │ 各种已调信号的解调过程 │  └──────────┘
          │ 各种已调信号的时域和频域特性│      └──────────┬──────────┘
          └─────────┬──────────┘                         │
          ┌─────────▼──────────┐              ┌──────────▼──────────┐
          │ 已调信号的传输带宽、 │              │    传输误码率        │
          │ 频带利用率          │              └──────────┬──────────┘
          └─────────┬──────────┘                         │
             ┌──────▼──────┐                      ┌──────▼──────┐
             │   有效性     │                      │   可靠性     │
             └─────────────┘                      └─────────────┘

            数字调制传输系统的MATLAB仿真分析
```

思维导图

在数字通信系统中,对数字基带信号进行调制时的载波大多数情况下仍然取为正弦波。与模拟通信系统类似,根据数字基带信号去控制载波参数的不同,基本的数字调制仍然分为幅度调制、频率调制和相位调制。由于数字基带信号的幅度只有有限种取值,在实际系统中还广泛采用开关键控法实现数字调制,相应地将上述各种调制方式分别称为幅移键控(Amplitude Shift Keying,ASK)、频移键控(Frequency Shift Keying,FSK)和相移键控(Phase Shift Keying,PSK)。

此外,基带信号可以是二进制或多进制信号,相应地有二进制数字调制和多进制数字调制。二进制数字调制是最基本的数字调制技术,本章将重点介绍 3 种基本的二进制数字调制,即 2ASK、2PSK 和 2FSK,以及数字信号的最佳接收技术。

6.1 二进制数字调制和解调

二进制数字调制和解调是各种数字调制解调的基础,本节首先介绍 3 种基本的二进制数字调制方式及其解调方法。

6.1.1　二进制数字调制的基本原理

在二进制数字调制中,基带信号是幅度只有两种取值的脉冲序列。用这样的数字脉冲基带信号控制高频正弦载波的幅度、频率或相位,则在已调信号中,载波的参数也只有两种取值。由于这一特点,可以采用与模拟调制相同的方法实现调制,也可以采用简单的电子开关实现。

在接收端,对各种数字调制信号进行解调后,再通过采样判决还原得到数字基带信号和数字代码序列。

1. 基本的二进制数字调制

与模拟调制中的幅度调制、频率调制和相位调制相对应,二进制数字调制有数字调幅、数字调频和数字调相这3种基本类型。实际系统中广泛采用简单的电子开关电路实现数字调制,因此通常称为键控,相应地称为二进制幅度键控(2-Amplitude Shift Keying,2ASK)、二进制频移键控(2-Frequency Shift Keying,2FSK)和二进制相移键控(2-Phase Shift Keying,2PSK)。

假设信源发送的二进制代码序列为1101000110,图 6-1 给出了对应的 2ASK、2FSK 和 2PSK 信号的时间波形,其中 T_s 为码元间隔。

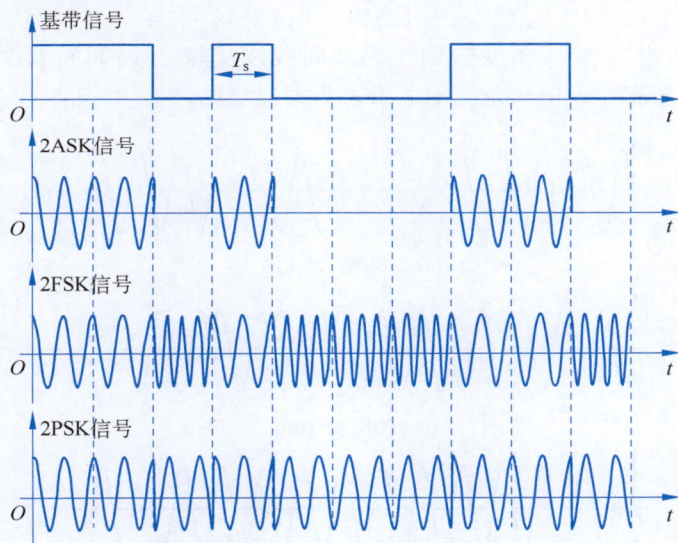

图 6-1　2ASK、2FSK 和 2PSK 信号

对于 2ASK,当发送数字代码 1 和 0 时,已调信号中载波的振幅分别为 A 和 0,而载波的频率和相位都保持不变。

对于 2FSK,已调信号的幅度恒定不变,而在发送 1 码和 0 码期间,载波的频率分别为 f_1 和 f_2。从图 6-1 中容易得到两个载波频率 f_1 和 f_2 分别等于码元速率的 2 倍和 4 倍。

与模拟调频类似,对于 2FSK,可以用调频指数描述基带信号对载波频率的改变程度,其定义为两个载频的差与码元速率之比,即

$$h = \frac{|f_1 - f_2|}{R_s} \tag{6-1}$$

对于图 6-1 所示的 2FSK 信号,调频指数为

$$h = \frac{|f_1 - f_2|}{R_s} = \frac{|2R_s - 4R_s|}{R_s} = 2$$

对于 2PSK,已调信号的幅度和频率都恒定不变,而在发送 1 码和 0 码期间,载波的相位分别为 0 和 π。在图 6-1 中,假设未调载波为初始相位等于 0 的余弦波,则在发送 1 码期间,2PSK 信号中载波的相位与未调载波相位相同(保持不变);在发送 0 码期间,已调信号中载波的相位与未调载波相位相差 π,即已调信号载波的波形相对于未调载波极性相反。这种调制规则称为"0 变 1 不变"。

2PSK 的调制规则也可以采用"1 变 0 不变"。此时,发送 1 码期间,载波反相;发送 0 码期间,已调信号中的载波与未调载波同相。

例 6-1   已知某代码序列对应的 2ASK 信号波形如图 6-2(a)所示,码元速率 $R_s = 1$kBd。

(1) 分析写出对应的代码序列,并求载波频率 f_c。

(2) 绘制出该代码序列对应的 2PSK 信号波形,假设载波幅度和频率与 2ASK 信号相同,未调载波为初始相位等于 0 的正弦波,采用"1 变 0 不变"的调制规则。

解   (1) 代码序列为 111001011。

由于一个码元间隔内有 1.5 个周期的载波,因此载波频率等于码元速率的 1.5 倍,即

$$f_c = 1.5R_s = 1.5\text{kHz}$$

(2) 调制规则为"1 变 0 不变",则 1 码期间载波反相,0 码期间载波同相,据此得到 2PSK 信号的波形如图 6-2(b)所示。图 6-2(c)为未调载波。

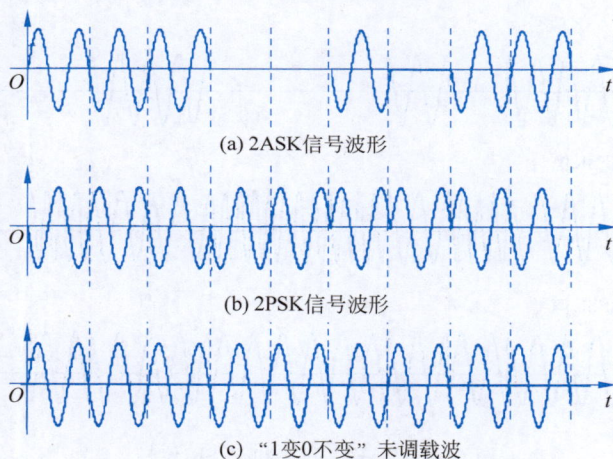

(a) 2ASK信号波形

(b) 2PSK信号波形

(c) "1变0不变" 未调载波

图 6-2   例 6-1 波形图

2. 调制方法

从原理上说,上述各种二进制数字调制与模拟调制相同,因此可以用与模拟调制类似的方法实现调制,称为模拟调制法。由于在上述各种二进制数字调制中,基带信号幅度只有离散的两种取值,因此还可以采用简单的开关电路实现调制,称为开关键控法调制。

1) 模拟调制法

在模拟通信系统中,用模拟乘法器实现模拟基带信号与高频载波的相乘运算,即实现了 DSB-SC 调制。如果将二进制数字基带信号 $m(t)$ 送入模拟乘法器,与未调载波 $c(t)$ 相乘,

输出即为二进制数字调幅 2ASK 信号。调制器的原理框图如图 6-3(a)所示。

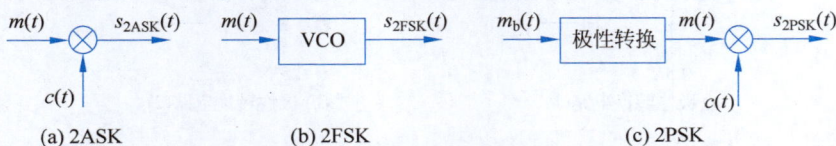

图 6-3 模拟调制法实现二进制数字调制

在模拟通信系统中,采用 VCO 可以实现直接法调频。如果将二进制数字基带信号作为控制电压送入 VCO,则输出也就成为 2FSK 信号,调制器的原理如图 6-3(b)所示。

在 2PSK 信号中,与发送的数字代码 1 和 0 相对应,载波的相位只有 0 和 π 两种取值。当发送 1 码时,已调载波与未调载波同相;当发送 0 码时,已调载波与未调载波反相。因此,采用模拟调制法实现 2PSK 时,需要先通过极性转换将单极性 NRZ 码 $m_b(t)$ 转换为双极性 NRZ 码基带信号 $m(t)$,再与未调载波 $c(t)$ 相乘,其原理框图如图 6-3(c)所示。

例 6-2 对二进制数字基带信号进行 2PSK。假设信源输出的单极性 NRZ 码基带信号中,1 码和 0 码对应的脉冲幅度分别为 1V 和 0V。

(1) 假设 2PSK 规则为"0 变 1 不变",设计极性转换电路,要求输出 2PSK 信号载波幅度为 2V。

(2) 假设 2PSK 规则为"1 变 0 不变",设计极性转换电路,要求输出 2PSK 信号载波幅度为 1V。

(3) 已知码元间隔为 1ms,未调载波为幅度为 1V,频率为 2kHz,初始相位为 0 的余弦波。画出利用(2)中的极性转换电路实现 2PSK 时,调制器中各点信号波形,假设代码序列为 1010110。

解 (1) 由于要求采用"0 变 1 不变"的调制规则,则极性转换电路的输出信号中,1 码和 0 码对应的脉冲幅度必须分别为 2V 和 −2V,而输入单极性 NRZ 码基带信号中,1 码和 0 码对应的脉冲幅度分别为 1V 和 0V。据此得到极性转换电路,如图 6-4(a)所示,图中的方框为放大器,放大倍数为 4。

(2) 同理得到极性转换电路,如图 6-4(b)所示。

(3) 调制器各点信号波形如图 6-4(c)所示。

2) 开关键控法

由于二进制数字基带信号的幅度只有两种取值,因此在上述各种二进制已调信号中,载波的幅度、频率或相位也只有两种取值。利用这一特点,可以采用简单的电子开关实现数字调制。这种方法称为开关键控法调制。

图 6-5(a)所示为用键控法产生 2ASK 信号。当发送 1 码和 0 码时,用二进制数字基带信号 $m(t)$ 中的高低电平控制开关的切换,即可输出 2ASK 信号。因此,2ASK 信号又称为通断键控(On-Off Keying,OOK)信号。

在图 6-5(b)中,两个载波发生器分别产生两个不同载波频率的高频载波。在基带信号 $m(t)$ 高低电平的控制下,开关分别接通两个载波,输出端即为 2FSK 信号。

在图 6-5(c)中,载波发生器输出固定幅度和频率的载波,与经过反相后的载波一起送入开关。在基带信号 $m(t)$ 高低电平的控制下,开关分别接通两个不同相位的载波,在输出端合并成为一路 2PSK 信号。

(a) 极性转换电路(1)　　　　　　(b) 极性转换电路(2)

(c) 各点信号波形

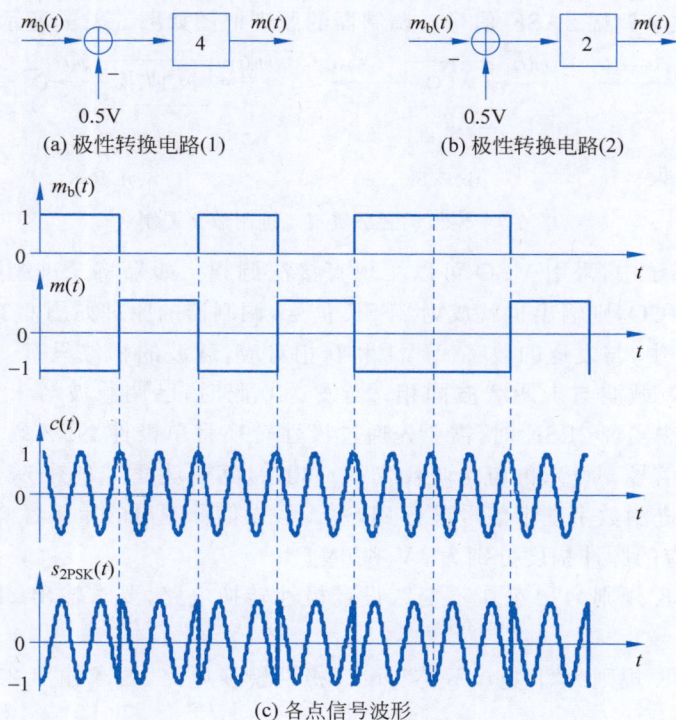

图 6-4　例 6-2 示意图

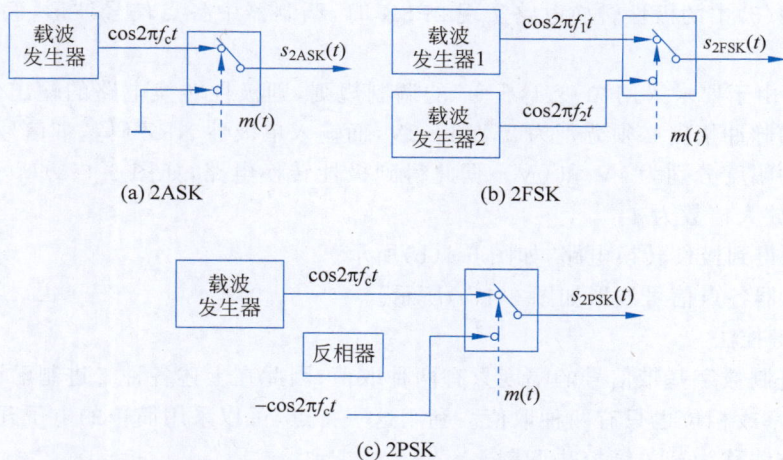

(a) 2ASK　　　　　　　　(b) 2FSK

(c) 2PSK

图 6-5　开关键控法实现二进制数字调制

例 6-3　对二进制数字基带信号用开关键控法进行 2FSK。假设两个载波频率分别为 20Hz 和 35Hz,初始相位为 0,调频指数 $h=1.5$,发送代码序列为 0101100,分别画出基带信号、两个载波信号和 2FSK 信号的波形。

解　已知调频指数 $h=1.5$,则

$$R_s = \frac{|f_1 - f_2|}{h} = \frac{|20 - 35|}{1.5} = 10\text{Bd}$$

因此,发送 1 码和 0 码期间,已调信号中载波分别有 2 个和 3.5 个周期。据此画出各信

号波形,如图 6-6 所示。

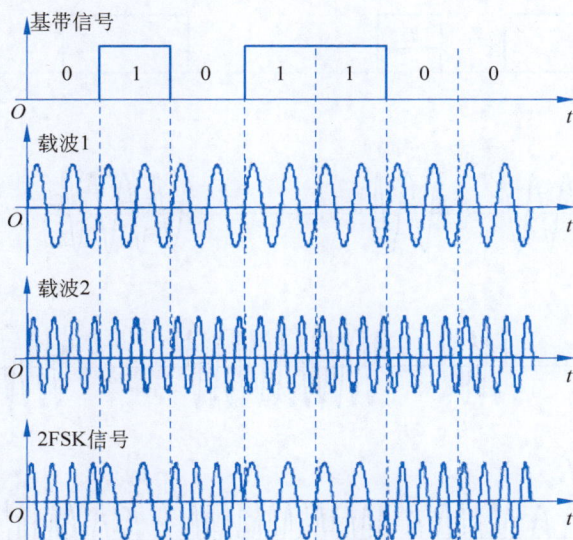

图 6-6 例 6-3 各信号波形

注意,在该例中,当发送的相邻两个代码出现 0/1 切换时,2FSK 信号中载波的波形可能不连续,这种情况称为相位不连续的 2FSK。这是由于在开关键控法中,两个载波分别由两个振荡器产生,相互是独立无关的。如果采用模拟调制法实现 2FSK,由于不同频率的两个载波是用同一个 VCO 产生的,因此得到的 2FSK 信号不会出现这种情况,称为相位连续的 2FSK。

6.1.2 二进制数字调制信号的特性

对相同的基带信号,各种调制方式得到的已调信号具有不同的特性,如信号带宽和传输的有效性各不相同。本节将继续分析和介绍上述各种基本二进制数字调制信号的时域和频域特性。

1. 二进制数字调制信号的时域描述

2ASK 信号可以表示为

$$s_{2ASK}(t) = m(t)\cos 2\pi f_c t \tag{6-2}$$

其中,f_c 为载波频率;$m(t)$ 为单极性 NRZ 码数字基带信号。

2FSK 信号可以视为两个不同载波频率的 2ASK 信号的叠加。如图 6-7 所示,$m(t)$ 为单极性 NRZ 码数字基带信号,T_s 为码元间隔;$s_1(t)$ 为与 $m(t)$ 相对应的 2ASK 信号,载波频率 $f_1 = 2R_s = 2/T_s$;$s_2(t)$ 可以认为是以 $m(t)$ 的反相信号为基带信号时的 2ASK 信号,载波频率 $f_2 = 4R_s = 4/T_s$。将 $s_1(t)$ 和 $s_2(t)$ 叠加,即可得到 2FSK 信号。

根据上述分析,可以将 2FSK 信号表示为

$$s_{2FSK}(t) = m(t)\cos 2\pi f_1 t + \overline{m(t)}\cos 2\pi f_2 t \tag{6-3}$$

在 2PSK 信号中,用载波相位的取值为 0 或 π 表示发送的 1 码和 0 码。假设载波频率为 f_c,幅度为 1V,则 2PSK 信号可以表示为

$$s_{2PSK}(t) = \cos(2\pi f_c t + \varphi) = \begin{cases} \cos(2\pi f_c t + 0) = \cos 2\pi f_c t, & \text{发送 1 码} \\ \cos(2\pi f_c t + \pi) = -\cos 2\pi f_c t, & \text{发送 0 码} \end{cases} \tag{6-4}$$

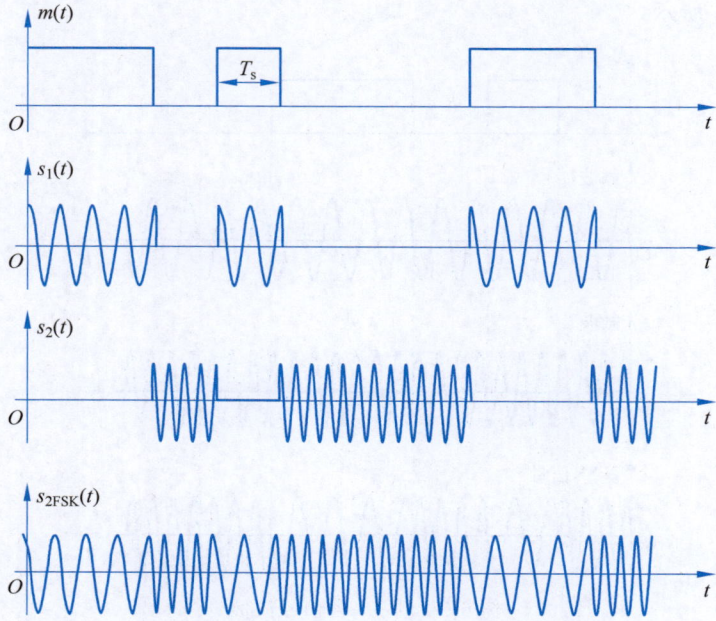

图 6-7　两个 2ASK 信号合成 2FSK 信号

假设基带信号 $m(t)$ 为双极性 NRZ 码,当发送 1 码和 0 码时,$m(t)$ 中脉冲的幅度分别取为 $+1V$ 和 $-1V$,则根据式(6-4)可以将 2PSK 信号表示为

$$s_{2PSK}(t) = m(t)\cos 2\pi f_c t \tag{6-5}$$

比较式(6-5)和式(6-2)可知,2PSK 信号与 2ASK 信号的时域表达式在形式上是完全相同的,只是基带信号 $m(t)$ 分别取为双极性和单极性。

2. 二进制数字调制信号的功率谱和带宽

2ASK 和 2PSK 信号具有相同的时间表达式,都是基带信号与载波相乘。因此,根据傅里叶变换的频移性质,可以得到其功率谱密度都为

$$P_s(f) = \frac{1}{4}[P_b(f+f_c) + P_b(f-f_c)] \tag{6-6}$$

其中,$P_b(f)$ 为基带信号的功率谱;f_c 为载波频率。

但是,对于 2ASK,基带信号为单极性 NRZ 码矩形脉冲基带信号,其功率谱 $P_b(f)$ 中含有直流分量。而对于 2PSK 调制,基带信号为双极性 NRZ 码矩形脉冲基带信号,因此基带信号没有直流分量。图 6-8 所示为 2ASK 和 2PSK 信号的功率谱。由此可以得到以下结论。

(1) 2ASK 信号的功率谱由连续谱和离散谱两部分组成,而 2PSK 信号的功率谱中只有连续谱,没有离散谱。

(2) 2ASK 信号功率谱中的离散谱位于载波频率位置,说明 2ASK 信号中含有载波分量,而 2PSK 信号中没有载波分量。

(3) 由连续谱求得 2ASK 和 2PSK 信号的带宽都为 NRZ 码数字基带信号带宽的 2 倍,而单极性和双极性 NRZ 码基带信号的带宽都等于码元速率,因此两种已调信号的带宽都等于码元速率的 2 倍,即

$$B_{2FSK} = B_{2PSK} = 2R_s \tag{6-7}$$

由于 2FSK 信号可以视为两个不同载波频率的 2ASK 信号的叠加,其功率谱也是这两

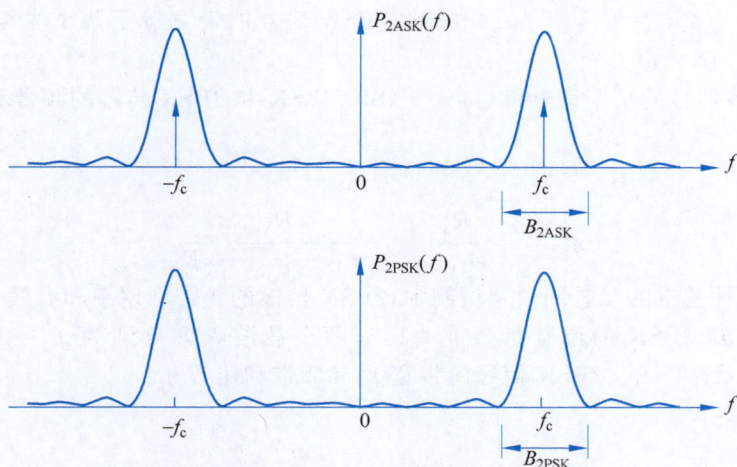

图 6-8 2ASK 和 2PSK 信号的功率谱

个 2ASK 信号功率谱的叠加。因此,与 2ASK 信号的功率谱相似,2FSK 信号的功率谱由离散谱和连续谱两部分组成。其中,离散谱出现在两个载频位置上,这表明 2FSK 信号中同时含有两个载波分量。

2FSK 信号功率谱中的连续谱由位于载频 f_1 和 f_2 位置的两个 2ASK 信号功率谱叠加而成,叠加后的形状将随 $|f_1-f_2|$ 的大小或调制指数 h 的不同而变化。当 h 比较小时,功率谱呈现单峰形状;当 h 比较大时,功率谱呈现双峰形状;当 h 足够大时,两个峰完全分离,两个主瓣互不重叠。图 6-9 所示为不同调制指数时 2FSK 信号的功率谱。

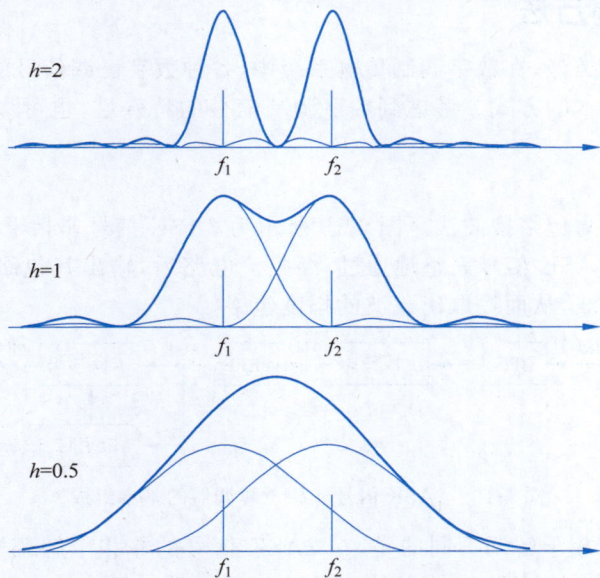

图 6-9 2FSK 信号的功率谱

当调制指数足够大时,2FSK 信号的带宽可近似为

$$B_{2FSK} = |f_1-f_2| + 2R_s = (2+h)R_s \tag{6-8}$$

例如,当 $h=2$ 时,码元速率 $R_s = |f_1-f_2|/2$。在图 6-9 中,两个主瓣分别以 f_1 和 f_2

为中心,宽度都为 $2R_s = |f_1 - f_2|$。因此,2FSK 信号的带宽等于两个主瓣总的宽度,即 $B = 2 \times 2R_s = 2|f_1 - f_2|$。

根据上述各信号的功率谱,可以得到 2ASK、2FSK 和 2PSK 传输的频带利用率分别为

$$\eta_{2ASK} = \eta_{2PSK} = \frac{R_s}{B_{2ASK}} = 0.5 \text{Bd/Hz} \tag{6-9}$$

$$\eta_{2FSK} = \frac{R_s}{B_{2FSK}} = \frac{R_s}{|f_1 - f_2| + 2R_s} \tag{6-10}$$

由此可见,在 3 种基本的二进制数字调制中,2FSK 传输的频带利用率和有效性最差。

例 6-4 已知 2FSK 的调制指数 $h = 1.5$,两个载波频率分别为 $f_1 = 1\text{kHz}$ 和 $f_2 = 2.5\text{kHz}$。求码元速率 R_s、2FSK 信号的带宽 B 和频带利用率 η_s。

解 由

$$h = \frac{|f_1 - f_2|}{R_s}$$

求得

$$R_s = \frac{|f_1 - f_2|}{h} = \frac{|1 - 2.5|}{1.5} = 1\text{kBd}$$

2FSK 信号的带宽和频带利用率分别为

$$B = (2+h)R_s = (2+1.5) \times 1 = 3.5\text{kHz}$$

$$\eta_s = \frac{R_s}{B} = \frac{1}{3.5} \approx 0.29\text{Bd/Hz}$$

6.1.3 解调方法

与模拟通信系统类似,在数字调制传输系统中,各种数字已调信号的解调仍然分为相干和非相干解调两种基本的方式。考虑到数字调制信号的特殊性,也可以采用一些特殊的解调方法。

1. 非相干解调

非相干解调又称为包络检波法。图 6-10 所示为 2ASK 信号非相干解调器的基本组成。带通滤波器 BPF 使 2ASK 信号完整地通过,经整流电路后,输出其包络。低通滤波器 LPF 的作用是滤除高频杂波,从而提取出载波的幅度包络。

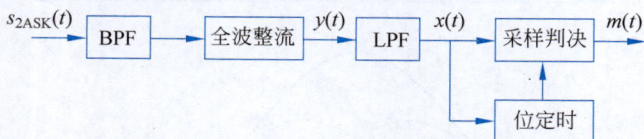

图 6-10　2ASK 信号非相干解调器的基本组成

与模拟 AM 的非相干解调不同的是,在 2ASK 信号的非相干解调中,LPF 输出的包络一般需要经过采样判决,以恢复标准的矩形脉冲数字基带信号。解调器中各点信号的波形如图 6-11 所示。

由于 2FSK 信号可以视为两个 2ASK 信号的叠加,因此可以采用类似的非相干解调,如图 6-12 所示。图 6-12 中包括上下两条支路,两支路中的带通滤波器 BPF 带宽都取为 $2R_s$(等于 2ASK 信号的带宽),但中心频率分别为 f_1 和 f_2,从而分别输出频率为 f_1 和 f_2 的

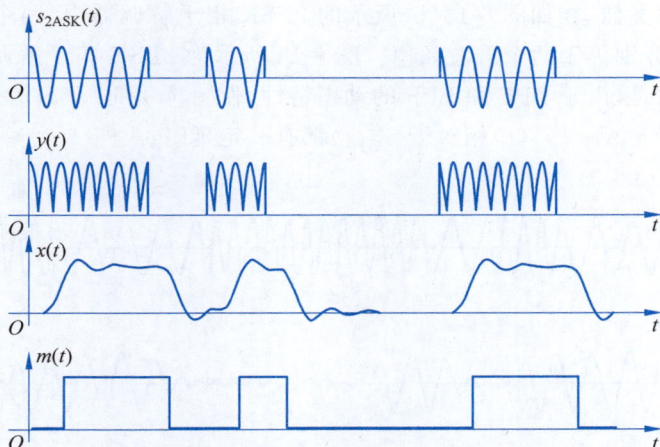

图 6-11　2ASK 非相干解调各点信号的波形

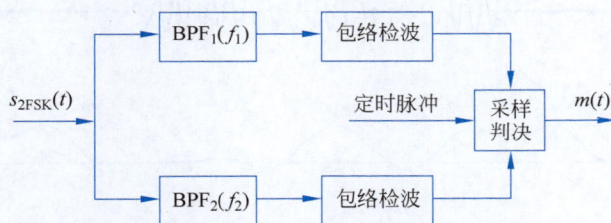

图 6-12　2FSK 非相干解调

两个 2ASK 信号,经包络检波后得到两个载频信号的包络。采样判决器将上、下两支路输出的包络信号进行采样后,比较两个采样值的相对大小,从而判决输出数字基带信号。

2. 相干解调

与模拟调制的相干解调一样,这种解调方法要求接收机产生一个与调制端的载波同频同相的本地相干载波,然后与接收到的已调信号相乘,再通过低通滤波和采样判决得到基带信号。

图 6-13 所示为 2ASK 和 2FSK 信号的相干解调器。

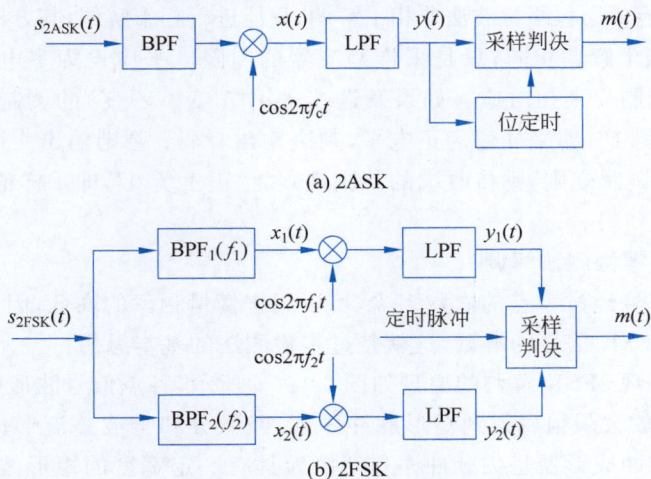

(a) 2ASK

(b) 2FSK

图 6-13　2ASK 和 2FSK 信号的相干解调器

与非相干解调类似,在如图 6-13(b)所示的 2FSK 相干解调器中,两个带通滤波器的带宽相同,中心频率分别等于两个载波频率。图 6-14 所示为 2FSK 相干解调器中各点信号的波形。需要注意的是,由于 BPF 和 LPF 的动态特性,使 $x_1(t)$ 和 $x_2(t)$ 信号相对于 $s_{2FSK}(t)$ 信号、$y_1(t)$ 相对于 $x_1(t)$、$y_2(t)$ 相对于 $x_2(t)$ 都有一定延时。

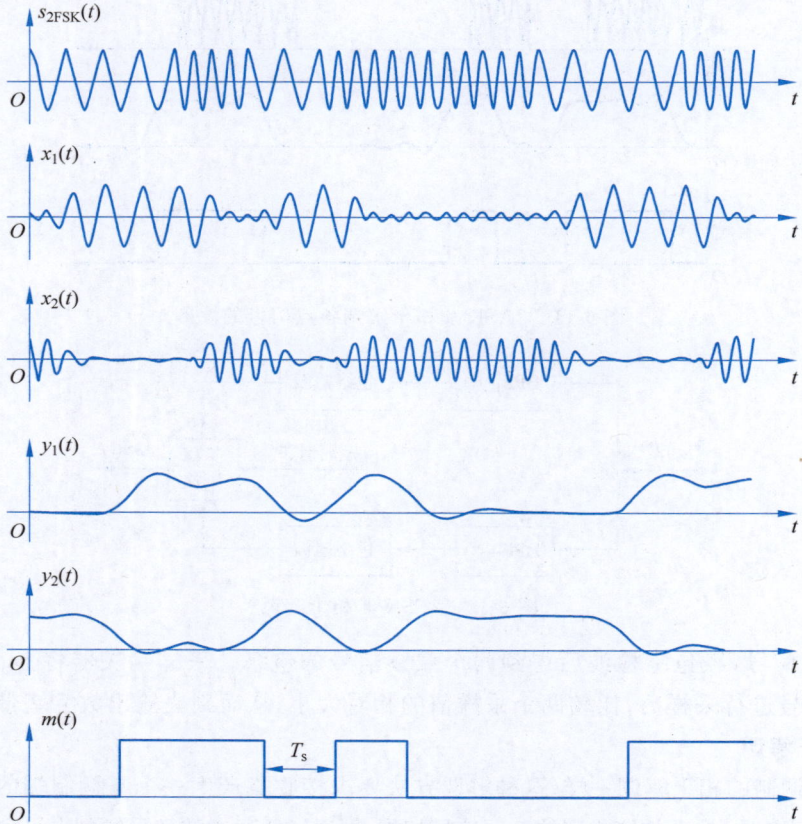

图 6-14　2FSK 相干解调器中各点信号的波形

2PSK 信号不能采用包络检波法非相干解调,只能进行相干解调,其方框图与图 6-13(a)所示 2ASK 信号的相干解调相同,只是采样判决器的门限电平应设为零电平,并且判决规则应该与发送端的调制规则相对应。如果发送端采用"1 变 0 不变"的调制规则,则接收端的判决规则为"正 0 负 1",即采样值为正电平,判决输出 0 码;否则输出 1 码。如果发送端采用"0 变 1 不变"的调制规则,则接收端的判决规则为"正 1 负 0",即采样值为正电平,判决输出 1 码;否则输出 0 码。

3. 2FSK 的过零检测法解调

单位时间内信号经过零点的次数多少,可以用来衡量频率的高低,因此通过检测过零点的次数即可实现 2FSK 信号的解调,这就是过零检测法的基本思想。

过零检测法实现 2FSK 解调的原理如图 6-15(a)所示,各点信号波形如图 6-15(b)所示。2FSK 输入信号经放大限幅后得到矩形脉冲序列,经微分和全波整流形成与频率变化相应的尖脉冲序列。脉冲成形器将尖脉冲序列变换为具有一定宽度的矩形波,该矩形波的直流分量便代表着信号的频率。脉冲越密,直流分量越大,表示输入信号的频率越高。经低通滤波器就可得到脉冲波的直流分量。这样就完成了频率-幅度变换，从而再根据直流分量幅度上的区别还原出数字信号 1 和 0。

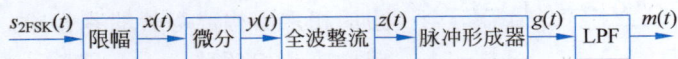
(a) 解调器

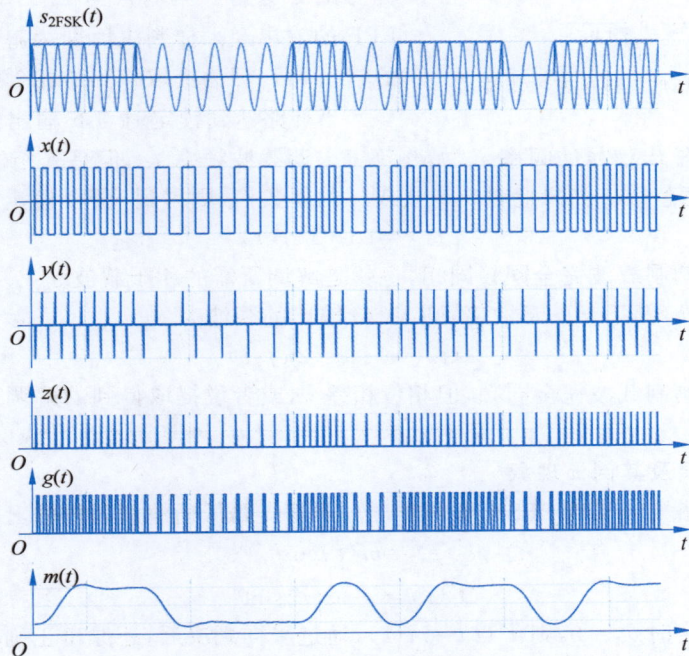
(b) 各点信号波形

图 6-15　2FSK 信号的过零检测法解调

6.2　二进制差分相移键控

在前面介绍的 2PSK 信号相干解调中，由于提取的解调载波可能存在两种相位，从而使解调结果出现倒 π 现象，判决输出二进制代码与原始发送代码全部 0、1 倒置。为了解决这个问题，提出了差分相移键控。

6.2.1　2PSK 的倒 π 现象

由于 2PSK 信号中不含有载波分量，在相干解调中必须采用特殊的锁相环路才能从中提取出解调所需的相干载波。常用的特殊环路有平方环和科斯塔斯（Costas）环。但是，利用这些特殊的锁相环路提取的解调载波，可能与调制器中的调制载波完全反相，从而导致 2PSK 解调过程中会出现倒 π 现象。

1. 科斯塔斯环及相干载波的提取

科斯塔斯环是在基本锁相环的基础上改进而成的一种特殊锁相环路，其基本组成如图 6-16 所示。

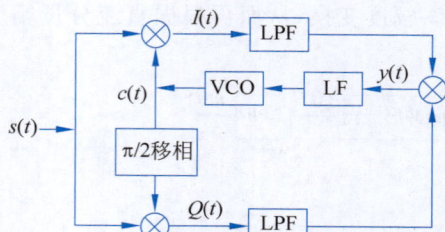

图 6-16 科斯塔斯环的基本组成

图 6-16 中,LPF 为低通滤波器,LF 为环路滤波器,VCO 为压控振荡器。上、下两条支路与右边的相乘器构成等价的鉴相器,与 LF 和 VCO 一起构成锁相环路。上支路称为同相支路,下支路称为正交支路。当输入为 2PSK 信号时,上支路 LPF 的输出经采样判决后即为解调输出,而 VCO 的输出 $c(t)$ 即为提取得到的相干载波。

当环路达到锁定时,LF 输出恒定不变的直流电压,控制 VCO 输出信号的频率 f_0 始终等于未调载波频率 f_c,但是其相位 θ_0 可能为 0 或 $n\pi$,其中 n 为任意整数。如果此时 $\theta_0=0$ 或 π 的偶数倍,则得到 VCO 输出的载波为

$$c(t)=\cos(2\pi f_c t) \tag{6-11}$$

该载波与发送端调制载波完全同频同相,也就是解调所需的相干载波。

如果锁定时 θ_0 等于 π 的奇数倍,则 VCO 输出的载波为

$$c(t)=-\cos(2\pi f_c t) \tag{6-12}$$

该载波与发送端调制载波完全同频,但相位相差 π,或者说提取得到的解调载波与发送端调制载波极性相反。

2. 2PSK 解调及其倒 π 现象

当使用科斯塔斯环实现 2PSK 解调时,上、下两支路低通滤波器的输出分别为

$$I'(t)=m(t)\cos\theta_0 \tag{6-13}$$

$$Q'(t)=-m(t)\sin\theta_0 \tag{6-14}$$

假设环路锁定时 $\theta_0=0$,则 $I'(t)=m(t)$,通过采样判决后,还原出正确的原始数字代码序列。如果环路锁定,$\theta_0=\pi$,则 $I'(t)=-m(t)$,通过采样判决后,还原出的基带信号与发送的双极性 NRZ 码基带信号极性完全相反。

由此可见,环路锁定时,VCO 输出相干载波的相位 θ_0 可能为 0 或 π,从而使解调输出得到的基带信号可能与原始数字基带信号完全相同,也可能极性完全相反。这种现象称为 2PSK 的反向工作状态或者倒 π 现象,又称为相位模糊现象。

6.2.2 2DPSK 调制和解调

2DPSK 称为二进制差分相移键控,是为了克服 2PSK 的倒 π 现象而提出的。在 2DPSK 中,不是利用载波相位的绝对数值传送数字信息,而是用前后码元载波相位的差值传送数字信息。

1. 2DPSK 的基本原理

在 2DPSK 信号中,原始代码序列与相邻两个码元间隔内载波的相位差 $\Delta\varphi$ 之间的关系可以表示为

$$\Delta\varphi=\begin{cases}\pi, & 1\ 码\\ 0, & 0\ 码\end{cases} \tag{6-15}$$

或

$$\Delta\varphi=\begin{cases}\pi, & 0\ 码\\ 0, & 1\ 码\end{cases} \tag{6-16}$$

式(6-15)表示如果当前码元为 1 码,则载波与前一个码元间隔范围内的载波反相;如果当前码元为 0 码,则载波与前一个码元的载波同相。这种调制规则称为"1 变 0 不变"。相应地,将式(6-16)定义的调制规则称为"0 变 1 不变"。

实现上述 2DPSK 调制的基本原理如图 6-17 所示。其中,$\{a_n\}$ 为原始代码序列,称为绝对码。绝对码序列通过差分编码后,得到相对码序列 $\{b_n\}$。相对码再送入 2PSK 调制器对其进行 2PSK,输出相对于原始代码序列即为 2DPSK 信号。

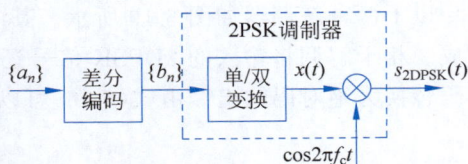

图 6-17   2DPSK 调制的基本原理框图

由此可见,2DPSK 的产生只是在 2PSK 的基础上增加了差分编码。通过差分编码得到的相对码,实际上就是 5.2.2 节介绍的差分码。因此,绝对码与相对码之间的转换关系(即差分编码规则)为

$$b_n = a_n \oplus b_{n-1} \tag{6-17}$$

其中,$\oplus$ 表示异或运算。

图 6-18 所示为根据上述规则进行差分编码时 2DPSK 调制器中各点信号的波形。显然,此时得到 2DPSK 的调制规则为"1 变 0 不变"。

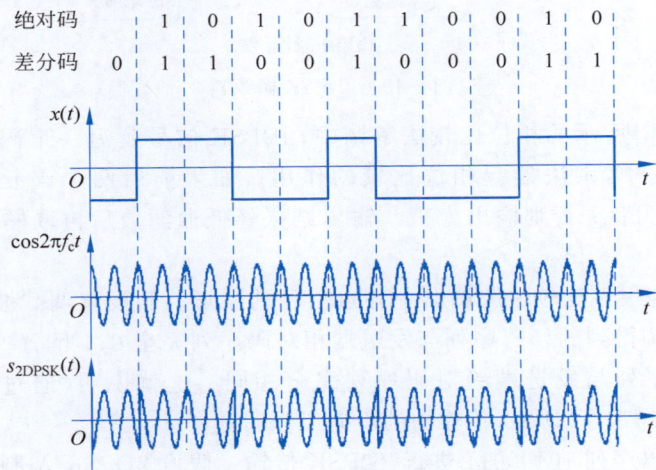

图 6-18   2DPSK 调制器各点信号波形

由式(6-17)得到的差分码称为传号差分码,对应 2DPSK 的调制规则"1 变 0 不变"。实际系统中,还可以得到相反的空号差分码,其编码规则为

$$b_n = a_n \odot b_{n-1} \tag{6-18}$$

其中,$\odot$ 表示同或运算。得到空号差分码序列 $\{b_n\}$ 后,将其转换为双极性脉冲,再实现 2PSK。此时得到的 2DPSK 调制规则为"0 变 1 不变"。

根据以上讨论,2DPSK 本质上就是对由绝对码转换而来的差分码序列进行绝对相移。因此,2DPSK 信号的表达式与 2PSK 完全相同,只是其中的基带信号应为差分码序列对应的基带信号。

就波形本身而言,2PSK 和 2DPSK 信号是等效的。因此,2DPSK 信号与 2PSK 信号有相同的功率谱,其带宽也等于基带信号带宽的 2 倍。

2. 2DPSK 的解调

2DPSK 信号的解调有两种解调方式,一种是相干解调,也称为极性比较法解调;另一种是差分相干解调,也称为相位比较法解调或延迟解调。

以上两种解调器如图 6-19 所示。其中,极性比较法解调由相干解调和差分解码两部分组成。相干解调将输入的 2DPSK 信号还原成相对码,再由差分解码器(码反变换器)把相对码转换为绝对码输出。由式(6-18)可以得到差分解码规则为

$$a_n = b_n \oplus b_{n-1} \tag{6-19}$$

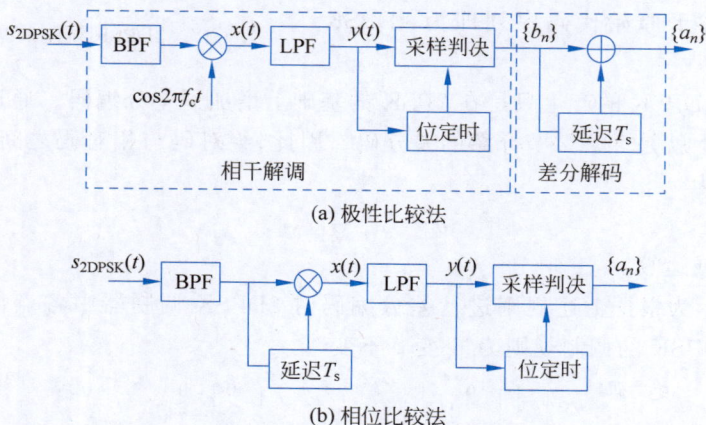

(a) 极性比较法

(b) 相位比较法

图 6-19　2DPSK 解调器

在如图 6-19(b)所示的相位比较法解调中,2DPSK 信号延迟一个码元间隔 T_s 后,再与其本身相乘。其中,乘法器起相位比较的作用。如果前后两个码元内的载波初相相反,则乘法器输出为负;否则输出为正。输出结果经低通滤波后再取样判决,即可恢复原数字信息。

图 6-20 所示为极性比较法解调器中各点信号的波形。假设解调载波与调制载波完全反相,因此相干解调得到的 $\{b_n\}$ 序列与发送端相对码序列完全 0、1 倒置。但是经过差分解码后输出的 $\{a_n\}$ 序列与发送端绝对码序列完全相同。这就说明,通过差分编解码实现2DPSK 调制解调,解决了 2PSK 传输中的反向工作问题。

例 6-5　对代码序列 10100011 进行 2DPSK 传输。假设 2DPSK 调制规则为"0 变 1 不变",未调载波为初始相位为 0 的余弦波。调制器中 2PSK 的调制规则为"1 变 0 不变",解调器中解调载波与调制载波频率相同,但相位相反。

(1) 求差分编码器输出的相对码序列。

(2) 分别写出已调信号中各位码元对应的载波相位。

(3) 分析写出解调输出的相对码和绝对码序列。

解　(1) 由于 2DPSK 调制规则为"0 变 1 不变",因此差分编码输出的相对码应为空号差分码。假设相对码的第 1 位码元为 0,则相对码序列为 01101000。

(2) 对相对码序列进行 2PSK,调制规则为"1 变 0 不变",则各位码元对应的载波相位依次为 0ππ0π000。

(3) 2PSK 信号在解调器中与解调载波相乘和低通滤波,各位码元对应的输出电平极性依次为－＋＋－＋－－－,则根据采样判决规则得到解调输出相对码序列为 10010111。

绝对码 0 1 0 1 1 1 0 1 0

相对码 0 1 1 0 1 1 0 0 1 1

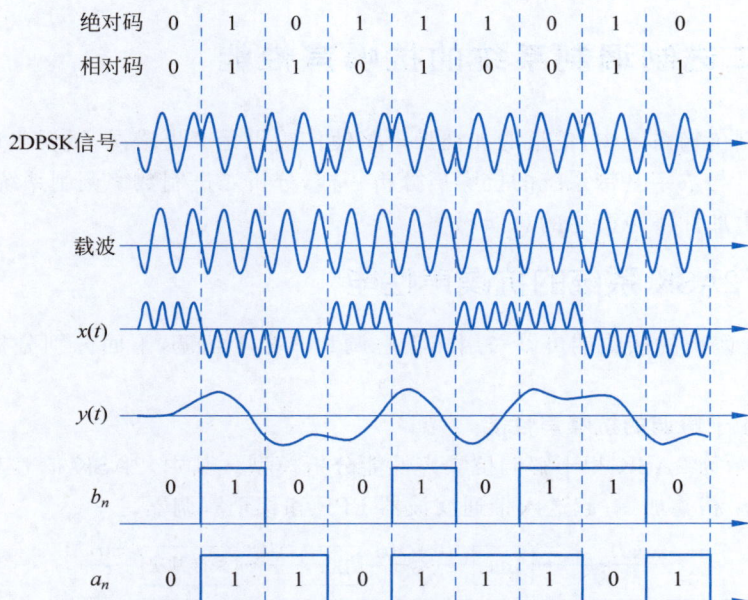

图 6-20 2DPSK 极性比较法解调器中各点信号的波形

上述相对码序列经过差分解码后得到绝对码序列。由于发送端的相对码是空号差分码,则差分解码规则应为

$$a_n = b_n \odot b_{n-1} \qquad (6\text{-}20)$$

由此得到输出的绝对码序列为 * 0100011,其中第 1 位 * 表示不确定。

上述调制和解调过程可以用列表法表示。

发送绝对码:	1 0 1 0 0 0 1 1
发送相对码:	0 1 1 0 1 0 0 0
调制载波相位:	0 0 0 0 0 0 0 0
已调信号载波相位:	0 π π 0 π 0 0 0
解调载波相位:	π π π π π π π π
相干解调输出极性:	− + + − + − − −
判决输出相对码:	1 0 0 1 0 1 1 1
解调输出绝对码:	* 0 1 0 0 0 1 1

例 6-6 对例 6-5 中调制器输出的 2DPSK 信号进行相位比较法解调,用列表法分析解调过程。

解 解调过程列表如下。

发送绝对码:	1 0 1 0 0 0 1 1
2DPSK 载波相位:	0 π π 0 π 0 0 0
延迟输出载波相位:	0 0 π π 0 π 0 0
低通滤波输出极性:	+ − + − − − + +
解调输出绝对码:	1 0 1 0 0 0 1 1

其中,延迟器输出载波相位在第 1 个码元内假设为 0。由于 2DPSK 调制规则为"0 变 1 不变",因此采样判决规则应该为"正 1 负 0"。

6.3 二进制调制系统的抗噪声性能

在数字调制传输系统中,信道的加性噪声将使传输码元产生错误,错误出现的概率通常用误码率衡量。与数字基带系统的抗噪声分析一样,分析二进制数字调制系统的抗噪性能,就是计算系统由加性噪声产生的总误码率。

6.3.1 2ASK 系统的抗噪声性能

2ASK 传输系统的接收端可以采用相干解调和非相干解调,下面分别分析两种解调方式下的误码率。

1. 2ASK 相干解调的抗噪声性能

图 6-21 所示为 2ASK 相干解调抗噪声性能分析模型。其中,2ASK 信号与信道引入的高斯白噪声 $n(t)$ 相叠加,一起送入带通滤波器 BPF 和相干解调器。

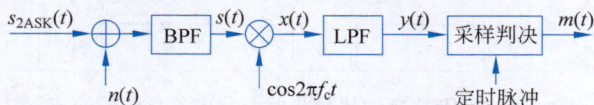

图 6-21　2ASK 相干解调抗噪声性能分析模型

假设带通滤波器能够让有用的已调信号全部通过,则其带宽近似等于 2ASK 信号带宽,中心频率等于载波频率。信道引入的高斯白噪声经过 BPF 后得到窄带高斯噪声,可以表示为

$$n_i(t) = n_I(t)\cos\omega_c t - n_Q(t)\sin\omega_c t$$

其平均功率为 σ^2,均值为 0。

2ASK 信号与上述窄带高斯噪声叠加后得到 $s(t)$,一起送入后面的相干解调器。假设发送 1 码和 0 码期间,接收 2ASK 信号中载波的幅度分别为 A 和 0。

在发送 1 码期间,带通滤波器总的输出为

$$s(t) = s_{2ASK}(t) + n_i(t) = A\cos 2\pi f_c t + n_I(t)\cos 2\pi f_c t - n_Q(t)\sin 2\pi f_c t$$

$s(t)$ 送入相干解调器,得到乘法器的输出为

$$x(t) = s(t)\cos 2\pi f_c t = A\cos^2 2\pi f_c t + n_I(t)\cos^2 2\pi f_c t - n_Q(t)\sin 2\pi f_c t\cos 2\pi f_c t$$

经过 LPF 低通滤波后,得到

$$y(t) = A + n_I(t) \tag{6-21}$$

式(6-21)中忽略了系数 $1/2$。

由此可见,低通滤波后的输出等于窄带高斯噪声中的同相分量 $n_I(t)$ 与幅度为 A 的直流信号的叠加。由于 $n_I(t)$ 为均值为 0 的高斯随机过程,因此 $y(t)$ 是均值为 A 的高斯随机过程,其幅度概率密度函数为

$$f_1(y) = \frac{1}{\sqrt{2\pi}\sigma} e^{-\frac{(y-A)^2}{2\sigma^2}} \tag{6-22}$$

同理分析,在发送 0 码期间,低通滤波器的输出为

$$y(t) = n_I(t) \tag{6-23}$$

其幅度概率密度函数为

$$f_0(y) = \frac{1}{\sqrt{2\pi}\sigma} e^{-\frac{y^2}{2\sigma^2}} \tag{6-24}$$

发送 1 码和 0 码,低通滤波器输出信号的幅度概率密度曲线如图 6-22 所示。

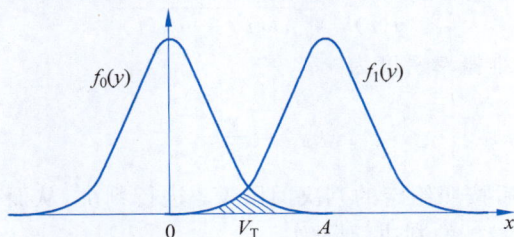

图 6-22 LPF 输出信号的幅度概率密度曲线

LPF 的输出送入采样判决器。在发送 1 码期间,如果采样值幅度小于判决门限 V_T,则将被错误判决为 0 码;同理,在发送 0 码期间,如果采样值幅度大于判决门限 V_T,则将被错误判决为 1 码。由此得到误码率为

$$P_s = P(1)P(0/1) + P(0)P(1/0)$$

$$= P(1)\int_{-\infty}^{V_T} f_1(y)\mathrm{d}y + P(0)\int_{V_T}^{\infty} f_0(y)\mathrm{d}y$$

其中,$P(1)$ 和 $P(0)$ 分别为发送 1 码和 0 码的概率。0、1 等概时,$P(0) = P(1) = 1/2$,则

$$P_s = \frac{1}{2}\int_{-\infty}^{V_T} f_1(y)\mathrm{d}y + \frac{1}{2}\int_{V_T}^{\infty} f_0(y)\mathrm{d}y \tag{6-25}$$

在图 6-22 中,通常最佳判决门限电平取为两条曲线的交点,即 $V_T = A/2$。此时,式(6-25)中的两个积分相等,则

$$P_s = \int_{V_T}^{\infty} f_0(y)\mathrm{d}y = \int_{V_T}^{\infty} \frac{1}{\sqrt{2\pi}\sigma} e^{-\frac{y^2}{2\sigma^2}} \mathrm{d}y = Q\left(\frac{A}{2\sigma}\right) = Q\left(\sqrt{\frac{r}{2}}\right) \tag{6-26}$$

其中,A 为接收信号在 1 码期间的幅度;σ 为信道引入噪声的方差;r 为接收信噪比,且

$$r = \frac{A^2}{2\sigma^2} \tag{6-27}$$

2. 2ASK 非相干解调的抗噪声性能

图 6-23 所示为 2ASK 非相干解调抗噪声性能分析模型。与相干解调类似,只需要求出送入采样判决器的幅度包络 $y(t)$ 的概率密度函数,即可得到误码率。

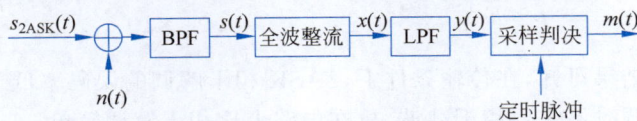

图 6-23 2ASK 非相干解调抗噪声性能分析模型

在发送 1 码期间,带通滤波器信号通过全波整流和低通滤波后,输出其包络为

$$y(t) = \sqrt{[A + n_I(t)]^2 + n_Q^2(t)}$$

其波形服从莱斯分布,一维概率密度为

$$f_1(y) = \frac{y}{\sigma^2} I_0\left(\frac{Ay}{\sigma^2}\right) e^{-\frac{(y^2+A^2)}{2\sigma^2}} \tag{6-28}$$

其中,σ^2 为噪声功率;$I_0(\cdot)$ 为第 1 类零阶修正贝塞尔函数。

当发送 0 码时,低通滤波器输出的包络为

$$y(t) = \sqrt{n_I^2(t) + n_Q^2(t)}$$

其波形服从瑞利分布,一维概率密度为

$$f_0(y) = \frac{y}{\sigma^2} e^{-\frac{x^2}{2\sigma^2}} \tag{6-29}$$

包络 $y(t)$ 经过采样后按照给定的判决门限 V_T 进行判决,从而确定接收码元是 1 码还是 0 码。当 0、1 等概时,最佳的判决门限为

$$V_T \approx \frac{A}{2}\sqrt{1+\frac{4}{r}}$$

其中,r 为接收信噪比,其定义与式(6-27)相同。在大信噪比,即 $r \gg 1$ 的前提下,$V_T \approx A/2$。此时可以求得平均误码率为

$$P_s \approx \frac{1}{2} e^{-r/4} \tag{6-30}$$

例 6-7 设有一个 2ASK 信号传输系统,其中码元速率 $R_s = 4.8\text{kBd}$,接收信号的振幅 $A = 1\text{mV}$,高斯噪声的单边功率谱密度 $n_0 = 4 \times 10^{-12}\text{W/Hz}$。试求:

(1) 相干解调时的误码率;

(2) 非相干解调时的最佳误码率。

解 2ASK 信号的第 1 谱零点带宽 $B = 2R_s = 9.6\text{kHz}$。取接收端带通滤波器的带宽等于 B,则带通滤波器输出噪声的平均功率为

$$\sigma^2 = n_0 B = 4 \times 10^{-12} \times 9.6 \times 10^3 = 3.84 \times 10^{-8}\text{W}$$

则解调器输入端的峰值信噪比为

$$r = \frac{A^2}{2\sigma^2} = \frac{10^{-6}}{2 \times 3.84 \times 10^{-8}} \approx 13$$

相干解调时的误码率为

$$P_s = Q\left(\sqrt{\frac{r}{2}}\right) = Q(\sqrt{6.5}) = 5.39 \times 10^{-3}$$

非相干解调时的误码率为

$$P_s = \frac{1}{2} e^{-r/4} = \frac{1}{2} e^{-3.25} = 1.94 \times 10^{-2}$$

由该例的计算结果可知,在传输条件下,2ASK 相干解调的误码率低于非相干解调的误码率。但非相干解调时不需要相干载波,故在电路上比相干解调简单。

6.3.2 2FSK 系统的抗噪声性能

2FSK 的解调也可以采用相干解调或非相干解调,下面分别进行分析。

1. 2FSK 相干解调的误码率

2FSK 相干解调抗噪声性能分析模型如图 6-24 所示。假设发送 1 码和 0 码时接收到的

2FSK 信号中载波频率分别为 f_1 和 f_2,幅度都为 A。

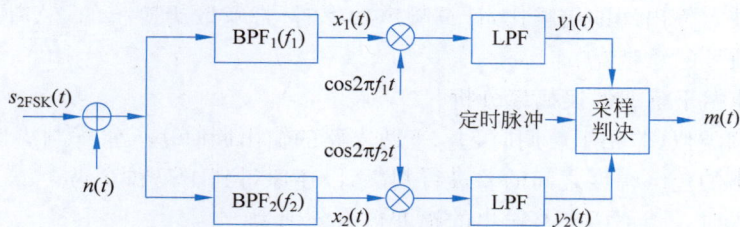

图 6-24　2FSK 相干解调抗噪声性能分析模型

模拟 2ASK 传输的分析过程,当发送 1 码时,可以得到上下两支路的输出信号分别为

$$y_1(t) = A + n_{I1}(t)$$
$$y_2(t) = n_{I2}(t)$$

当发送 0 码时上下两支路的输出信号分别为

$$y_1(t) = n_{I1}(t)$$
$$y_2(t) = A + n_{I2}(t)$$

根据 2FSK 信号的解调规则,上述 $y_1(t)$ 和 $y_2(t)$ 一起送入采样判决器,根据采样值的相对大小还原出发送的代码。令

$$y(t) = y_1(t) - y_2(t) \tag{6-31}$$

则判决规则为当 $y(t) > 0$ 时,判决器判决输出 1 码;当 $y(t) < 0$ 时,判决器判决输出 0 码。

当发送 1 码时,得到

$$y(t) = y_1(t) - y_2(t) = A + n_{I1}(t) - n_{I2}(t) \tag{6-32}$$

由于 $n_{I1}(t)$ 和 $n_{I2}(t)$ 分别为窄带噪声 $n_{i1}(t)$ 和 $n_{i2}(t)$ 的同相分量,因此都是均值为 0,方差为 σ^2 的高斯随机过程,则 $y(t)$ 是均值为 A,方差为 $2\sigma^2$ 的高斯随机过程,其概率密度函数可表示为

$$p_1(y) = \frac{1}{\sqrt{2\pi}(2\sigma^2)} e^{-\frac{(y-A)^2}{2(2\sigma^2)}} \tag{6-33}$$

根据上述判决规则,如果 $y(t) > 0$,判决器判决输出正确的 1 码;如果 $y(t) < 0$,判决器将判决输出错误的 0 码。

同理,当发送 0 码时,得到

$$y(t) = y_1(t) - y_2(t) = n_{I1}(t) - A - n_{I2}(t) \tag{6-34}$$

此时,$y(t)$ 是均值为 $-A$,方差为 $2\sigma^2$ 的高斯随机过程,其概率密度函数可表示为

$$p_0(y) = \frac{1}{\sqrt{2\pi}(2\sigma^2)} e^{-\frac{(y+A)^2}{2(2\sigma^2)}} \tag{6-35}$$

根据上述判决规则,如果 $y(t) < 0$,则判决器判决输出正确的 0 码;如果 $y(t) > 0$,则判决器将判决输出错误的 1 码。

容易得知,最佳判决门限为 0。此时,上述两种情况下信号的错误概率相同,从而得到误码率为

$$P_s = \frac{1}{2}\int_{-\infty}^0 p_1(y)\mathrm{d}y + \frac{1}{2}\int_0^\infty p_0(y)\mathrm{d}y = \int_0^\infty \frac{1}{\sqrt{2\pi}(2\sigma^2)} e^{-\frac{(y+A)^2}{2(2\sigma^2)}}\mathrm{d}y = Q(\sqrt{r}) \tag{6-36}$$

其中,r为接收信噪比,计算公式与 2ASK 相同。特别注意,这里指的是解调器中上支路或下支路带通滤波器输出端的信噪比,计算噪声功率时,带宽取为等价的 2ASK 信号的带宽,而不是 2FSK 信号的总带宽。

2. 2FSK 非相干解调的误码率分析

与相干解调类似,非相干解调时,上、下两支路的输出同时送入采样判决器,判决器根据上下两支路输出的包络幅度之间的差进行判决,以还原得到 1 码和 0 码。

当发送 1 码时,上、下两支路输出的幅度包络分别为

$$y_1(t)=\sqrt{[A+n_{I1}(t)]^2+n_{Q1}^2(t)}$$

$$y_2(t)=\sqrt{n_{I2}^2(t)+n_{Q2}^2(t)}$$

其中,$y_1(t)$服从莱斯分布,$y_2(t)$服从瑞利分布。当 $y_1(t)<y_2(t)$时,判决器输出错误的 0 码。

同理,当发送 0 码时,上、下两支路输出的幅度包络分别为

$$y_1(t)=\sqrt{n_{I1}^2(t)+n_{Q1}^2(t)}$$

$$y_2(t)=\sqrt{[A+n_{I2}(t)]^2+n_{Q2}^2(t)}$$

其中,$y_2(t)$服从莱斯分布,$y_1(t)$服从瑞利分布。当 $y_1(t)>y_2(t)$时,判决器输出错误的 1 码。

经过复杂的积分运算后,得到 2FSK 非相干解调的误码率为

$$P_s=\frac{1}{2}e^{-r/2} \tag{6-37}$$

其中,接收信噪比 r 仍然指的是非相干解调器中上支路或下支路带通滤波器输出端的信噪比。

例 6-8　设有一个 2FSK 传输系统,其中传输 2FSK 信号的两个载波频率分别为 $f_1=980\text{Hz}$,$f_2=1580\text{Hz}$。码元速率 $R_s=300\text{Bd}$。接收机输入端的信噪比为 5dB。试求:

(1) 2FSK 信号的带宽;

(2) 非相干解调时的误码率;

(3) 相干解调时的误码率。

解　(1) 由 2FSK 信号的带宽公式可得

$$B=|f_1-f_2|+2R_s=1580-980+2\times300=1200\text{Hz}$$

(2) 由于接收机中上、下两支路带通滤波器的带宽为 $2R_s=600\text{Hz}$,等于信道传输带宽(即 2FSK 信号的带宽)的 1/2,因此带通滤波器输出的噪声功率减小 1/2,信噪比增大为接收机输入端信噪比的 2 倍,即

$$r=2\times10^{5/10}\approx6.32$$

则

$$P_s=\frac{1}{2}e^{-r/2}=\frac{1}{2}e^{-6.32/2}\approx2.12\times10^{-2}$$

(3) 相干解调时的误码率为

$$P_s=Q(\sqrt{r})=Q(\sqrt{6.32})=Q(2.51)=6.04\times10^{-3}$$

6.3.3　2PSK 和 2DPSK 系统的抗噪声性能

2PSK 和 2DPSK 只能采用相干解调。与 2ASK 信号相比,2PSK 中基带信号必须为双极性 NRZ 码,假设对应 1 码和 0 码接收到的载波幅度都为 A,则相干解调时,低通滤波器输

出信号的均值分别为 $+A$ 和 $-A$，采样判决器的最佳判决门限应取 0。

注意到上述区别后，利用相同的分析方法，可以求得在 0、1 等概时，2PSK 相干解调的误码率为

$$P_s = Q(\sqrt{2r})\qquad(6\text{-}38)$$

其中，$r = \dfrac{A^2}{2\sigma^2}$ 为接收信噪比。

2DPSK 的相干解调是在 2PSK 相干解调电路的输出端再加上码反变换器构成，因此，2DPSK 相干解调系统的误码率计算要在 2PSK 相干解调的基础上考虑通过码反变换器后的影响。理论分析可以证明，接入码变换器后会使误码率增加 1～2 倍。假设取为 2 倍，则 2DPSK 相干解调的误码率为

$$P_s = 2Q(\sqrt{2r})\qquad(6\text{-}39)$$

2DPSK 的相位比较法解调是一种非相干解调方式，其抗噪分析性能的基本分析方法仍然是求出发送 1 码和 0 码时，接收端采样判决器输入信号的幅度概率密度函数，再确定最佳判决门限，最后求出平均误码率。由于这个过程比较烦琐，这里直接给出结论，即

$$P_s = \frac{1}{2}e^{-r}\qquad(6\text{-}40)$$

6.4　二进制数字调制系统性能比较

前面对 4 种基本二进制数字调制的时间波形、频域特性和调制解调的数字模型、各种调制解调技术的抗噪声性能进行了介绍，这里再对其性能作简单总结和比较。

1. 有效性

有效性通常用带宽和频带利用率描述和比较，带宽越大，传输的有效性越差。2ASK、2FSK、2PSK 和 2DPSK 信号的带宽都与发送端发送数字代码序列的码元速率有关。假设码元速率为 R_s，则 2ASK、2PSK 和 2DPSK 信号的带宽都为 $2R_s$，频带利用率都为 0.5Bd/Hz。2FSK 信号的带宽不仅与码元速率有关，还取决于两个载波频率的差。与模拟系统相同，在二进制数字调制信号中，2FSK 信号的带宽最大，频带利用率最低，有效性最差。

2. 可靠性

对于数字通信系统，可靠性用误码率或误比特率的大小进行衡量和比较。对于二进制数字传输系统，在 0、1 等概的前提下，误码率与误比特率相等。表 6-1 总结了 4 种基本二进制数字调制系统的误码率。

表 6-1　基本二进制数字调制系统的误码率

解调方式	误码率计算公式			
	2ASK	**2FSK**	**2PSK**	**2DPSK**
相干解调	$Q(\sqrt{r/2}) = \frac{1}{2}\operatorname{erfc}(\sqrt{r/4})$	$Q(\sqrt{r}) = \frac{1}{2}\operatorname{erfc}(\sqrt{r/2})$	$Q(\sqrt{2r}) = \frac{1}{2}\operatorname{erfc}(\sqrt{r})$	$2Q(\sqrt{2r}) = \operatorname{erfc}(\sqrt{r})$
非相干解调	$\frac{1}{2}e^{-r/4}$	$\frac{1}{2}e^{-r/2}$	—	$\frac{1}{2}e^{-r}$

根据表 6-1 中的误码率计算公式,可以作出误码率随接收信噪比 r 的变化关系曲线,称为误码率曲线(BER 曲线),如图 6-25 所示。由此可见:

(1) 对于给定的调制解调方式,误码率都随接收信噪比的增大而单调下降;

(2) 在各种调制解调方式传输方式中,对于给定的接收信噪比,2ASK 非相干解调的误码率最高,传输可靠性最差;

(3) 2PSK 相干解调传输的误码率最低,可靠性最好。

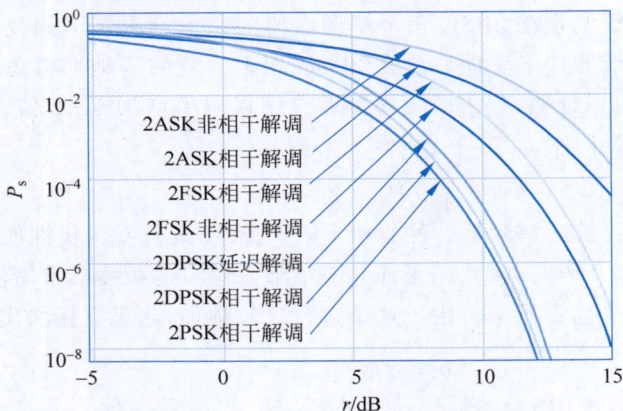

图 6-25　基本二进制数字调制系统的误码率曲线

3. 对信道特性变化的敏感性

在 2FSK 系统中,判决器根据上、下两个支路解调输出样值的大小作出判决,不需要人为地设置判决门限,因而对信道的变化不敏感。

在 2PSK 系统中,判决器的最佳判决门限为零,与接收机输入信号的幅度无关。因此,接收机总能保持工作在最佳判决门限状态。

在 2ASK 系统中,判决器的最佳判决门限与接收机输入信号的幅度有关,对信道特性变化敏感,性能最差。

6.5　数字信号的最佳接收

由于噪声和干扰的存在,数字通信系统中的接收机在判决时可能发生错误,形成误码。不同的传输方式和接收方法具有不同的抗噪声性能。能使误码率最小的接收方式称为最佳接收,相应的接收机称为最佳接收机。

6.5.1　匹配滤波器

从最佳接收的意义上说,一个数字通信系统的接收机可以视为是由一个线性滤波器和一个采样判决电路的串联。线性滤波器对接收到的信号进行处理和变换,输出信号送到采样判决电路,以便对接收信号中所包含的发送信息作出尽可能正确的判决。

在白噪声干扰下,如果线性滤波器的输出端在某个时刻上使信号的瞬时功率与白噪声平均功率之比达到最大,就可以使判决电路出现错误判决的概率最小。这样的线性滤波器称为匹配滤波器。

1. 匹配滤波器的传输特性

设匹配滤波器的传输特性为 $H(f)$，单位冲激响应为 $h(t)$，滤波器输入为发送信号 $s(t)$ 与信道高斯白噪声的叠加。在发送信号 $s(t)$ 作用下，匹配滤波器的输出信号为

$$s_0(t) = s(t) * h(t) = \int_{-\infty}^{\infty} S(f)H(f)e^{j2\pi ft} \, df$$

其中，$S(f)$ 为信号 $s(t)$ 的频谱。$t = t_0$ 时输出信号的瞬时功率为

$$s_0^2(t_0) = \left[\int_{-\infty}^{\infty} S(f)H(f)e^{j2\pi ft_0} \, df \right]^2$$

匹配滤波器输出噪声的平均功率为

$$N_o = \int_{-\infty}^{\infty} \frac{n_0}{2} \, |H(f)|^2 \, df$$

其中，$n_0/2$ 为滤波器输入白噪声的双边功率谱密度。

匹配滤波器在 $t = t_0$ 时输出信号瞬时功率与噪声平均功率之比为

$$\text{SNR} = \frac{s_0^2(t_0)}{N_o} = \frac{\left[\int_{-\infty}^{\infty} S(f)H(f)e^{j2\pi ft_0} \, df \right]^2}{\int_{-\infty}^{\infty} \frac{n_0}{2} \, |H(f)|^2 \, df}$$

使上述 SNR 达到最大值所需的 $H(f)$ 就是匹配滤波器应该具有的传输特性。利用施瓦茨不等式求得

$$H(f) = KS^*(f)e^{-j2\pi ft_0} \tag{6-41}$$

其中，K 为任意常数；$S^*(f)$ 表示 $S(f)$ 的共轭函数。

由此可见，匹配滤波器的传输特性应与信号频谱的复数共轭成正比，其幅频特性 $|H(f)|$ 与输入信号的幅度谱 $|S(f)|$ 成正比。这就意味着匹配滤波器对输入信号中幅度大的频率成分衰减小，而对信号中幅度较小的频率成分衰减大，从而使信号通过滤波器时损失较小。因此，经过匹配滤波器后，使输出信号的功率和输出信噪比达到最大。

2. 匹配滤波器的冲激响应

对式(6-41)进行傅里叶反变换，得到匹配滤波器的单位冲激响应为

$$h(t) = \int_{-\infty}^{\infty} H(f)e^{j2\pi ft} \, df = \int_{-\infty}^{\infty} KS^*(f)e^{-j2\pi ft_0} e^{j2\pi ft} \, df = \int_{-\infty}^{\infty} KS^*(f)e^{j2\pi f(t-t_0)} \, df$$

对于实信号，有 $S^*(f) = S(-f)$，则

$$h(t) = \int_{-\infty}^{\infty} KS(-f)e^{j2\pi f(t-t_0)} \, df = Ks(t_0 - t) \tag{6-42}$$

式(6-42)说明，匹配滤波器的单位冲激响应是输入信号 $s(t)$ 关于纵轴的对称镜像 $s(-t)$ 再延迟 t_0。考虑到滤波器的物理可实现性，必须保证 $h(t)$ 为因果信号，即当 $t < 0$ 时，$h(t) = 0$。假设输入信号 $s(t)$ 的波形持续时间为 T，则必须满足 $t_0 \geqslant T$。

另外，从传输效率角度考虑，延迟的时间 t_0 应尽可能小。最后确定 $t_0 = T$，其中 T 代表滤波器输入信号的结束时刻。当 $t_0 = T$ 时，$s(t)$、$s(-t)$ 和 $s(T-t)$ 的波形如图 6-26 所示。

匹配滤波器的输出送入采样判决电路，如果采样时刻取为 $t_0 = T$，则表示在输入信号刚结束时刻进行采样，此时采样值中信号的功率最大，从而能够获得最大信噪比。

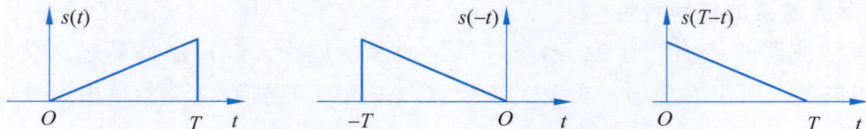

图 6-26　匹配滤波器的单位冲激响应

3. 匹配滤波器的输出波形

当 $t_0 = T$ 时,匹配滤波器的单位冲激响应为 $h(t) = Ks(T-t)$。因此,在输入 $s(t)$ 的作用下,匹配滤波器的输出为

$$s_0(t) = s(t) * h(t) = \int_{-\infty}^{\infty} s(\tau)h(t-\tau)\mathrm{d}\tau = K \int_{-\infty}^{\infty} s(\tau)s[\tau + (T-t)]\mathrm{d}\tau \quad (6\text{-}43)$$

式(6-43)中最后的积分等于 $R(T-t)$,其中 $R(t)$ 为 $s(t)$ 的自相关函数。这说明,匹配滤波器的输出信号与输入信号 $s(t)$ 的自相关函数成正比。当 $t = T$ 时,有

$$s_0(T) = KR(0) = KE_s \quad (6\text{-}44)$$

其中,E_s 为输入信号 $s(t)$ 的能量。

例 6-9　已知输入信号 $s(t)$ 如图 6-27(a)所示。

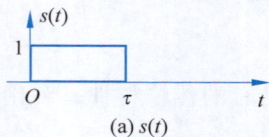

(a) $s(t)$

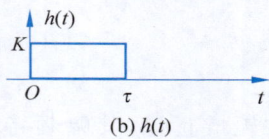

(b) $h(t)$

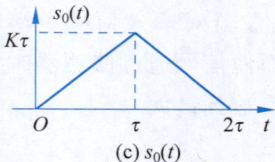

(c) $s_0(t)$

图 6-27　例 6-9 示意图

(1) 求匹配滤波器的冲激响应和传输特性。

(2) 求匹配滤波器的输出信号 $s_0(t)$。

解　(1) 令 t_0 等于信号的持续时间 τ,则得到匹配滤波器的冲激响应为

$$h(t) = Ks(\tau - t)$$

其波形如图 6-27(b)所示。

对 $h(t)$ 进行傅里叶变换,得到匹配滤波器的传输特性为

$$H(f) = \frac{K}{\mathrm{j}2\pi f}(1 - \mathrm{e}^{-\mathrm{j}2\pi f\tau}) = K\tau\mathrm{Sa}(\pi f\tau)\mathrm{e}^{-\mathrm{j}\pi f\tau}$$

(2) 由图 6-27(a)和图 6-27(b)可知,$h(t) = Ks(t)$,则匹配滤波器的输出为

$$s_0(t) = s(t) * h(t)$$

利用卷积运算规则得到 $s_0(t)$ 的波形如图 6-27(c)所示。

前面介绍了匹配滤波器的数学模型,这里再对其使用特性作几点总结。

(1) 匹配滤波器的传输特性取决于输入信号。不同的输入信号对应不同的匹配滤波器。

(2) 匹配滤波器的幅频特性通常是不理想的,信号通过时一定会产生严重的波形失真。因此,只能用于数字信号的接收。对于数字信号的传输,只关心其离散采样时刻的采样值是否能保证正确判决,只希望输出瞬时信噪比达到最大,而不用关心波形是否失真。

(3) 根据施瓦茨不等式和帕塞瓦尔定理,可以求得匹配滤波器的输出在 $t = T$(T 为输入信号的持续时间)时的最大瞬时信噪比为

$$\mathrm{SNR}_{\max} = \frac{2E_s}{n_0} \quad (6\text{-}45)$$

其中,E_s 为输入信号的能量;n_0 为白噪声的单边功率谱密度。因此,最大输出信噪比只与信号的能量和白噪声的功率谱密度有关,而与信号的波形无关。

6.5.2　最佳接收机

在白噪声作用下,用上述匹配滤波器构成接收机,可以使输出信噪比达到最大,从而使后续的采样判决输出误码率最小。

1. 最佳接收机的结构

假设信源发送的数字代码为二进制代码序列,在发送端将其中的 1 码和 0 码分别用两种不同波形的信号 $s_1(t)$ 和 $s_2(t)$ 表示。将这两种不同的信号作为匹配滤波器的输入,为了使匹配滤波器输出信噪比达到最大,应该有两个匹配滤波器分别与两个输入信号相匹配,从而得到利用匹配滤波器实现的最佳接收机,如图 6-28 所示。

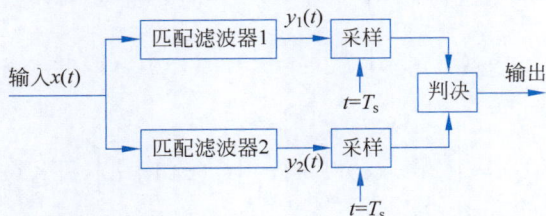

图 6-28　最佳接收机

发送端在一个码元间隔 T_s 内随机发送两种波形 $s_1(t)$ 和 $s_2(t)$ 中的一个,并同时送入上、下两支路。当发送波形 $s_1(t)$ 时,匹配滤波器 1 与其匹配,输出在 $t=T_s$ 的采样值达到最大值 KE_s;当发送波形 $s_2(t)$ 时,匹配滤波器 2 与其匹配,输出在 $t=T_s$ 的采样值达到最大值 KE_s。与输入信号不匹配的滤波器输出采样值小于 KE_s。因此,上、下两支路输出的采样值送入比较判决器,即可确定当前码元间隔内的输入信号是哪个信号波形。

为了分别与 $s_1(t)$ 和 $s_2(t)$ 信号相匹配,两个匹配滤波器的单位冲激响应分别应该为

$$h_1(t)=Ks_1(T_s-t),\quad h_2(t)=Ks_2(T_s-t)$$

其中,K 为常数,一般取为 1;T_s 为码元间隔。在输入 $x(t)$ 作用下,两个滤波器的输出分别为

$$y_1(t)=x(t)*h_1(t)=\int_{-\infty}^{\infty}x(\tau)s_1(T_s-t+\tau)\mathrm{d}\tau$$

$$y_2(t)=x(t)*h_2(t)=\int_{-\infty}^{\infty}x(\tau)s_2(T_s-t+\tau)\mathrm{d}\tau$$

假设 $s_1(t)$ 和 $s_2(t)$ 持续的时间都为 T_s,则 $t=T_s$ 的采样值分别为

$$y_1(T_s)=\int_0^{T_s}x(\tau)s_1(\tau)\mathrm{d}\tau=\int_0^{T_s}x(\tau)s_1(\tau)\mathrm{d}\tau \tag{6-46}$$

$$y_2(T_s)=\int_0^{T_s}x(\tau)s_2(\tau)\mathrm{d}\tau=\int_0^{T_s}x(\tau)s_2(\tau)\mathrm{d}\tau \tag{6-47}$$

式(6-46)和式(6-47)中的积分实际上是信号 $x(t)$ 分别与 $s_1(t)$ 和 $s_2(t)$ 的相关运算。因此,图 6-28 中的上、下两支路可以分别用一个相乘器和一个积分器实现。这样得到的最佳接收机又称为相关接收机,其结构如图 6-29 所示。

2. 最佳接收性能分析

由于噪声的影响,最佳接收机在判决时也会发生错误判决,如发送端发送 $s_1(t)$ 而接收机错

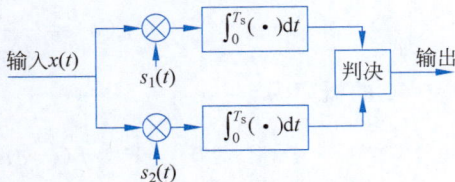

图 6-29　相关接收机

误判决为 $s_2(t)$。最佳接收机的接收性能用错判的可能性即误码率来衡量,其分析方法与前面各种调制解调器的误码率分析方法完全一样。

假设接收机的输入为

$$x(t) = s_i(t) + n(t)$$

其中,$s_i(t)$ 为发送信号,对于二进制数字传输系统,分别取为 $s_1(t)$ 和 $s_2(t)$;$n(t)$ 为信道引入的零均值高斯白噪声。

1) $s_1(t)$ 错判的概率

当发送信号为 $s_1(t)$ 时,$x(t) = s_1(t) + n(t)$,则上、下两支路的输出分别为

$$y_1(T_s) = \int_0^{T_s} [s_1(\tau) + n(\tau)] s_1(\tau) d\tau$$

$$y_2(T_s) = \int_0^{T_s} [s_1(\tau) + n(\tau)] s_2(\tau) d\tau$$

在判决器中得到判决量为

$$V = y_1(T_s) - y_2(T_s) = \int_0^{T_s} [s_1(\tau) + n(\tau)] s_1(\tau) d\tau - \int_0^{T_s} [s_1(\tau) + n(\tau)] s_2(\tau) d\tau$$

当 $V > 0$ 时,判决器正确判决输出 $s_1(t)$。如果由于噪声的影响,使 $V < 0$,则判决器的输出将为错误的 $s_2(t)$。$V < 0$ 的概率就是 $s_1(t)$ 错判为 $s_2(t)$ 的概率。

与高斯白噪声 $n(t)$ 一样,判决量 V 也服从高斯分布,其均值为

$$a_1 = E[V] = E\left\{ \int_0^{T_s} [s_1(\tau) + n(\tau)] s_1(\tau) d\tau - \int_0^{T_s} [s_1(\tau) + n(\tau)] s_2(\tau) d\tau \right\}$$

$$= E\left[\int_0^{T_s} s_1^2(\tau) d\tau + \int_0^{T_s} s_1(\tau) n(\tau) d\tau - \int_0^{T_s} s_1(\tau) s_2(\tau) d\tau - \int_0^{T_s} s_2(\tau) n(\tau) d\tau \right]$$

$$= \int_0^{T_s} s_1^2(\tau) d\tau + \int_0^{T_s} s_1(\tau) E[n(t)] d\tau - \int_0^{T_s} s_1(\tau) s_2(\tau) d\tau - \int_0^{T_s} s_2(\tau) E[n(t)] d\tau$$

其中,$E[n(t)]$ 为高斯白噪声 $n(t)$ 的均值,因此 $E[n(t)] = 0$;而第 1 项积分代表 $s_1(t)$ 的能量,设为 E_{s1}。再设

$$\rho_1 = \frac{\int_0^{T_s} s_1(\tau) s_2(\tau) d\tau}{\int_0^{T_s} s_1^2(\tau) d\tau}$$

则得到

$$a_1 = E_{s1}(1 - \rho_1)$$

经分析可知,判决量 V 的方差为

$$\sigma_1^2 = E\{V - E[V]\} = n_0(1 - \rho_1) E_{s1}$$

最后得到 V 的概率密度函数可以表示为

$$f(v) = \frac{1}{\sqrt{2\pi}\sigma_1} \exp\left[-\frac{(v - a_1)^2}{2\sigma_1^2} \right]$$

而 $V < 0$ 的概率为

$$P(V < 0) = \int_{-\infty}^0 f(v) dv = \int_{-\infty}^0 \frac{1}{\sqrt{2\pi}\sigma_1} \exp\left[-\frac{(v - a_1)^2}{2\sigma_1^2} \right] dv$$

这就是 $s_1(t)$ 错判为 $s_2(t)$ 的概率,设为 $P(2/1)$。

2）$s_2(t)$ 错判的概率

仿照前面类似的方法，可以得到 $s_2(t)$ 错判为 $s_1(t)$ 的概率为

$$P(1/2)=\int_{-\infty}^{0}\frac{1}{\sqrt{2\pi}\sigma_2}\exp\left[-\frac{(v-a_2)^2}{2\sigma_2^2}\right]\mathrm{d}v$$

其中，$a_2=E_{s2}(1-\rho_2)$，$\sigma_2^2=n_0(1-\rho_2)E_{s2}$，且

$$\rho_2=\frac{\int_0^{T_s}s_1(\tau)s_2(\tau)\mathrm{d}\tau}{\int_0^{T_s}s_2^2(\tau)\mathrm{d}\tau}, \quad E_{s2}=\int_0^{T_s}s_2^2(\tau)\mathrm{d}\tau$$

3）误码率

当两个信号 $s_1(t)$ 和 $s_2(t)$ 等概，且能量相等时，$a_1=a_2$，$\sigma_1=\sigma_2$，则 $P(1/2)=P(2/1)$。由此得到最佳接收机的误码率为

$$P_s=\frac{1}{2}P(1/2)+\frac{1}{2}P(2/1)=P(2/1)=\int_{-\infty}^{0}\frac{1}{\sqrt{2\pi}\sigma_1}\exp\left[-\frac{(v-a_1)^2}{2\sigma_1^2}\right]\mathrm{d}v$$

$$=Q\left[\sqrt{\frac{E_s}{n_0}(1-\rho)}\right] \tag{6-48}$$

其中，n_0 为信道引入高斯白噪声的单边功率谱密度；E_s 为输入信号 $s_1(t)$ 或 $s_2(t)$ 的能量；ρ 为信号 $s_1(t)$ 和 $s_2(t)$ 波形之间的相关系数。

由此可知，与普通接收机一样，最佳接收机的误码率随噪声功率谱密度的增大而增大，随信号功率的增大而减小。对于二进制传输系统，发送的两个波形越相近，即相关系数越大，误码率越高。这是因为两个波形越相似，则判决区分的难度越大。

3. 二进制调制传输的最佳接收性能

前面介绍了二进制调制传输系统采用普通接收机接收时的误码率，这里应用上述结论对 2ASK、2FSK 和 2PSK 信号的最佳接收性能进行分析。

1）2PSK 信号的最佳接收性能

对于 2PSK 信号，在发送 1 码和 0 码期间，已调信号波形 $s_1(t)$ 和 $s_2(t)$ 是相位或极性相反，幅度为 A，频率为载波频率 f_c 的正弦载波，因此能量都为

$$E_s=\int_0^{T_s}(\pm A\cos2\pi f_ct)^2\mathrm{d}t=\frac{A^2T_s}{2}$$

而两个波形之间的相关系数为

$$\rho=\frac{\int_0^{T_s}s_1(\tau)s_2(\tau)\mathrm{d}\tau}{\int_0^{T_s}s_2^2(\tau)\mathrm{d}\tau}=\frac{\int_0^{T_s}(-A^2\cos^2 2\pi f_c\tau)\ \mathrm{d}\tau}{\int_0^{T_s}(-A\cos2\pi f_c\tau)^2\ \mathrm{d}\tau}=-1$$

代入式（6-48）得到

$$P_s=Q\left(\sqrt{\frac{E_s}{n_0}(1-\rho)}\right)=Q\left(\sqrt{\frac{2E_s}{n_0}}\right)=Q\left(\sqrt{\frac{A^2T_s}{n_0}}\right) \tag{6-49}$$

其中，T_s 为码元间隔；n_0 为信道引入高斯白噪声的单边功率谱密度。

2）2ASK 信号的最佳接收性能

对于 2ASK 信号，1 码和 0 码对应的发送波形分别为幅度等于 A 和 0 的正弦载波，在一

个码元间隔内的能量分别为 $A^2 T_s/2$ 和 0,因此两个波形的相关系数 $\rho=0$。此外,数学上可以证明,如果取 E_s 为两个波形能量的平均值,即 $E_s=A^2 T_s/4$,则同样可以用式(6-50)求得最佳接收时的误码率为

$$P_s = Q\left(\sqrt{\frac{E_s}{n_0}}\right) = Q\left(\sqrt{\frac{A^2 T_s}{4 n_0}}\right) \tag{6-50}$$

3) 2FSK 信号的最佳接收性能

对于 2FSK 信号,1 码和 0 码对应的两个发送波形幅度都为 A,频率分别为 f_1 和 f_2,因此两个波形的能量都为 $E_s=A^2 T_s/2$。相关系数为

$$\rho = \frac{\int_0^{T_s} s_1(\tau)s_2(\tau)\mathrm{d}\tau}{\int_0^{T_s} s_2^2(\tau)\mathrm{d}\tau} = \frac{\int_0^{T_s} A^2 \cos 2\pi f_1\tau \cos 2\pi f_2\tau \mathrm{d}\tau}{\int_0^{T_s}(A\cos 2\pi f_2\tau)^2 \mathrm{d}\tau}$$

$$= \frac{1}{T_s}\int_0^{T_s}\left[\cos 2\pi(f_1+f_2)\tau + \cos 2\pi(f_1-f_2)\tau\right]\mathrm{d}\tau$$

通常 $f_1+f_2 \gg 1/T_s$,因此积分中的第 1 项近似为 0,则

$$\rho \approx \frac{1}{T_s}\int_0^{T_s}\cos 2\pi(f_1-f_2)\tau\mathrm{d}\tau = \frac{\sin[2\pi(f_1-f_2)T_s]}{2\pi(f_1-f_2)T_s}$$

当 $|f_1-f_2|=n/(2T_s)$ 时,$\rho=0$,$s_1(t)$ 和 $s_2(t)$ 相互正交。此时,由式(6-49)得到误码率为

$$P_s = Q\left(\sqrt{\frac{E_s}{n_0}}\right) = Q\left(\sqrt{\frac{A^2 T_s}{2 n_0}}\right) \tag{6-51}$$

将以上各结果与表 6-1 相比较,可以发现最佳接收机与普通接收机的误码率计算公式在形式上是一样的,最佳接收机的 E_s/n_0 相当于普通接收机中的接收信噪比 r。

设普通接收机中带通滤波器的带宽为 B,则带通滤波器输出噪声的平均功率 $\sigma^2=n_0 B$,接收信噪比为

$$r = \frac{A^2}{2\sigma^2} = \frac{A^2}{2 n_0 B}$$

而最佳接收机的 E_s/n_0 可表示为

$$\frac{E_s}{n_0} = \frac{A^2 T_s}{n_0} = \frac{A^2}{2 n_0/T_s}$$

由此可见,当 $B=1/T_s$ 时,普通接收机和最佳接收机具有相同的性能。但是,对于码元间隔为 T_s 的各种二进制已调信号,其带宽都大于 $1/T_s$,因此 r 都远小于 E_s/n_0,从而使普通接收机的误码率要远高于最佳接收机。

另外,实际系统中能够直接测量的是信噪比 S/N。其中,设接收机的带宽为 B,则噪声功率为 $N=n_0 B$。信号的平均功率等于其能量除以时间,即 $S=E_s/T_s=E_s R_s$。因此,信噪比可以表示为

$$\frac{S}{N} = \frac{E_s R_s}{n_0 B} = \frac{E_s}{n_0}\cdot\frac{R_s}{B} \tag{6-52}$$

式(6-52)中的 R_s/B 反映的是频带利用率。由此可见,当信噪比一定时,E_s/n_0 随频带利用率而变化,而不同的调制传输方案具有不同的频带利用率。

例 6-10　在二进制数字频带传输系统中,已知发送载波幅度 $A=3\text{V}$,码元速率 $R_s=1\text{kBd}$,信道引入高斯白噪声的单边功率谱密度 $n_0=1\text{mW/Hz}$,分别求 2ASK、2PSK 和 2FSK 最佳接收和普通接收时的误码率。

解　(1) 最佳接收时,2ASK、2PSK 和 2FSK 的误码率分别为

$$P_{s,2\text{ASK}}=Q\left[\sqrt{\frac{A^2 T_s}{4n_0}}\right]=Q\left[\sqrt{\frac{3^2\times 1/10^3}{4\times 10^{-3}}}\right]=Q(1.5)=0.0668$$

$$P_{s,2\text{PSK}}=Q\left[\sqrt{\frac{A^2 T_s}{n_0}}\right]=Q\left[\sqrt{\frac{3^2\times 1/10^3}{1\times 10^{-3}}}\right]=Q(3)=1.35\times 10^{-3}$$

$$P_{s,2\text{FSK}}=Q\left[\sqrt{\frac{A^2 T_s}{2n_0}}\right]=Q\left[\sqrt{\frac{3^2\times 1/10^3}{2\times 10^{-3}}}\right]=Q(2.12)=0.017$$

(2) 普通接收时,接收信噪比为

$$r=\frac{A^2/2}{\sigma^2}=\frac{A^2}{4n_0 R_s}=\frac{3^2}{4\times 10^{-3}\times 1\times 10^3}=2.25$$

则 2ASK、2PSK 和 2FSK 的误码率分别为

$$P_{s,2\text{ASK}}=Q(\sqrt{r/2})\approx Q(1.06)=0.1446$$

$$P_{s,2\text{PSK}}=Q(\sqrt{2r})\approx Q(1.12)=0.0170$$

$$P_{s,2\text{FSK}}=Q(\sqrt{r})=Q(1.5)=0.0668$$

利用匹配滤波器构成的最佳接收机,不仅可以接收各种已调信号,也可以接收数字基带信号,并且接收性能和误码率的分析方法和结论是完全一样的。下面举例说明。

例 6-11　在某二进制基带传输系统中,1 码对应的传输波形 $s_1(t)$ 如图 6-30(a)所示,0 码对应的传输波形 $s_2(t)=-s_1(t)$,信道噪声的单边功率谱密度 $n_0=1\text{mW/Hz}$。

(1) 求匹配滤波器的单位冲激响应。

(2) 求最佳接收时的误码率。

解　(1) 与 $s_1(t)$ 和 $s_2(t)$ 相匹配的匹配滤波器单位冲激响应分别为

$$h_1(t)=s_1(T-t)$$
$$h_2(t)=s_2(T-t)=-s_1(T-t)$$

$h_1(t)$ 的波形如图 6-30(b)所示。

(2) 信号 $s_1(t)$ 和 $s_2(t)$ 的能量分别为

$$E_{s1}=\int_0^{T_s}s_1^2(t)\mathrm{d}t=A^2 T_s$$

$$E_{s2}=\int_0^{T_s}s_2^2(t)\mathrm{d}t=\int_0^{T_s}[-s_1(t)]^2\mathrm{d}t=A^2 T_s$$

因此,两个波形的能量相等,则取 $E_s=E_{s1}=A^2 T_s$。相关系数为

$$\rho=\frac{\int_0^{T_s}s_1(t)s_2(t)\mathrm{d}t}{\int_0^{T_s}s_1^2(t)\mathrm{d}t}=-1$$

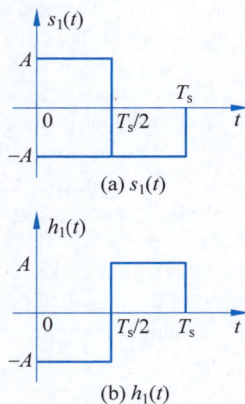

(a) $s_1(t)$

(b) $h_1(t)$

图 6-30　例 6-11 示意图

代入式(6-51)得到

$$P_s = Q\left(\sqrt{\frac{E_s}{n_0}(1-\rho)}\right) = Q\left(\sqrt{2\frac{A^2 T_s}{n_0}}\right)$$

6.6　数字调制传输系统的 MATLAB 仿真分析

本节介绍利用 MATLAB 编程和 Simulink 模型对基本的二进制数字调制传输过程进行仿真分析的基本方法。在此基础上,通过举例介绍 Simulink 通信工具箱中数字调制模块的基本使用方法。

6.6.1　二进制数字调制的 MATLAB/Simulink 仿真

根据各种调制和解调的基本原理和数学模型,在 MATLAB 中可以通过编程实现调制解调过程的仿真分析,也可以利用 Simulink 库中所提供的基本模块,搭建调制器和解调器的仿真模型,再对其进行仿真分析。下面举例说明。

1. MATLAB 编程仿真

在各种基本的二进制数字调制中,2FSK 信号的频域分析是一个难点。利用 MATLAB 编程可以很方便地绘制出 2FSK 信号的功率谱,下面举例说明。

例 6-12　编制如下 MATLAB 程序实现 2FSK 调制及其功率谱观察。

第 39 集
微课视频

```
Fs = 1e5; T = 1/Fs;                   % 采样速率,采样间隔
Rs = 100; N = 200;                    % 码元速率,码元总数
N0 = Fs/Rs;                           % 每个码元的采样点数
t = 0:T:N/Rs - T;
% ================================================================
% 基带信号的产生
% ================================================================
a = round(rand(N,1));                 % 产生随机二进制代码序列
a_sig = zeros(1,length(t));           % 采样成为单极性 NRZ 码基带信号
for i = 1:N
    if a(i) == 1
        a_sig(1,(i - 1) * N0 + 1:i * N0) = 1;
    end
end
% ================================================================
% 2FSK 调制
% ================================================================
h = 1; f1 = 1000; f2 = f1 + h * Rs;   % 调频指数,载波频率
c1 = cos(2 * pi * f1 * t); c2 = cos(2 * pi * f2 * t);
sFSK = a_sig. * c1 + (1 - a_sig). * c2;
……                                   % 绘图部分参见电子版代码
% ================================================================
% 求功率谱
% ================================================================
L = N * N0;
f = Fs/L * ([0:L - 1] - L/2);
S0 = fftshift(fft(sFSK,L))/L; S1 = abs(S0);   % 求 2FSK 信号的功率谱
……                                   % 绘制功率谱图
```

上述程序主要包括 3 部分,分别实现基带信号的产生、2FSK 调制和 2FSK 信号功率谱的求解,以及功率谱图的绘制。

在程序开始部分,定义系统采样速率、码元速率、需要发送的码元个数,之后调用函数 rand() 和 round() 产生随机二进制代码序列,并用 for 循环产生基带信号。

在 2FSK 信号的产生部分,首先定义调频指数和两个载波频率,据此产生两个频率的载波 c1 和 c2,分别与两个基带信号相乘后再叠加,即可得到 2FSK 信号。

在程序的最后,调用函数 fft() 求 2FSK 信号的频谱及其功率谱,并将双边功率谱转换为单边谱。注意程序中频率向量 f 的定义。

根据程序中的参数设置,运行后得到 2FSK 信号的功率谱如图 6-31 所示。注意对功率谱图做适当缩放。

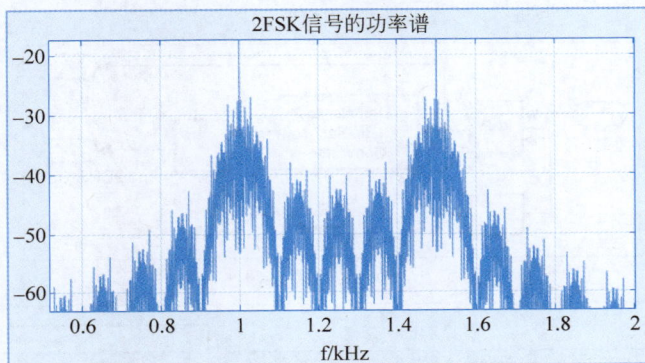

图 6-31　2FSK 信号的时间波形和功率谱

在功率谱图中,可以观察到如下结论:

(1) 功率谱以 1kHz 和 1.5kHz 为中心呈双峰形状;

(2) 在 1kHz 和 1.5kHz 分别有一根很长的谱线,表示 FSK 信号中的两个载波分量;

(3) 2FSK 信号的带宽近似为 $(1500-1000)+2\times100=700\,\mathrm{Hz}$。

2. Simulink 模型仿真

本节以 2DPSK 为例,介绍利用 Simulink 建模实现 2DPSK 相干解调的基本方法,并观察 2PSK 的倒 π 现象。

例 6-13　搭建如图 6-32 所示仿真模型,实现 2DPSK 的调制和相干解调,并观察 2PSK 的倒 π 现象和 2DPSK 信号的频域特性。

在图 6-32(a) 所示顶层模型中,设置基带信号的码元速率为 100Bd,载波频率为 500Hz,模块的采样时间参数为 $10\mu s$。

2DPSK 调制子系统如图 6-32(b) 所示。信源产生的原始绝对码基带信号经过差分编码转换为相对码,再转换为双极性 NRZ 码与载波相乘,从而得到 2DPSK 信号。

在图 6-32(c) 所示解调子系统中,将解调载波和 2DPSK 信号相乘后再进行低通滤波。其中解调载波由顶层模型中的模块 Sine Wave1 产生,其参数设置与产生调制载波的模块 Sine Wave 相同;低通滤波用模块 Analog Filter Design 实现,其参数设置为 5 阶巴特沃斯滤波器,截止频率为 100Hz,数值上等于码元速率。

相干解调的输出送入采样判决器,设置模块 Zero-Order Hold 的采样时间参数等于码

(a) 顶层模型

(b) 2DPSK调制子系统

(c) 2DPSK解调子系统

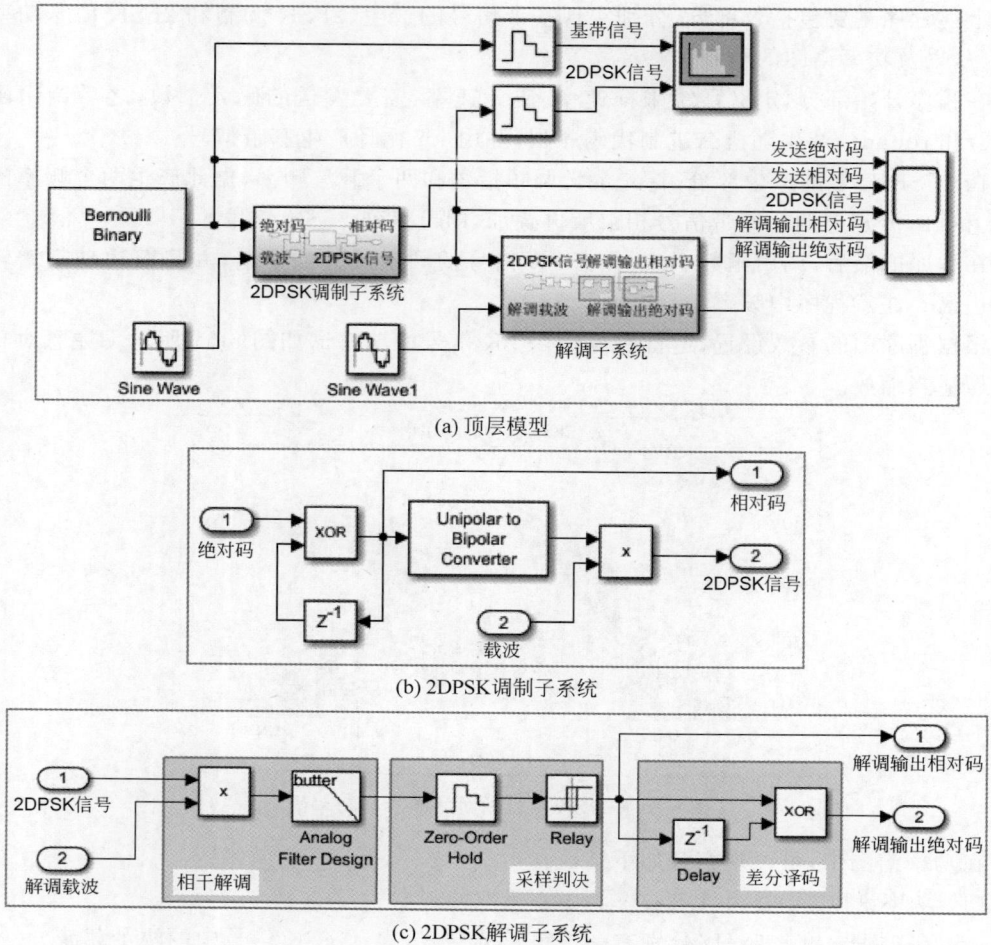

图 6-32 2DPSK 调制解调仿真模型

元间隔,即 0.01s,模块 Relay 的各参数取默认值。经过采样判决后得到的是相对码,再进行差分译码后得到绝对码。

(1) 2DPSK 信号的功率谱。

仿真运行 5s 后,由谱分析仪窗口观察绝对码基带信号和 2DPSK 信号的功率谱如图 6-33 所示。

在 2DPSK 信号的功率谱中,主瓣位于载波频率两侧,在载频位置没有离散谱线,说明 2DPSK 信号中无载波分量。主瓣宽度近似为 1kHz,等于码元速率的 2 倍。注意到由于 FFT 算法中的加窗截断等情况,得到的主瓣在载频两侧不是完全对称的。

(2) 倒 π 现象观察。

运行后,由示波器窗口可以观察到各信号的时间波形。解调输出相对码除了有一定的延时以外,波形与发送端的相对码完全相同,经过差分译码后输出的也与发送的绝对码完全一致,此时没有出现倒 π 现象,解调输出完全正确。需要注意的是,解调输出有一个码元间隔的时间延迟。

将模型中模块 Sine Wave1 的相位参数修改为 pi,即可观察到倒 π 现象。此时各信号

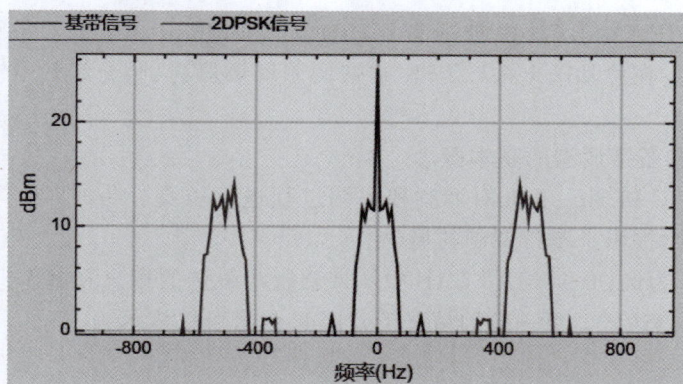

图 6-33　2DPSK 信号的功率谱

的时间波形如图 6-34 所示。解调输出相对码与发送端的相对码波形完全相反,但是经过差分译码后输出的绝对码与发送端的绝对码仍然完全一致,只是有一个码元间隔的时间延迟。

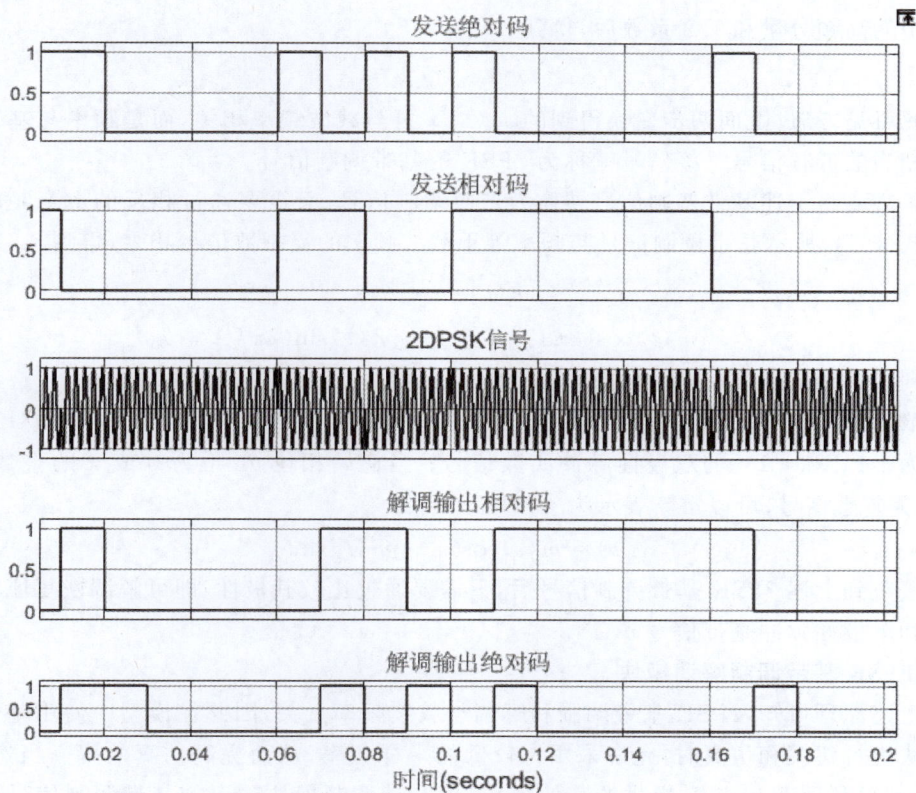

第 40 集
微课视频

图 6-34　倒 π 现象观察

6.6.2　数字基带调制和解调模块及其应用

在通信工具箱的 Modulation 库中,提供的所有数字调制和解调模块实现的都是基带调制和解调。利用这些模块可以很方便地对数字调制传输系统的性能进行仿真分析。

这里首先介绍 MATLAB 中带通调制（Passband-Modulate）和基带调制（Baseband-Modulate）的概念。在此基础上，以 2PSK 基带调制解调器为例，介绍数字基带调制和解调模块的使用方法。

1．带通调制和基带调制的基本概念

在用 MATLAB 和 Simulink 对调制和解调过程进行仿真分析时，为了提高仿真效率，简化分析模型设计，提出了基带调制的概念。

这里以 2PSK 为例，介绍 MATLAB 中基带调制和解调的概念和基本原理。式(6-5)为 2PSK 信号的时间表达式。更一般的情况下，2PSK 信号可以表示为

$$s_{2\text{PSK}}(t) = m(t)\cos(2\pi f_c t + \theta_0) \tag{6-53}$$

其中，$m(t)$ 为幅度等于 ± 1V 的双极性脉冲；f_c 为载波频率；θ_0 为载波的初始相位。

上述 2PSK 信号是频率等于载波频率的高频正弦波，而载波的相位随基带信号的变化而变化，这样的已调信号称为带通调制信号。将其进行下变频得到

$$s_{\text{b}}(t) = m(t)\cos(2\pi f_c t + \theta_0)\text{e}^{-\text{j}2\pi f_c t} = \frac{1}{2}m(t)\text{e}^{\text{j}\theta_0} + \frac{1}{2}m(t)\text{e}^{-\text{j}(4\pi f_c t + \theta_0)}$$

忽略其中的高频分量和 1/2 系数后，得到

$$s_{\text{b}}(t) = m(t)\text{e}^{\text{j}\theta_0} \tag{6-54}$$

由此可见，经过上面两步变换得到的 $s_{\text{b}}(t)$ 不再与载波频率相关，而是频率与基带信号的频率相当的低频信号。该信号就称为 2PSK 的基带调制信号。

如果需要将上述基带调制信号转换为带通调制信号，只需要通过相反的上变频即可实现。将式(6-54)所示基带调制信号与频率等于载波频率的复指数信号相乘，得到

$$s_0(t) = s_{\text{b}}(t)\text{e}^{\text{j}2\pi f_c t} = m(t)\text{e}^{\text{j}\theta_0}\text{e}^{\text{j}2\pi f_c t}$$

$$= m(t)\cos(2\pi f_c t + \theta_0) + \text{j}m(t)\sin(2\pi f_c t + \theta_0)$$

取实部即可得到式(6-53)所示的 2PSK 带通调制信号。

一般情况，2PSK 基带调制信号为复数信号。当初始相位 $\theta_0 = 0$ 时，$s_{\text{b}}(t) = m(t)$，是幅度分别为 +1V 和 -1V 的双极性脉冲实数信号；当初始相位 θ_0 不为 0 或 π 的整数倍时，$s_{\text{b}}(t)$ 成为复数信号，可以重新表示为

$$s_{\text{b}}(t) = m(t)\cos\theta_0 + \text{j}m(t)\sin\theta_0 \tag{6-55}$$

在接收到上述 2PSK 基带调制信号后，只需要通过比较其极性，即可解调恢复原始的代码序列和单极性脉冲基带信号 $m(t)$。

2．BPSK 基带调制解调模块

由上述原理可知，2PSK 基带调制和解调与载波频率无关，因此在模型中使用基带调制解调模块进行建模和仿真时，允许采用比较低的采样频率，从而提高仿真效率。当然，如果需要，也可以利用 Simulink 提供的其他模块，将基带调制模块输出的基带调制信号转换为带通调制信号。

需要说明的是，在 MATLAB 中，所有的二进制数字调制解调模块的名称都有字符 B，代表二进制（Binary）。例如 2PSK 和 2DPSK 分别命名为 BPSK 和 DBPSK。下面举例说明二者之间的转换方法。

例 6-14　搭建如图 6-35 所示仿真模型，实现 2PSK 基带调制解调及其与带通调制之间

的转换，并观察 2PSK 基带调制信号的时间波形和功率谱。

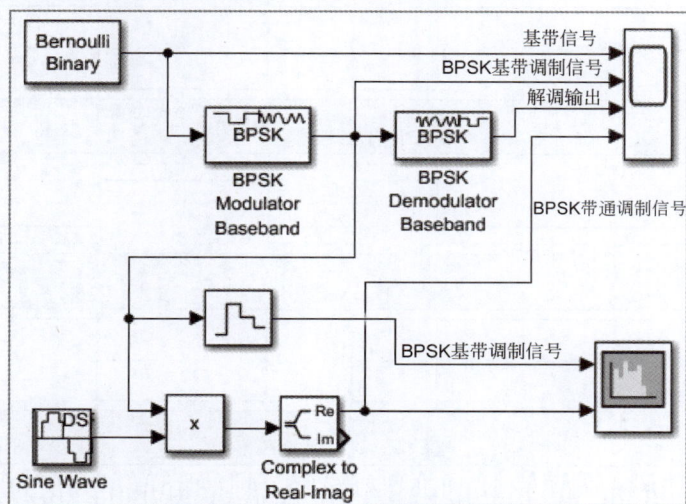

图 6-35　例 6-14 模型

在模型中，信源以 100Bd 的速率产生二进制基带信号，送入调制器模块，得到 BPSK 基带调制信号，由解调器模块进行解调。模块 BPSK Modulation Baseband 和 BPSK Demodulation Baseband 分别实现 BPSK 基带调制和解调，这两个模块只有一个参数 Phase offset，这里都设为 π/3。

在模型中，将基带调制信号与模块 Sine Wave 的输出相乘，该模块位于数字信号处理工具箱的 Sources 子库中，设置其参数 Output complexity 为 Complex，即可输出复指数信号。此外，设置模块的 Frequency 和 Phase offset 参数分别为 500Hz 和 0rad。

乘法器的输出再利用模块 Complex to Real-Imag 提取其实部，即可得到对应的 BPSK 带通调制信号，其中调制载波的频率和相位分别等于模块 Sine Wave 的 Frequency 和 Phase offset 参数。

设置仿真运行时间为 0.2s，运行结束后得到各信号的时间波形如图 6-36 所示。由于设置 Phase offset 参数都为 π/3，则由式(6-55)求得

$$s_b(t) = m(t)e^{j\theta_0} = \begin{cases} 1 \times e^{j\pi/3} = 1/2 + j\sqrt{3}/2, & \text{发送 1 码} \\ -1 \times e^{j\pi/3} = -1/2 - j\sqrt{3}/2, & \text{发送 0 码} \end{cases}$$

因此，在得到的基带调制信号中，实部和虚部分别是幅度为 $1/2$ 和 $\sqrt{3}/2$ 的双极性脉冲，如图 6-36 中第二个波形的实线和虚线所示，而解调输出为单极性脉冲。

适当增加仿真运行时间，运行后得到 BPSK 基带和带通调制信号的功率谱如图 6-37 所示。

特别需要注意的是，基带调制信号是由普通的带通调制信号经过下变频得到的，因此在频谱和功率谱中，原来位于载波频率两侧的上下边带被平移到纵轴两侧。在带通调制信号的功率谱中，主瓣对应的频率范围为 400～600Hz，由此确定 2PSK 信号的带宽为 200Hz。在基带调制信号的功率谱中，上述主瓣被平移到 −100～100Hz 的频率范围，因此根据基带调制信号的功率谱观测已调信号带宽时，应同时考虑纵轴两侧的主瓣，才能得到正确的带宽参数。

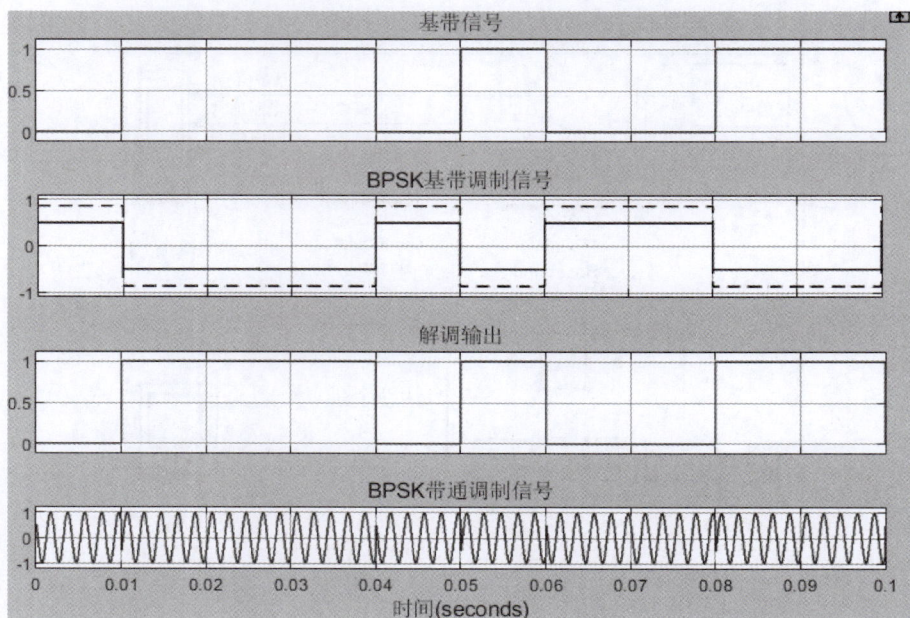

图 6-36   各信号的时间波形

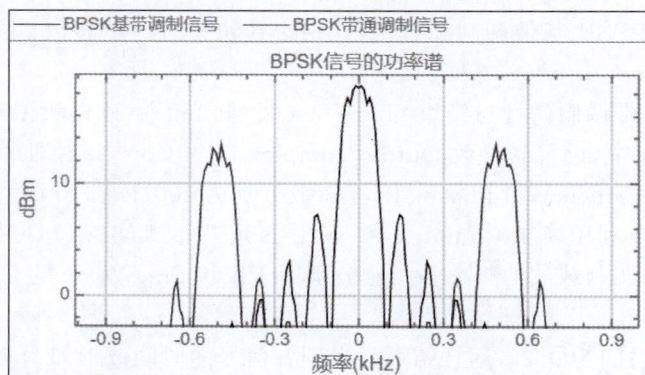

图 6-37   BPSK 信号的功率谱

3. BPSK 误码率的观测

在模型中采用 BPSK 基带调制和解调,使得模型中的所有信号都是与载波频率无关的低频信号,因此在很多情况下都不再需要滤波器,解调也就不存在输出延时等问题。这一特点带来的好处是,不仅可以有效地减小求解器的步长,提高仿真效率,而且在用误码率统计模块进行误码率测量时,不用再考虑模块的接收延时和计算延时。

下面仍然以 2PSK 为例,介绍误码率测量和绘制误码率曲线的基本方法。

例 6-15   搭建如图 6-38 所示仿真模型,实现 BPSK 传输误码率曲线的绘制。

模型中,信源以 100Bd 的速率发送二进制代码序列,送入 BPSK 基带调制模块。调制模块输出的基带 BPSK 信号通过信道送到接收端的 BPSK 基带解调模块。

信道模块的 SNR 参数设置为变量 SNR,以便从 MATLAB 工作区接收绘制误码率曲线时所需的接收信噪比自变量。在 2PSK 调制中,基带信号是幅度为 ± 1V 的双极性 NRZ

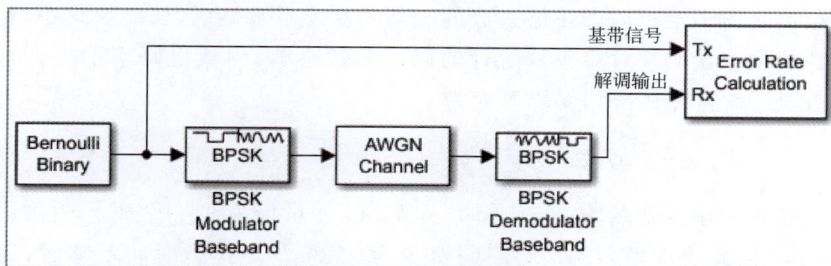

图 6-38 例 6-15 模型

脉冲,根据式(6-54)得到 2PSK 基带调制信号的平均功率为 1W,因此在信道模块的参数中,输入信号功率设为 1W。

模型中误码率计算模块的接收延时和计算延时参数都设为 0,Output data 参数设为 Workspace,Variable name(变量名)设为 ErrorVec。

根据上述设置,仿真运行时,首先利用程序在 MATLAB 工作区生成变量 SNR,以便设置信道模块的信噪比。运行模型后,误码率计算模块自动统计出传输的码元个数、错误的码元个数,并计算出误码率,保存到 MATLAB 工作区中的 ErrorVec 向量中。相应的 MATLAB 程序如下。

```
SNR1 = linspace(10, -10,10);              %设置 SNR 向量
for i = 1:length(SNR1)
    SNR = SNR1(i);                         %设置 AWGN Channel 模块的参数 SNR
    sim('ex6_15');                         %启动一次仿真运行
    PB(i) = ErrorVec(1);                   %获取误码率
    PBT(i) = 1/2 * erfc(sqrt(10^(SNR/10)));%计算理论误码率
end
semilogy(SNR1,PB,'-o',SNR1,PBT,'-*')       %绘制误码率曲线
legend('实测曲线','理论曲线');
title('BPSK 传输的误码率曲线')
xlabel('SNR/dB');ylabel('Ps');grid on
```

在 Simulink 窗口设置模型每次运行时间为 100s,启动程序运行,得到的误码率曲线如图 6-39 所示。由此可见,实测的误码率曲线与理论误码率曲线之间有很好的逼近。但是,当信噪比较高时,实测的误码率偏大。此外,在 SNR=10dB 时,没有对应的实测值。

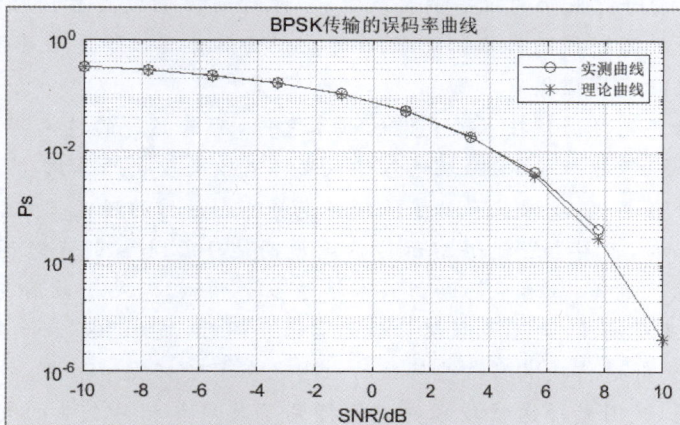

图 6-39 例 6-15 运行结果

上述问题都是由于运行时间不够造成的。当信噪比足够高时,误码率很小,程序中数据的计算精度和模型中误码率计算模块统计的码元总数不够,导致误码率偏高。当信噪比为10dB时,根据理论计算公式得到误码率应为

$$P_{st} = \frac{1}{2}\mathrm{erfc}(\sqrt{r}) = \frac{1}{2}\mathrm{erfc}(\sqrt{10^{10/10}}) \approx 3.87 \times 10^{-6}$$

这意味着运行过程中至少要传输 2.58×10^5 个码元,才可能发生一个码元的错误。由于码元速率为100Bd,因此要求模型的运行时间至少为2580s。当运行时间不够时,误码率计算模块统计不到任何一个错误码元,因此计算得到误码率为0。调用函数 semilogy() 采用对数坐标绘图时,对应的值为 $-\infty$,因此在误码率曲线上无法绘制出对应的点。

本章课程拓展

1. 从模拟调制到数字调制

随着现代技术和计算机科学的飞速发展,人们对数据传输和通信方式的需求日益提升,特别是在互联网、移动通信等领域,对高速、高精度、可靠性的要求更是达到了前所未有的高度。数字调制技术正是应对这些挑战的有效手段之一。

首先,数字调制技术不仅实现了数字信息的有效传输,还极大地提高了数据传输的速度和可靠性。这种技术使得数字通信具备了高速、高效、稳定、可靠的特性,满足了现代通信领域对数据传输的严苛要求。

其次,数字调制技术具有广泛的适用性。它不仅适用于互联网、移动通信等领域,还广泛应用于数字电视、卫星通信、无线电通信等现代通信技术领域。在这些领域中,数字调制技术发挥着至关重要的作用,推动了整个通信行业的快速发展。

最后,与模拟调制相比,数字调制技术还具有许多优点:例如,它具有更好的抗干扰性能,能够更有效地抵御信道中的噪声和干扰;同时,它还具有更强的抗信道损耗能力,能够在信道条件较差的情况下保持较高的传输质量;此外,数字调制技术还支持差错控制技术,能够在数据传输过程中检测和纠正错误,进一步提高数据传输的可靠性。

2. DPSK 与光纤通信

DPSK 技术作为一种成熟的数字调制技术,在光纤通信领域具有广泛的应用前景和重要的应用价值。通过不断提高其传输效率、抗干扰能力和兼容性等方面的性能,DPSK 技术将为光纤通信的持续发展提供有力支持。

我国是当今世界光纤通信技术最先进的国家之一,有着显著的技术实力。光纤通信技术以其高速、大容量、低损耗等特性,在通信领域发挥着至关重要的作用。

早在 20 世纪 70 年代,我国就开始了低损耗光纤和光通信的研究工作,并在短时间内取得了重要突破。如今,我国已经能够演示传输速度高达 100Tb/s 的光纤通信,光纤通信技术被广泛应用于电信市场、数通市场和新兴市场等多个领域,满足了政府与公共安全、公用事业、工商业等行业对高速、大容量数据传输的需求。同时,随着5G、云计算、物联网等新兴技术的快速发展,光纤通信技术在这些领域的应用也在不断拓展和深化。

值得一提的是,我国光纤通信技术的发展得到了政府和相关企业的大力支持和推动。政府通过制定相关政策和规划,为光纤通信技术的发展提供了良好的政策环境和市场条件。

同时,国内领军企业如华为、烽火通信和中兴等也凭借技术创新和市场拓展能力,在全球市场中占据重要地位并推动整个行业的发展。

展望未来,我国光纤通信技术的发展前景广阔。随着数字化转型的加速和新型技术的不断涌现,光纤通信技术的应用领域将进一步拓展和深化。同时,随着技术的不断创新和升级,光纤通信技术的传输速率、容量和效率也将不断提高,为人们的生产生活带来更多便利和效益。

习题 6

6-1　填空题

(1) 已知半占空 RZ 码基带信号的码元速率为 1kBd,对其进行 2ASK 传输,所需的传输带宽为_____。

(2) 对 NRZ 码基带信号进行 2FSK,已知码元速率为 1kBd,载波频率分别为 2kHz 和 4kHz,则码元频带利用率为_____。

(3) 对二进制代码序列采用双极性 NRZ 码编码后,进行 2PSK 传输,已知信道带宽为 10kHz,则所允许的最高信息速率为_____。

(4) 代码序列 00110011 的传号差分码序列为_____,假设第 1 位码元为 0。

(5) 在 2ASK、2FSK、2PSK 中,可靠性最好的是_____,可靠性最差的是_____。

(6) 在 2DPSK 的差分相干解调中,信道输出信噪比为 4dB,信道和接收机中 BPF 的带宽分别为 5kHz 和 1kHz,则误比特率为_____,传输 1h 的错码个数为_____。

6-2　将信息传输速率为 $R_b = 200\text{kb/s}$,占空比为 0.5 的单极性二进制数字基带信号进行 2ASK 调制,求:

(1) 码元速率 R_s;

(2) 基带信号的带宽 B_s;

(3) 2ASK 信号的带宽 B_f。

6-3　设某 2FSK 调制系统的码元传输速率为 1kBd,已调信号的载频为 1kHz 和 2kHz。

(1) 若发送数字信息为 011010,画出相应的 2FSK 信号波形;

(2) 粗略画出 2FSK 信号的功率谱图。

6-4　已知二进制代码序列为 1011001,码元速率为 2400Bd,载波频率为 2400Hz。假设载波为幅度等于 1,初始相位等于 0 的正弦波,2PSK 和 2DPSK 的调制规则都为"0 变 1 不变"。

(1) 分别画出相对码基带信号及 2PSK 和 2DPSK 信号的波形,假设相对码的初始码元为 0;

(2) 求 2PSK 和 2DPSK 信号的带宽。

6-5　设发送的绝对码序列为 0110110,采用 2DPSK 方式传输,已知码元速率等于载波频率。

(1) 如果采用相干解码-码反变换器方式进行解调,画出解调器中各点信号的时间波形;

(2) 如采用相位比较法解调,画出各点信号的时间波形。

6-6　已知接收信噪比为 8dB,分别计算 2ASK 和 2PSK 相干解调的误比特率,并进行比较。

6-7　某 2FSK 系统的码元速率为 $2 \times 10^6 \text{Bd}$,1 码和 0 码对应的载波频率分别为 $f_1 = 10\text{MHz}$,$f_2 = 30\text{MHz}$,接收信号的峰值幅度 $A = 10\mu\text{V}$。信道加性高斯白噪声的单边功率谱密度 $n_0 = 1 \times 10^{-18} \text{W/Hz}$。求:

(1) 2FSK 信号的第一零点带宽;

(2) 非相干接收时系统的误码率;

(3) 相干接收时系统的误码率。

6-8 已知码元速率 $R_s = 1\text{kBd}$,接收机输入噪声的双边功率谱密度 $n_0/2 = 1\text{mW/Hz}$,要求误码率 $P_s = 1.35 \times 10^{-3}$。试分别计算出相干 ASK、非相干 2FSK 和非相干 2DPSK 传输时所要求的输入信号功率 S。

6-9 对 2ASK 信号进行非相干接收,已知基带信号为单极性 NRZ 码,码元间隔 $T_s = 6\text{ms}$,信道噪声单边功率谱密度 $n_0 = 0.1\text{mW/Hz}$。

(1) 求所需的传输带宽 B;

(2) 为了使 1min 内错码个数不超过 1,求误比特率 P_b;

(3) 假设信道传输没有损耗,求满足上述要求的发送载波幅度 A。

6-10 已知信源发送已调信号的振幅 $A = 1\text{V}$,信道对信号衰减 40dB,接收端采用非相干解调,解调器输入噪声功率 $N = 4\mu\text{W}$。要求传输 1s 内错码个数不超过 2.78×10^{-4}。

(1) 在 2ASK 和 2DPSK 中选择一种合适的调制传输方案;

(2) 如果分配的信道传输带宽为 10kHz,求码元速率 R_s;

(3) 如果数字代码来自对模拟信号的 32 电平线性 PCM 编码,求所允许的模拟信号的最高频率 f_h。

6-11 某 2FSK 传输系统中,两个载频分别为 1.2kHz、2kHz,码元速率为 400Bd,并且 0、1 等概,发送信号的振幅为 4V。信道对信号衰减 20dB,信道引入加性高斯白噪声的单边功率谱密度 $n_0 = 2\mu\text{W/Hz}$。

(1) 求 2FSK 信号的带宽 B 和频带利用率 η_s;

(2) 求采用非相干解调时的误比特率 P_b;

(3) 根据上述计算过程,分析如何才能提高传输的可靠性?

6-12 已知匹配滤波器的输入信号 $s(t)$ 如图 6-40 所示,信道高斯白噪声的双边功率谱密度为 1mW/Hz。

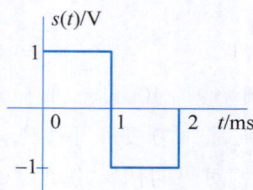

(1) 分析画出匹配滤波器单位冲激响应的时间波形;

(2) 求匹配滤波器的频率特性;

(3) 求匹配滤波器的最大输出信噪比。

6-13 对模拟信号进行采样量化编码和 2PSK 后,使用匹配滤波器进行接收。若误码率为 3.17×10^{-5},2PSK 信号的幅度为 10V,信道白噪声的单边功率谱密度为 $1.25 \times 10^{-5}\text{W/Hz}$。

图 6-40 匹配滤波器的输入信号

(1) 求码元速率;

(2) 如果模拟信号的带宽为 5kHz,编码位数为 5,采用时分复用传输,最多允许传输多少路信号?

实践练习 6

6-1 编制 MATLAB 程序,对随机二进制代码序列进行 2ASK 调制和非相干解调,观察分析各信号的时间波形和 2ASK 信号的功率谱。假设码元速率为 1kBd,载波频率为 10kHz。

6-2 已知码元速率为 100Bd,载波频率为 500Hz。编制 MATLAB 程序,对随机二进制代码序列进行 2PSK 调制解调,并观察倒 π 现象。

6-3 已知码元速率为 100Bd,载波频率为 500Hz。编制 MATLAB 程序,对随机二进制代码序列进行 2DPSK 调制和相位比较法解调,观察分析各信号的时间波形。

6-4 利用 Simulink 基本模块搭建仿真模型,实现 2FSK 调制和非相干解调,并观察各点信号波形以及 2FSK 信号的功率谱。

6-5 已知信源以 200Bd 的速率发送二进制单极性 NRZ 基带信号,载波频率为 1.5kHz。将上述基带信号进行 2PSK 调制,传送到接收端后解调还原出原始代码序列。利用 Simulink 基本模块搭建模型,仿真实现上述调制解调过程。

(1) 观察调制解调过程中各信号的时间波形;

(2) 观察 2PSK 信号的功率谱,并分析带宽;

(3) 修改相关模块的参数,观察倒 π 现象。

6-6 利用 Simulink 中的基带调制模块,搭建如图 6-41 所示的模型,观察 2DPSK 调制传输过程及其抗噪声性能。

(1) 设置码元速率为 100Bd,信道模块的 SNR 参数为 10dB,Input signal power 参数为 1W,仿真运行 2s,观察原始基带信号和解调输出信号的时间波形,观察 2DPSK 信号的功率谱,并分析其带宽;

(2) 分别设置信道模块的 SNR 参数为 $10*\log10(0.1)$、$10*\log10(1)$、$10*\log10(2)$、$10*\log10(4)$、$10*\log10(5)$ dB,适当增大仿真运行时间,观察误码率,并与理论值进行比较。提示:2DSPK 解调模块采用是非相干解调;

(3) 修改模型,编制 MATLAB 程序绘制 2DSPK 信号非相干解调的误码率曲线,并与理论曲线进行比较。

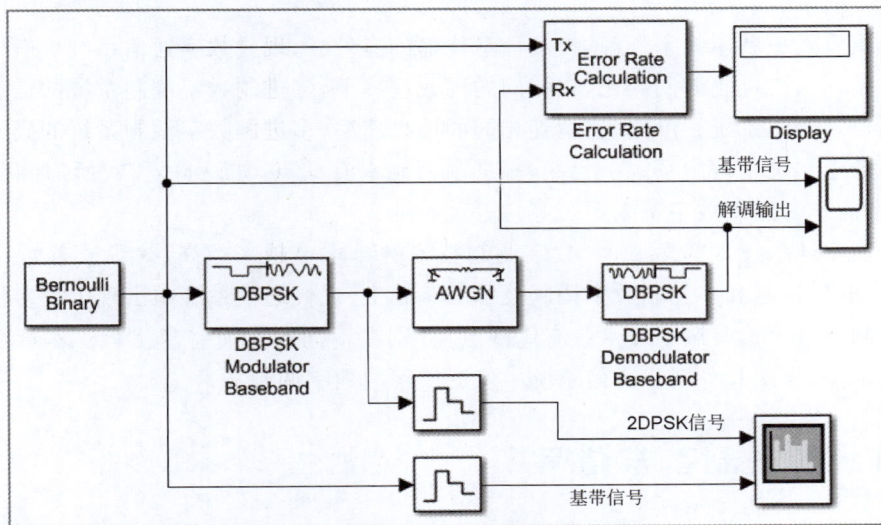

图 6-41 实践练习 6-6 模型

第 7 章

CHAPTER 7

现代数字调制

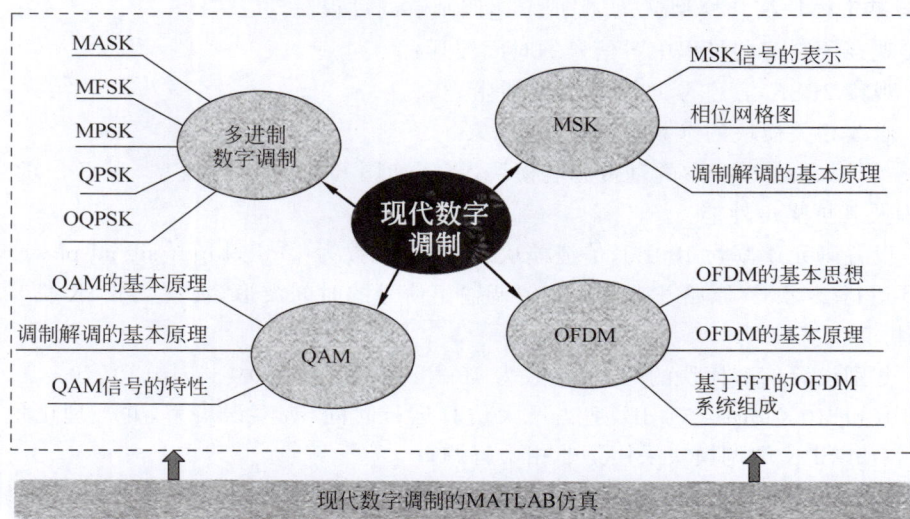

思维导图

为了更有效地利用频率资源,提高信息传输的有效性,现代数字通信系统一般采用多进制数字调制。与二进制调制相比,在相同的码元速率下,多进制数字调制系统的信息速率高于二进制数字调制系统。反之,为达到相同的信息速率,多进制数字调制系统的码元速率和传输带宽低于二进制调制系统。当然,多进制调制也有缺点,如设备复杂、所需判决电平数多、误码率高于二进制数字调制系统等。

随着数字通信技术的发展,对数字调制技术的要求也越来越高,为了改善数字传输性能,在基本的二进制和多进制数字调制技术的基础上,现代通信系统中出现了很多性能优良的数字调制技术。这些调制技术各有优缺点,分别在不同的方面有其优势。本章在多进制调制的基础上,介绍几种现代通信系统中广泛使用的数字调制技术。

7.1 多进制基带信号

在二进制数字调制中,采用的基带信号为二进制基带信号。简单的二进制基带信号用脉冲电平的高低或正负表示需要传送的二进制代码,幅度只有两种不同的取值。

在多进制数字调制中,基带信号一般为多进制基带信号。例如,图 7-1 所示为四进制数字基带信号,基带信号仍然用标准的矩形脉冲表示,所有脉冲的幅度共有 4 种不同的取值,分别表示 4 个不同的四进制代码 0～3。一般来说,脉冲幅度的可能取值个数等于进制数 M,相应的基带信号称为 M 进制基带信号。

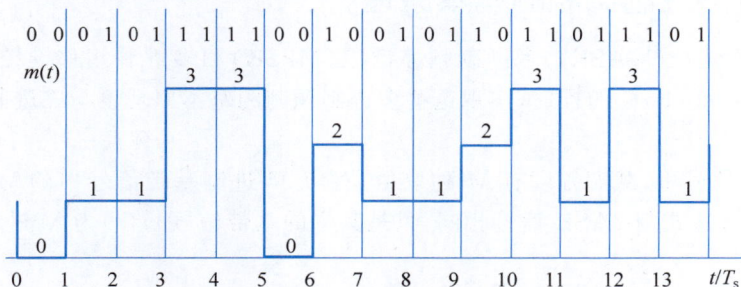

图 7-1 四进制数字基带信号

在图 7-1 中,每个脉冲的宽度(持续的时间)等于 T_s,称为码元间隔。码元间隔的倒数为 $R_s=1/T_s$。显然,这里的码元指的是四进制码元,R_s 代表单位时间内传送的四进制码元个数。

实际系统中,信源发送的大都是二进制代码序列。传输时可以直接传输二进制基带信号或二进制调制信号,也可以将二进制代码序列先转换为多进制基带信号,然后通过多进制数字传输系统进行传输。图 7-1 中的最上面一行是待传输的二进制代码序列。为了进行四进制传输,可以将其每两位一组转换为四进制代码序列(0113…),再用四进制基带信号表示和传输。

将二进制代码序列(基带信号)转换为多进制代码序列(基带信号),可以采用串/并转换电路实现。例如,图 7-2 所示为二进制到十六进制代码序列的转换电路。其中用了 4 个 D 触发器首尾串联。在统一的时钟脉冲 Clock 作用下,从 Data In 端口串行送入的二进制代码顺序存入 4 个 D 触发器。每经过 4 个时钟脉冲后,4 个 D 触发器的 Q 端并行输出 4 位二进制,表示一位十六进制代码。

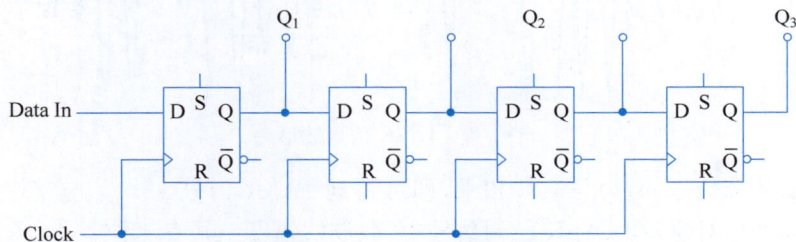

图 7-2 串/并转换电路

根据上述转换过程,显然,并行输出的每个十六进制代码持续的时间等于 4 位二进制代码的码元间隔,因此输出十六进制基带信号的码元速率降低为原二进制代码序列码元速率的 1/16。

7.2 多进制数字调制

与二进制调制系统类似,多进制数字调制就是利用多进制数字基带信号去控制载波的幅度、相位和频率,从而得到多进制幅移键控(Multiple Amplitude Shift Keying,MASK)、多进制相移键控(Multiple Phase Shift Keying, MPSK)和多进制频移键控(Multiple Frequency Shift Keying, MFSK)这 3 种基本的多进制调制。

7.2.1　多进制调制的基本原理

多进制幅度键控(MASK)、多进制频移键控(MFSK)和多进制相移键控(MPSK)分别是 2ASK、2FSK 和 2PSK 的推广,实现这些多进制调制的基本原理也与二进制调制类似。

1. MASK

在 MASK 信号中,载波幅度有 M 种取值,对应 M 进制基带信号中的 M 种电平幅度。MASK 信号的表达式与 2ASK 信号相同,只是其中的基带信号 $m(t)$ 为 M 进制单极性 NRZ 信号。

MASK 调制的原理也与 2ASK 信号一样,用一个模拟乘法器即可实现,只是乘法器输入的基带信号应该是 M 进制。图 7-3 所示为 4ASK 信号波形。

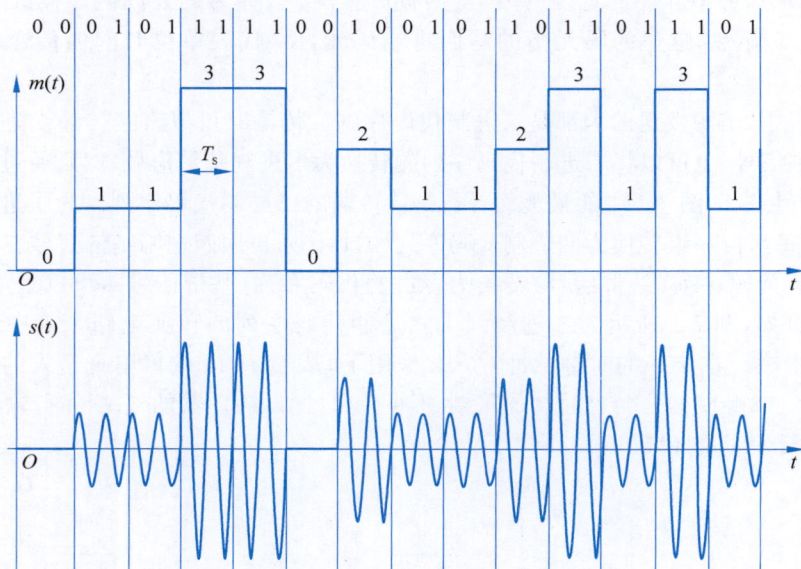

图 7-3　4ASK 信号波形

将四进制基带信号 $m(t)$ 与载波相乘,即可得到 4ASK 信号 $s(t)$。与基带信号各位码元间隔内的幅度相对应,在 4ASK 已调信号中,载波的幅度一共有 4 种。

显然,4ASK 信号可以分解为 3 个 2ASK 信号波形的叠加。推广到一般情况,任意 MASK 信号都可以视为由 $M-1$ 个载波频率相同、幅度不同的 2ASK 信号叠加而成。就信号的带宽而言,MASK 功率谱与 2ASK 相同,即 MASK 信号的带宽是 M 进制基带信号带宽的 2 倍。

由于 M 进制基带信号的每个码元携带有 $\mathrm{lb}M$ b 的信息量,因此当带宽相同时,MASK 信号的信息速率是 2ASK 信号的 $\mathrm{lb}M$ 倍。或者说,当信息速率相同时,MASK 信号的带宽仅为 2ASK 信号的 $1/\mathrm{lb}M$。由此得到 MASK 传输时的码元频带利用率为

$$\eta_s = 0.5\mathrm{Bd/Hz} \tag{7-1}$$

而信息频带利用率为

$$\eta_b = \eta_s \text{lb} M = 0.5 \text{lb} M \ \text{b/(s·Hz)} \tag{7-2}$$

与 2ASK 调制相比,MASK 信号具有以下特点。

(1) 传输效率高,因此在高信息速率的传输系统中得到应用。

(2) 抗衰落能力差,MASK 信号只适宜在恒参信道(如有线信道)中使用。

(3) 在接收机输入平均信噪比相等的情况下,MASK 系统的误码率比 2ASK 系统要高。

(4) 进制数 M 越大,设备越复杂。

例 **7-1**　已知信息速率 $R_b = 1\text{kb/s}$,分别求出采用 2ASK 和 16ASK 传输时的码元速率 R_s 和所需的传输带宽 B。

解　(1) 采用二进制传输时,$R_s = R_b = 1\text{kBd}$。

信息频带利用率为 $\eta_b = 0.5\text{b/(s·Hz)}$,则带宽 $B = R_b/\eta_b = 2\text{kHz}$。

(2) 采用十六进制传输时,$R_s = R_b/\text{lb} 16 = 250\text{Bd}$。

信息频带利用率为 $\eta_b = 0.5\text{lb} 16 = 2\text{b/(s·Hz)}$,则带宽 $B = R_b/\eta_b = 500\text{Hz}$。

2. MFSK

多进制数字频移键控(MFSK)是 2FSK 方式的推广。在这种调制方式中,用 M 个频率不同的正弦波分别表示一个 M 进制符号,在某个码元时间内只发送其中一个频率。

多进制频移键控可以用频率选择法实现,解调器用非相干解调法实现。图 7-4 所示为 MFSK 传输系统的基本组成。

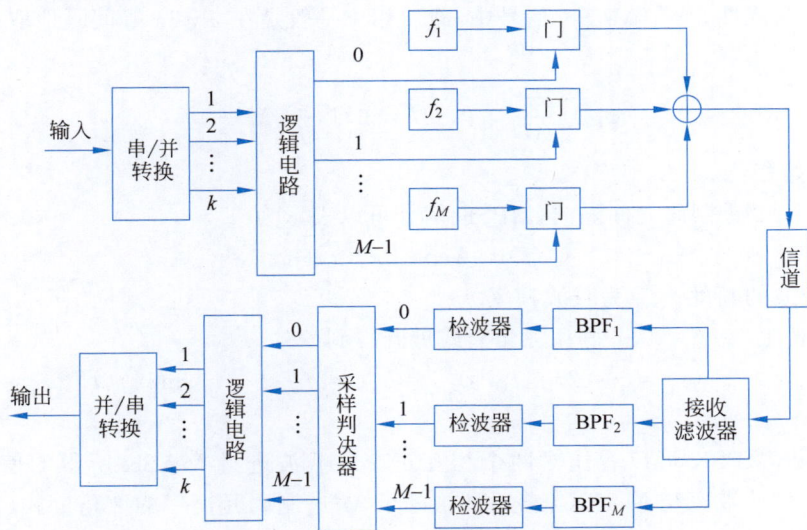

图 7-4　MFSK 传输系统的基本组成

在图 7-4 中,上半部分为 MFSK 调制器。其中,串/并变换和逻辑电路将待发送的二进制代码序列转换 M 进制码元,再用每个 M 进制码元分别控制不同的门电路,输出 M 种不同的频率。在一位 M 进制码元作用下,逻辑电路的输出一方面接通某个门电路,让相应的载频发送出去;另一方面同时关闭其余所有的门电路。

在图 7-4 中,下半部分为 MFSK 解调器,其中包括 M 个带通滤波器和包络检波器、采样判决器、逻辑电路和并/串变换器。各带通滤波器的中心频率分别等于各载频频率。当某个已调载频信号到来时,只有一个带通滤波器有信号和噪声通过,其他带通滤波器只有噪声通过。

采样判决器的任务就是在某时刻比较所有包络检波器输出的电压,判决哪一路最大,也就是判决对方送来的是什么频率,并选出最大者输出,这个输出相当于一位多进制码元,再由逻辑电路将其转换为二进制并行码,通过并/串转换器后逐位输出,从而完成数字信号的传输。

根据上述调制原理可知,MFSK 信号可以看作 M 个振幅相同、载波频率不同的 2ASK 信号的叠加,因此 MFSK 信号带宽为

$$B_{\mathrm{MFSK}} = f_{\mathrm{H}} - f_{\mathrm{L}} + 2R_{\mathrm{s}M} \tag{7-3}$$

其中,f_{H} 和 f_{L} 分别为 MFSK 信号的最高和最低载频;$R_{\mathrm{s}M}$ 为多进制码元速率。

由此可见,MFSK 信号具有较宽的频带,因而它的信道频带利用率不高,一般在调制速率不高的场合使用。

7.2.2 MPSK

MPSK 是 2PSK 的推广,是利用载波的多种不同相位状态表征数字信息的调制方式。实际系统中常用的 4PSK 和 8PSK,其中 4PSK 又习惯称为 QPSK。

1. MPSK 的基本原理

在 MPSK 信号中,载波的幅度和频率保持不变,而相位有 M 种取值。考虑到正弦信号的相位以 2π 为周期,则在 MPSK 信号中,载波相位一般是在 $0\sim2\pi$ 等间隔地取 M 种取值,可以表示为

$$\varphi_k = \frac{2\pi k}{M} + \theta, \quad k = 0, 1, \cdots, M-1 \tag{7-4}$$

其中,θ 为初始相位。

在第 k 个 M 进制码元间隔内,MPSK 信号可以表示为

$$s_k(t) = A\cos(2\pi f_c t + \varphi_k)$$

其中,A 为载波的幅度;f_c 为载波频率。

不失一般性,令 $A=1$,并利用三角公式展开得到

$$s_k(t) = \cos(2\pi f_c t + \varphi_k) = b_k \cos 2\pi f_c t - c_k \sin 2\pi f_c t \tag{7-5}$$

其中,$b_k = \cos\varphi_k$;$c_k = \sin\varphi_k$。

由此可见,MPSK 可以看作对两个相互正交的载波进行 MASK 所得的信号之和,因此,MPSK 信号的带宽与 MASK 信号相同,等于 M 进制码元速率的 2 倍。式(7-5)中的两项分别称为同相分量和正交分量。

1)星座图

工程上一般用向量图描述 MPSK 信号中载波相位与传送代码序列之间的对应关系。图 7-5 所示为 $\theta=0$,$M=2,4,8$ 时的向量图。当 $M=2$ 时,载波的相位只有 0 和 π 两种取值,分别对应二进制的 0 和 1 码。当 $M=4$ 时,由式(7-4)得到载波的相位为 0、$\pi/2$、π 和 $3\pi/2$ 共 4 种取值,每个相位取值分别对应一位四进制数字代码 3、1、0 和 2,或者两位二进制代码 11、01、00 和 10,以此类推。

注意,相位取值与码元之间的对应关系不是唯一的,在上述向量图中,按照格雷码的顺

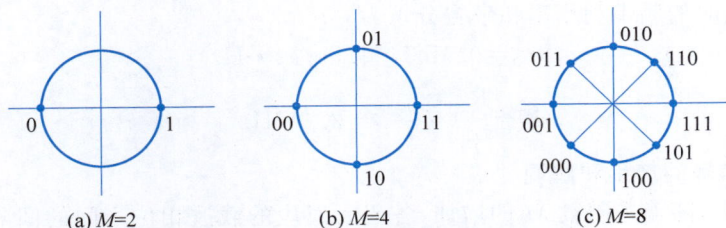

(a) $M=2$ (b) $M=4$ (c) $M=8$

图 7-5 MPSK 信号的向量图表示

序进行安排。此外,在式(7-4)中,当 θ 取不同的值时,向量图也不同,但实现 MPSK 的原理没有区别,只是实现方法不同。

在用上述向量图表示 MPSK 信号时,各向量端点的分布形状犹如天空中的星座,因而形象地称为星座图(Constellation Diagram)。

例 7-2 在 4PSK 中,已知初始相位 $\theta=\pi/4$,列出已调信号中载波相位的可能取值,并画出星座图。

解 令 $M=4$,由式(7-4)得到

$$\varphi_k = \frac{2\pi k}{4} + \frac{\pi}{4}, \quad k=0,1,2,3$$

则载波相位的可能取值有 $\pi/4$、$3\pi/4$、$5\pi/4$、$7\pi/4$,星座图如图 7-6 所示。

2) MPSK 的调制体系

在 MPSK 信号中,发送的每 $\mathrm{lb}M$ 位二进制代码对应一种载波相位。表 7-1 所示为 $M=4$ 时二进制代码与载波相位的两种对应关系,分别对应式(7-4)中 θ 取值为 0 和 $\pi/4$ 的情况。这两种情况又分别称为 MPSK 的 $\pi/2$ 和 $\pi/4$ 调制体系,其星座图分别如图 7-5 和图 7-6 所示。

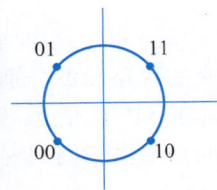

图 7-6 例 7-2 星座图

表 7-1 二进制代码与载波相位关系

二进制代码	载波相位	
	$\pi/2$ 调制体系	$\pi/4$ 调制体系
11	0	$\pi/4$
01	$\pi/2$	$3\pi/4$
00	π	$5\pi/4(-3\pi/4)$
10	$3\pi/2(-\pi/2)$	$7\pi/4(-\pi/4)$

例 7-3 对最高频率为 6MHz 的模拟信号进行采样量化 3 位二进制编码,再进行调制传输。分别求出当采用 2PSK 和 8PSK 传输时的传输带宽和信息频带利用率。

解 根据采样定理,取采样频率 $f_s = 2\times 6 = 12$MHz,则编码输出二进制码元速率为

$$R_s = 3f_s = 3.6\text{MBd}$$

信息速率为

$$R_b = R_s = 3.6\text{Mb/s}$$

则采用 2PSK 传输时的频带利用率和带宽分别为

$$\eta_b = 0.5\text{b}/(\text{s}\cdot\text{Hz})$$

$$B = \frac{R_b}{\eta_b} = \frac{3.6}{0.5} = 7.2\text{MHz}$$

采用 8PSK 传输时的频带利用率和带宽分别为

$$\eta_b = 0.5\text{lb}8 = 1.5\text{b}/(\text{s} \cdot \text{Hz})$$

$$B = \frac{R_b}{\eta_b} = \frac{3.6}{1.5} = 2.4\text{MHz}$$

2. QPSK 信号的产生和解调

在 MPSK 中,随着进制数 M 的增加,各码元对应的载波相位之间的间隔减小,将导致系统传输可靠性的降低,因此实际系统中常用的是 4PSK 和 8PSK 调制,其中 4PSK 又称为 QPSK。下面以 QPSK 为例介绍多进制调相中调制器和解调器的实现方法。

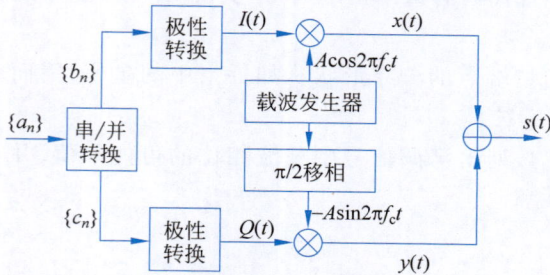

1) QPSK 信号的产生

QPSK 可以采用与 2PSK 类似的相位选择法实现调制,还可以采用正交调制法实现。图 7-7 所示为正交调制器的原理框图,二进制代码序列 $\{a_n\}$ 通过串/并变换后得到两路并行码序列 $\{b_n\}$ 和 $\{c_n\}$,同时送到上下两支路。假设 $\{a_n\}$ 序列的码元速率为 R_s,则 $\{b_n\}$ 和 $\{c_n\}$ 序列的码元速率都降低为 $R_s/2$。

图 7-7 QPSK 正交调制器的原理框图

$\{b_n\}$ 和 $\{c_n\}$ 序列通过极性转换将单极性码变为双极性码,得到 $I(t)$ 和 $Q(t)$,再与互为正交的两路载波分别相乘。显然,两个乘法器的输出 $x(t)$ 和 $y(t)$ 相当于 $\{b_n\}$ 和 $\{c_n\}$ 序列对应的 2PSK 信号,只是两个载波互为正交载波。因此,$x(t)$ 和 $y(t)$ 的功率谱与 2PSK 信号的功率谱相同,只是其带宽为 $\{b_n\}$ 和 $\{c_n\}$ 序列对应的基带信号 $I(t)$ 和 $Q(t)$ 带宽的 2 倍,即 $2\times R_s/2 = R_s$。

$x(t)$ 和 $y(t)$ 经相加电路后得到两路信号的合成波形,从而得到 QPSK 信号。图 7-8 所示为其中各主要信号的波形。

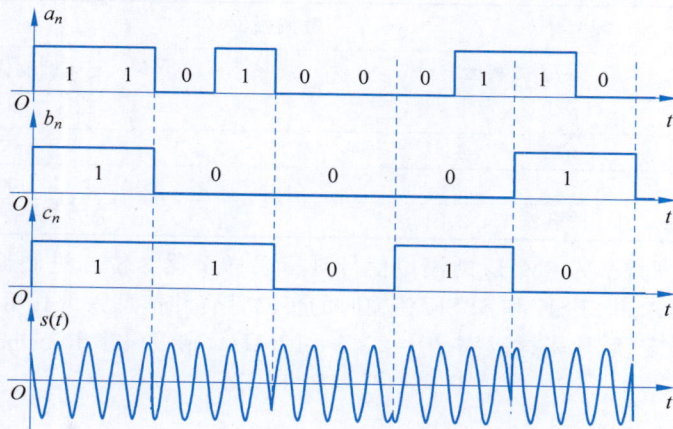

图 7-8 QPSK 调制器中各点信号的波形

下面验证调制器输出已调信号中载波相位与发送代码序列之间的关系满足表 7-1。以发送代码 10 为例,通过串并转换和极性转换后得到 $I(t)=1, Q(t)=-1$,则输出已调信号为

$$A\cos2\pi f_c t - (-A\sin2\pi f_c t) = \sqrt{2}A\cos(2\pi f_c t - \pi/4)$$

由此可见,当发送代码 10 时,调制器输出相位为 $-\pi/4$ 的载波。用类似的方法可以验证:当发送代码分别为 00、01、11 时,调制器输出载波的相位分别为 $-3\pi/4$、$3\pi/4$ 和 $\pi/4$。显然,此时实现的是表 7-1 中的 $\pi/4$ 调制体系。

2) QPSK 解调

对于上述 $\pi/4$ 调制体系得到的 QPSK 信号,可以得到式(7-5)中 b_k 和 c_k 的取值,如表 7-2 所示。

表 7-2　二进制代码序列与 b_k 和 c_k 的取值

二进制代码	载波相位 φ_k	b_k	c_k
11	$\pi/4$	$\sqrt{2}/2$	$\sqrt{2}/2$
01	$3\pi/4$	$-\sqrt{2}/2$	$\sqrt{2}/2$
00	$5\pi/4(-3\pi/4)$	$-\sqrt{2}/2$	$-\sqrt{2}/2$
10	$7\pi/4(-\pi/4)$	$\sqrt{2}/2$	$-\sqrt{2}/2$

对于两位二进制代码中的第 1 位码元,1 码和 0 码对应 b_k 取值分别为正极性和负极性,因此式(7-5)中的第 1 项相当于以 b_k 为基带信号,$\cos2\pi f_c t$ 为载波的 2PSK 信号。同理,对于两位二进制代码中的第 2 位码元,1 码和 0 码对应 c_k 取值分别为正极性和负极性,因此式(7-5)中的第 2 项相当于以 c_k 为基带信号,$-\sin2\pi f_c t$ 为载波的 2PSK 信号。

由此可见,利用上述方法得到的 QPSK 信号可以视为两个 2PSK 信号的合成,两路 2PSK 信号对应的载波相互正交。因此,可以用两个解调支路分别对两路 2PSK 信号进行相干解调,得到 $I(t)$ 和 $Q(t)$,再经电平判决和并/串变换恢复原始数字信息。图 7-9 所示为一种典型的解调器(QPSK 信号的相干解调器)的组成原理。

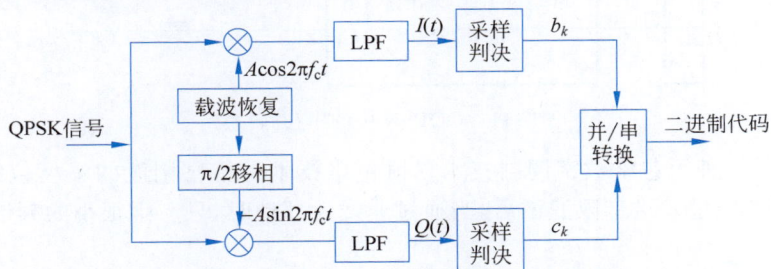

图 7-9　QPSK 信号的相干解调器的组成原理

与 2PSK 一样,QPSK 信号的相干解调同样会出现相位模糊现象,因此在实际的应用中一般采用四向相对移相键控(4DPSK)。4DPSK 只需先将绝对码转换为充分码,再进行 QPSK,而解调需将得到的相对码转换为绝对码,其调制解调的原理同 2PSK 和 DPSK 之间的关系相同,这里就不再介绍了。

3. OQPSK

在 QPSK 信号中,载波的相位有 4 种可能的取值,其相位关系如图 7-10(a)所示。随着输入二进制代码序列的不同,QPSK 信号的相位将在这 4 种情况之间切换。当沿着对角线切换时,将产生 180°的相位跳变。这种相位跳变会引起带限滤波后的 QPSK 信号包络起伏,再通过系统中的非线性器件后,将导致频谱扩散,增加对邻近

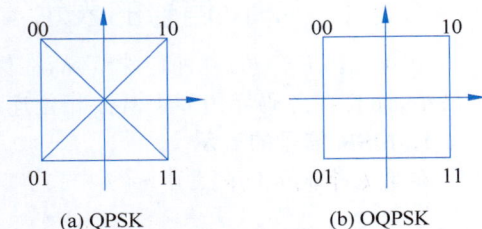

(a) QPSK　　　(b) OQPSK

图 7-10　QPSK 和 OQPSK 信号的相位关系

信道的干扰。

　　为了减小包络起伏,对 QPSK 进行改进:在对 QPSK 做正交调制时,将正交分量 $Q(t)$ 的基带信号相对于同相分量 $I(t)$ 的基带信号延迟一个码元间隔 T_s。由于两支路码元有一个码元的偏移,因此每次只有一路可能发生极性翻转,不会发生两支路码元极性同时翻转的现象。因此,信号相位只能跳变 $0°$ 或 $\pm90°$,不会出现 $\pm180°$ 的相位跳变。这种调制方式称为偏移四相相移键控(Offset Quadrature Phase Shift Keying,OQPSK),其相位关系如图 7-10(b)所示。

　　图 7-11 所示为 OQPSK 调制器中原始二进制代码序列 $\{a_n\}$ 与对应的 $\{b_n\}$ 和 $\{c_n\}$ 序列的对应关系。由此可见,与 QPSK 不同的是,通过串/并转换得到的两路代码数序列是交替送到上下两支路,而 QPSK 的 $\{b_n\}$ 和 $\{c_n\}$ 序列是同时送到上下两支路。

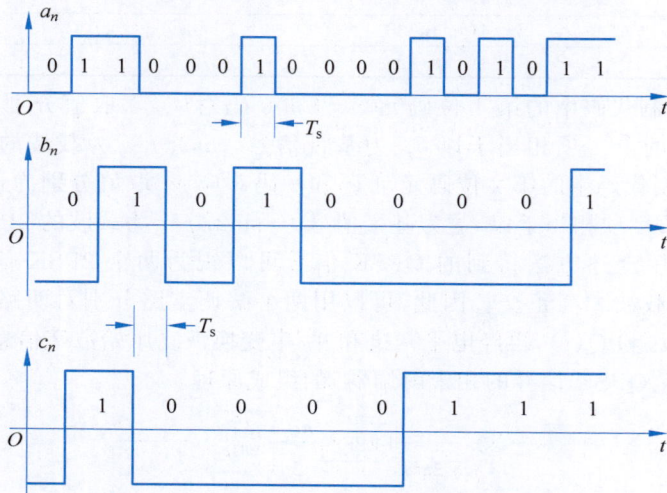

图 7-11　OQPSK 中的串/并转换

　　OQPSK 是一种恒包络数字调制技术。恒包络技术是指已调波的幅度包络保持恒定,所产生的已调波经过发送带限滤波后,当通过非线性部件时,只产生很小的频谱扩展。

7.3　MSK

　　在开关法实现 2FSK 中,不同码元对应不同的频率,因而在频率跳变处相位很可能是不连续的,就会造成其功率谱产生很大的旁瓣分量。这样的信号通过带限滤波后,信号的包络不再恒定,会出现较大的起伏变化。为了克服以上缺陷,要求在 2FSK 频率变化时相位保持连续,因此提出了一种能够产生恒定包络、相位连续的调制,称为最小频移键控(Minimum Shift Keying,MSK)。

7.3.1　MSK 信号的表示

　　MSK 是 2FSK 的一种特殊情况,在保证已调信号两个载波相互正交的情况下调频指数 h 最小,而且在各码元边界上载波相位连续,信号波形上没有跳变。

1. MSK 信号的表示

在第 k 个码元间隔 $kT_s \sim (k+1)T_s$ 内,MSK 信号可以表示为

$$s(t) = \cos\left(2\pi f_c t + \frac{\pi}{2T_s}a_k t + \varphi_k\right), \quad k = 0, 1, 2, \cdots \tag{7-6}$$

其中，a_k 为第 k 个码元，取值为 ± 1；f_c 为中心频率；T_s 为码元间隔；φ_k 为初始相位。

根据式(7-6)，可以求得当 $a_k = +1$ 和 -1 时，对应 MSK 中载波的两个频率分别为

$$f_1 = f_c + \frac{1}{4T_s} \tag{7-7}$$

$$f_2 = f_c - \frac{1}{4T_s} \tag{7-8}$$

两个载波频率之差和调频指数分别为

$$\Delta f = f_1 - f_2 = \frac{1}{2T_s} \tag{7-9}$$

$$h = \frac{\Delta f}{R_s} = \Delta f \times T_s = 0.5 \tag{7-10}$$

其中，$R_s = 1/T_s$ 为码元速率。

可以证明，上述频差 Δf 是为满足 2FSK 信号中两个信号相互正交能够达到的最小载频差，所以将 MSK 称为最小频移键控。

2. MSK 信号的附加相位和初始相位

在 MSK 信号中，以相位 $2\pi f_c t$ 为参考的附加相位为

$$\theta_k(t) = \frac{\pi}{2T_s} a_k t + \varphi_k \tag{7-11}$$

为了保证前后码元交替时已调波的相位连续，第 $k-1$ 个码元结束处和第 k 个码元开始处的附加相位必须相等，即

$$\frac{\pi}{2T_s} a_{k-1} kT_s + \varphi_{k-1} = \frac{\pi}{2T_s} a_k kT_s + \varphi_k$$

由此求得

$$\varphi_k = \varphi_{k-1} + (a_{k-1} - a_k)\frac{\pi k}{2} \tag{7-12}$$

由此可见，MSK 信号在第 k 个码元的初始相位 φ_k 不仅与当前码元中 a_k 的取值有关，还与前一个码元及其初始相位有关。假设第 1 个码元(对应 $k=0$)间隔内的初始值 $\varphi_0 = 0$，则 $\varphi_k = 0$ 或 $\pm k\pi$。考虑到相位以 2π 为周期，则 $\varphi_k = 0$ 或 $\pm \pi$。

显然，如果已知了需要发送的代码序列，则根据式(7-7)和式(7-8)可以求得每个码元间隔内对应的两个载波频率 f_1 和 f_2，再由式(7-12)求得各码元间隔内对应的两个信号的初始相位，即可得到 MSK 信号的波形。

例 7-4 已知码元速率 $R_s = 1\text{kBd}$，中心频率 $f_c = 1.75\text{kHz}$，第 1 个码元间隔内信号的初始相位 $\varphi_0 = 0$。

(1) 求 MSK 中两个载波频率 f_1 和 f_2；

(2) 求频差 Δf 和调频指数 h；

(3) 假设发送代码序列为 10010110，分析并画出相应的 MSK 信号波形。

解 (1) 根据式(7-7)和式(7-8)求得

$$f_1 = f_c + \frac{1}{4T_s} = f_c + \frac{R_s}{4} = 1.75 + \frac{1}{4} = 2\text{kHz}$$

$$f_2 = f_c - \frac{1}{4T_s} = 1.75 - \frac{1}{4} = 1.5\text{kHz}$$

（2）频差和调频指数分别为

$$\Delta f = f_1 - f_2 = 2 - 1.5 = 0.5 \text{kHz}$$

$$h = \frac{\Delta f}{R_s} = \frac{0.5}{1} = 0.5$$

（3）各码元间隔内信号的频率和初始相位如下。

k:	0	1	2	3	4	5	6	7
a_k:	$+1$	-1	-1	$+1$	-1	$+1$	$+1$	-1
频率:	f_1	f_2	f_2	f_1	f_2	f_1	f_1	f_2
φ_k:	0	π	π	-2π	2π	-3π	-3π	4π

根据上述计算结果，得到 MSK 信号 $s(t)$ 的波形，如图 7-12 所示。其中，$s_1(t)$ 和 $s_2(t)$ 分别为频率等于 f_1 和 f_2、初始相位为 0 的两个信号。在第 k 个码元间隔内，若 $\varphi_k = \pm n\pi$（n 为奇数），则将对应时间范围内的信号极性取反；若 $\varphi_k = \pm n\pi$（n 为偶数），则对应时间范围内的信号极性保持不变。

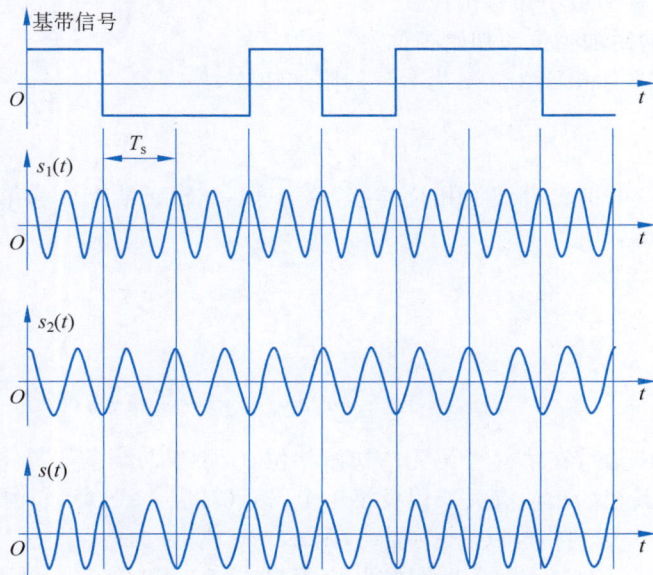

图 7-12　例 7-4 各信号波形

7.3.2　MSK 的相位网格图

在第 k 个码元间隔内，a_k 和初始相位 φ_k 都保持为常数，则由式（7-11）可知，以载波相位为参考的附加相位 $\theta_k(t)$ 将随着时间线性变化。在一个码元间隔时间范围内，当 $a_k = +1$ 时，附加相位 $\theta_k(t)$ 增大 $\pi/2$；当 $a_k = -1$ 时，$\theta_k(t)$ 减小 $\pi/2$。所有码元间隔内的附加相位 $\theta(t)$ 随时间 t 的变化关系可以用如图 7-13 所示的曲线表示。图 7-13 中，正斜率直线表示传送 1 码（对应 $a_k = +1$）时的相位轨迹，负斜率直线表示传送 0 码（对应 $a_k = -1$）时的相位轨迹。这种曲线称为 MSK 的相位网格图。

对于给定的一串代码序列，在相位网格图中的轨迹是一定的。对于不同的代码序列，其具体路径也将随之变化，但可能的路径一定是沿着图中的细实线变化的。假设发送的二进制代码序列为 100111,初始附加相位为 0,则相位变化路径如图 7-13 中粗实线所示。

综合上述分析可知,MSK 信号具有以下特点:

(1) MSK 信号的包络是恒定不变的;

(2) MSK 信号的波形在整个时间范围内都是连续的,波形上没有跳变;

(3) MSK 信号的附加相位在一个码元间隔内线性变化±π/2。

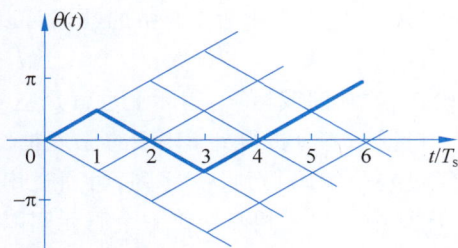

图 7-13　MSK 的相位网格图

7.3.3　MSK 的产生和解调

根据上述 MSK 信号的基本表示和特点,不难得到 MSK 信号产生和解调方法。

1. MSK 信号的产生

考虑到 $a_k=\pm1$,$\varphi_k=0$ 或 π(对 2π 取模),可以将第 k 个码元间隔范围内的 MSK 信号重新表示为

$$s(t)=\cos\left(\frac{\pi a_k}{2T_s}t+\varphi_k\right)\cos2\pi f_ct-\sin\left(\frac{\pi a_k}{2T_s}t+\varphi_k\right)\sin2\pi f_ct$$

$$=\cos\left(\frac{\pi t}{2T_s}\right)\cos\varphi_k\cos2\pi f_ct-a_k\sin\left(\frac{\pi t}{2T_s}\right)\cos\varphi_k\sin2\pi f_ct$$

令

$$b_k=\cos\varphi_k,\quad c_k=a_k\cos\varphi_k \tag{7-13}$$

得到

$$s(t)=b_k\cos\left(\frac{\pi t}{2T_s}\right)\cos2\pi f_ct-c_k\sin\left(\frac{\pi t}{2T_s}\right)\sin2\pi f_ct \tag{7-14}$$

表 7-3 给出了上述各信号之间的变换关系。其中,假设 φ_k 在 $k=0$ 时的初值为 0。对于其后的各个码元,首先由式(7-12)得到 φ_k,再由式(7-13)得到 b_k 和 c_k。

表 7-3　MSK 调制中的信号变换关系

k	a_k	φ_k	b_k	c_k	d_k
0	+1	0	+1	+1	+1
1	−1	π	−1	+1	−1
2	+1	$-\pi$	−1	−1	−1
3	−1	2π	+1	−1	+1
4	−1	2π	+1	−1	+1
5	+1	-3π	−1	−1	−1
6	+1	-3π	−1	−1	−1
7	−1	4π	+1	+1	+1
8	+1	-4π	+1	+1	+1

观察表 7-3 中的 b_k 和 c_k 可知,当 k 为偶数时,b_k 不会发生改变,c_k 可能发生改变;当 k 为奇数时,b_k 可能改变,而 c_k 不会发生改变。这意味着 b_k 和 c_k 的每个取值都持续两个码元间隔,并且在时间上相互错开。

将 b_k 和 c_k 在每个码元间隔内的取值交替合并为一路,得到 d_k,即 d_k 序列依次取值为

$c_0 b_1 c_2 b_3 c_4 b_5 \cdots$。由表 7-3 中的数据可以得到 a_k 和 d_k 序列之间的关系为

$$d_k = a_k \odot d_{k-1} \tag{7-15}$$

其中,$\odot$ 表示同或运算,实际上也就是空号差分码编码。

根据上述分析得到 MSK 的原理框图,如图 7-14 所示。发送的二进制代码序列 a_k 首先经过差分编码得到 d_k 序列,再通过串/并转换得到两路输出 b_k 和 c_k 序列,并且要保证 d_k 序列中的码元相互交错一个码元间隔,交替地送到上下两支路。

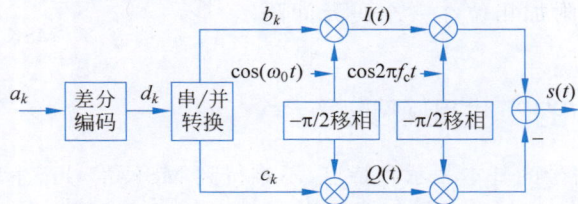

图 7-14　MSK 调制器

上、下两支路分别要进行两次乘法运算。在第 1 次乘法运算中,角频率为 $\omega_0 = \pi/(2T_s)$ 的加权函数 $\cos\omega_0 t$ 经移相后得到 $\sin\omega_0 t$,两个加权函数分别与 b_k 和 c_k 序列相乘,得到

$$I(t) = b_k \cos\omega_0 t, \quad Q(t) = c_k \sin\omega_0 t \tag{7-16}$$

然后,再与两个相互正交的高频载波相乘后相减,即可得到 MSK 信号。

2. MSK 信号的解调

由于 MSK 信号是一种 2FSK 信号,因此也可以采用与 2FSK 类似的相干和非相干解调方法实现解调。

图 7-15 所示为 MSK 相干解调器的原理框图。输入的 MSK 信号同时送到上下两支路,分别与两个相互正交的载波 $\cos\omega_c t$ 和 $\sin\omega_c t$ 相乘再进行低通滤波。乘法器和低通滤波器(LPF)构成相干解调器。

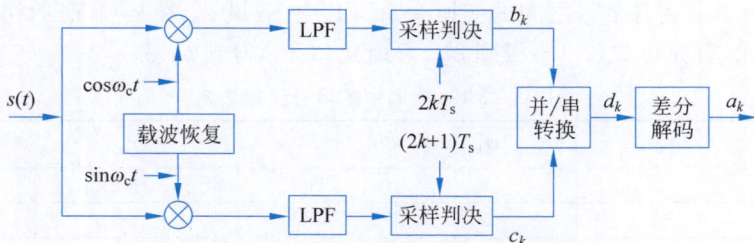

图 7-15　MSK 相干解调器的原理框图

上、下两支路中相干解调的输出送入采样判决器,每隔 $2T_s$ 采样判决一次,并且上、下两支路的采样时刻错开一个码元间隔。判决输出得到 b_k 和 c_k 序列,最后经并/串转换和差分解码得到原始代码序列 a_k。

7.4　QAM

QAM 的全称是正交幅度调制(Quadrature Amplitude Modulation),是用一个信源符号同时控制载波两个参数的调制方式,是一种幅度和相位的联合键控,因此又称为幅-相键

控（Amplitude Phase Keying，APK）。QAM 可以提高系统的可靠性，能够获得较高的信息频带利用率，是目前应用较为广泛的一种数字调制方式。

7.4.1　QAM 的基本原理

在多进制调制系统中，MPSK 的带宽和功率占用方面都有优势，但是随着进制数 M 的增大，相邻相位的间距逐渐减小，使噪声容限也逐渐变小，误码率增加。为了提高 MPSK 在 M 较大时的噪声容限，提出了 QAM 调制方式，这是一种多进制与正交载波技术相结合的调制技术。

QAM 是用两路独立的数字基带信号对两个相互正交的同频载波进行抑制载波的双边带调制，利用已调信号在同一带宽内频谱正交的特性来实现两路并行的数字信息传输。在一个码元间隔内，QAM 信号可以表示为

$$s_k(t) = A_k \cos(2\pi f_c t + \varphi_k), \quad kT_s \leqslant t \leqslant (k+1)T_s \tag{7-17}$$

其中，k 为正整数，代表需要传送的第 k 个码元；A_k 和 φ_k 分别为第 k 个码元对应的 QAM 信号的幅度和相位，分别可以取多个离散值。

将式（7-17）利用三角公式展开得到

$$s_k(t) = A_k \cos\varphi_k \cos 2\pi f_c t - A_k \sin\varphi_k \sin 2\pi f_c t$$

令

$$X_k = A_k \cos\varphi_k, \quad Y_k = A_k \sin\varphi_k \tag{7-18}$$

则

$$s_k(t) = X_k \cos 2\pi f_c t - Y_k \sin 2\pi f_c t \tag{7-19}$$

由此可见，QAM 可以视为两路相互正交的 MASK 信号之和，其中 X_k 和 Y_k 为两路独立的数字基带信号。

在式（7-18）中，如果 φ_k 取值为 $\pm\pi/4$，同时 A_k 取值为 $\pm A$，则 X_k 和 Y_k 的取值都只有两种情况，即 $\pm\sqrt{2}A/2$。此时，QAM 信号就成为 QPSK 调制信号，因此，QPSK 是最简单的 QAM。

如果 X_k 和 Y_k 为 L 进制基带信号，将得到 MQAM 信号，其中 $M=L^2$。以 16QAM 为例，此时 X_k、Y_k 都为四进制双极性基带信号，假设其取值为 ±1 或 ±3，则对应 16QAM 信号的幅度和相位 A_k 和 φ_k 如表 7-4 所示。由此可见，对应基带信号 X_k 和 Y_k 的 16 种取值组合，16QAM 信号的幅度共有 3 种情况，而相位共有 9 种情况。

表 7-4　基带信号电平与 16QAM 信号幅度和相位的对应关系

X_k	Y_k	A_k	$\varphi_k/(°)$	X_k	Y_k	A_k	$\varphi_k/(°)$
-3	-3	4.2	-135	$+1$	-3	3.2	-72
-3	-1	3.2	-162	$+1$	-1	1.4	-45
-3	$+1$	3.2	162	$+1$	$+1$	1.4	45
-3	$+3$	4.2	135	$+1$	$+3$	3.2	72
-1	-3	3.2	-108	$+3$	-3	4.2	-45
-1	-1	1.4	-135	$+3$	-1	3.2	-18
-1	$+1$	1.4	135	$+3$	$+1$	3.2	18
-1	$+3$	3.2	108	$+3$	$+3$	4.2	45

7.4.2 QAM 信号的产生和解调

MQAM 信号的调制原理框图如图 7-16 所示。其中,原始二进制代码序列 a_k 通过串/并转换得到两路并行代码序列 b_k 和 c_k,再通过 2-L 变换转换为 L 进制基带信号 X_k 和 Y_k。

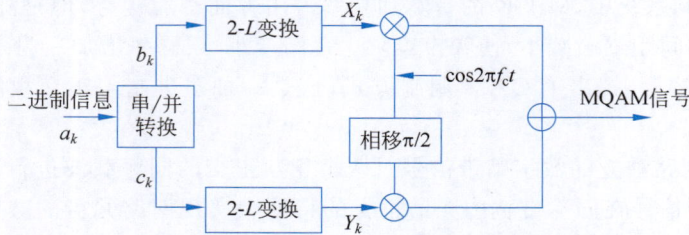

图 7-16   MQAM 信号的调制原理框图

假设 a_k 序列的码元速率为 R_s,则 b_k 和 c_k 序列的码元速率为 $R_s/2$。2-L 变换器将 b_k 或 c_k 序列中每 lbL 个二进制码元转换得到基带信号 X_k 和 Y_k 中的一个 L 进制码元,因此码元速率为 $R_s/(2\text{lb}L)$。例如,对于 16QAM,$M=16$,$L=4$,则 X_k 和 Y_k 基带信号的码元速率降低为 $R_s/4$,相当于 X_k 和 Y_k 基带信号中的每个码元对应 a_k 序列中的 4 个码元。

双极性基带信号 X_k 和 Y_k 分别送入乘法器,对两个相互正交的载波进行正交调制,加法器将两支路输出合并后得到 QAM 信号。图 7-17 所示为 16QAM 调制器中各点信号波形。

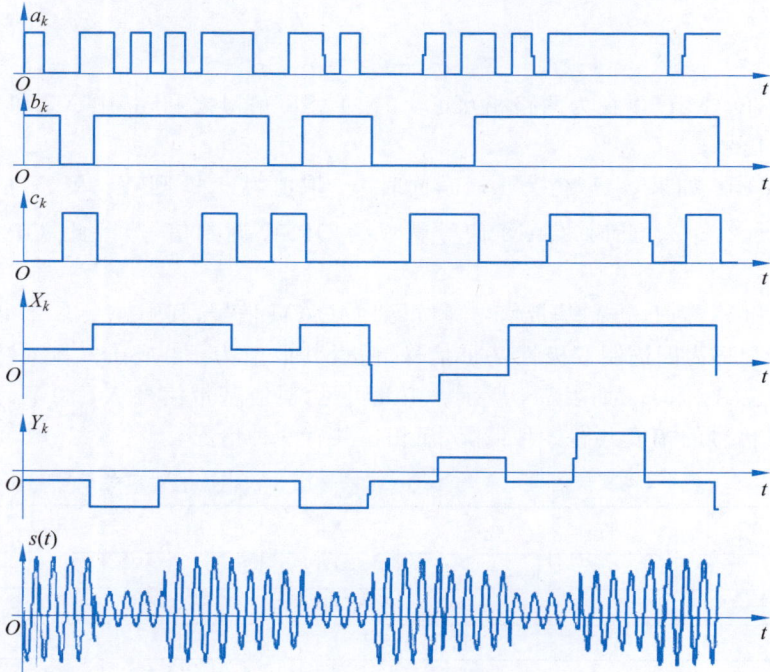

图 7-17   16QAM 调制器中各点信号波形

QAM 信号可以采用正交相干解调的方法解调,如图 7-18 所示。接收到的 QAM 信号 $s(t)$ 同时送到上下两支路。在上、下两支路中分别与相互正交的载波相乘。两支路中判决器应为多电平判决器,从而使输出基带信号 b_k 和 c_k 中分别有 L 个不同的电平。

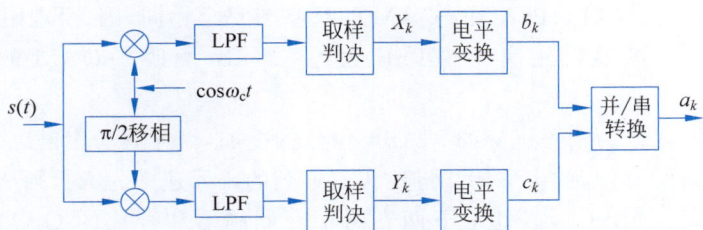

图 7-18 MQAM 解调器

7.4.3 QAM 信号的特性

与 QPSK 一样，QAM 信号可以用星座图表示。图 7-19 给出了比较有代表性的 4QAM、16QAM、64QAM、256QAM 的星座图。

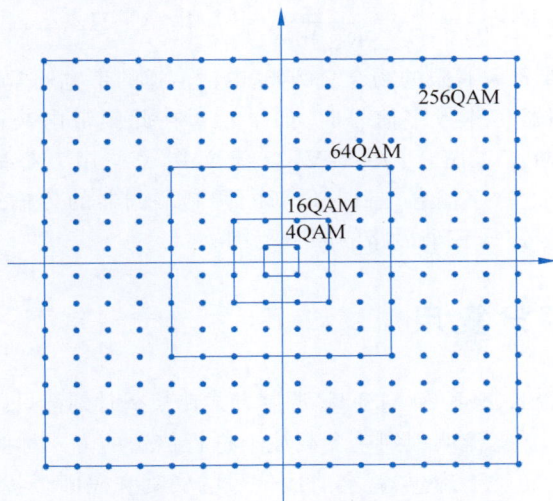

图 7-19 MQAM 信号的星座图

为了传输和检测方便，同相和正交支路中的 X_k 和 Y_k 通常取为 L 进制双极性基带信号，并且间隔相同。例如，对于 16QAM，星座图中共有 16 个点，并以坐标原点为中心呈方阵排列。由于 $M=16=4^2$，则 $L=4$，因此对应的 X_k 和 Y_k 都是四进制双极性基带信号，其取值分别为 ± 1 和 ± 3。

在星座图中，各点之间的距离称为欧氏距离，相邻两点之间的最小欧氏距离代表了噪声容限，意味着当噪声强度超过噪声容限时，接收端将发生错误判决，形成误码。显然，随着进制数 L 和 M 的增加，各信号点之间的欧氏距离也将减小，错误判决的概率越大。假设已调信号的最大振幅为 A_m，则 MQAM 信号星座图上的欧氏距离为

$$d_{QAM} = \frac{\sqrt{2}A_m}{L-1} = \frac{\sqrt{2}A_m}{\sqrt{M}-1} \tag{7-20}$$

而在 MPSK 信号的星座图中，M 个点平均分布在半径为 A_m 的同一个圆周上，其欧氏距离为

$$d_{PSK} = 2A_m \sin\left(\frac{\pi}{M}\right) \tag{7-21}$$

由此可见,当 $M=4$ 时,4PSK 和 4QAM 的星座图完全相同,因此欧氏距离也相等。当 $M=16$ 时,16QAM 的欧氏距离比 16PSK 大约 1.6dB,表明 16QAM 的抗噪声能力优于 16PSK。

由于 QAM 可以视为两路正交的 MASK 信号的叠加,因此其功率谱也是两支路信号功率谱的叠加。在调制器中,假设原始二进制代码序列的码元速率为 R_s,则 X_k 和 Y_k 基带信号的码元速率为 $R_s/(2\mathrm{lb}L)$,因此上下两支路正交调制器和合成的 QAM 信号带宽都近似为

$$B = 2\frac{R_s}{2\mathrm{lb}L} = \frac{R_s}{\mathrm{lb}L}\,\mathrm{Hz} \tag{7-22}$$

对于原始二进制代码序列,在 0、1 等概时,信息速率 R_b 等于码元速率 R_s,则 QAM 传输的信息频带利用率为

$$\eta_b = \frac{R_b}{B} = \frac{R_s}{R_s/\mathrm{lb}L} = \mathrm{lb}L\ \ \mathrm{b/(s \cdot Hz)} \tag{7-23}$$

QAM 特别适合频带资源有限的场合。例如,电话信道的带宽通常限制在话音频带 $300\sim 3400\mathrm{Hz}$,通过调制解调器传输数字信号时,如果希望在此频带内获得更高的传输速率,则 QAM 是非常适合的。在 ITU-T V.29 和 V.32 建议中,都采用 16QAM 体制,以 2.4kBd 的码元速率传输 9.6kb/s 的数字信息。目前最新的调制解调器的传输速率更高,对应的星座图也复杂得多,但仍然只占据一个话路的频带范围。

7.5 正交频分复用

前面介绍的 ASK、PSK、FSK 和 MSK 等调制方式在某一时刻都只用单一的载波频率发送信号,这种将需要传输的数据流调制到单个载波上进行传送的方式称为单载波调制。对于单载波调制传输,如果信道特性不理想,就会造成信号的失真和码间干扰。因此,提出了多载波调制传输技术,典型的就是正交频分复用(Orthogonal Frequency Division Multiplexing,OFDM)。

7.5.1 OFDM 的基本思想

传统的多载波调制实际上是一种频分复用(Frequency Division Multiplexing,FDM)技术。在多载波调制传输系统中,将信道划分为若干不同频段的子信道,需要传输的高速数据信号被转换为多个并行的低速子数据流,然后将其调制到各子信道上进行传输。在接收端用同样数量的载波对发送信号进行相干接收,获得低速率信息数据后,再通过串/并变换得到原来的高速信号。

由于各子信道中传输的数据码元宽度比原始高速数据流宽得多,因此各子信道所需的带宽大为减小,从而可以有效减小码间干扰和频率选择性衰落的影响。如果各子信道中的各调制载波相互正交,则可以使载波间隔达到最小,从而提高频带利用率。这就是 OFDM 的基本思想。

OFDM 技术的应用已有近 40 年的历史,主要用于军用无线高频通信系统。早期由于系统结构过于复杂,从而限制了其推广和应用。直到 20 世纪 80 年代,采用离散傅里叶变换

实现多个载波调制，简化系统结构，使 OFDM 技术更趋于实用化。

目前，OFDM 已经广泛应用于非对称数字用户环路（Asymmetric Digital Subscriber Line，ADSL）、高清晰度电视（High Definition Television，HDTV）信号传输、数字视频广播（Digital Video Broadcasting，DVB）和无线局域网（Wireless Local Area Network，WLAN）等领域。IEEE 的 5GHz 无线局域网标准 IEEE 802.11a 和 2～11GHz 标准 IEEE 802.16a 都采用 OFDM 作为物理层标准。

7.5.2　OFDM 的基本原理

根据上述基本思想，将高速的数据流转换为低速并行数据后，再将这些并行数据用正交的载波进行调制，然后按 FDM 原理进行复用，便可得到 OFDM 信号。

图 7-20 所示为 OFDM 的基本原理。原始二进制代码序列 a_k 被划分为每 N 个一组，通过串/并转换得到 N 路并行代码序列 $b_0 \sim b_{N-1}$。各路并行代码序列的码元间隔为 T_s，等于原始代码序列的 N 倍。

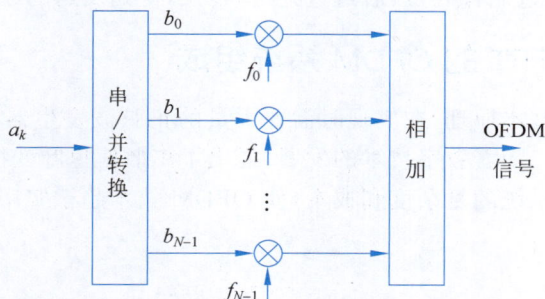

图 7-20　OFDM 的基本原理

假设各路并行码序列的码型选用双极性不归零矩形脉冲，用 N 个子载波 $f_0 \sim f_{N-1}$ 分别对其进行 2PSK，再相加后得到 OFDM 信号为

$$s(t) = \sum_{i=0}^{N-1} b_i \cos 2\pi f_i t \tag{7-24}$$

为了保证 N 个子载波相互正交，也就是在信道传输各并行码元的持续时间内载波乘积的积分为 0。根据三角函数系的正交性，可以得到各子载波之间的频率间隔为

$$\Delta f = f_n - f_{n-1} = \frac{1}{T_s}, \quad n = 1, 2, \cdots, N-1 \tag{7-25}$$

OFDM 信号由 N 个信号叠加而成，其频谱也是这 N 个信号频谱的叠加，如图 7-21 所示。每个信号的频谱都是以子载波频率为中心的 Sa 函数，相邻信号频谱之间的间隔为 $1/T_s$。如果忽略旁瓣分量，可以得到 OFDM 信号的频谱宽度近似为

$$B = (N-1)\frac{1}{T_s} + 2 \times \frac{1}{T_s} = \frac{N+1}{T_s} \tag{7-26}$$

由于信道中每 T_s 内传送 N 个并行码元，因此码元速率为 $R_s = N/T_s$，则频带利用率为

$$\eta_s = \frac{R_s}{B} = \frac{N}{N+1} \tag{7-27}$$

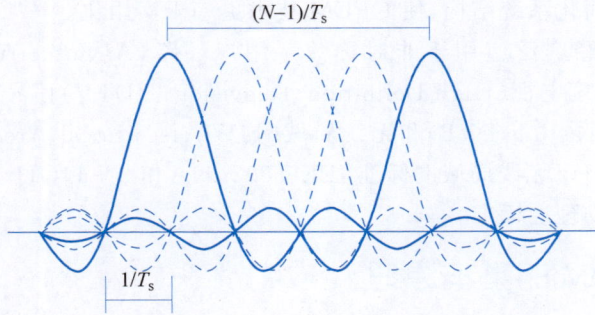

图 7-21　OFDM 的频谱结构

由此可见，N 越大，频带利用率也越高。当 $N \gg 1$ 时，频带利用率趋近于 1，比单载波调制传输提高近一倍。

在接收端，对接收到的 OFDM 信号用频率为 f_n 的正弦波在 $[0, T_s]$ 作相关运算，即恢复各子载波上携带的二进制代码，然后通过并/串转换，得到发送的原始代码序列。

7.5.3　基于 FFT 的 OFDM 系统组成

根据上述 OFDM 基本原理，在实现时需要大量的正弦波发生器、调制器和相关解调器等设备，费用非常昂贵。随着数字技术的发展，提出了离散傅里叶变换及其快速算法实现多载波调制，从而降低了系统的复杂度和成本，使 OFDM 技术趋于实用化。

将式(7-24)改写为

$$s(t) = \mathrm{Re}\left[\sum_{i=0}^{N-1} b_i \mathrm{e}^{\mathrm{j}2\pi f_i t}\right] \tag{7-28}$$

并以 $f_s = N/T_s$ 的速率进行采样，此时采样间隔 $T = 1/f_s = T_s/N$，则得到

$$s(kT) = s(t)\big|_{t=kT} = \mathrm{Re}\left[\sum_{i=0}^{N-1} b_i \mathrm{e}^{\mathrm{j}2\pi f_i kT}\right] = \mathrm{Re}\left[\sum_{i=0}^{N-1} b_i \mathrm{e}^{\mathrm{j}2\pi f_i kT_s/N}\right]$$

如果令各子载波的频率 $f_i = i/T_s$，则

$$s(kT) = \mathrm{Re}\left[\sum_{i=0}^{N-1} b_i \mathrm{e}^{\mathrm{j}2\pi \frac{ik}{N}}\right] \tag{7-29}$$

其中，累加和正好表示对 N 路并行序列 b_i 的 N 点离散傅里叶反变换(Inverse Discrete Fourier Transform，IDFT)。

由此可见，对串/并变换的并行数据序列进行 N 点 IDFT，即可得到 OFDM 信号。在接收端，对接收到的 OFDM 信号取离散傅里叶变换(Discrete Fourier Transform，DFT)，再取实部，即可恢复出并行数据和原始代码序列。用 IDFT 实现 OFDM 的原理框图如图 7-22 所示。

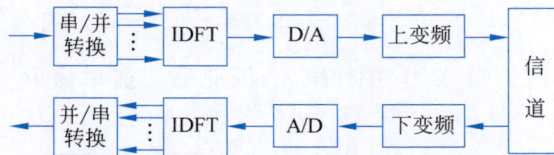

图 7-22　用 IDFT 实现 OFDM 的原理框图

在实际应用中,上述 DFT 和 IDFT 都可以用快速傅里叶变换实现,从而能够显著降低运算量。

7.6　现代数字调制的 MATLAB 仿真

本节将结合 MATLAB/Simulink 仿真,进一步体会采用多进制传输对频带利用率的改善,还将利用通信工具箱中提供的相关模块体会前面介绍的几种现代数字调制解调方式的建模和性能仿真分析。

7.6.1　多进制调制传输的频带利用率

在多进制调制传输系统中,将需要发送的二进制代码序列用多进制符号表示,再进行多进制调制。采用多进制调制可以有效地提高信息频带利用率。

例 7-5　搭建如图 7-23 所示的仿真模型,观察分析 MASK 传输的频带利用率。

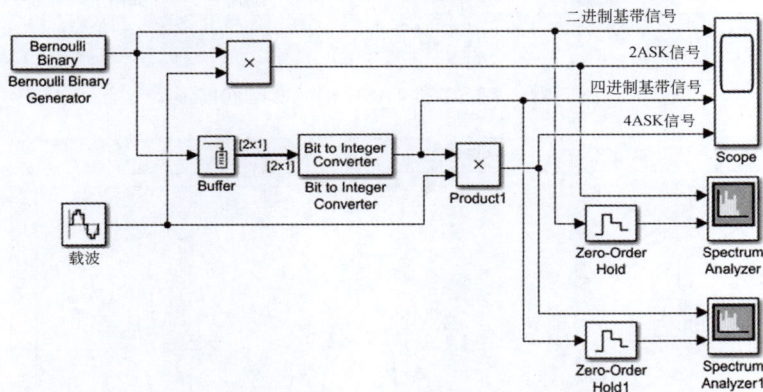

图 7-23　例 7-5 仿真模型

仿真模型中,信源产生随机等概的二进制代码序列单极性 NRZ 码基带信号,码元间隔为 5ms,码元速率为 200Hz。载波频率为 1kHz,采样间隔为 0.1ms。二者相乘后得到 2ASK 信号,如图 7-24 所示。

模型中的 Buffer 模块为缓冲器,设置其 Output buffer size 参数为 2,则原始二进制代码序列每两位一组,送入后面的 Bit to Integer Converter 模块,将其转换为四进制基带信号。

由仿真波形中容易观察到,输出四进制基带信号的码元速率降低为原二进制基带信号的一半,即 $R_{s2}=200\text{Bd}$,$R_{s4}=100\text{Bd}$。

四进制基带信号与载波相乘,得到 4ASK 信号。假设载波仍然为频率等于 1kHz 的正弦波,则在 4ASK 信号中,与四进制基带信号各码元相对应,载波幅度有 4 种取值。

图 7-25 所示为二进制和四进制基带信号(图中虚线)及对应的 2ASK 和 4ASK 信号的功率谱图。由此可以观察到:

(1) 二进制基带信号的带宽 $B_2=200\text{Hz}=R_{s2}$,2ASK 信号的带宽 $B_{2M}=400\text{Hz}=2B_2$。

(2) 四进制基带信号的带宽 $B_4=100\text{Hz}=R_{s2}/2$,4ASK 信号的带宽 $B_{4M}=200\text{Hz}=2B_4$。

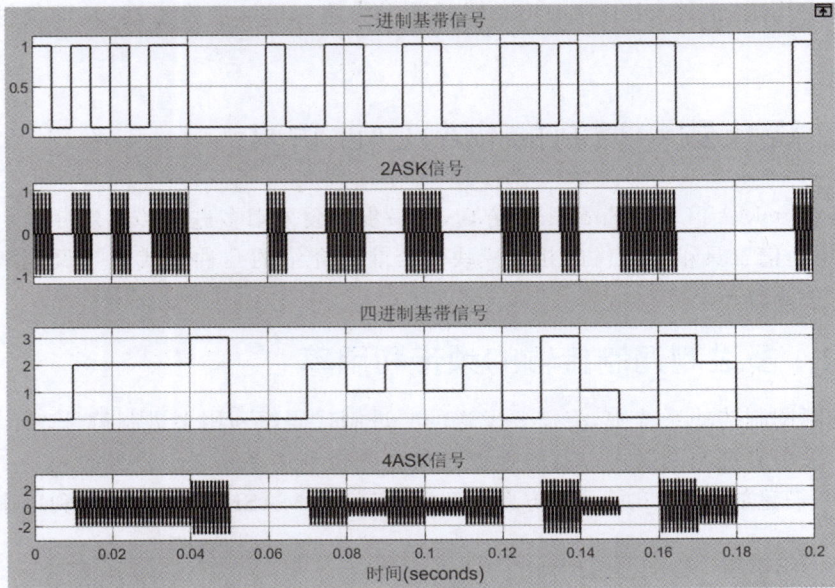

图 7-24 2ASK 和 4ASK 信号的时间波形

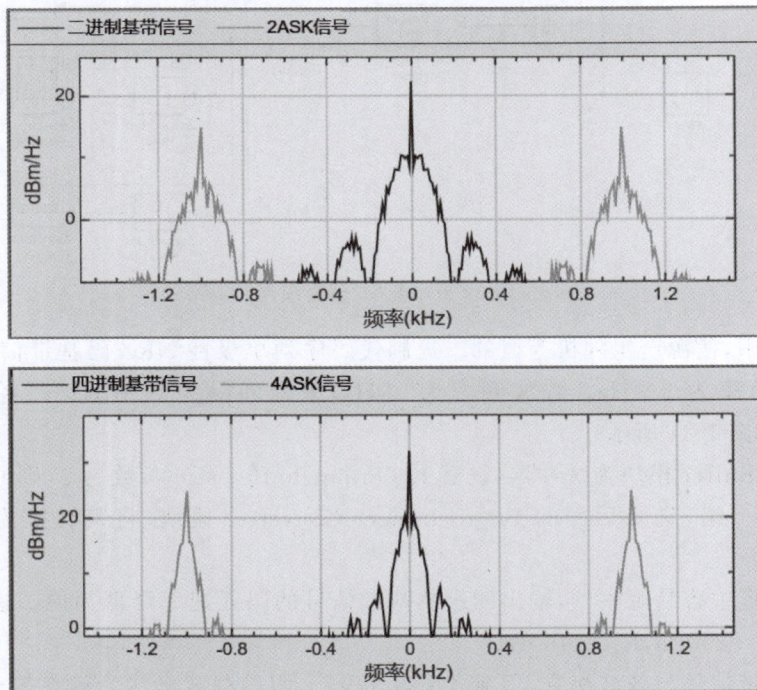

图 7-25 2ASK 和 4ASK 信号的功率谱

由于传送的是同一串二进制代码序列,因此不管采用何种进制传输,信息速率都相等,即 $R_{b2} = R_{b4} = 200\text{b/s}$,由此求得 2ASK 和 4ASK 的两种频带利用率分别为

$$\eta_{s2} = \frac{R_{s2}}{B_{2\text{M}}} = \frac{200}{400} = 0.5\text{Bd/Hz}$$

$$\eta_{b2} = \frac{R_{b2}}{B_{2M}} = \frac{200}{400} = 0.5 b/(s \cdot Hz)$$

$$\eta_{s4} = \frac{R_{s4}}{B_{4M}} = \frac{100}{200} = 0.5 Bd/Hz$$

$$\eta_{b4} = \frac{R_{b4}}{B_{4M}} = \frac{200}{200} = 1 b/(s \cdot Hz)$$

由此验证了：对 M 进制传输，频带利用率提高为二进制传输的 $\mathrm{lb}M$ 倍，即 $\eta_b = \eta_s \mathrm{lb}M$。

7.6.2 MSK 调制过程的建模仿真

为了熟悉 MSK 调制解调的原理，这里利用 Simulink 中的基本模块，搭建 MSK 调制器的仿真模型，对 MSK 调制进行仿真分析。

例 7-6 搭建如图 7-26 所示的仿真模型，对 MSK 调制过程进行仿真分析。

该仿真模型主要包括信源、差分编码器和串/并转换、正交调制器两个子系统。其中，信源产生速率为 100Bd 的单极性 NRZ 码二进制基带信号，模块 Logical Operator 实现同或运算和空号差分码编码，再转换为双极性 NRZ 码后送入串并转换子系统。

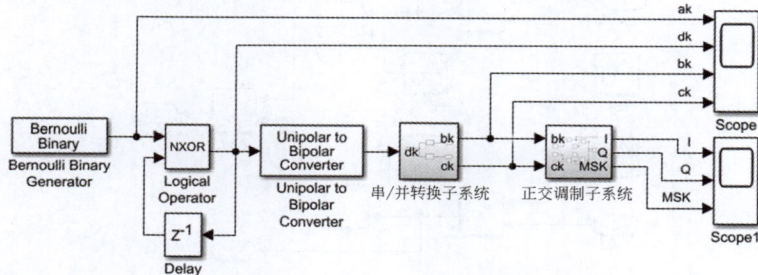

图 7-26 MSK 调制器仿真模型

（1）串/并转换子系统。

该子系统的内部模型如图 7-27 所示。其中上下两支路中的 Downsample 模块实现下采样，设置其 Downsample factor（下采样因子）参数为 2，上支路中该模块的 Sample offset（采样偏移点数）参数为 1。两个模块对输入序列差分码序列 dk 交替进行采样，得到 bk 和 ck 序列。注意设置两个 Downsample factor 模块的 Input processing 参数为 Elements as channels。

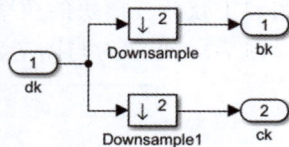

图 7-27 串/并转换子系统

仿真运行后，得到原始二进制代码序列 ak 以及对应的差分编码 dk、上下两支路输出的 bk 和 ck 序列波形，如图 7-28 所示。

（2）正交调制子系统。

该子系统内部模型如图 7-29 所示，其中主要包括上下两条支路和一个加法器。

在上下两支路中，左侧两个 Sine Wave 模块分别产生角频率为 ω_0 的余弦波和正弦波。注意，模块 Sine Wave 默认输出的是初始相位为 0 的正弦波。为得到余弦波，必须设置其 Phase 参数为 pi/2。另外，由于信源输出序列的码元速率为 100Bd，$T_s = 0.01s$，则这两个正弦波模块的 Frequency 参数都设为 $\omega_0 = \pi/(2T_s) = \pi/(2 \times 0.01) = 50\pi$。

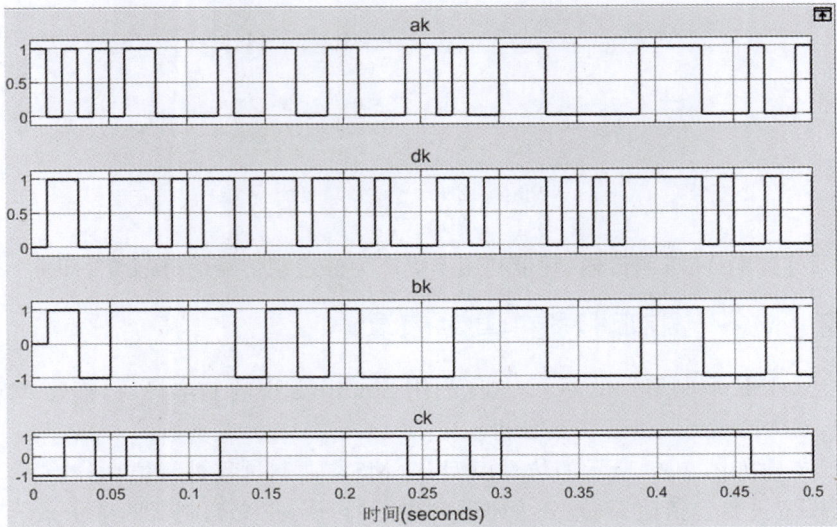

图 7-28　发送端各序列波形

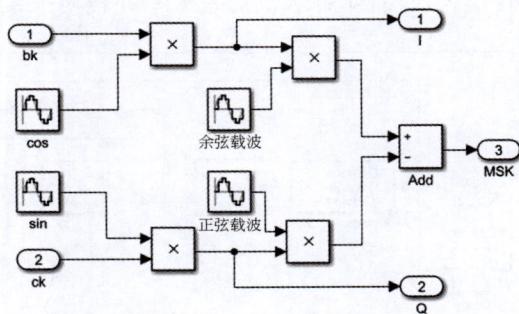

图 7-29　正交调制子系统

两个正弦波模块输出的余弦波和正弦波分别与 bk 和 ck 序列相乘,得到同相信号 I 和正交信号 Q,再分别送入后面的乘法器,与高频载波相乘。为便于观察信号波形,这里设置余弦和正弦载波模块的频率为 200 Hz。

图 7-30 所示为与图 7-26 中各序列对应的正交调制器输出各点信号波形。

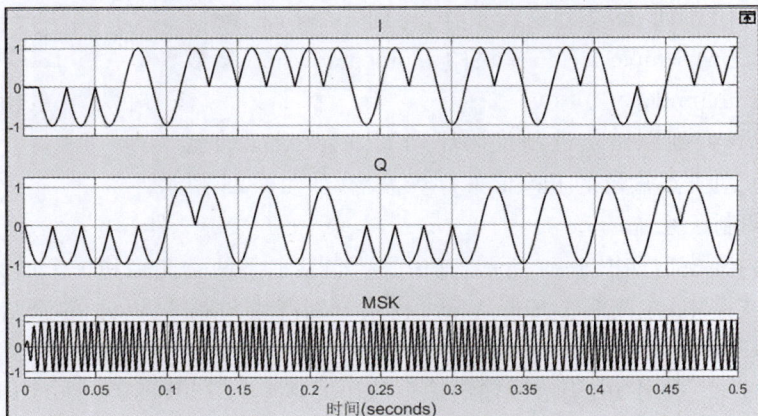

图 7-30　正交调制器中各点信号波形

7.6.3 多进制调制模块及其应用

在通信工具箱的 Modulation/Digital Baseband Modulation（数字基带调制）库中，提供了很多多进制和现代数字调制解调模块，这些模块实现的都是基带调制。本节以 MQAM 为例，对这些基带数字调制模块在仿真分析中的应用及数字调制中的星座图进行简要介绍。

1. MQAM 基带调制模块

数字基带调制的 PAM/QAM 库提供了模块 Rectangular QAM Modulator Baseband（矩形 QAM 基带调制）和 Rectangular QAM Demodulator Baseband（矩形 QAM 基带解调），用于实现前面介绍的 MQAM 调制和解调。

两个模块具有相同的参数设置对话框，如图 7-31 所示，需要设置的主要参数如下。

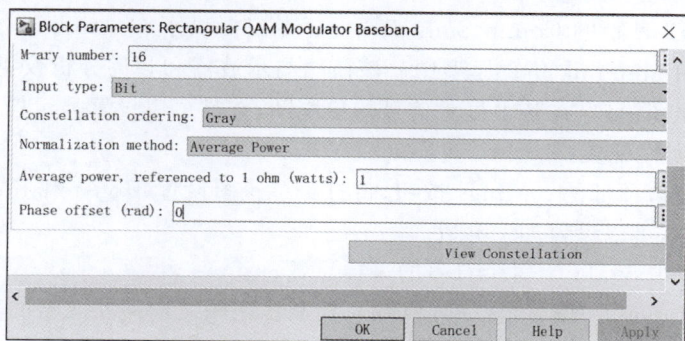

图 7-31 矩形 MQAM 调制器的参数设置对话框

（1）M-ary number：进制数 M，必须为 2^K，其中 K 为正整数。

（2）Input type：输入数据类型，可以是 Integer（整数）或 Bit（二进制组）。

如果设置该参数为 Integer，则输入必须为 $0 \sim M-1$ 的整数，一般用 Random Integer Generator 信源模块产生，并将信源模块的 Set size 参数设置 M。

如果设置该参数为 Bit，则输入必须是二进制代码序列，可以用 Bernoulli Binary Generator 或 PN Sequence Generator 信源模块产生，并设置信源模块的 Samples per frame 参数为 $K = \text{lb}M$，或者将信源模块输出的二进制代码序列用 Buffer 模块进行分组，再输入 MQAM 调制器模块。

（3）Constellation ordering：星座图顺序，指定二进制码组与星座图上各星座点之间的对应关系，可以是 Binary（二进制）或 Gray（格雷码）顺序，还可以自定义。

（4）Normalization method：归一化方法，指定星座图的刻度，可以是 Min. distance between symbols（符号间最小间隔）、Average Power（平均功率）或 Peak Power（峰值功率）。

（5）Phase offset：信号星座图的旋转角度。

2. 星座图的观察

在 MQAM 模块的参数设置对话框，设置好参数，并单击对话框右下角的 Apply 按钮，再单击 View Constellation（星座图观察）按钮，即可在 MATLAB 主窗口中打开星座图观察图形窗口。例如，按照图 7-31 中的设置，打开星座图观察图形窗口，如图 7-32 所示。

由于设置 M-ary number 参数为 16，因此得到的是 16QAM 信号的星座图。图 7-32 中共有 16 个星座点（用叉号表示），每个点对应的 4 位二进制代码，各代码组按格雷码顺序排列。

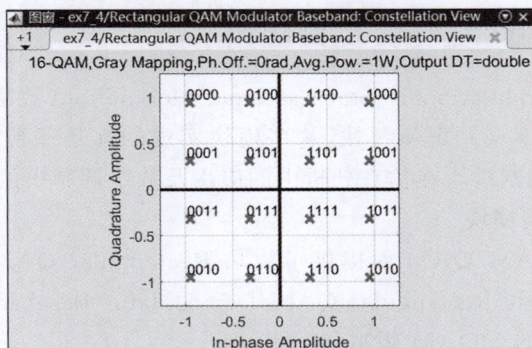

图 7-32　MQAM 信号的星座图观察图形窗口

此外,在通信工具箱的 Comm Sinks 库中,还专门提供了 Constellation Diagram(星座图)模块,可以放到 Simulink 仿真模型中。该模块与示波器和频谱分析仪类似,仿真运行后可以自动打开星座图窗口,在其中显示信号的星座图,并且可以设置显示样式。

1) 星座图的属性配置

单击星座图窗口顶部的 Settings 按钮,将打开星座图设置(Constellation Plot Settings)面板。在该面板中,可以设置如下参数。

- Samples per symbol:每个符号的采样点数;
- Offset(samples):偏移量(采样点数),绘制星座图之前需要忽略的采样点数;
- Symbols to display:需要显示的最多符号个数。

图 7-33　信号特性测量面板

2) 特性测量

单击星座图窗口中的 EVM/MER 按钮,将打开信号特性测量面板,如图 7-33 所示。

这里首先解释一下什么是 EVM 和 MER。星座图中的每个星座点代表信号的一个取值,星座点在横坐标和纵坐标上的投影分别代表信号取值的同相分量 I 和正交分量 Q。没有信道噪声时的星座图称为理想星座图(参考星座图)。当存在信道噪声时,将围绕各理想星座点,出现很多随机的星座点。理想星座点(参考星座点)到实际星座点的向量称为误差向量。

EVM(Error Vector Magnitude)是星座图中误差向量平均幅度的归一化值,即

$$\text{EVM} = 100 \sqrt{\dfrac{\dfrac{1}{N}\sum_{k=1}^{N} e_k}{P}} \tag{7-30}$$

其中,N 为星座图中参考星座点的个数;e_k 为第 k 个误差向量幅度的平方,其定义为

$$e_k = (I_k - \widetilde{I}_k)^2 + (Q_k - \widetilde{Q}_k)^2 \tag{7-31}$$

其中,I_k 和 Q_k 分别为第 k 个参考星座点的同相和正交分量;$\widetilde{I}_k$ 和 $\widetilde{Q}_k$ 分别为第 k 个实际星座点的同相和正交分量。

式(7-30)中的 P 可以是参考星座图的平均功率或峰值功率,相应地,将 EVM 分别称为平均误差幅度(RMS EVM)和峰值误差幅度(Peak EVM),都是归一化值的百分比形式,也

可以用分贝值表示。

　　MER(Modulation Error Ratio)是调制差错率,指的是传输信号与误差向量的平均功率之比,也就是已调信号的信噪比,其定义为

$$MER = 10\lg\left[\frac{\sum\limits_{k=1}^{N}(I_k^2 + Q_k^2)}{\sum\limits_{k=1}^{N}e_k}\right] dB \qquad (7\text{-}32)$$

　　在信号定量分析的设置面板中,可以选择和设置以下参数。

- Measurement interval:测量间隔,测量 EVM 和 MER 所需的输入点数。
- EVM normalization:EVM 归一化方法,可以是 Average constellation power(平均功率)或 Peak constellation power(峰值功率)。

例 7-7　搭建如图 7-34 所示的仿真模型,实现 MQAM 信号星座图的绘制和信号特性测量。

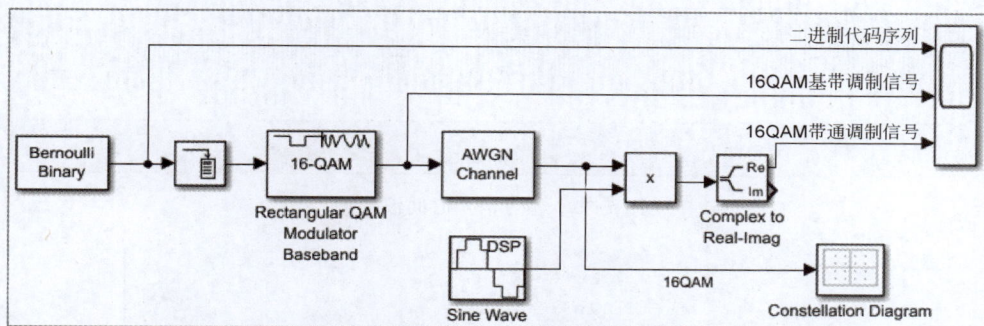

图 7-34　例 7-7 仿真模型

　　仿真模型中,信源模块以 100Bd 的速率产生随机的二进制代码序列,设置其 Samples per frame 参数为 1。设置模块 Buffer 的 Output buffer sizes 参数为 4,则将输入的二进制代码序列每 4 位一组送入 QAM 调制器模块。

　　调制器模块的参数按照图 7-31 进行设置,从而实现 16QAM 调制。输出的 16QAM 信号通过信道模块叠加噪声后送入星座图模块。

　　模型中的模块 Sine Wave 用于产生复简谐信号,通过乘法器和模块 Complex to Real-Imag 将信道输出的 16QAM 基带调制信号进行上变频,从而得到 16QAM 带通调制信号。设置模块 Sine Wave 的频率为 100Hz,采样时间为 1ms。

　　设置信道模块的 SNR 足够大,仿真运行后,得到各信号的时间波形如图 7-35 所示。由此可见,16QAM 带通调制信号中,载波有 3 种不同的幅度。对波形适当放大后,可以读出已调信号中载波的具体幅度和相位,并由图 7-32 所示的星座图进行验证。

　　设置信道模块的 SNR 为 20dB,仿真运行时间足够长。运行结束后,由星座图模块窗口显示的星座图如图 7-36 所示。注意通过窗口的菜单命令在右侧显示出测量面板。由菜单面板读出此时的平均 EVM 和峰值 EVM 分别为 −6.60dB 和 −2.79dB,而平均 MVR 为 6.60dB。

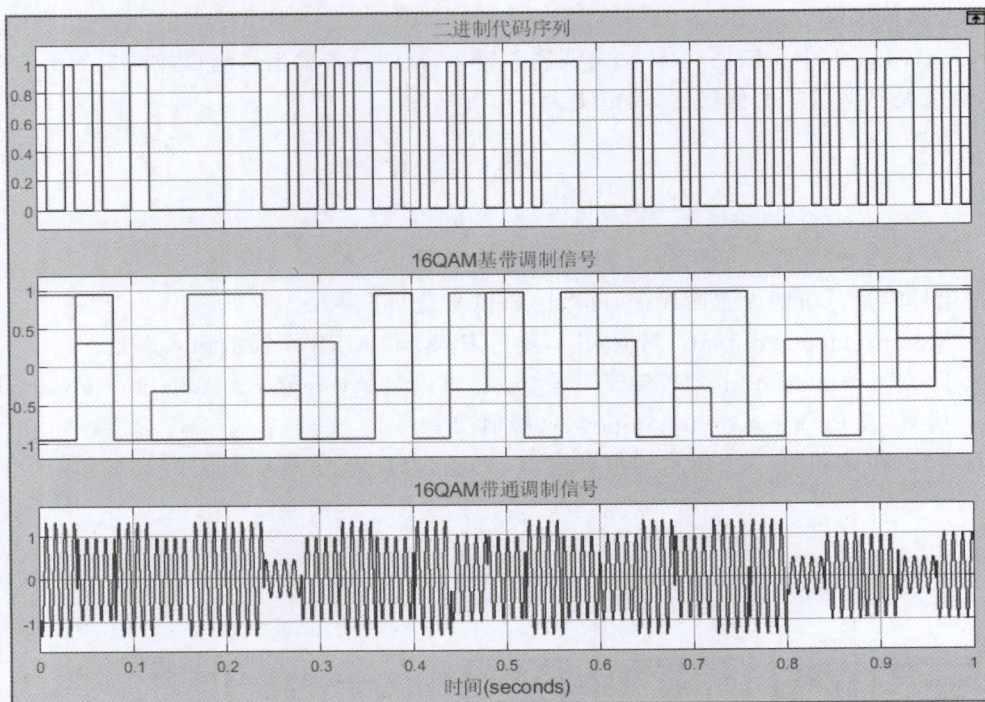

图 7-35　各点信号时间波形

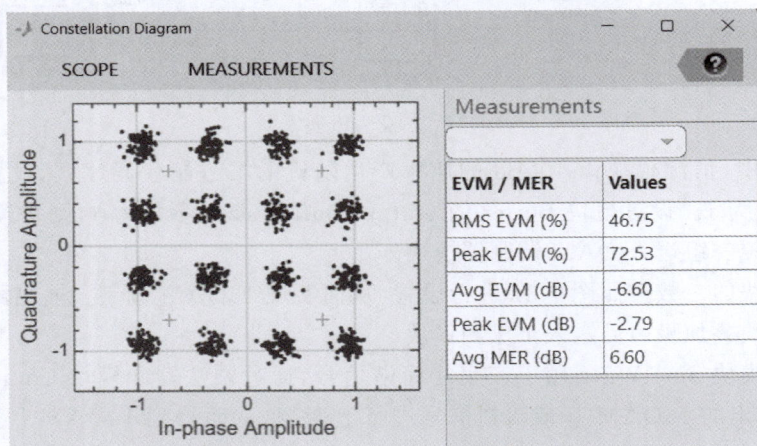

图 7-36　16QAM 信号的星座图

本章课程拓展

1. 现代通信技术与"宽带中国"

随着科技的飞速发展,现代通信技术日新月异,为信息的快速、准确传输提供了强有力的支持。而"宽带中国"作为国家战略,旨在推动信息基础设施的普及和升级,为经济社会发展注入新的动力。

现代通信技术包括光纤通信、无线通信、卫星通信等多种方式,它们各自具有独特的优势和适用场景。光纤通信以其高速率、大容量、低损耗的特点,成为现代通信网络的主要传输手段;无线通信则以其灵活性和便捷性,广泛应用于移动通信、无线局域网等领域;卫星通信则能够覆盖更广阔的地域,为偏远地区提供通信服务。

"宽带中国"战略的实施,正是基于现代通信技术的快速发展。通过加大信息基础设施建设投入,提升网络带宽和覆盖范围,"宽带中国"战略为人民群众提供了更加便捷高效的信息获取渠道。同时,宽带网络的普及也促进了云计算、大数据、物联网等新兴技术的发展和应用,为经济社会发展注入了新的活力。

随着科技的不断发展和"宽带中国"战略的深入实施,我们有理由相信,未来的通信网络将更加高效、智能、安全,为人民群众的生活和经济社会的发展带来更多便利和机遇。

2. 通信技术与新质生产力

新质生产力是指由技术革命性突破、生产要素创新性配置、产业深度转型升级而催生的当代先进生产力。它代表了生产力发展的新阶段,是经济社会发展的重要动力。而通信技术作为信息技术的关键领域,其不断创新和发展为新质生产力的形成提供了重要的技术基础。

首先,通信技术的快速发展推动了信息技术的广泛应用和深度融合。随着5G、物联网、云计算等新一代通信技术的不断成熟和普及,信息技术已经渗透到经济社会发展的各个领域,为产业升级和转型提供了强大的动力。这些技术的应用不仅提高了生产效率,还催生了新的产业模式和新的业态,为新质生产力的形成提供了广阔的空间。

其次,通信技术的创新和发展促进了生产要素的创新性配置。在新质生产力的形成过程中,生产要素的重新组合和优化配置是关键环节。通信技术通过提供高效、便捷的信息传输和处理手段,使得生产要素能够实现更加精准、高效的配置和利用。这种创新性的配置方式不仅提高了资源的利用效率,还促进了产业结构的优化和升级。

最后,通信技术的发展还推动了产业的深度转型升级。随着新一代通信技术的广泛应用和深度融合,传统产业的生产方式、经营模式和管理方式都发生了深刻的变化。这些变化不仅提高了产业的竞争力和附加值,还推动了产业的转型升级和高质量发展。而新质生产力的形成正是建立在这些转型升级的基础之上,通过不断创新和突破,推动产业向更深层次、更高水平发展。

在未来的发展中,我们应该继续加强通信技术的研发和应用,推动其与经济社会发展的深度融合,为培育和发展新质生产力提供更加强有力的支撑。

习题 7

7-1　将二进制代码序列 01110001101000 转换为四进制基带信号,已知信息速率为 2kb/s,载波频率为 2kHz,幅度为 1V。

(1) 画出四进制基带信号的时间波形,已知基带信号的最大幅度为 3V;

(2) 将上述基带信号进行 4ASK 调制,画出已调信号时间波形。

7-2　已知代码序列 1011010011,对其进行 QPSK,载波频率为 1kHz,码元速率为 1kBd,采用 π/2 调制体系。

(1) 画出 QPSK 信号的时间波形;

(2) 画出星座图。

7-3 已知信息速率为 4.8kb/s,采用 8PSK 调制传输。

(1) 求所需的传输带宽;

(2) 若传输带宽不变,要求将传输速率提高一倍,调制方式该如何改变?

(3) 若调制方式不变,传输速率提高一倍后,为达到相同的误比特率,发送功率该如何改变?

7-4 简要说明 MSK 信号与 2FSK 信号的异同。

7-5 已知码元速率为 1kBd,在 MSK 中,1 码和 0 码对应的载波频率分别为 f_1 和 f_0。已知 $f_1 = 2.5\text{kHz}$。

(1) 求 f_0;

(2) 画出代码序列 10100 对应的 MSK 信号波形。

7-6 已知二进制数字序列的码元速率为 $R_s = 16\text{kb/s}$,采用 MSK,如果中心频率为 $f_c = 20\text{kHz}$,求:

(1) 两个载波频率 f_1 和 f_2;

(2) 调频指数 h;

(3) 带宽 B 和信息频带利用率 η_b。

7-7 简要说明什么是多载波调制以及 OFDM 的基本原理。

实践练习 7

7-1 利用 Simulink 基本模块搭建仿真模型,实现 $\pi/2$ 调制体系 QPSK 调制解调的仿真和性能分析。

7-2 利用 MSK Modulator Baseband 和 M-FSK Modulator Baseband 模块分别产生 MSK 信号和调频指数为 0.5、相位不连续的 2FSK 信号,观察和比较其功率谱的异同(带宽、旁瓣分量的功率等)。

第 8 章

物联网通信技术简介

物联网是融合传感器、通信、嵌入式系统、网络等多个技术领域的新兴产业，是继计算机、互联网和移动通信之后信息产业的又一次革命性发展。物联网旨在达成设备间的相互联通，实现局域网范围内的物品智能化识别和管理，其中，通信技术是物联网系统中的核心和关键技术。物联网中所采用的通信技术以承载数据为主，是当今计算机领域发展最快、应用最广和最前沿的通信技术。

本章将对物联网中常用的通信技术进行简要介绍，以帮助读者了解本课程所学知识的应用，明确进一步学习的方向。

8.1 物联网通信技术概述

物联网是新一代信息技术的重要组成部分，也是"信息化"时代的重要发展阶段，其英文名称是 Internet of Things(IoT)。顾名思义，物联网就是物物相连的互联网。

物联网通信是继计算机、互联网与移动通信网之后世界信息产业的第 3 次浪潮。目前世界上有多个国家斥巨资深入研究探索物联网通信，中国与德国、美国、英国等国家一起，成为国际标准制定的主导国。

国际电信联盟(International Telecommunication Union，ITU)报告提出，物联网通信的关键性应用技术包括射频识别(Radio Frequency Identification，RFID)、传感器、智能技术(如智能家庭和智能汽车)等；另外，物联网的技术还包括嵌入式系统、无线传感器网络、遥感、人工智能和 4G/5G 通信等。

8.1.1 物联网通信的产生和发展

物联网的概念最早于 1999 年提出，定义为物与物之间的互联，即把所有物品通过射频识别和条码等信息传感设备与网络连接起来，实现智能化识别和管理。通过把短距离的移动收发器嵌入各种器件和日常用品之中，物联网将创建出全新形式的通信。

2005 年 11 月 17 日，在突尼斯举行的信息社会世界峰会上，国际电信联盟发布《ITU 互联网报告 2005：物联网》，引用了"物联网"的概念。国际电信联盟政策与战略研究部主任劳拉·斯里瓦斯塔瓦说："我们现在站在一个新的通信时代的入口处，在这个时代，我们所知道的因特网将会发生根本性的变化。因特网是人们之间通信的一种前所未有的手段，现在因特网又能把人与所有的物体连接起来，还能把物体与物体连接起来。"

在中国,物联网开始向"感知中国"迈进,物联网的概念已经是一个"中国制造"的概念,其覆盖范围与时俱进。

8.1.2　物联网体系结构和通信系统

物联网通信作为一种新兴的信息技术,是在现有的信息技术、通信技术、自动化控制技术等基础上的融合与创新。而相关通信技术的不断更新,使物联网真正能够继计算机、互联网而成为新的信息技术革命,打破之前的传统思维。

1. 物联网体系结构

物联网是一个庞大、复杂和综合的信息集成系统,尽管在智能工业、智能交通、环境保护、公共管理、智能家庭、医疗保健等经济和社会各个领域的应用特点千差万别,但是每个应用的基本架构都包括感知层、网络层和应用层3个层次,如图8-1所示。

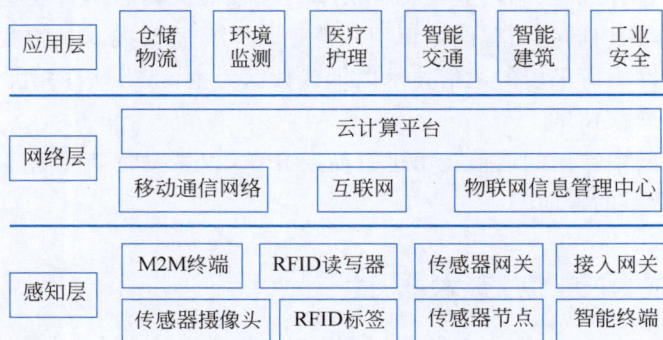

图 8-1　物联网体系结构

1)感知层

感知层解决的是人类世界和物理世界的数据获取问题,由各种传感器和传感器网关构成。该层被认为是物联网的核心层,主要是实现物品标识和信息的智能采集,由基本的感应器件(如 RFID 标签和读写器、各类传感器和摄像头等基本标识和感测器件)以及由感应器组成的网络(如 RFID 网络和传感器网络等)两大部分组成。该层的核心技术包括射频技术、新兴传感技术、无线网络组网技术和现场总线等,涉及的核心产品包括传感器、电子标签、传感器节点、无线路由器和无线网关等。

2)网络层

网络层将来自感知层的信息通过各种承载网络传送到应用层,承载网络可以是现有的各种公用和专用通信网络,目前主要有移动通信网、固定通信网、互联网等。

3)应用层

应用层也称为处理层,解决的是信息处理和人机界面的问题。网络层传输来的数据在这一层中进入各类信息系统进行处理,并通过各种设备与人进行交互。应用层由业务支撑平台、网络管理平台、信息处理平台、信息安全平台和服务支撑平台等组成,完成协同管理、计算存储、分析挖掘和提供面向行业和大众用户的服务等功能。该层中采用的典型技术包括中间件技术、虚拟技术、高可信技术、云计算服务模式等。

2. 物联网通信系统

物联网通信系统主要包括感知层通信和网络层的核心承载网通信两方面,其中,感知层采用的通信技术主要是短距离通信技术。核心承载网主要包括感知层网络与传输网络之间的互联通信技术和电信传输网络自身的通信技术。

1）感知层通信技术

感知层通信的目的是将各种传感设备所感应的信息在较短的通信距离内传送到信息汇聚系统，并由该系统传送到网络层。该层通信的特点是传输距离近，传输方式灵活多样。

常见的感知控制层传输通信技术有 RFID、蓝牙、ZigBee 和 Wi-Fi 技术等。RFID 是一种非接触式的自动识别技术。蓝牙技术是一种支持设备短距离通信的无线电技术，能在移动电话、PDA、无线耳机、笔记本电脑、相关外设等众多设备之间进行无线信息交换。ZigBee 技术采用直接序列扩频（Direct Sequence Spread Spectrum，DSSS）技术调制发射，是基于 IEEE 802.15.4 标准的低功耗局域网协议，是一种近距离、低复杂度、低功耗、低速率、低成本的双向无线通信技术。Wi-Fi 是一种短程无线传输技术，最高带宽为 11Mb/s，在信号较弱或有干扰的情况下，带宽可调整为 5Mb/s、2Mb/s 和 1Mb/s。

2）网络层通信技术

网络层通信是由数据通信主机、网络交换机和路由器等构成的，在数据传送网络支撑下的计算机通信系统。网络层通信系统支持计算机通信系统的数据传送网，可由公众固定网、公众移动通信网、公众数据网和其他专用传送网构成，主要采用的通信技术有长距离（Long Range，LoRa）、窄带物联网（Narrow Band Internet of Things，NB-IoT）和长期演进（Long Term Evolution，LTE）等。

在上述各种网络层通信技术中，LoRa 是一种基于 1GHz 技术的无线传感器网络，传输距离远，易于建设和部署，功耗和成本低，适合进行大范围数据采集；NB-IoT 构建于蜂窝网络，可直接部署于 GSM、UMTS 或 LTE 网络，覆盖范围广、功耗极低，由运营商提供连接服务；LTE 采用 FDD 和 TFF 技术，其特点是传输速度快、容量大、覆盖范围广、移动性好，有一定的空间定位功能。

限于篇幅，本章主要介绍几种常用的感知层通信技术。

8.2　RFID 技术

射频识别（RFID）技术是一种利用射频信号在空间耦合实现无接触的信息传输，并通过所传输的信息自动识别目标对象的技术。RFID 系统通常由电子标签（RFID 标签）和阅读器组成。阅读器又称为读写器，可非接触地读取并识别电子标签中所保存的电子数据，从而达到自动识别物体的目的。

RFID 是物联网的基础，RFID 系统如同物联网的触角，使自动识别物联网中的每个物体成为可能。RFID 是一种非接触式的自动识别技术，识别目标过程中无须人工干预，可工作于各种恶劣环境，可识别高速运动物体并同时识别多个标签，操作快捷方便。

8.2.1　RFID 系统的组成

典型的 RFID 系统包括硬件部分和软件部分。其中，硬件部分由电子标签和阅读器（读写器）组成，软件部分由中间件和应用软件组成，如图 8-2 所示。

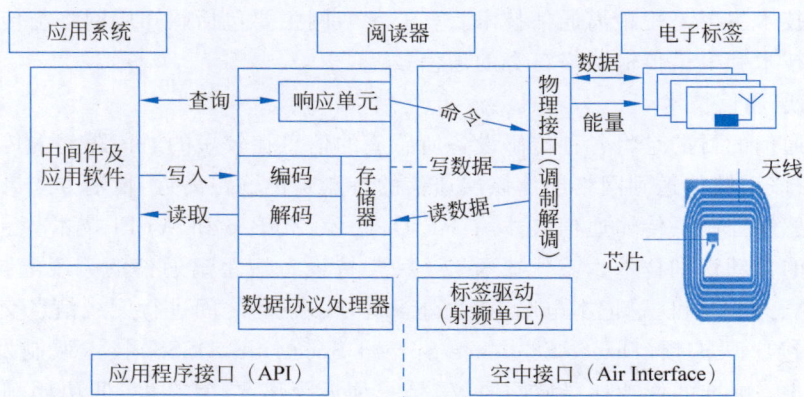

图 8-2 RFID 系统的组成

1. 电子标签

电子标签是指由 IC 芯片和无线通信天线组成的超微型芯片,其内置的射频天线用于和读写器进行通信。电子标签也是 RFID 系统的数据载体。

电子标签芯片的内部结构主要包括射频接口、存储单元和逻辑控制单元,如图 8-3 所示。其中,射频接口主要包括调制器、解调器和电压调节器。

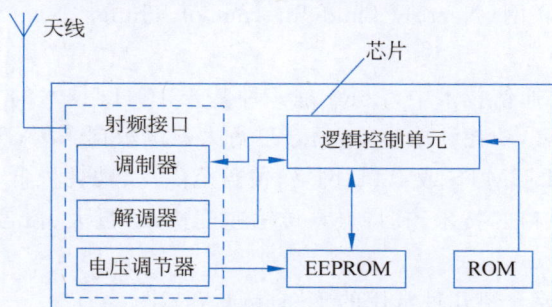

图 8-3 电子标签内部结构

电子标签内各模块的功能如下。

(1)天线:用来接收由阅读器发送来的信号,并把要求的数据回送给阅读器。

(2)电压调节器:把由阅读器送来的射频信号转换为直流电源,由大电容储存,经稳压电路以提供稳定的电源。

(3)调制器:逻辑控制电路送出的数据经调制电路调制后加载到天线发送给阅读器。

(4)解调器:去除载波以取出真正的调制信号。

(5)逻辑控制单元:用于解码阅读器送来的信号,并依其要求回送数据给阅读器。

(6)存储单元:包括 EEPROM 和 ROM,作为系统运行及存放识别数据的位置。

根据工作模式,电子标签可以分为主动式和被动式。主动式电子标签依靠自身的能量主动向 RFID 读写器发送数据;被动式电子标签从 RFID 读写器发送的电磁波中获取能量,激活后才能向 RFID 读写器发送数据。

根据工作频率的不同,电子标签可以分为低频、中高频、超高频和微博电子标签等。其中,低频电子标签工作频率为 30～300kHz,典型工作频率为 125kHz 和 133kHz;中频电子标签工作频率为 3～30MHz,典型工作频率为 13.56MHz,采用电感耦合方式工作;超高频与微波频段的电子标签简称为微波电子标签,典型工作频率为 860～960MHz、2.45GHz 和 5.8GHz。

2. 读写器

读写器主要完成与电子标签和计算机之间的通信,对读写器与电子标签之间传送的数据进行编码、解码、加密和解密等,是 RFID 系统信息控制和处理中心。

读写器内部主要包括射频模块和数字信号处理单元两部分。读写器的频率决定了 RFID 系统工作的频段,其功率决定了 RFID 的有效距离。

RFID 读写器内部结构如图 8-4 所示。RFID 标签返回的微弱电磁信号通过天线进入读写器的射频模块中转换为数字信号,再经过读写器的数字信号处理单元对其进行必要的加工整形,最后从中解调出返回的信息,完成对 RFID 标签的识别或读/写操作。

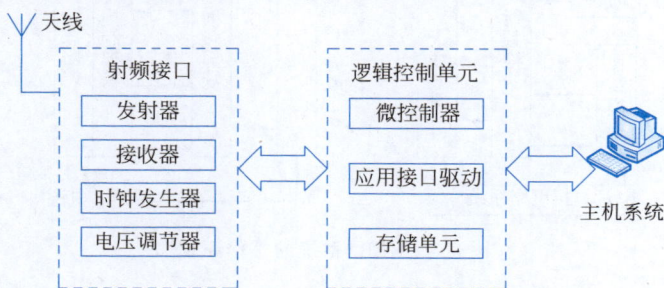

图 8-4 RFID 读写器内部结构

1) 射频接口

射频接口有两个分隔的信号通道,分别用于电子标签和读写器两个方向的数据传输。射频接口模块的主要功能:产生高频发射能量,激活电子标签并为其提供能量;对发射信号进行调制,将数据传输给电子标签;接收并调制来自电子标签的射频信号。

2) 逻辑控制单元

逻辑控制单元也称为读写模块,主要功能:与应用系统软件进行通信,并执行从应用系统软件发来的指令;控制读写器与电子标签的通信过程;信号的编码与解码;对读写器和电子标签之间传输的数据进行加密和解密;执行防碰撞算法;对读写器和电子标签的身份进行验证。

3) 读写器天线

在 RFID 系统中,读写器必须通过天线来发射能量,形成电磁场,通过电磁场对电子标签进行识别。读写器上的天线所形成的电磁场范围就是读写器的可读区域。

3. 中间件

RFID 中间件是 RFID 读写器和应用系统之间的中介,是实现 RFID 硬件设备与应用系统之间数据传输、过滤、数据格式转换的一种中间程序。

使用 RFID 中间件主要有 3 个目的:隔离应用层与设备接口;处理读写器与传感器捕获的原始数据;提供应用层接口用于管理读写器、查询 RFID 观测数据。

大多数 RFID 中间件由以下 3 部分组成。

(1) 读写器适配器程序,提供一种抽象的应用接口,消除不同读写器与 API 之间的差别。

（2）事件管理器，用于过滤事件。过滤有两种类型：一是基于读写器的过滤；二是基于标签和数据的过滤。提供这种事件过滤的组件就是事件管理器。

（3）应用程序接口，提供一个基于标准的服务接口。这是一个面向服务的接口，即应用程序层接口，它为 RFID 数据的收集提供应用程序层语义。

8.2.2　RFID 系统的工作原理

从工作原理的角度看，RFID 系统可以认为都由信号发射机、信号接收机、发射接收天线组成，其基本原理是利用射频信号的空间耦合（电磁感应或电磁传播）传输特性，实现对静止的、移动的待识别物品的自动识别，如图 8-5 所示。

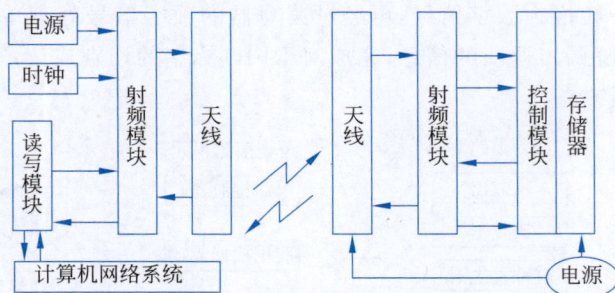

图 8-5　RFID 系统的工作原理

读写器通过发射天线发送特定频率的射频信号，进入读写器有效工作区域的电子标签接收到该射频信号，利用射频信号的空间耦合（电磁感应或电磁传播）在其内部产生感应电流。

电子标签获得能量被激活，从而驱动无源电子标签电路将存储在芯片中的信息进行调制后，通过内置射频天线发送出去。有源电子标签则主动发送某个频率的调制信号。

读写器的接收天线接收到从电子标签发送过来的调制信号，经天线调节器传送到信号处理模块进行解调和解码，然后将经解调和解码后的有效信号送至后台信息处理系统，随后由相关的应用程序对接收到的信息进行处理。

信息处理系统根据逻辑运算识别该电子标签的身份，针对不同的设定做出相应的处理和控制，最终发出指令信号控制读写器完成不同的读写操作。

1.　电磁耦合与能量传输

RFID 技术利用无线射频方式，标签与读写器之间通过耦合元件实现射频信号的非接触的空间耦合。在耦合通道内，根据时序关系，实现能量的传递和数据的交换。在读写器和标签之间进行非接触双向数据传输，以达到目标识别和数据交换的目的。

根据读写器与标签之间的通信和能量感应的方式，耦合方式可以分为电感耦合和电磁反向散射耦合两种。电感耦合方式一般适合中低频工作的近距离 RFID 系统，典型的工作频率为 125kHz、225kHz 和 13.56MHz，识别作用距离小于 1m，典型作用距离为 10～20cm。电磁反向散射耦合方式一般适合超高频、微波工作的远距离 RFID 系统，典型的工作频率为 433MHz、915MHz、2.45GHz 和 5.8GHz，识别作用距离大于 1m，典型作用距离为 3～10m。

2.　数据传输原理

电感耦合式系统中的数据传输方式是负载调制方式，其原理就是通过控制电子标签天线上负载的通断改变读写器天线的电压,从而实现对天线电压的幅度调制,如图 8-6(a)所示。实际工作中,利用数据控制电子标签负载的通断,那么这些数据信息就能够从电子标签一端传输到读写器。

电磁反向散射耦合式 RFID 系统是以雷达技术为 RFID 的反向散射耦合方式,其数据原理如图 8-6(b)所示。雷达天线发射到空间中的电磁波会碰到不同的目标,到达目标以后,一部分低频电磁波能量将被目标吸收,另一部分高频能量将以不同强度散射到各个方向。其中,反射回发射天线(发射天线也是接收天线)的部分称为回波,回波中带有目标信息,可供雷达设备获知目标的距离和方位等。

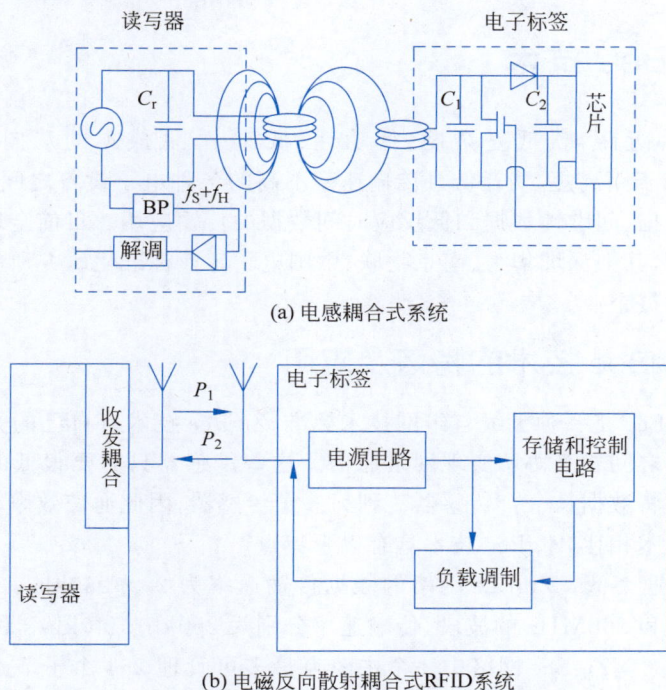

(a) 电感耦合式系统

(b) 电磁反向散射耦合式RFID系统

图 8-6　数据传输原理示意图

从读写器到电子标签方向的数据传输过程中,所有已知的数字调制方式都可以采用,而且与工作频率和耦合方式无关。为了简化电子标签的设计和降低成本,大多采用 ASK 调制方式。传输的数据一般需要进行编码,以便对传输的数据进行加密。常用的数据编码方式有反向非归零码、数字双相码、差分双相编码、密勒码、单极性归零码、差分编码等方式。

8.2.3　RFID 的典型应用

RFID 技术是物联网关键技术之一,RFID 技术应用是物联网的主要应用领域,广泛应用于工业自动化、商业自动化、交通运输控制管理等众多领域,如物流过程中物流追踪、信息自动采集、仓储应用、港口应用、快递,商品的销售数据实时统计、补货、防盗,生产数据的实时监控、质量追踪、自动化生产等。

低频电子标签一般为无源电子标签,其工作能量通过电感耦合方式从读写器耦合线圈的辐射近场中获得。低频电子标签与读写器之间传送数据时,低频电子标签需要位于读写器天线辐射的近场区内。低频电子标签的阅读距离一般情况下小于1m。低频电子标签的典型应用有动物识别、容器识别、工具识别、电子闭锁防盗(带有内置应答器的汽车钥匙)等。

中高频段电子标签的工作原理与低频电子标签完全相同,即采用电感耦合方式工作,所以宜将其归为低频电子标签类。另外,根据无线电频率的一般划分,其工作频段又称为高频,所以也常将其称为高频电子标签。为了便于叙述,将其称为中频电子标签。

超高频与微波频段的 RFID 电子标签简称为微波电子标签,其典型工作频率为 433.92MHz、862(902)~928MHz、2.45GHz、5.8GHz。超高频电子标签主要用于铁路车辆自动识别、集装箱识别,还可用于公路车辆识别和自动收费系统中。

8.3　ZigBee 技术

ZigBee 是一种近距离、低复杂度、低功耗、低速率、低成本的双向无线通信技术。ZigBee 技术主要用于距离短、功耗低且传输速率不高的各种电子设备之间进行数据传输以及典型的周期性数据、间歇性数据和低反应时间数据的传输应用。目前全球 ZigBee 联盟拥有成员超过 400 家,其中深圳华为、南京物联、中国电子工业标准化研究所等都是 ZigBee 联盟中比较知名的会员企业。

8.3.1　ZigBee 技术的特点及应用

简单而言,ZigBee 是一种无线自组网技术标准,ZigBee 技术有自己的无线电标准,在数千个微小的传感器之间相互协调实现网络通信。这些传感器只需要很低的功耗,以接力的方式通过无线电波将数据从一个传感器传到另一个传感器,因此通信效率非常高。

与同类通信技术相比,ZigBee 技术具有以下特点。

(1) 数据传输速率低。ZigBee 网络的数据传输速率为 20~250kb/s。例如,在频率为2.4GHz、915MHz 和 868MHz 的波段,传输速率分别为 250kb/s、40kb/s 和 20kb/s。

(2) 网络容量大。ZigBee 网络中一个主节点最多可管理 254 个子节点,同时主节点还可由上一层网络节点管理,最多可组成 65000 个节点的大网络。

(3) 功耗低。由于 ZigBee 的传输速率低,其发射功率仅为 1mW,而且又采用了休眠模式使其具有较低功耗,因此 ZigBee 设备非常省电。

(4) 安全可靠。ZigBee 网络提供了数据包完整性检查功能,并采用了 AES-128 加密算法和碰撞避免策略。此外,ZigBee 技术还采用了完全确认的数据传输模式,每个发送的数据包都必须等待接收方的确认信息,如果传输过程中出现问题可以进行重发。

(5) 网络速度快,时延短。ZigBee 网络的通信时延以及从休眠状态激活的时延都非常短,典型的搜索设备时延为 30ms,休眠激活的时延是 15ms,活动设备信道接入的时延为15ms。因此,ZigBee 技术适用于对时延要求苛刻的无线控制应用。

ZigBee 技术适合于承载数据流量较小的业务,能为低能耗的简单设备提供有效覆盖范围为数十米的低速连接。若需组建的网络中设备成本很低,传输的数据量小,或者网络中不方便放置较大的电源模块,或者网络中只能使用一次性电池,则可以考虑使用 ZigBee 技术。

8.3.2 ZigBee 协议

ZigBee 协议是基于标准的开放式系统互连(Open System Interconnection,OSI)参考模型设计,共包括物理层(PHY)、数据链路层、网络层(NWK)和应用层(APL)这 4 个层次,各层以栈的形式表示其相互关系,通常称为协议栈。图 8-7 所示为 ZigBee 协议栈的层次结构模型,其中物理层和数据链路层由 IEEE 802.15.4 标准定义,网络层和应用层标准由 ZigBee 联盟制定。

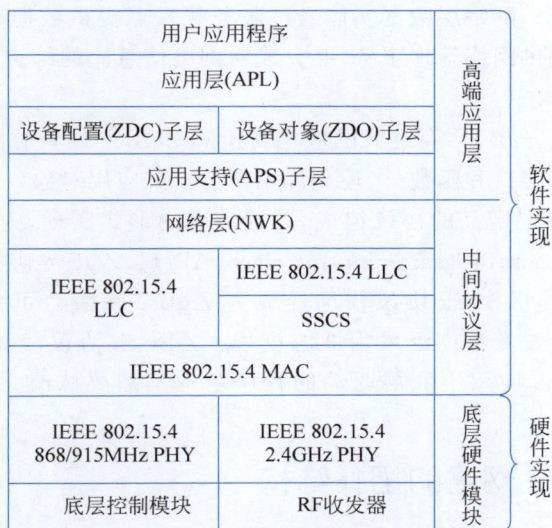

图 8-7 ZigBee 协议栈的层次结构

1. 物理层

物理层通过射频固件和射频硬件提供了一个从 MAC 层到物理层无线信道的接口,其任务是通过无线信道进行安全、有效的数据通信,为 MAC 层提供服务,对数字信号进行编码并调制到高频载波上辐射出去。

图 8-8 所示为物理层的频段及信道规定。IEEE 802.15.4 标准中定义了两个信道,分别是 868/915MHz 和 2.4GHz。

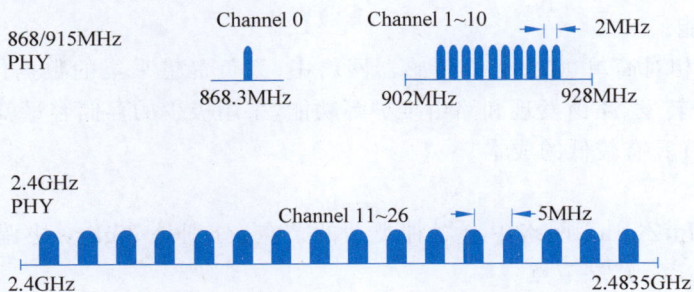

图 8-8 ZigBee 物理层的频段及信道

2. 数据链路层

IEEE 802 系列标准将数据链路层分为逻辑链路控制(Logical Link Control,LLC)子层和 MAC 子层。LLC 子层在 IEEE 802.6 标准中定义,为 802 标准系列所共用,实现数据包的分段、重组,并确保数据包按顺序传输。MAC 子层协议依赖于各自的物理层,为两个 ZigBee 设备的 MAC 层实体之间提供可靠的数据链路。

3. 网络层

网络层的主要功能是生成网络协议数据单元、指定拓扑传输路由、网络发现和网络形成、设备连接允许、路由器初始化和设备同网络的连接等。

网络层是 ZigBee 协议栈的核心部分。为实现与应用层的通信,网络层定义了网络层数据实体和网络管理实体。网络层数据实体通过服务接入点提供数据传输服务,网络管理实体则通过服务接入点提供网络管理服务,并完成对网络信息库的维护和管理。

4. 应用层

应用层由应用支持子层、厂商定义的应用对象和 ZigBee 设备对象 3 部分构成,除了为网络层提供必要的服务接口和函数外,还允许用户自定义应用对象。

ZigBee 协议栈由各层定义的协议组成,以函数库的形式实现,为编程人员提供应用层应用程序接口(Application Programming Interface,API)。ZigBee 协议栈的具体实现有很多版本,其中 TI 公司的 Z-Stack 协议栈已经成为 ZigBee 联盟认可并推广的指定软件规范,全球众多 ZigBee 开发商都广泛采用该协议栈。Z-Stack 协议栈属于半开源,程序代码以库的形式体现,在实际应用中底层驱动的程序基本不需要修改,只需要调用 API 函数即可。

8.3.3 ZigBee 网络的拓扑结构

ZigBee 技术具有强大的组网能力,基于 ZigBee 技术的无线传感器网络适用于网点多、体积小、数据量小、传输可靠、低功耗等场合。ZigBee 网络可以是星形、树状和网状网络,具体由 ZigBee 协议栈的网络层来管理。

1. 设备类型

ZigBee 网络中包括两种无线设备,即全功能设备(Full-Function Device,FFD)和精简功能设备(Reduced-Function Device,RFD)。

FFD 具备控制器的功能,可设置网络。FFD 可以与 FFD 和 RFD 通信,而 RFD 只能和 FFD 通信,RFD 之间需要通信时只能通过 FFD 转发。FFD 不仅可以发送和接收数据,还具备路由器的功能。

RFD 的应用相对简单,如在无线传感器网络中,只负责将采集的数据信息发送给协调器,并不具备数据转发、路由发现和路由维护等功能,采用极少的存储容量就可实现。因此,相对于 FFD,RFD 具有较低的成本。

2. 节点类型

在网络配置上,ZigBee 网络中有 3 种类型的节点,分别是 ZigBee 协调器节点、ZigBee 路由器节点和 ZigBee 终端节点。

1) ZigBee 协调器节点

ZigBee 协调器节点也称作 PAN 协调器节点,在无线传感器网络中可以作为汇聚节点。协调器节点必须是 FFD,而且在一个 ZigBee 网络中只能有一个 ZigBee 协调器节点。

相对于网络中的其他节点,协调器节点功能更强大,是整个网络的主控节点,主要负责发起建立新的网络,设定网络参数,管理网络中的节点以及存储网络中的节点信息等。网络建立后也可以执行路由器的功能。

2）ZigBee 路由器节点

ZigBee 路由器节点也必须是 FFD,可以参与路由发现、消息转发、通过连接其他节点扩展网络的覆盖范围等。此外,ZigBee 路由器节点还可以在操作空间中充当普通协调器节点。

3）ZigBee 终端节点

ZigBee 终端节点可以是 FFD 或 RFD,通过 ZigBee 协调器节点或 ZigBee 路由器节点连接到网络,不允许其他任何节点通过终端节点加入网络。ZigBee 终端节点能够以非常低的功率运行。

3. ZigBee 网络的拓扑结构

ZigBee 网络层主要支持 3 种拓扑结构,即星形结构、树状结构和网状结构,如图 8-9 所示。

1）星形结构

星形结构是一种最简单的拓扑形式,其中包含一个协调器节点和一系列的终端节点。协调器位于网络的中心,负责建立和维护整个网络。其他节点一般为 RFD,也可以为 FFD,分布在协调器节点的覆盖范围内,直接与协调器节点进行通信。

2）树状结构

树状拓扑结构由星形网络连接而成,通过多个星形网络的连接以扩大网络的覆盖范围。树状网络中枝干末端的叶子节点一般为 RFD,协调器节点和路由器节点可包含子节点,而终端设备不能有子节点。

3）网状结构

网状结构是 3 种拓扑结构中最复杂的一种,这种网络一般由若干 FFD 连接在一起组成骨干网,网络中的节点都具有路由功能,且采用点对点的连接方式。网络中的节点可以和网络覆盖范围内的邻居节点直接通信,而且可以通过中间节点的转发,经由多条路径将数据发送给覆盖范围外的节点。

图 8-9 所示为基于 ZigBee 技术的智能电源监控系统中采用的两种拓扑结构。在图 8-9(a)所示的星形结构中,包括若干终端节点、一个协调器节点和一个上位机 PC。其中,协调器节点实现组件网络和串口通信等功能,一方面通过串口与上位机通信,将终端设备的数据发送给上位机;另一方面接收上位机下达的采样、标定和关闭电源等命令,并发送给对应的终端节点。终端节点负责采集电源设备的电压数据,发送给协调器节点,同时还接收协调器节点的控制命令并进行相应处理。

图 8-9(b)所示为网状结构。与星形结构不同的是,系统中除了一个协调器节点、多个终端设备和上位机 PC 以外,还增加了若干路由器节点。路由器节点的主要任务是数据中转,确保协调器节点与终端节点之间数据的正确交换,增加 ZigBee 网络的覆盖范围。

终端节点通过采集/保护模块采样电源设备的电压数据,通过路由器节点发送给协调器节点,同时还要接收协调器的控制命令并作相应处理。上位机实现对监控设备状态信息的管理,包括系统配置、实时状态显示、节点控制、数据处理和数据查询等功能。

(a) 星形结构

(b) 网状结构

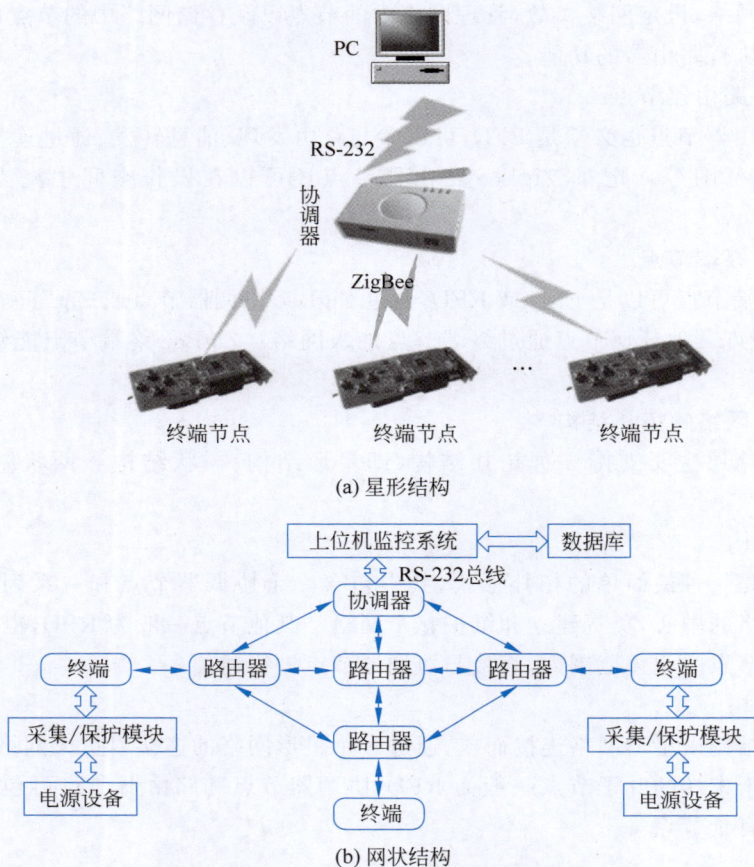

图 8-9 基于 ZigBee 技术的智能电源监控系统拓扑结构

8.4 蓝牙通信技术

蓝牙(Bluetooth)作为一种短距离无线通信技术,具有低成本、低功耗、组网简单和适于语音通信等优点。最初设计的主要目的是取代设备之间通信的有线连接,以便实现移动终端与移动终端、移动终端与固定终端之间的通信设备以无线方式连接起来。

蓝牙技术从诞生发展至今,已经经历了从 v1.0 到 v5.0 的 5 代版本。2016 年,蓝牙技术联盟(Bluetooth Special Interest Group,Bluetooth SIG)在原有基础上进一步改善并推出了蓝牙标准 v5.0。该版本主要集中在以蓝牙低功耗为首的物联网布局,包括使蓝牙低功耗的传输距离提高 4 倍,传输速率提升至 2Mb/s。

8.4.1 蓝牙协议

与 ZigBee 一样,蓝牙协议采用分层结构,遵循 DSI 模型。蓝牙协议栈将蓝牙规范分为两部分,即硬件实现和软件实现,软件实现又包括中间协议层和高端应用层。在具体应用中,硬件实现和软件实现是分别设计的,两者的执行过程也是分离的,这使二者的生产厂家都可以得到最大程度的产品互补,降低软硬件开发之间的相互影响。

　　按照逻辑功能,蓝牙协议栈又可以分为底层硬件模块、中间协议和高端应用协议 3 部分。底层硬件模块是蓝牙技术的核心,从底层到上层主要由蓝牙主机控制器接口、链路管理协议、基带和蓝牙天线收发器等组成。任何具有蓝牙功能的设备都必须包含底层硬件模块。中间协议层在蓝牙逻辑链路上工作,为高层应用协议或程序提供必要的支持,为上层应用提供各种不同的标准接口。高端应用层位于蓝牙协议栈的最上部分,是由选用协议层组成的。该层是指那些位于蓝牙协议堆栈之上的应用软件和其中所涉及的协议,即蓝牙应用程序,由开发上层各种通信(如拨号上网和语音通信等)驱动。

1. 底层硬件模块

　　底层硬件模块传输协议的作用是使蓝牙设备间能够相互确认对方的位置,并建立和管理蓝牙设备间的物理链路和逻辑链路。这部分传输协议可以再划分为高层和低层两部分。

　　高层传输协议由逻辑链路控制与适配协议和主机控制器接口组成。这部分高层应用程序能将跳频序列选择等低层传输操作屏蔽,也能为高层应用传输提供更加有效、利于实现的数据分组格式。

　　低层传输协议主要围绕蓝牙设备的物理和逻辑链路中语音以及数据无线传输的物理实现等方面,具体包括射频部分、基带及链路控制器和链路管理协议。

　　图 8-10 所示为单芯片蓝牙硬件模块中的低层传输协议,其中主要包括微处理器、蓝牙无线收发器、蓝牙基带、静态随机存取存储器(Static Random Access Memory,SRAM)、闪存、通用异步收发器、通用串行接口及蓝牙测试模块等。

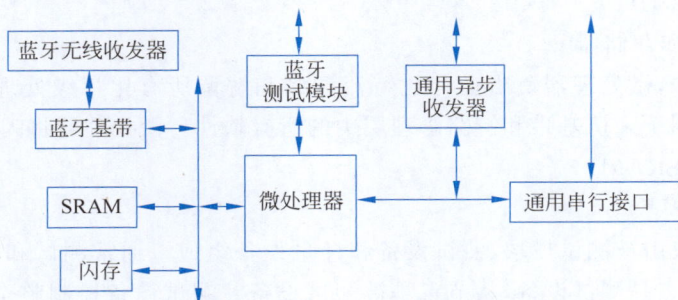

图 8-10　单芯片蓝牙硬件模块中的低层传输协议

1) 蓝牙无线收发器

　　蓝牙无线收发器是蓝牙设备的核心,由锁相环、发送模块和接收模块等组成。蓝牙无线收发器是蓝牙通信的空中接口,采用通断键控技术实现二进制代码序列的调制传输。发送部分包含一个倍频器,通过自适应跳频并且工作在无须授权的 2.4GHz 的 ISM 波段实现数据信息的过滤和传输。为减少其他设备的干扰,我国规定蓝牙设备的工作频率为 2.402～2.483GHz。

　　无线收发器的主要功能是调制/解调、帧定时恢复和跳频,同时实现发送和接收操作。蓝牙协议中规定了无线收发器中所采用的蓝牙射频频段、跳频频率、发射功率、调制方式、接收机灵敏度等参数。

　　蓝牙无线收发器的基本组成如图 8-11 所示。其中,发送端主要由时钟、伪随机码产生器、频率合成器和调制器组成,实现载波的产生和调制、功率控制及自动增益控制

（Automatic Generation Control, AGC）；接收端包括时钟、伪随机码产生器、频率合成器、混频器、中频放大器和解调器等，实现频率调谐和信号强度控制等功能。

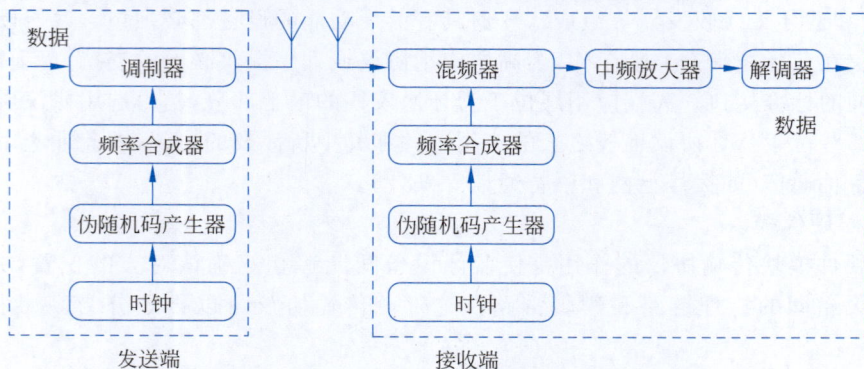

图 8-11　蓝牙无线收发器的基本组成

2）蓝牙基带

蓝牙基带是蓝牙硬件中的关键模块。在发送数据时，将来自高层协议的数据进行信道编码，向下传给蓝牙无线收发器进行发送。在接收数据时，蓝牙无线收发器经过解调恢复接收到的数据，并传给基带模块，基带模块再对数据进行信道解码，并向高层传输。

基带层主要实现跳频和数据信息的传输，并提供了两种不同的物理链路，即同步面向连接链路（Synchronous Connection Oriented, SCO）和异步无连接链路（Asynchronous Connectionless, ACL）。

3）微处理器和存储器

在蓝牙模块中，微处理器负责蓝牙比特流调制和解调所有比特级处理，负责控制收发器。闪存存储器用于采访基带和链路管理层中的所有软件。微处理器将闪存中的信息放入静态随机存储器（SRAM）。

4）蓝牙测试模块

蓝牙测试模块由被测试模块、测试设备和计量设备组成。通常测试和被测试设备组成一个微微网，主节点是测试设备，从节点是被测试设备。测试设备控制整个测试过程，其主要功能是提供无线层和基带层的认证和一致性规范，且管理产品的生产和售后测试。

5）主机控制器接口

主机控制器接口（HCI）目前比较流行的是采用通用异步收发器（UART）或通用串行总线（USB）接口。HCI 接收要发送到主机系统或来自主机系统的数据，是蓝牙模块和主机间的软件和硬件接口，对蓝牙模块实现直接控制。

2. 中间协议层

SIG 规定在蓝牙协议栈的高层尽量利用已有的成熟协议，还有一些协议是基于其他协议修改而成的，如串口仿真协议和电话控制协议。

串口仿真协议（RFCOMM）是一个仿真有线链路的无线数据仿真协议，提供了对 RS-232 串行接口的仿真，为建立在串口之上的传统应用提供接口环境，符合欧洲典型标准化规定的 TS 07.10 串口仿真协议，并且针对蓝牙的实际应用情况做了修改。

电话控制协议采用面向比特的协议，具有支持电话的功能。该协议包括电话控制协议、

AT 指令集和音频,定义了蓝牙设备之间与建立语音和数据呼叫相关的控制信令,也可以完成对蓝牙设备组的移动管理。蓝牙电话控制协议规范是蓝牙的电话应用模型的基础。

3. 高端应用层

在高端应用层,所有程序可以完全由开发人员按照自己的需要实现,很多传统的应用层程序不用修改就可直接运行。蓝牙实现与连接因特网的设备通信,主要通过采用或共享这些已有协议。通过共享这些协议,不仅可以提高应用程序的开发效率,还在一定程度上使蓝牙技术和其他通信技术之间的操作得以保证。

8.4.2 蓝牙网络连接

蓝牙系统采用一种无基站的灵活组网方式,使一个蓝牙设备可同时与其他多个蓝牙设备相连,这样就形成了蓝牙微微网。

1. 微微网和散射网

微微网(Piconet)是实现蓝牙无线通信的最基本方式,微微网不需要类似于蜂窝网基站和无线局域网接入点之类的基础网络设施。在一个微微网中,所有设备的级别是相同的,具有相同的权限,其中主设备单元负责提供时钟同步信号和跳频序列,从设备单元一般是受控同步的设备单元。

图 8-12(a)所示为两个独立的微微网。每个微微网中有一个主设备和多个从设备,每个微微网中所有设备级别相同,并具有相同的权限。主设备负责提供时钟同步信号和跳频序列,通过不同的跳频序列来区分各微微网。

在一个微微网中,信道参数都是由主设备进行控制的,主设备通过一定的轮询方式和所有的从设备进行通信。从设备包括激活从设备和闲置从设备。其中,正在通信的从设备称为激活从设备,处于休眠状态的设备称为闲置从设备。闲置从设备不进行实际有效数据的收发,但仍然和主设备保持时钟同步,以便需要时快速加入微微网。

散射网(Scatternet)是多个微微网在时空上相互重叠形成的比微微网覆盖范围更大的蓝牙网络,其特点是微微网之间有互联的蓝牙设备,如图 8-12(b)所示。

在散射网中,连接微微网之间的串联装置角色称为桥。桥节点通过不同时隙在不同的微微网之间的转换,实现在各微微网之间的资料传输。蓝牙独特的组网方式赋予了桥节点强大的生命力,同时可以有多个移动蓝牙用户通过一个网络节点与因特网相连。它靠跳频顺序识别每个微微网,同一微微网中所有用户都与这个跳频顺序同步。

蓝牙散射网是自组网的一种特例,其最大特点是可以无基站支持,每个移动终端的地位是平等的,并可以独立进行分组转发的决策,建网灵活、多跳性、拓扑结构动态变化和分布式控制是构建蓝牙散射网的基础。

2. 蓝牙设备的状态

蓝牙设备在建立连接以前,通过在固定的一个频段内选择跳频频率或由被查询的设备地址决定,迅速交换握手信息时间和地址,快速取得设备的时间和频率同步。建立连接后,设备双方根据信道跳变序列改变频率,使跳频频率呈现随机特性。

蓝牙设备主要包括待机和连接两种主状态,以及寻呼、寻呼扫描、查询、查询扫描、主设备响应、从设备响应和查询响应 7 种子状态,如图 8-13 所示。其中待机状态是默认状态,这是一个低功率状态。连接状态指的是设备作为主站或从设备连接到微微网。

(a) 微微网

(b) 散射网

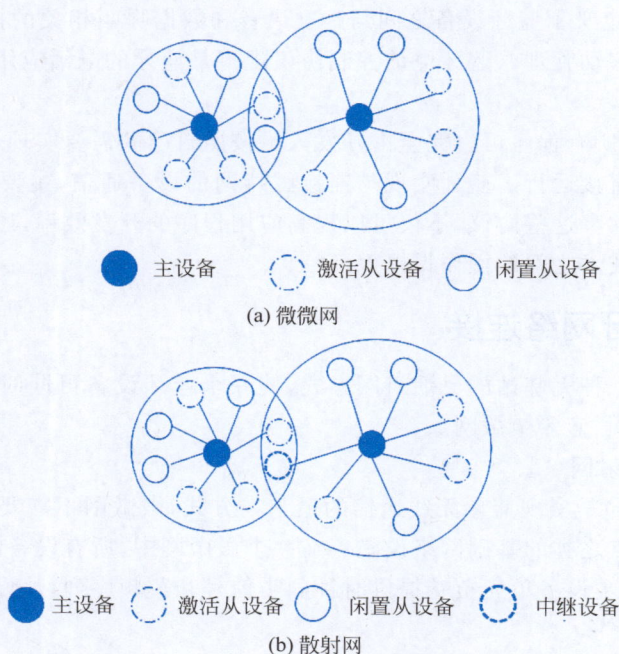

图 8-12 蓝牙微微网和散射网

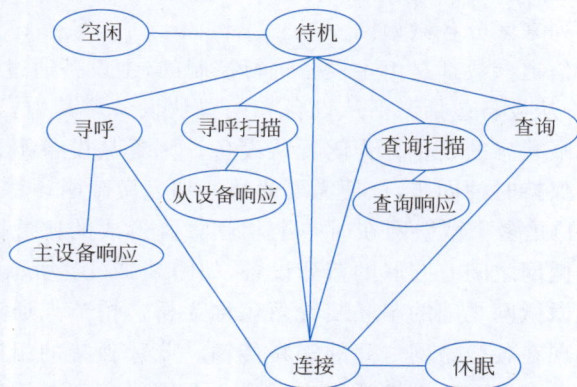

图 8-13 蓝牙设备的状态

另外 7 个子状态的描述如下。

(1) 寻呼是指主设备用来激活和连接从设备,主设备通过在不同的跳频信道内传送主设备的设备访问码发出寻呼消息。

(2) 寻呼扫描表示从设备在一个窗口扫描存活期内侦听自己的设备访问码。在该窗口内从设备以单一跳频侦听。

(3) 从设备响应描述的是从设备对主设备寻呼操作的响应。从设备完成响应之后,接收到来自主设备的数据包之后即进入连接状态。

(4) 主设备响应描述的是从设备在接收到从设备时对其寻呼消息的响应之后便进入该状态。如果从设备回复主设备,则主设备发送数据包给从设备,然后进入连接状态。

(5) 查询是用于发现相连蓝牙设备,获取蓝牙设备地址和所有响应查询消息的蓝牙设备的时钟。

(6) 查询扫描是用于侦听来自其他设备的查询,也侦听一般查询访问码或专用查询访问码。

(7) 查询响应是从设备对主设备查询操作的响应。从设备用数据包响应,该数据包包含了从设备的设备访问码、内部时钟等信息。

8.4.3　蓝牙技术的特点及应用

蓝牙是一种近距离的保证可靠接收和信息安全的开放的无线通信技术规范,它可在世界上的任何地方实现短距离的无线语音和数据通信。蓝牙技术具有以下优势。

(1) 短距离通信的开放系统。

(2) 点对点连接而不需要任何路由器。

(3) 成本低廉,可在 100m 范围内使用。

(4) 安全可靠,使用方便。

(5) 具有互操作性和兼容性。

目前,蓝牙技术的主要应用很多,蓝牙耳机是最早投放市场的蓝牙产品之一。蓝牙 USB 适配器可以插入带有 USB 接口的设备,实现与其他蓝牙设备间的无线通信,可以用于 PC 或笔记本电脑,实现蓝牙设备间文件等信息的相互交换。蓝牙网络接入点可以用于实现蓝牙设备接入本地局域网和互联网。集成了蓝牙技术的手机可以和蓝牙耳机实现无线通话,使智能手机的娱乐性能得到进一步的演示。

8.5　Wi-Fi 通信技术

Wi-Fi 技术是一种可以将个人计算机、手持设备等终端以无线方式互相连接的技术。Wi-Fi 是一个无线网络通信技术的品牌,由 Wi-Fi 联盟所持有,目的是改善基于 IEEE 802.11b 标准的无线网络产品之间的互通性。

支持 Wi-Fi 技术的产品,其协议属于 WLAN 的一个子集。WLAN 的全称是无线局域网(Wireless Local Area Network),WLAN 无线设备提供了一个世界范围内可以使用的、费用低且数据带宽高的无线空中接口。

8.5.1　Wi-Fi 和 WLAN 简介

与蓝牙、ZigBee 一样,Wi-Fi 也是一种短距离无线通信技术,支持移动设备在近 100m 范围内接入互联网。与传统联网技术相比,Wi-Fi 具有覆盖范围广、传输速度快、设备提供商进入门槛低、联网无须布线、局域网组建方便、健康安全等优点。

WLAN 是利用射频无线信道或红外信道取代有线传输介质所构成的局域网络。目前,WLAN 的数据传输速度已与有线网相近,既可满足各类便携设备的入网要求,也可作为传统有线网络的补充手段。与有线网络相比,WLAN 不需要布线,因此可以自由地放置终端,有效、合理地利用办公室的空间。WLAN 可作为有线网络的无线延伸,也可用于多个有线网络之间的无线互联。

1. Wi-Fi 的主要协议

IEEE 最初制定的 WLAN 标准主要用于解决办公室局域网和校园网中用户以及终端

的接入问题,其业务主要用于数据存取,速率最高可达 2Mb/s。之后,又相继推出了 IEEE 802.11a、IEEE 802.11b、IEEE 802.11g、IEEE 802.11n 和 IEEE 802.11ac 等一系列标准。

IEEE 802.11a 标准工作在 5GHz 的 U-NII 频段,物理层速率最高可达 54Mb/s,传输层速率最高可达 25Mb/s;可提供 25Mb/s 的无线 ATM 接口和 10Mb/s 的以太网无线帧结构接口,以及 TDD/TDMA 的空中接口;支持语音、数据、图像业务,一个扇区可接入多个用户,每个用户可使用多个用户终端。

IEEE 802.11b 的载波频率为 2.4GHz,传送速度为 11Mb/s,是所有无线局域网标准中最著名也是普及程度最广的标准。2003 年 7 月,IEEE 通过了第 3 种调变标准 IEEE 802.11g,以获得更高的传输速率。IEEE 802.11g 采用 2.4GHz 频段,与 IEEE 802.11b 后向兼容,同时又通过采用 OFDM 技术,支持高达 54Mb/s 的数据流,所提供的带宽是 IEEE 802.11a 的 1.5 倍。

IEEE 802.11n 是在 IEEE 802.11g 和 IEEE 802.11a 之上发展起来的一项技术,最大的特点是速率提升,理论速率最高可达 600Mb/s。IEEE 802.11n 可工作在 2.4GHz 和 5GHz 两个频段,目的是实现高带宽、高质量的 WLAN 服务,使无线局域网达到以太网的性能。

IEEE 802.11ac 是一个 IEEE 802.11 WLAN 通信标准,通过 5GHz 频段进行通信。该标准理论上能够提供最大 1Gb/s 带宽进行多站式无线局域网通信,或是最少 500Mb/s 的单一连接传输带宽。IEEE 802.11ac 是 IEEE 802.11n 的继承者,采用并扩展了源自 IEEE 802.11n 的空中接口概念,包括更宽的 RF 带宽(提升至 160MHz)、更多的 MIMO 空间流(数量增加到 8)、多用户的 MIMO,以及更高阶的调制(16QAM、256QAM 等)。

2. WLAN 架构

WLAN 参考模型只用到 OSI 7 层参考模型的最低两层,即物理层和数据链路层。其中,数据链路层又分为两个子层,即媒体访问控制层(Media Access Control,MAC)和逻辑链路控制层(Logical Link Control,LLC)。物理介质、媒体访问控制方法等对网络层的影响在 MAC 子层完全隐蔽起来,而数据链路层与媒体访问无关的部分都集中在 LLC 层。

MAC 层主要完成数据的收发,具体功能如下。

(1) 从 LLC 层接收要发送的数据,并决定是否把数据递交给物理层。

(2) 将发送数据附加控制信息后生成帧,并把数据帧递交给物理层。

(3) 从物理层接收数据帧。

(4) 检查接收到的数据帧的控制信息,判断数据是否正确。

(5) 去掉数据帧中的控制信息,并把数据递交至 LLC 层。

LLC 层的主要任务是在两通信实体之间建立的一条点到点逻辑链路上进行数据帧的传输与控制(差错控制与流量控制)。网络层与 LLC 层之间有多个服务访问点(Service Access Point,SAP),每个 SAP 相当于一个逻辑信道口,这些 SAP 复用 MAC 层并与另一个层中对应的 SAP 构成一条点到点的逻辑链路。此外,LLC 层还要为其上层提供数据报和虚电路服务。数据报服务是一种无链接服务,在发送时不需要预先建立专用逻辑链路,适合交互式数据业务。虚电路服务是一种面向连接的服务,在数据传输之前,必须要建立一条逻辑链路,适合语音等实时业务。

8.5.2 WLAN 物理层协议

与一般的无线通信系统一样，WLAN 的物理层主要解决数据传输问题，其典型传输过程如图 8-14 所示。

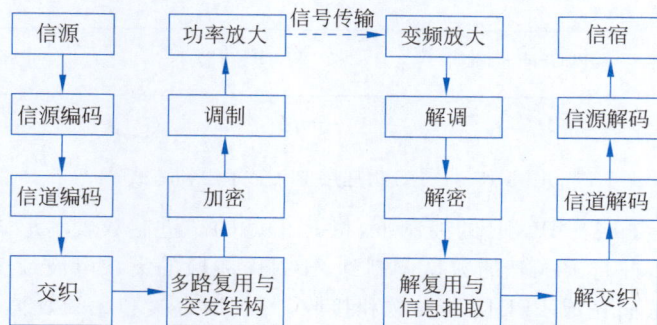

图 8-14 WLAN 物理层传输过程示意图

数字信源（上层数据）经信源编码（主要是数据压缩）处理，称为信道编码。它用来引入冗余设计，使在接收端能够监测和纠正传输错误。无线信道中的传输错误通常以突发形式出现。为了将此类在传输过程中出现的突发错误变换成随机错误，以便信道编码进行纠正，一般要对发送数据进行交织处理。为此，将信道编码和交织技术统称为差错控制编码。

如果采用加密技术，只有授权的用户才能正确地检测和解密处理后的信息。为了适应无线信道的特性，进行有效的传输，将加密后的信号进行调制和放大，以一定的频率和一定的功率通过天线或发射器发射出去，如果有多个信源共用此无线链路，通常还需进行多路复用处理。多址接入在多路复用后进行。

接收端的处理过程刚好相反，但经常还需要用均衡机制来校正信号在传输过程中可能产生的相位和幅度失真。

以上传输原理只是描述了信号从发送端到接收端的单向传输过程，而实际的 WLAN 实体都包含发送和接收两个过程。因此，发射机和接收机需要共享天线等部件，这要靠双工器来实现。至于双工器的形式与双工方式有关。

从 WLAN 物理层的横向结构来看，按照频率的高低和功能不同，将 WLAN 物理层划分为天线、射频、中频和基带等几部分。通常将天线和射频部分称为前端单元。射频与中频单元与收/发信机的形式与结构有关。基带单元实现了 WLAN 物理层的主要功能（如编解码、交织/解交织、基带调制解调、均衡、位同步甚至加解密等），并与上层联系紧密。

1. 直接序列扩频技术

直接序列扩频（Direct Sequence Spread Spectrum，DSSS）技术是一种数字调制方法，通过利用高速率的扩频码序列在发射端扩展信号的频谱，而在接收端用相同的扩频码序列进行解扩，把展开的扩频信号还原为原来的信号。

DSSS 是 IEEE 802.11 标准建议的无线局域网的物理层实现方式之一，该协议包括 PLCP（物理层会聚）和 PMD（物理介质依赖）子层两个组成部分。

图 8-15 所示为 DSSS 物理层 PLCP 子层帧的格式，IEEE 802.11 称之为 PLCP 协议数据单元 PPDU。一个 PPDU 由前导码、PLCP 导引头、MAC 层协议数据单元 MPDU 组成。在前导码中，SYNC 使接收器在帧的真正内容到来之前与输入信号同步。导引头字段提供

帧的有关信息，MAC 层提供的 MPDU 内含有工作站要发送的信息，在这里又作为 PLCP 的业务数据单元 PSDU。

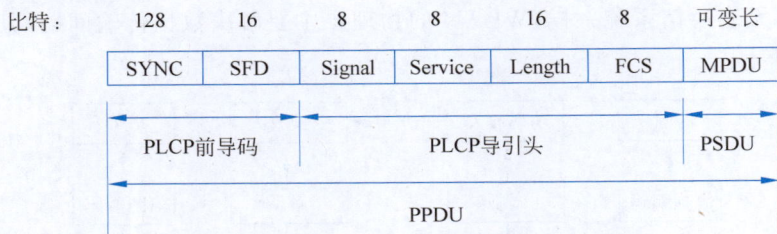

比特:	128	16	8	8	16	8	可变长
	SYNC	SFD	Signal	Service	Length	FCS	MPDU

PLCP前导码　　　PLCP导引头　　　PSDU

PPDU

图 8-15　DSSS 物理层 PLCP 子层帧格式

　　DSSS 的 PMD 子层在 PLCP 的控制下，将 PPDU 的二进制数表示形式转换成适合信道传输的无线电信号，并将 PLCP 的数据调制到 24GHz 频段的无线电波或 850nm 的红外线，经天线发射出去，从而完成 PPDU 的发送和接收。PMD 直接和无线媒体建立接口，并为帧的发送与接收提供 DSSS 调制和解调。

2. 跳频扩频技术

　　跳频扩频(Frequency Hopping Spread Spectrum,FHSS)同样是 IEEE 802.11 标准建议的一种无线局域网的物理层实现方式。相较于 DSSS 和 IR 物理层实现,FHSS 物理层具有成本较低、功耗较低和抗信号干扰能力较强的优点,但其通信距离一般小于 DSSS。该协议包括 PLCP 子层和 PMD 子层两个组成部分。FHSS 物理层的 PMD 在 PLCP 的下层,通过跳频功能和频移键控调制技术,将 PLCP 子层发来的二进制 PPDU 转换为适合信道传输的无线电信号。

　　图 8-16 所示为 FHSS 物理层 PLCP 子层帧的格式。其中,前导码使接收器在真正的内容到来前获得与发送位时钟的同步以及天线分集的准备。导引头字段提供帧的有关信息。

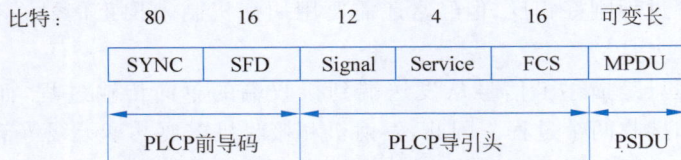

比特:	80	16	12	4	16	可变长
	SYNC	SFD	Signal	Service	FCS	MPDU

PLCP前导码　　　PLCP导引头　　　PSDU

图 8-16　FHSS 物理层 PLCP 子层帧格式

　　图 8-17 所示为 FHSS 信号发射和接收原理。跳频指令发生器根据事先定义的跳频星座或规则生成本次的跳频规则,由频率合成器根据本次的跳频规则生成跳频相位,送入混频器。混频器将调制器的信号与频率合成器的信号进行叠加,将生成的跳频后的结果发给滤波器,最后由天线发送出去。

　　在接收过程中,天线收到的信号进入混频器,接收端根据事先定义的跳频序列生成本次的跳频规则,频率合成器根据本次的跳频规则生成跳频相位,然后由混频器将收到信号的相位还原,生成可以识别的信号,经由滤波器和解调器,得到最终的输出信号。

3. OFDM 技术

　　OFDM 技术是 IEEE 802.11a 采用的一种扩频技术。IEEE 802.11a 是对 IEEE 802.11 标准进行的物理层扩充,与 FHSS 和 DSSS 两种技术差异较大。IEEE 802.11a 工作在 5GHz 频段,物理层速率可达 54Mb/s,传输层达 25Mb/s,可提供 25Mb/s 的无线 ATM 接口和 10Mb/s 的无线以太网帧结构接口,支持语音、数据、图像业务。

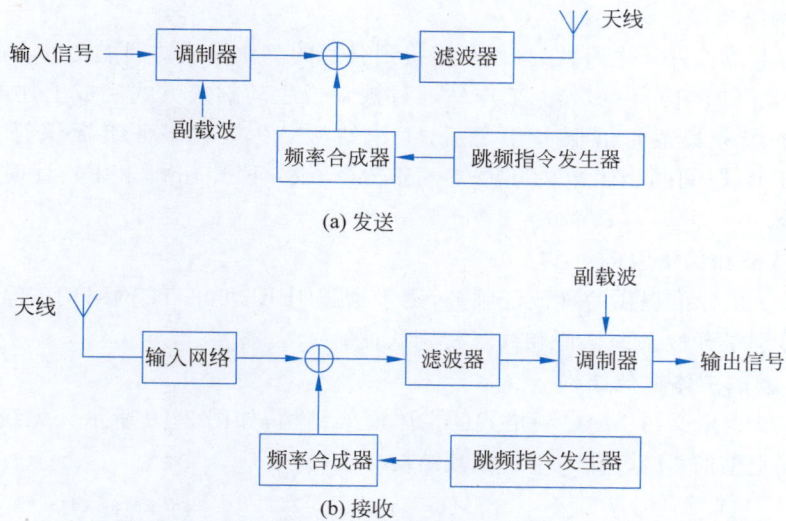

(a) 发送

(b) 接收

图 8-17 FHSS 信号发射和接收原理

OFDM 是一种高效的数据传输方式,其基本思想是把高速数据流分散到多个正交的子载波上传输,从而使每个子载波上的符号速率大幅度降低,符号持续时间加长,因而对时延扩展有较强的抵抗力,减小了符号间干扰的影响。通常 OFDM 符号前加入保护间隔,只要保护间隔大于信道的时延扩展即可以完全消除符号间干扰。

OFDM 对干扰也有很好的抵抗力,因为窄带干扰只影响 OFDM 子载波很少的一部分,对频率选择性衰落信道,通过在子载波上使用纠错控制编码容易获得频率分集。OFDM 适用于多径环境和频率选择性衰落信道中的高速数据传输。

8.5.3 MAC 层协议

按照 WLAN 的协议体系结构层次划分,MAC 子层是位于物理层和逻辑链路控制子层中间的一个层次,其目的是在 LLC 子层的支持下为共享物理媒体提供访问控制功能。

MAC 子层在 LLC 层的支持下执行寻址、帧产生和帧识别等功能。IEEE 802.11 标准采用带有碰撞避免功能的载波侦听多址接入媒体访问控制协议。

1. MAC 层的主要功能

IEEE 802.11 无线局域网中所有的站点(包括固定站、半移动站和移动站)和接入点都需提供 MAC 子层服务。MAC 子层服务主要指在 MAC 服务访问节点(SAP)与 LLC 子层之间交换 MAC 服务数据单元(MSDU)的过程与能力。MAC 服务还包括利用共享无线电波或红外线传输媒体进行 MAC 服务数据单元的发送与接收。

具体来说,MAC 层具有的主要功能有无线媒体访问控制、加入网络连接和提供数据验证和保密。

1) 无线媒体访问控制

在帧发送之前,MAC 可用利用两种方式获得网络连接,即采用具有碰撞避免功能的 CSMA/CA 媒体访问控制方式或基于不同服务优先级别的集中式轮询访问控制,在 IEEE 802.11 标准中,分别称为分布式访问控制方式和中心网络控制方式。

2) 加入网络连接

工作站的电源被打开之后,在验证和连接到合适的工作站或访问点之前,首先会检测有无现成的工作站和 AP 可供加入。工作站通过被动或主动扫描方式完成上述的搜索过程。加入一个基本服务集或扩展服务集之后,工作站从 AP 接收服务组标识符(Service Set Identifier,SSID)、时间同步函数(Timer Synchronization Function,TSF)、计时器的值和物理安装参数等。

3) 提供认证和保密服务

IEEE 802.11 标准提供两种认证服务,用于增强 IEEE 802.11 网络的安全性能。这两种认证服务分别是开放系统认证和共享密钥认证。

2. MAC 帧的主体框架结构

IEEE 802.11 定义了 MAC 帧格式的主体框架结构,如图 8-18 所示。无线局域网中发送的各种不同类型的 MAC 都采用这种帧结构。

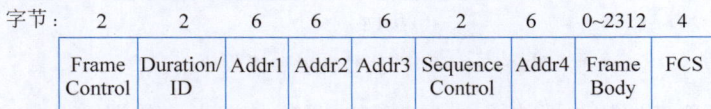

字节:

Frame Control	Duration/ID	Addr1	Addr2	Addr3	Sequence Control	Addr4	Frame Body	FCS
2	2	6	6	6	2	6	0~2312	4

图 8-18　MAC 帧格式的主体框架结构

MAC 帧由最长 30B 的帧适配头、长度可变(0~2312B)的帧体信息(Frame Body)和 4B 的帧校验序列(FCS)组成。其中,帧控制字段(Frame Control)含有在各个工作站之间发送的控制信息;持续时间/标志(Duration/ID)字段内包含发送站请求发送持续时间的数值,值的大小取决于帧的类型;地址字段(Addr1~Addr4)包含不同类型的地址,地址的类型取决于发送帧的类型,序列控制字段(Sequence Control)最左边的 4 位由称为分段号的子字段组成,后面 12 位是序列号子字段。站点在数据接收过程中,可通过监视序列号和分段号判断是否为重复帧。

帧体信息字段(Frame Body)的有效长度可变,所载的信息取决于发送帧的类型。如果发送帧是数据帧,那么该字段会包含一个 LLC 数据单元。MAC 管理和控制帧会在帧体中包含一些特定的参数。如果帧不需要承载信息,那么帧体字段的长度为 0。接收站可以从物理层适配头的一个字段判断帧的长度。

发送工作站的 MAC 层利用循环冗余码校验(CRC)法对帧前边诸字段内容运算,计算一个 32 位的 FCS,并将结果存入这个字段。

8.5.4　WLAN 的组成及拓扑结构

无线局域网的物理组成包括站点(Station,STA)、无线介质、基站(Base Station,BS)或接入点(AP)和分布式系统(Distribution System,DS)等。

1. 站点

站点又称为主机(Host)或终端(Terminal),是 WLAN 的最基本组成单元。站点一般在网络中用作客户端(Client),是具有无线网络接口的计算设备。一个站点通常包括终端用户设备(如计算机)、无线网络接口(如无线网络适配器或无线网卡)和网络软件(如网络操作系统)。

2. 无线介质

无线介质是无线局域网中站与站之间、站与接入点之间通信的传输介质。在这里指的是空气,它是无线电波和红外线传播的良好介质。

3. 无线接入点

无线接入点类似蜂窝结构中的基站,是无线局域网的重要组成单元。无线接入点是一种特殊的站,它通常处于网络基本服务区的中心,位置一般固定不动。

4. 分布式系统

分布式系统是用来连接不同BSA(基本服务区,又称为小区)的通信信道,可以是有线信道,也可以是频段多变的无线信道。

WLAN的拓扑结构可以从几方面进行分类。从物理拓扑来看,有单区网(Single Cell Network,SCN)和多区网(Multiple Cell Network,MCN)之分;从逻辑上看,有对等式、基础结构式和线形、星形、环形等;从控制方式来看,可分为无中心分布式和有中心集中控制式;从与外网的连接性来看,主要有独立WLAN和非独立WLAN。

8.6　物联网通信的综合应用

物联网通信技术正在从方方面面影响人类的生活和整个世界,正在给人类带来无法想象的便利和服务。这里围绕物联网通信技术的综合应用,对M2M和WSN物联网通信技术应用进行介绍。

8.6.1　M2M技术

M2M是Machine-to-Machine/Man的简称,即"机器对机器/人",是一种以机器终端智能交互为核心的、网络化的应用与服务。

M2M是现阶段物联网最普遍的应用形式,通过嵌入无线通信模块的设备,利用现有的无线通信技术,为不同行业的客户提供全方位的信息化服务,从而使不同行业用户可以远程完成管理监控、指挥调度、数据采集和测量等方面工作。

M2M技术的目标就是使所有机器设备都具备联网和通信能力,其核心理念就是"网络一切"(Network Everything)。未来的物联网将是由很多M2M系统构成,不同的M2M系统分别负责不同的功能处理,并通过中央处理单元协同运作,最终组成智能化的社会系统。

1. M2M系统架构

M2M业务是一种以机器终端智能交互为核心的、网络化的应用与服务。它通过在机器内部嵌入无线通信模块,以无线通信等为接入手段,为客户提供综合的信息化解决方案,以满足客户对监控、指挥调度、数据采集和测量等方面的信息化需求。

M2M系统架构包括终端、系统和应用3层,如图8-19所示。

1) M2M终端

M2M终端具有接收远程M2M平台激活指令、本地故障报警、数据通信、远程升级、使用短消息/彩信/GPRS等几种接口通信协议与M2M平台进行通信。终端管理模块为软件模块,主要负责维护和管理通信及应用功能,为应用层提供安全可靠和可管理的通信服务。

根据数据终端的特性,通常把M2M业务应用简单地归结为两大类,即固定终端和移动终端。固定终端是一种在某个地理位置上可以固定的应用,如电力设备运行状况的远程监控、气象环境监测、城市交通的智能管理等。移动终端是一种在某个移动物体上的应用,如对公路上的车辆地理位置进行定位并远程调度、远程疾病监控等。

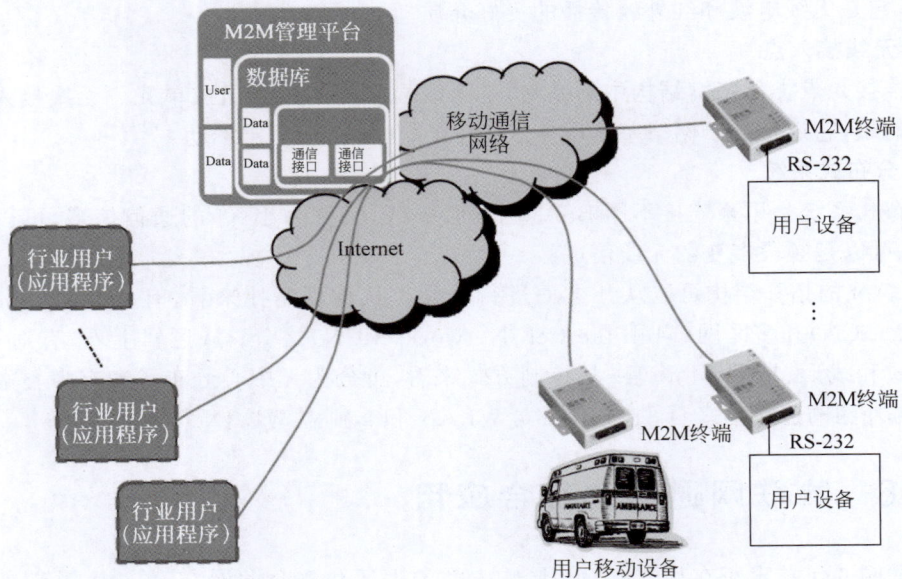

图 8-19　M2M 系统架构

M2M 终端可以分为行业专用终端、无线调制解调器和手持设备等。行业终端设备主要完成行业数字模拟量的采集和转化、数据传输、终端状态检测、链路检测和系统通信功能。无线调制解调器具有无线数据收发、终端管理和无线接入能力。手持设备通常具有 M2M 终端设备状态查询、远程监控行业作业现场和办公文件处理等功能。

2）M2M 管理系统

M2M 管理系统为客户提供统一的移动行业终端管理、终端设备鉴权，支持多种网络接入方式，提供标准化的接口，使数据传输简单直接，提供数据路由、监控、用户签权、内计费等管理功能，主要包括通信接入模块、终端接入模块、应用接入模块、业务处理模块、数据库模块和 Web 模块等。

通信接入模块又包括行业网关接入模块和 GPRS 接入模块。其中，前者负责完成行业网关的接入，通过行业网关完成与短信网关、彩信网关的接入，最终完成与 M2M 终端的通信；后者使用 GPRS 方式向 M2M 终端传送数据。

终端接入模块负责 M2M 平台系统通过行业网关或 GGSN 与 M2M 终端收发协议消息的解析和处理。应用接入模块实现 M2M 应用系统到 M2M 平台的接入。业务处理模块是 M2M 平台的核心业务处理引擎，实现 M2M 平台系统的业务消息的集中处理和控制。数据库模块用于保存各类配置数据、终端信息、集团客户信息、签约信息和黑/白名单、业务数据信息安全信息、业务故障信息等。Web 模块提供 Web 方式操作维护与配置功能。

3）应用系统

M2M 终端获得了信息以后，本身并不处理这些信息，而是将这些信息集中至应用平台，由应用系统实现业务逻辑，把感知和传输来的信息进行分析和处理，做出正确的控制和决策，实现智能化的管理、应用和服务。

2. M2M 技术组成

M2M 技术涉及 5 个重要的技术部分，包括智能化机器、M2M 硬件、通信网络、中间件和应用。

1）智能化机器

M2M 实现首先是从机器/设备中获取数据,然后通过网络发送出去,使机器开口说话,让机器具备信息感知能力、信息加工能力、无线通信能力。

2）M2M 硬件

M2M 硬件是使机器获得远程通信和联网功能的部件,主要用于提取信息,从各种机器设备那里获取数据,并传到通信网络中。M2M 硬件包括嵌入式硬件、可组装硬件、调制解调器、智能传感器和识别标识(如条形码技术和 RFID 技术等)。

3）通信网络

通信网络在 M2M 技术中处于核心地位,包括广域网(无线移动通信网络、卫星通信网络、Internet、公众电话网等)、局域网(以太网,无线局域网、蓝牙)、个域网(ZigBee、传感器网络)等。

4）中间件

中间件包括两部分,即 M2M 网关和数据收集/集成部件。M2M 网关将从通信网络获取的数据传输给信息处理系统,完成不同通信协议之间的转换。数据收集/集成部件对原始数据进行不同加工和处理,并将结果呈现给这些信息的观察者和决策者。

5）应用

M2M 技术根据终端是否可以移动,将应用技术分为两大类,即移动性应用和固定性应用。移动性应用是一种适用于外围设备位置不固定、移动性强,且需要与中心节点实时通信的应用。固定性应用是一种适用于外围设备固定,但地理分布广泛、有线接入方式部署困难或成本高昂的应用,可以利用机器到机器实现无人值守。

3. M2M 的典型应用

M2M 的典型应用有智能抄表系统、车载系统、智能交通系统、安防视频监控系统、自动售货机、无线 POS 机等。现在,M2M 应用遍及电力、交通、工业控制、零售、公共事业管理、医疗、水利、石油等多个行业,对于车辆防盗、安全监测、自动售货、机械维修、公共交通管理等,M2M 可以说是无所不能。

图 8-20 所示为车载系统,由 GPS、车载终端、无线网络和管理系统、GPS 地图和用户终端组成。车载终端由控制器模块、GPS 模块、无线模块、GPS 导航终端和信息采集设备等组成。对于车载 GPS 导航,不仅可以利用 GPS 模块对导航信息进行在线获取,而且可以借助无线模块对地图进行及时更新。车载系统一般是首先获取车辆信息采集设备中的车辆使用状况信息,在此基础上利用无线通信模块将车辆信息上传到远端的服务管理系统。

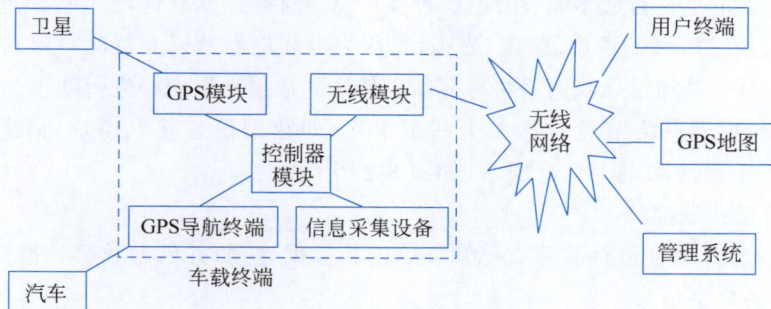

图 8-20　车载系统

安防视频监控系统如图 8-21 所示,包括快照、视频信息采集终端、无线通信网络和远程信息管理系统、服务器、客户端等模块。快照和视频信息采集终端可以由无线通信模块、照相机、摄像机等组成。快照信息、视频信息通过无线网络将信息传到用户终端,包括可视电话、Web 服务器、传真机等。另外,快照和视频采集终端也可以先将现场的数据信息及时更新到远端的 Web 服务器,用户再通过 Web 浏览器对远程环境信息进行浏览。

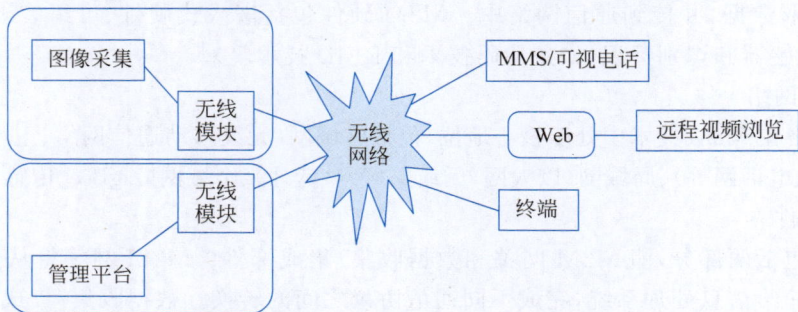

图 8-21　安防视频监控系统

8.6.2　WSN 技术

20 世纪 90 年代以来,具有感知、计算和无线网络通信能力的传感器以及由其构成的无线传感器网络(Wireless Sensor Network,WSN)系统是备受关注的、涉及多学科高度交叉、知识高度集成的前沿热点研究领域。

WSN 技术就是在某一特定区域内部署大量的传感器节点,并将传感器采集到的数据通过无线通信方式形成的一个多跳自组织网络系统进行传输,最终协作地感知、采集和处理网络覆盖区域中感知的对象信息,并发送给观察者。

1. WSN 核心功能

WSN 是由一组传感器节点以自组织的方式构成的无线网络,其目的是借助节点中内置的形式多样的传感器,协作地实时感知和采集周边环境中众多的信息,并对这些信息进行处理,目的是无论何时、何地和在何种环境条件下都可以对大量信息进行获取。

WSN 技术综合了传感器技术、嵌入式计算技术、现代网络及无线通信技术、分布式信息处理技术等。从 WSN 的硬件上分析,WSN 节点包括数据采集模块、数据处理模块、无线数据收发模块,这些设备节点具有成本低、功耗低、种类丰富等优点。从软件设计上,这些节点内置的传感器,可以对所在区域的温度、湿度、光强度、压力等环境参数以及待测对象的电压、电流等物理参数进行探测,并通过无线网络将探测信息传送到数据汇聚中心进行处理、分析和转发。

每个无线传感器网络节点包括 4 个基本单元,即数据信息获取模块、信息数据处理模块、数据信息传输模块和电源管理模块,如图 8-22 所示。

1) 数据信息获取模块

在特定区域内,通过传感器节点感知环境内的数据携程,并借助数模转换器将采集到的模拟信号转换为数字信号。

2) 信息数据处理模块

利用处理器对数字信号进行预处理,实现数据的运算和管理等。

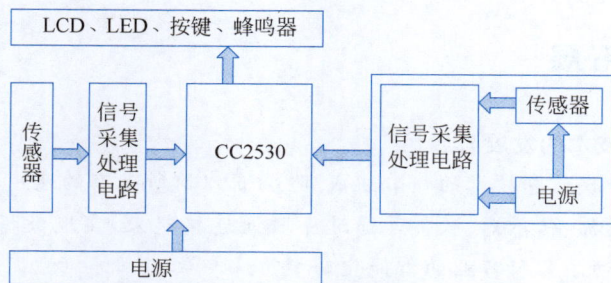

图 8-22　无线传感器网络节点的组成

3）数据信息传输模块

借助无线收发协议，在多个节点之间进行数据信息和信令的传输和交换。

4）电源管理模块

为网络中的节点提供电能支持。

2. 应用特点

与传统的通信网络不同，无线传感器网络在很多方面都具有特殊性，包括网络核心功能、不同应用场景、涉及的硬件技术等。

（1）网络节点数目多。

（2）硬件能力严重受限，如节点的计算能力差、存储容量小、电池容量有限、节点之间通信信号强度受到限制。

（3）网络动态性强。网络中节点间的通信断接频繁，拓扑结构动态变化。

（4）多跳路由和自组织性。网络内大量节点需要借助于自组织方式形成新的网络，给其中的路由带来一定的困难。

（5）以数据为中心。WSN 是以数据信息的采集为核心功能的网络，在不同的应用系统，根据数据采集情况设定路由方式，构建以数据为中心的网络。

（6）安全性问题严重。开放性的无线信道、有限的能量、分布式控制都使 WSN 更容易受到攻击，存在一定的安全隐患。

无线传感器网络是当前信息领域中研究的热点之一，可用于特殊环境，实现信号的采集、处理和发送。无线传感器网络是一种全新的信息获取和处理技术，在现实生活中得到了越来越广泛的应用。图 8-23 列举了 WSN 技术的一些典型应用。

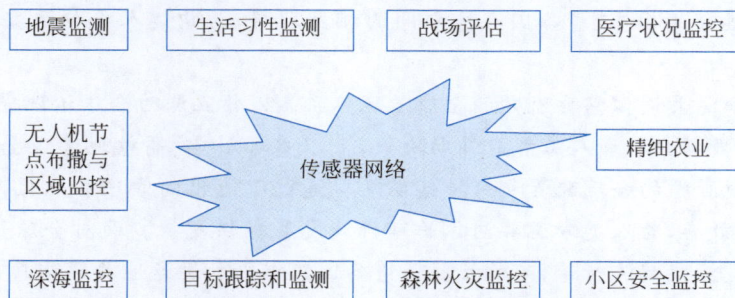

图 8-23　WSN 技术的典型应用

本章课程拓展

1. 物联网通信技术的发展与应用

物联网作为新一代信息技术的核心组成部分,正以前所未有的速度改变着我们的世界。它通过将各种物理设备、传感器、软件等通过互联网连接起来,实现数据的实时采集、传输、处理和分析,从而推动了各行各业的智能化转型。

物联网技术的应用领域极为广泛,几乎涵盖了人类社会的各个方面。在智能家居领域,物联网技术让我们的生活变得更加便捷和舒适;在智慧城市建设中,物联网技术助力城市管理更加高效和智能;在工业领域,物联网技术推动了生产过程的自动化和智能化,提高了生产效率和产品质量;在农业领域,物联网技术助力精准农业的发展,提高了农作物的产量和品质;在医疗健康领域,物联网技术为远程医疗、健康管理等领域提供了有力支持。

随着无线通信技术的日益成熟,特别是5G、LoRa、NB-IoT等技术的广泛应用,为物联网设备之间的数据传输提供了更加高效、可靠的通道。此外,云计算、大数据、人工智能等技术的深度融合,也为物联网数据的处理和分析提供了强大支持。

尽管物联网通信技术发展迅速,但仍面临诸多挑战,如数据安全、隐私保护、标准化不足等问题。未来,随着技术的不断进步和政策的逐步完善,这些问题将逐步得到解决。同时,随着5G、AI、区块链等新技术的融合应用,物联网通信技术将迎来更加广阔的发展前景,为人类社会带来更加智能、便捷、安全的生活方式。

2. 万物互联与人类命运共同体

在当今时代,万物互联的概念已经深入人心,而这一概念与构建人类命运共同体紧密相连。物联网通过传感器、网络和数据处理技术,将各种物体连接起来,实现信息的实时交换和共享。这种技术基础为全球范围内的互联互通提供了可能,从而促进了人类命运共同体的形成。

万物互联推动了经济的全球化,商品、服务、资本和技术的流动变得更加便捷。各国经济相互依赖,与世界经济联系更加紧密,为构建人类命运共同体提供了经济基础。万物互联不仅限于物质层面,还包括文化和信息的交流。互联网使得不同的文化、价值观和思想观念得以迅速传播,增进了各国人民之间的相互理解,为构建人类命运共同体创造了文化条件。

构建人类命运共同体需要有效的全球治理体系。万物互联为全球治理提供了新的工具和手段,如通过数据分析和人工智能辅助决策,可以更加科学、高效地管理全球事务。万物互联有助于实现资源的合理配置和可持续发展。通过智能化的管理和优化,可以减少资源浪费,提高生产效率,为人类命运共同体的可持续发展提供支持。面对全球性的挑战,如气候变化、网络安全、疾病流行等,万物互联使得各国能够更加迅速地共享信息,协同应对。这种合作机制有助于形成共同应对挑战的共识,推动人类命运共同体的建设。

总之,万物互联与人类命运共同体是相辅相成的。通过技术的进步和全球合作,我们可以更好地利用万物互联的优势,共同构建一个和平、繁荣、公正、包容的世界。

习题 8

8-1　填空题

（1）物联网由 3 个层次构成，即信息感知层、_____和应用层。

（2）物联网通信系统主要包括感知层通信和_____两方面。

（3）典型的 RFID 系统由_____、_____和_____组成。

（4）RFID 系统中，读写器是对电子标签进行读写操作的设备，主要包括_____和数字信号处理单元两部分。

（5）ZigBee 是一种开放式的基于_____协议的无线个人局域网标准，其物理层和_____由该标准规定。

（6）ZigBee 网络中有 3 种类型的节点，即_____、_____和终端节点。

（7）在蓝牙网络中，每个微微网中只能有一个_____设备，而由多个微微网构成散射网时，必须要有_____设备。

（8）Wi-Fi 是一个无线网络通信技术的品牌，由_____所持有。

8-2　简述物联网的体系结构。

8-3　简述 RFID 系统数据传输的原理。

8-4　简述 ZigBee 网络中 MAC 层的主要功能。

8-5　简述蓝牙底层硬件模块的基本组成。

8-6　简述 WLAN 物理层数据发送的基本过程。

附录 A

APPENDIX A

傅里叶变换的常用性质

序号	名　称	$f(t)$	$\mathbf{F(j\omega)},\mathbf{F(jf)}$
1	线性性质	$af_1(t)+bf_2(t)$	$aF_1(j\omega)+bF_2(j\omega)$ $aF_1(jf)+bF_2(jf)$
2	时移性质	$f(t-t_d)$	$F(j\omega)\mathrm{e}^{-j\omega t_d},F(jf)\mathrm{e}^{-j2\pi ft_d}$
3	频移性质	$f(t)\mathrm{e}^{j\omega_0 t}$ $f(t)\mathrm{e}^{j2\pi f_0 t}$	$F(j(\omega-\omega_0)),F(j(f-f_0))$
		$f(t)\cos\omega_0 t$ $f(t)\cos2\pi f_0 t$	$\dfrac{1}{2}[F(j(\omega-\omega_0))+F(j(\omega+\omega_0))],$ $\dfrac{1}{2}[F(j(f-f_0))+F(j(f+f_0))]$
		$f(t)\sin\omega_0 t$ $f(t)\sin2\pi f_0 t$	$\dfrac{1}{2j}[F(j(\omega-\omega_0))-F(j(\omega+\omega_0))],$ $\dfrac{1}{2j}[F(j(f-f_0))-F(j(f+f_0))]$
4	尺度变换性质	$f(at),a\neq0$	$\dfrac{1}{\lvert a\rvert}F\left(j\,\dfrac{\omega}{a}\right),\dfrac{1}{\lvert a\rvert}F\left(j\,\dfrac{f}{a}\right)$
5	时域卷积性质	$f_1(t)*f_2(t)$	$F_1(j\omega)F_2(j\omega),F_1(jf)F_2(jf)$
6	频域卷积性质	$f_1(t)f_2(t)$	$\dfrac{1}{2\pi}F_1(j\omega)*F_2(j\omega),F_1(jf)*F_2(jf)$
7	时域微分性质	$f'(t)$	$j\omega F(j\omega),j2\pi fF(jf)$
8	时域积分性质	$\displaystyle\int_{-\infty}^{t}f(\tau)\mathrm{d}\tau$	$\dfrac{1}{j\omega}F(j\omega)+\pi F(j0)\delta(\omega),$ $\dfrac{1}{j2\pi f}F(jf)+\dfrac{1}{2}F(j0)\delta(f)$

附录 B

Q 函数表

x	0.00	0.01	0.02	0.03	0.04	0.05	0.06	0.07	0.08	0.09
0.0	0.5000	0.4960	0.4920	0.4880	0.4840	0.4801	0.4761	0.4721	0.4681	0.4641
0.1	0.4602	0.4562	0.4522	0.4483	0.4443	0.4404	0.4364	0.4325	0.4286	0.4247
0.2	0.4207	0.4168	0.4129	0.4090	0.4052	0.4013	0.3974	0.3936	0.3897	0.3859
0.3	0.3821	0.3783	0.3745	0.3707	0.3669	0.3632	0.3594	0.3557	0.3520	0.3483
0.4	0.3446	0.3409	0.3372	0.3336	0.3300	0.3264	0.3228	0.3192	0.3156	0.3121
0.5	0.3085	0.3050	0.3015	0.2981	0.2946	0.2912	0.2877	0.2843	0.2810	0.2776
0.6	0.2743	0.2709	0.2676	0.2643	0.2611	0.2578	0.2546	0.2514	0.2483	0.2451
0.7	0.2420	0.2389	0.2358	0.2327	0.2296	0.2266	0.2236	0.2206	0.2177	0.2148
0.8	0.2119	0.2090	0.2061	0.2033	0.2005	0.1977	0.1949	0.1922	0.1894	0.1867
0.9	0.1841	0.1814	0.1788	0.1762	0.1736	0.1711	0.1685	0.1660	0.1635	0.1611
1.0	0.1587	0.1562	0.1539	0.1515	0.1492	0.1469	0.1446	0.1423	0.1401	0.1379
1.1	0.1357	0.1335	0.1314	0.1292	0.1271	0.1251	0.1230	0.1210	0.1190	0.1170
1.2	0.1151	0.1131	0.1112	0.1093	0.1075	0.1056	0.1038	0.1020	0.1003	0.0985
1.3	0.0968	0.0951	0.0934	0.0918	0.0901	0.0885	0.0869	0.0853	0.0838	0.0823
1.4	0.0808	0.0793	0.0778	0.0764	0.0749	0.0735	0.0721	0.0708	0.0694	0.0681
1.5	0.0668	0.0655	0.0643	0.0630	0.0618	0.0606	0.0594	0.0582	0.0571	0.0559
1.6	0.0548	0.0537	0.0526	0.0516	0.0505	0.0495	0.0485	0.0475	0.0465	0.0455
1.7	0.0446	0.0436	0.0427	0.0418	0.0409	0.0401	0.0392	0.0384	0.0375	0.0367
1.8	0.0359	0.0351	0.0344	0.0336	0.0329	0.0322	0.0314	0.0307	0.0301	0.0294
1.9	0.0287	0.0281	0.0274	0.0268	0.0262	0.0256	0.0250	0.0244	0.0239	0.0233
2.0	0.0228	0.0222	0.0217	0.0212	0.0207	0.0202	0.0197	0.0192	0.0188	0.0183
2.1	0.0179	0.0174	0.0170	0.0166	0.0162	0.0158	0.0154	0.0150	0.0146	0.0143
2.2	0.0139	0.0136	0.0132	0.0129	0.0125	0.0122	0.0119	0.0116	0.0113	0.0110
2.3	0.0107	0.0104	0.0102	0.0099	0.0096	0.0094	0.0091	0.0089	0.0087	0.0084
2.4	0.0082	0.0080	0.0078	0.0075	0.0073	0.0071	0.0069	0.0068	0.0066	0.0064
2.5	0.0062	0.0060	0.0059	0.0057	0.0055	0.0054	0.0052	0.0051	0.0049	0.0048
2.6	0.0047	0.0045	0.0044	0.0043	0.0041	0.0040	0.0039	0.0038	0.0037	0.0036
2.7	0.0035	0.0034	0.0033	0.0032	0.0031	0.0030	0.0029	0.0028	0.0027	0.0026
2.8	0.0026	0.0025	0.0024	0.0023	0.0023	0.0022	0.0021	0.0021	0.0020	0.0019
2.9	0.0019	0.0018	0.0018	0.0017	0.0016	0.0016	0.0015	0.0015	0.0014	0.0014

续表

x	0.00	0.01	0.02	0.03	0.04	0.05	0.06	0.07	0.08	0.09
3.0			0.1350×10^{-2}					0.1144×10^{-2}		
3.1			0.9676×10^{-3}					0.8164×10^{-3}		
3.2			0.6871×10^{-3}					0.5770×10^{-3}		
3.3			0.4834×10^{-3}					0.4041×10^{-3}		
3.4			0.3369×10^{-3}					0.2803×10^{-3}		
3.5			0.2326×10^{-3}					0.1926×10^{-3}		
3.6			0.1591×10^{-3}					0.1311×10^{-3}		
3.7			0.1078×10^{-3}					0.8842×10^{-4}		
3.8			0.7235×10^{-4}					0.5906×10^{-4}		
3.9			0.4810×10^{-4}					0.3908×10^{-4}		
4.0			0.3167×10^{-4}					0.2561×10^{-4}		
4.1			0.2066×10^{-4}					0.1662×10^{-4}		
4.2			0.1335×10^{-4}					0.1069×10^{-4}		
4.3			0.8540×10^{-5}					0.6807×10^{-5}		
4.4			0.5413×10^{-5}					0.4294×10^{-5}		
4.5			0.3398×10^{-5}					0.2682×10^{-5}		
4.6			0.2112×10^{-5}					0.1660×10^{-5}		
4.7			0.1301×10^{-5}					0.1017×10^{-5}		
4.8			0.0793×10^{-5}					0.0617×10^{-5}		
4.9			0.0479×10^{-5}					0.0371×10^{-5}		

常用三角函数公式

$$\sin(A \pm B) = \sin A \cos B \pm \cos A \sin B$$

$$\cos(A \pm B) = \cos A \cos B \mp \sin A \sin B$$

$$\cos A \cos B = \frac{1}{2}[\cos(A-B) + \cos(A+B)]$$

$$\sin A \sin B = \frac{1}{2}[\cos(A-B) - \cos(A+B)]$$

$$\sin A \cos B = \frac{1}{2}[\sin(A-B) + \sin(A+B)]$$

$$\sin A + \sin B = 2\cos\frac{A-B}{2}\sin\frac{A+B}{2}$$

$$\sin A - \sin B = 2\sin\frac{A-B}{2}\cos\frac{A+B}{2}$$

$$\cos A + \cos B = -2\cos\frac{A-B}{2}\cos\frac{A+B}{2}$$

$$\cos A - \cos B = 2\sin\frac{A-B}{2}\sin\frac{A+B}{2}$$

$$\sin 2A = 2\sin A \cos B$$

$$\cos 2A = 2\cos^2 A - 1 = 1 - 2\sin^2 A = \cos^2 A - \sin^2 A$$

$$\sin\frac{A}{2} = \sqrt{\frac{1}{2}(1 - \cos A)} \qquad \cos\frac{A}{2} = \sqrt{\frac{1}{2}(1 + \cos A)}$$

$$\sin^2 A = \frac{1}{2}(1 - \cos 2A) \qquad \cos^2 A = \frac{1}{2}(1 + \cos 2A)$$

$$\sin\left(A + \frac{\pi}{2}\right) = \cos A \qquad \cos\left(A - \frac{\pi}{2}\right) = \sin A$$

$$\sin A = \frac{1}{2j}(e^{jA} - e^{-jA}) \qquad \cos A = \frac{1}{2}(e^{jA} + e^{-jA}) \qquad e^{jA} = \cos A + j\sin A$$

第 1 类 n 阶贝塞尔函数

β_{FM}	J_0	J_1	J_2	J_3	J_4	J_5	J_6	J_7	J_8	J_9	J_{10}
0.2	0.990	0.100	0.005								
0.4	0.960	0.196	0.020	0.001							
0.6	0.912	0.287	0.044	0.004							
0.8	0.846	0.369	0.076	0.010	0.001						
1.0	0.765	0.440	0.115	0.020	0.002						
1.2	0.671	0.498	0.159	0.033	0.005	0.001					
1.4	0.567	0.542	0.207	0.050	0.009	0.001					
1.6	0.455	0.570	0.257	0.073	0.015	0.002					
1.8	0.340	0.582	0.306	0.099	0.023	0.004	0.001				
2.0	0.224	0.577	0.353	0.129	0.034	0.007	0.001				
2.2	0.110	0.556	0.395	0.162	0.048	0.011	0.002				
2.4	0.003	0.520	0.431	0.198	0.064	0.016	0.003	0.001			
2.6	−0.097	0.471	0.459	0.235	0.084	0.023	0.005	0.001			
2.8	−0.185	0.410	0.478	0.273	0.107	0.032	0.008	0.002			
3.0	−0.260	0.339	0.486	0.309	0.132	0.043	0.011	0.003			
3.2	−0.320	0.261	0.484	0.343	0.160	0.056	0.016	0.004	0.001		
3.4	−0.364	0.179	0.470	0.373	0.189	0.072	0.022	0.006	0.001		
3.6	−0.392	0.095	0.445	0.399	0.220	0.090	0.029	0.008	0.002		
3.8	−0.403	0.013	0.409	0.418	0.251	0.110	0.038	0.011	0.003	0.001	
4.0	−0.397	−0.066	0.364	0.430	0.281	0.132	0.049	0.015	0.004	0.001	
4.2	−0.377	−0.139	0.311	0.434	0.310	0.156	0.062	0.020	0.006	0.001	
4.4	−0.342	−0.203	0.250	0.430	0.336	0.182	0.076	0.026	0.008	0.002	
4.6	−0.296	−0.257	0.185	0.417	0.359	0.208	0.093	0.034	0.011	0.003	0.001
4.8	−0.240	−0.298	0.116	0.395	0.378	0.235	0.111	0.043	0.014	0.004	0.001
5.0	−0.178	−0.328	0.047	0.365	0.391	0.261	0.131	0.053	0.018	0.006	0.001
5.2	−0.110	−0.343	−0.022	0.327	0.398	0.287	0.153	0.065	0.024	0.007	0.002
5.4	−0.041	−0.345	−0.087	0.281	0.399	0.310	0.175	0.079	0.030	0.010	0.003
5.6	0.027	−0.334	−0.146	0.230	0.393	0.331	0.199	0.094	0.038	0.013	0.004
5.8	0.092	−0.311	−0.199	0.174	0.379	0.349	0.222	0.111	0.046	0.017	0.005
6.0	0.151	−0.277	−0.243	0.115	0.358	0.362	0.246	0.130	0.057	0.021	0.007
6.2	0.202	−0.233	−0.277	0.054	0.329	0.371	0.269	0.149	0.068	0.027	0.009

β_{FM}	J_0	J_1	J_2	J_3	J_4	J_5	J_6	J_7	J_8	J_9	J_{10}
6.4	0.243	−0.182	−0.300	−0.006	0.295	0.374	0.290	0.170	0.081	0.033	0.012
6.6	0.274	−0.125	−0.312	−0.064	0.254	0.372	0.309	0.191	0.095	0.040	0.015
6.8	0.293	−0.065	−0.312	−0.118	0.208	0.363	0.326	0.212	0.111	0.049	0.019
7.0	0.300	−0.005	−0.301	−0.168	0.158	0.348	0.339	0.234	0.128	0.059	0.024
7.2	0.295	0.054	−0.280	−0.210	0.105	0.327	0.349	0.254	0.146	0.070	0.029
7.4	0.279	0.110	−0.249	−0.244	0.051	0.299	0.353	0.274	0.165	0.082	0.035
7.6	0.252	0.159	−0.210	−0.270	−0.003	0.266	0.354	0.292	0.184	0.096	0.043
7.8	0.215	0.201	−0.164	−0.285	−0.056	0.228	0.348	0.308	0.204	0.111	0.051
8.0	0.172	0.235	−0.113	−0.291	−0.105	0.186	0.338	0.321	0.223	0.126	0.061
8.2	0.122	0.258	−0.059	−0.287	−0.151	0.140	0.321	0.330	0.243	0.143	0.071
8.4	0.069	0.271	−0.005	−0.273	−0.190	0.092	0.300	0.336	0.261	0.160	0.083
8.6	0.015	0.273	0.049	−0.250	−0.223	0.042	0.273	0.338	0.278	0.178	0.096
8.8	−0.039	0.264	0.099	−0.219	−0.249	−0.007	0.241	0.335	0.292	0.197	0.110
9.0	−0.090	0.245	0.145	−0.181	−0.265	−0.055	0.204	0.327	0.305	0.215	0.125
9.2	−0.137	0.217	0.184	−0.137	−0.274	−0.101	0.164	0.315	0.315	0.233	0.140
9.4	−0.177	0.182	0.215	−0.090	−0.273	−0.142	0.122	0.297	0.321	0.250	0.157
9.6	−0.209	0.140	0.238	−0.040	−0.263	−0.179	0.077	0.275	0.324	0.265	0.173
9.8	−0.232	0.093	0.251	0.010	−0.245	−0.210	0.031	0.248	0.323	0.280	0.190
10.0	−0.246	0.043	0.255	0.058	−0.220	−0.234	−0.014	0.217	0.318	0.292	0.207

参 考 文 献

[1] 黄葆华,杨晓静,牟华坤.通信原理[M].西安:西安电子科技大学出版社,2007.

[2] 南利平,李学华,王亚飞,等.通信原理简明教程[M].3版.北京:清华大学出版社,2014.

[3] 樊昌信,曹丽娜.通信原理[M].6版.北京:国防工业出版社,2011.

[4] 向军,万再莲,周玮.信号与系统[M].重庆:重庆大学出版社,2011.

[5] 高西全,丁玉美.数字信号处理[M].3版.西安:西安电子科技大学出版社,2008.

[6] 向军.MATLAB/Simulink 系统建模与仿真[M].北京:清华大学出版社,2021.

[7] 张德峰.MATLAB/Simulink 电子信息工程建模与仿真[M].北京:电子工业出版社,2017.

[8] 杨发权.MATLAB R2016a 在电子信息工程中的仿真案例分析[M].北京:清华大学出版社,2017.

[9] 邵玉斌.Matlab/Simulink 通信系统建模与仿真实例分析[M].北京:清华大学出版社,2008.

[10] Giordano A A,Levesque A H. Simulink 数字通信系统建模[M].邵玉斌,译.北京:机械工业出版社,2019.

[11] 张瑾,周原.基于 MATLAB/Simulink 的通信系统建模与仿真[M].2版.北京:北京航空航天大学出版社,2017.

[12] 范立南,莫晔,兰丽辉.物联网通信技术及应用[M].北京:清华大学出版社,2017.

[13] 廖建尚,周伟敏,李兵.物联网短距离无线通信技术应用与开发[M].北京:电子工业出版社,2019.

[14] 尼杨尼雅·那丹珠(白玉芳).中国通信史:第 1 卷[M].北京:北京邮电大学出版社,2019.

[15] 尼杨尼雅·那丹珠(白玉芳).中国通信史:第 2 卷[M].北京:北京邮电大学出版社,2019.

[16] 尼杨尼雅·那丹珠(白玉芳).中国通信史:第 3 卷[M].北京:北京邮电大学出版社,2019.

[17] 尼杨尼雅·那丹珠(白玉芳).中国通信史:第 4 卷[M].北京:北京邮电大学出版社,2019.